普通高等教育"十一五"国家级规划教材

高等数学

第3版 下册

同济大学数学系 主编

同济大学出版社
TONGJI UNIVERSITY PRESS
·上海·

图书在版编目(CIP)数据

高等数学. 下册/同济大学数学系主编. --3 版. --上海:
同济大学出版社,2014.7 (2024.7 重印)

ISBN 978-7-5608-5528-8

Ⅰ. ①高… Ⅱ. ①同… Ⅲ. ①高等数学—高等学校—
教材 Ⅳ. O13

中国版本图书馆 CIP 数据核字(2014)第 116434 号

普通高等教育"十一五"国家级规划教材

高等数学 第 3 版 下册

同济大学数学系 主编

策划编辑 卞玉清 责任编辑 张 莉 责任校对 徐春莲 封面设计 陈益平

出版发行 同济大学出版社 www.tongjipress.com.cn
(地址:上海市四平路 1239 号 邮编: 200092 电话:021—65985622)

经 销 全国各地新华书店

印 刷 大丰科星印刷有限责任公司

开 本 787mm×960mm 1/16

印 张 18.75

印 数 83201—87300

字 数 375000

版 次 2014 年 7 月第 3 版

印 次 2024年 7 月第 15次印刷

书 号 ISBN 978-7-5608-5528-8

定 价 34.00 元

前　　言

我国高等学校的教学改革正在逐步地深入，教材的改革是整个教学改革的一个重要方面．本书正是按照新形势下教材改革的精神，遵循《工科类本科数学基础课程教学基本要求》(修订稿)的要求，使之能够适应更多的学校与专业对高等数学这门基础课程的具体教学要求而编写的．

当前，许多高等学校以培养应用型科学技术人才为主要目标，针对这样一种具体情形，本书遵循的编写原则是：在数学内容的深度和广度方面基本达到高等工科院校《高等数学课程教学基本要求》的要求，渗透现代化教学思想和手段，特别加强学生应用能力的培养，力求做到易教、易学、易懂，故本书不仅适合新世纪应用型本科生的需要，也易为高职、高专生所乐于接受．本书的编写力图做到以下几点：

(1) 以显示微积分的直观性与广泛的应用性为侧重，避免过多地涉及其严格的逻辑基础方面的内容．例如，我们从直观的角度引进极限的概念(只是为了照顾某些学校或专业对本课程的较高要求，在带“*”号的条目内初步介绍了极限概念的严格的数学表述，而且仅此而已)；又例如，基本初等函数在其定义域内是连续的，这是微积分中的一个重要结论．在本书中，为了使学生能够尽早地进入到极限运算方法的学习中去，甚至在介绍函数连续的概念之前，就以“基本初等函数在其定义域内每一点处的极限都存在，并且等于函数在该点处的函数值”这样一种方式，以学生在中学数学学习中所得到的相关知识为基础，直观地给出了这个结论．我们指出可以用极限的严格表述来证明这个结论，但是并没有这样做．本书主要强调的是微积分的运算以及运用，运用中涉及的函数主要是初等函数．我们希望在这样一个学习过程中，初学者能够理解并接受微积分的基本思想与方法，既获得知识，获得学习其他课程的工具，也提高自己的数学素养．

(2) 在内容的取舍方面，充分考虑到当前许多学校高等数学的教学时数不可避免地被压缩的实际情况，以及计算机科学的迅速发展，本书对某些内容作了适当的精简．例如，在不定积分这部分内容中，介绍了不定积分的基本运算方法，但是在技巧性方面较之于以往传统的教材有所不同，我们控制了例题与习题的难度；再如，对函数的作图、方程的近似解、数值积分等内容，只介绍基本原理与方法．我们还考虑到不同的学校与专业，对高等数学课程的教学会有不尽相同的目标，所以在内容的编排上也尽可能地按照深浅程度等因素分条目叙述，以利于教学过程中的取舍．

（3）内容的叙述方面力求详细、易懂，配备较多的例题与习题，尤其是多领域的应用性例题与习题.我们希望初学者易于接受与理解，并且从中感受到微积分的魅力.

本书分为上、下两册.上册包括函数、极限与连续、一元函数微分学、一元函数积分学以及常微分方程初步等内容，下册包括空间解析几何与向量代数、多元函数微分学、多元函数积分学及无穷级数等内容.每节之后配有习题，习题按照难易程度分为A和B两级，每册书末附有习题答案.本次改版还在多数章节之后加入了近几年考研试题选讲，供读者选读、参考.

本书由同济大学数学系黄珏、蒋福民和刘庆生负责编写，黄珏主审.

由于编者水平有限，加之时间仓促，书中难免有不妥之处，错误亦在所难免，希望专家、同行与广大读者批评指正.

编　者

2014年5月

目　录

第七章　空间解析几何与向量代数

第一节　空间直角坐标系以及曲面、曲线的方程

一、空间直角坐标系

1. 点的坐标

在平面解析几何学中，我们通过建立平面直角坐标系，使平面上的点与一对有序实数之间建立了一一对应关系，从而使平面曲线与方程对应．这样就能够利用代数的方法研究平面几何问题．

同样，为了运用代数的方法去研究空间的图形——曲线与曲面，就需要建立空间直角坐标系，使空间内的点与三元数组之间建立起一一对应关系．

在空间取定一点 O 和三条都以 O 为原点的两两垂直的数轴，依次记为 x 轴（横轴）、y 轴（纵轴）、z 轴（竖轴），统称为坐标轴，它们组成一个空间直角坐标系，称为 $Oxyz$ 坐标系．

建立空间直角坐标系时，习惯上取右手系，即 x,y,z 三条轴的方向符合右手法则，这就是：以右手握住 z 轴，当右手的四个手指从 x 轴正向以 $\frac{\pi}{2}$ 角度转向 y 轴正向时，大拇指的指向就是 z 轴的正向（图 7-1）．

三条坐标轴中的任意两条可以确定一个平面，这样定出的平面统称为坐标面．x 轴及 y 轴所确定的坐标面称为 xOy 面，另两个由 y 轴及 z 轴与由 z 轴及 x 轴所确定的坐标面分别称为 yOz 面及 zOx 面．三个坐标面把空间分成八个部分，每一部分称为一个卦限．由 x 轴、y 轴与 z 轴正半轴确定的那个卦限称为第一卦限，其他第二、第三、第四卦限在 xOy 面的上方，按逆时针方向确定．第五至第八卦限在 xOy 面的下方，由第一卦限之下的第五卦限按逆时针方向确定，这八个卦限分别用 Ⅰ，Ⅱ，Ⅲ，Ⅳ，Ⅴ，Ⅵ，Ⅶ，Ⅷ 表示（图 7-2）．

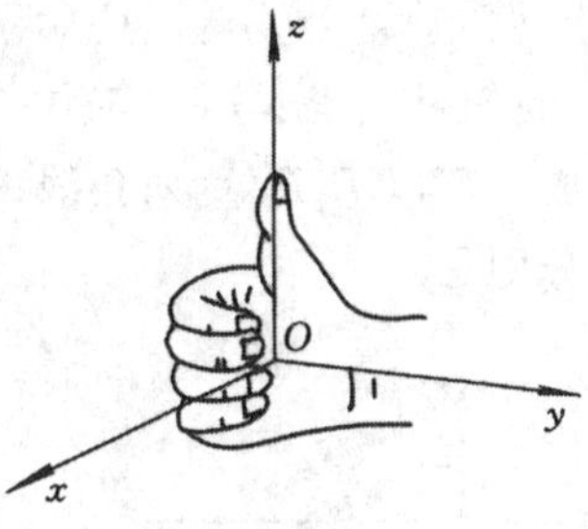

图 7-1

设 M 是空间的一点，过点 M 作三个平面分别垂直于 x 轴、y 轴与 z 轴并交 x 轴、y 轴与 z 轴于 P,Q,R 三点．点 P,Q,R 分别称为点 M 在 x 轴、y 轴与 z 轴

上的投影.设这三个投影在x轴、y轴与z轴上的坐标依次为x,y与z,于是,空间一点M唯一地确定了一个有序数组x,y,z.反过来,对给定的有序数组x,y,z,可以在x轴上取坐标为x的点P,在y轴上取坐标为y的点Q,在z轴上取坐标为z的点R,过点P,Q,R分别作垂直于x轴、y轴与z轴的三个平面,这三个平面的交点M就是有序数组x,y,z确定的唯一点(图 7-3).这样,空间的点与有序数组x,y,z之间就建立了一一对应的关系.这组数x,y,z称为点M的坐标(依次称x,y与z为点M的横坐标、纵坐标与竖坐标),并可记为$M(x,y,z)$.另外,由所作的三个平面以及三个坐标平面,形成一个长方体$RHMK—OPNQ$,其中棱MN、MK与MH分别垂直于xOy面、yOz面与zOx面,点N,K与H也分别位于相应的坐标面上,这三点分别被称为点M在xOy面、yOz面与zOx面上的投影.

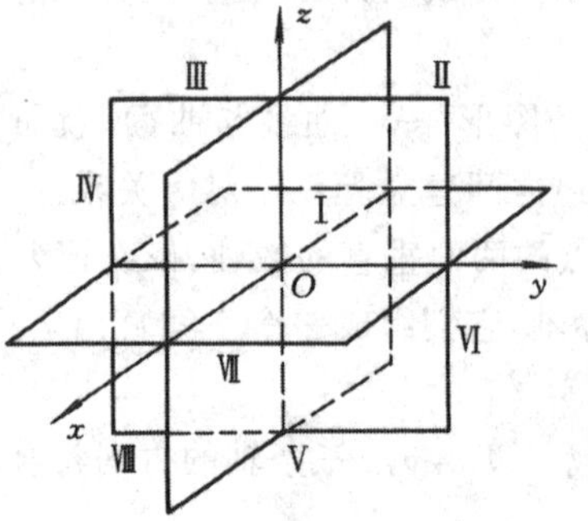

图 7-2

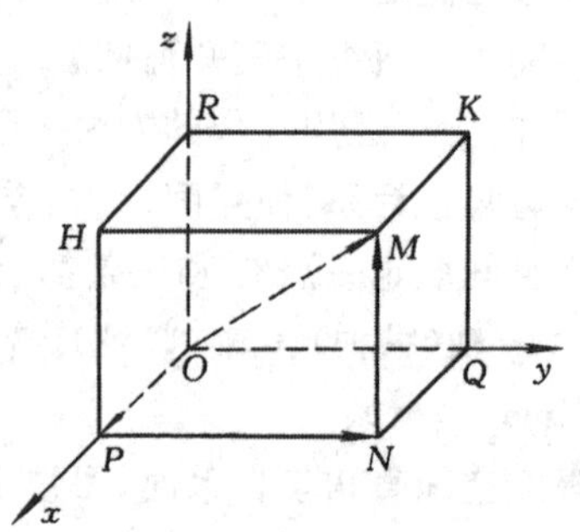

图 7-3

2. 空间两点间的距离

设$P_1(x_1,y_1,z_1)$,$P_2(x_2,y_2,z_2)$是空间两点,为了表达点P_1与P_2之间的距离,我们过点P_1与P_2各作三个分别垂直于x轴、y轴与z轴的平面,这六个平面围成一个以P_1P_2为对角线的长方体(图 7-4).从图中易见,该长方体各棱的长度分别是

$$|x_2-x_1|,\quad |y_2-y_1|,\quad |z_2-z_1|.$$

于是,对角线P_1P_2的长度,亦即空间两点P_1与P_2间的距离为

$$|P_1P_2|=\sqrt{(x_2-x_1)^2+(y_2-y_1)^2+(z_2-z_1)^2}.$$

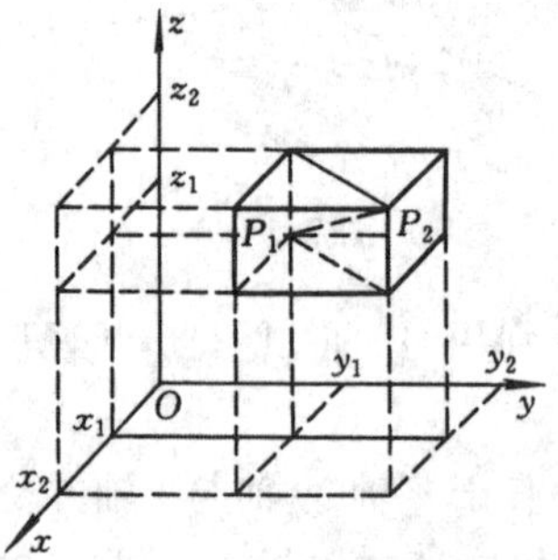

图 7-4

例 1 证明:以$M_1(4,3,1)$,$M_2(7,1,2)$,$M_3(5,2,3)$为顶点的三角形是一个等腰三角形.

解 由两点间的距离公式可得

$$|M_1M_2| = \sqrt{(7-4)^2+(1-3)^2+(2-1)^2} = \sqrt{14},$$

$$|M_2M_3| = \sqrt{(5-7)^2+(2-1)^2+(3-2)^2} = \sqrt{6},$$

$$|M_1M_3| = \sqrt{(5-4)^2+(2-3)^2+(3-1)^2} = \sqrt{6}.$$

由 $|M_1M_3| = |M_2M_3|$ 可知，$\triangle M_1M_2M_3$ 是等腰三角形.

例 2 在 z 轴上求与两点 $A(-4,1,7)$ 和 $B(3,5,-2)$ 等距离的点.

解 因为所求的点 M 在 z 轴上，故可设该点坐标为 $M(0,0,z)$，依题意有

$$|MA| = |MB|,$$

即

$$\sqrt{(-4-0)^2+(1-0)^2+(7-z)^2} = \sqrt{(3-0)^2+(5-0)^2+(-2-z)^2}.$$

两边去根号，解得

$$z = \frac{14}{9}.$$

所以，所求的点为 $M\left(0,0,\frac{14}{9}\right)$.

二、曲面及其方程

1. 曲面方程的概念

曲面是空间动点的轨迹. 如果曲面 S 上的点 (x,y,z) 都满足三元方程

$$F(x,y,z) = 0, \tag{1}$$

并且满足方程(1) 的点都位于曲面 S 上，那么，方程(1) 就称为曲面 S 的方程，而曲面 S 就称为方程(1) 的图形(图 7-5).

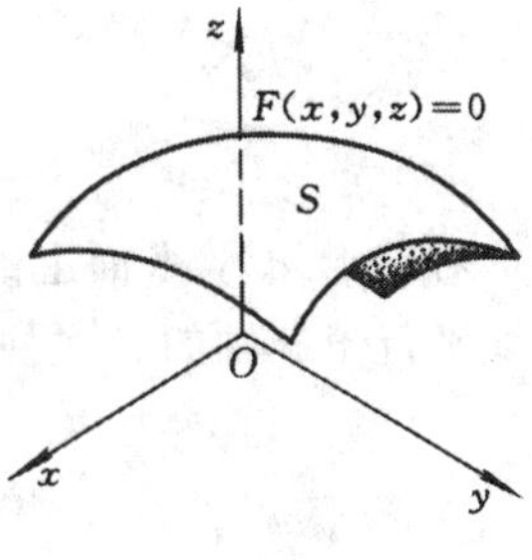

图 7-5

例 3 求与定点 $M_0(1,2,-1)$ 相距为 2 的点的轨迹方程.

解 设 $M(x,y,z)$ 为任一与定点 $M_0(1,2,-1)$ 相距为 2 的点. 由两点间的距离公式得到

$$\sqrt{(x-1)^2+(y-2)^2+(z+1)^2} = 2.$$

两边平方后，则有

$$(x-1)^2+(y-2)^2+(z+1)^2 = 2^2.$$

该轨迹方程就是以点 $M_0(1,2,-1)$ 为球心、半径为 2 的球面方程.

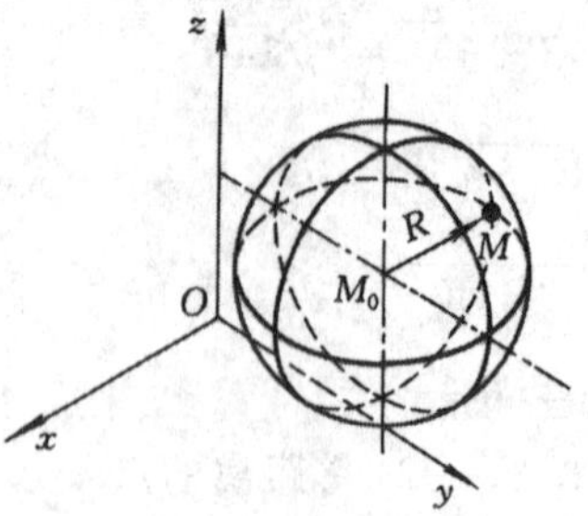

图 7-6

一般地，以点 $M_0(x_0,y_0,z_0)$ 为球心、以 R 为半径的球面(图 7-6) 的方程为

$$(x-x_0)^2+(y-y_0)^2+(z-z_0)^2=R^2.$$

2. 柱面方程

在平面解析几何中，方程

$$x^2+y^2=R^2 \tag{2}$$

的图形是 xOy 面上圆心在坐标原点 O、半径为 R 的圆. 然而在空间直角坐标系中，xOy 面上的点的坐标为$(x,y,0)$. 如果点$(x,y,0)$ 满足方程(2)，那么，对一切实数 z，点(x,y,z) 也满足方程(2). 因此，经过圆上任一点作平行于 z 轴的直线，这些直线上的点都满足方程(2)；反之，满足方程(2) 的点也必然是这些直线上的点. 这说明，在空间解析几何中，方程(2) 的图形是一张曲面，它是由所有经过 xOy 面上的圆 $x^2+y^2=R^2$ 并且平行于 z 轴的直线所构成的曲面，该曲面称为母线平行于 z 轴的圆柱面(图7-7).

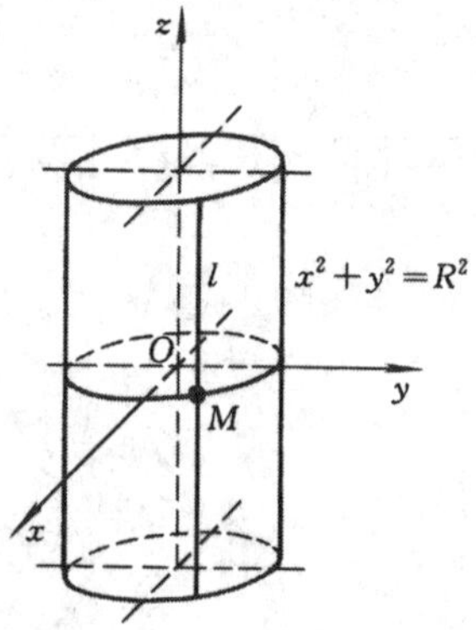

图 7-7

一般地，平行于定直线并沿定曲线 C 移动的直线 l 所形成的曲面称为柱面，定曲线 C 称为柱面的准线，而这些直线 l 称为柱面的母线.

对应于 xOy 平面上的二次曲线，在空间直角坐标系中，我们得到了相应的母线平行于 z 轴的二次柱面(图 7-8).

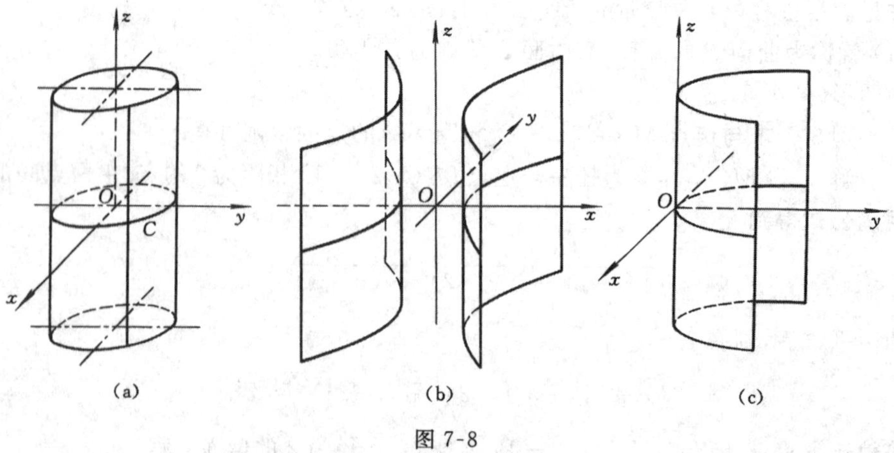

图 7-8

(a) 椭圆柱面 $\frac{x^2}{a^2}+\frac{y^2}{b^2}=1$;

(b) 双曲柱面 $\frac{x^2}{a^2}-\frac{y^2}{b^2}=1$;

(c) 抛物柱面($a>0$) $y=ax^2$.

同样,对应于 xOy 平面上的直线方程,在空间直角坐标系中,它的图形是一张平面.例如方程

$$x+y=1$$

在 xOy 平面上表示一条直线,而在空间直角坐标系中,它表示一张母线平行于 z 轴的柱面,事实上是一张平面(图 7-9).

三、空间曲线及其方程

1. 空间曲线的一般方程

空间曲线可以看作两张曲面的交线.设

$$F(x,y,z)=0 \quad 与 \quad G(x,y,z)=0$$

是两张曲面的方程,它们的交线为 C(图 7-10).因为曲线 C 上任何点的坐标应同时满足这两张曲面的方程,所以应满足方程组

$$\begin{cases}F(x,y,z)=0,\\G(x,y,z)=0;\end{cases} \tag{3}$$

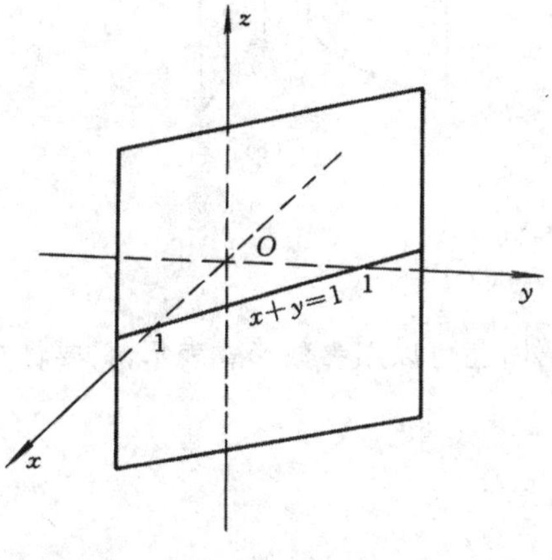

图 7-9

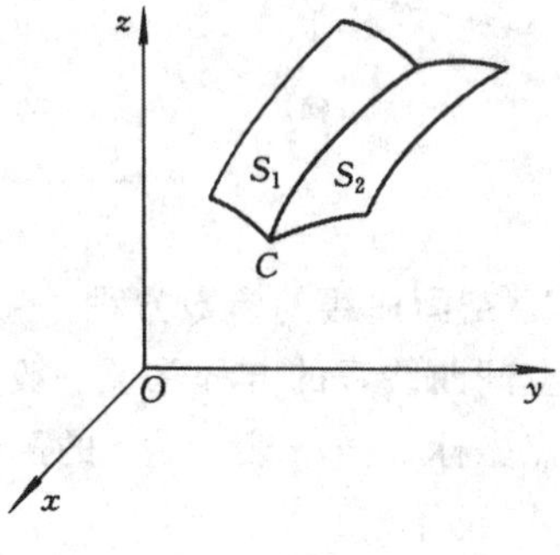

图 7-10

反过来,如果点 M 不在曲线 C 上,那么,它不可能同时在这两张曲面上,所以它的坐标不满足方程组(3).因此,曲线 C 可以用方程组(3) 来表示.方程组(3) 称为空间曲线 C 的一般方程.

例 4 说明下列方程组所确定的是什么曲线，并画出曲线的图形：

(1) $\begin{cases} x^2+y^2+z^2=4, \\ x+y=1; \end{cases}$　　(2) $\begin{cases} x^2-\dfrac{y^2}{4}=1, \\ z=1. \end{cases}$

解 (1) $x^2+y^2+z^2=4$ 表示球心在坐标原点、半径为 2 的球面，而 $x+y=1$ 表示平行于 z 轴的平面. 因此，方程组表示这球面与平面的交线，是如图7-11(a) 所示的圆.

(2) $x^2-\dfrac{y^2}{4}=1$ 是母线平行于 z 轴的双曲柱面，$z=1$ 是平行于 xOy 面的平面. 方程组表示的曲线是这柱面与平面的交线，是由 xOy 平面上的双曲线沿着 z 轴的正向作了 1 个单位的平移所得的位于平面 $z=1$ 上的双曲线，如图 7-11(b) 所示.

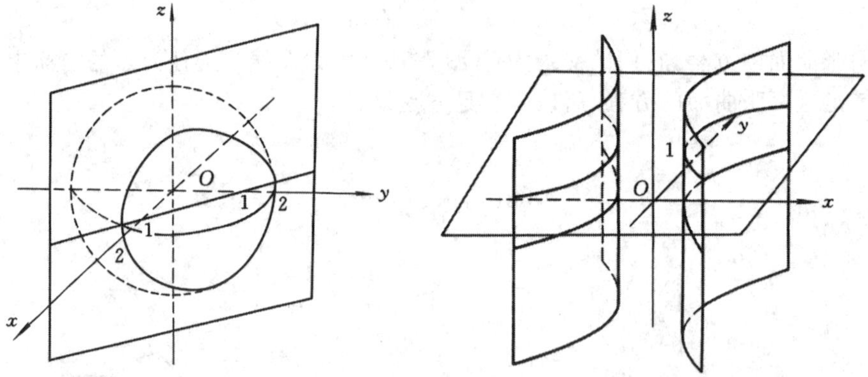

(a)　　(b)

图 7-11

2. 空间曲线的参数方程

空间曲线 C 的方程除了一般方程之外，还可以用参数形式表示，只要将 C 上的动点坐标 x,y,z 表示为 t 的函数：

$$\begin{cases} x=x(t), \\ y=y(t), \\ z=z(t). \end{cases} \tag{4}$$

当给定 $t=t_1$ 时，就得到 C 上的一个点(x_1,y_1,z_1)，随着 t 的变动，便可以得到曲线 C 的全部点. 方程组(4) 称为空间曲线 C 的参数方程. 例如，如果空间一点 M 在圆柱面 $x^2+y^2=a^2$ 上以角速率 ω 绕 z 轴旋转，同时又以线速率 v 沿平行于 z

轴的正方向上升（其中 ω, v 都是常数），那么，点 M 构成的图形称为螺旋线（图7-12）. 取时间 t 为参数，我们可以推导出它的参数方程为

$$\begin{cases} x = a\cos\omega t, \\ y = a\sin\omega t, \\ z = vt. \end{cases}$$

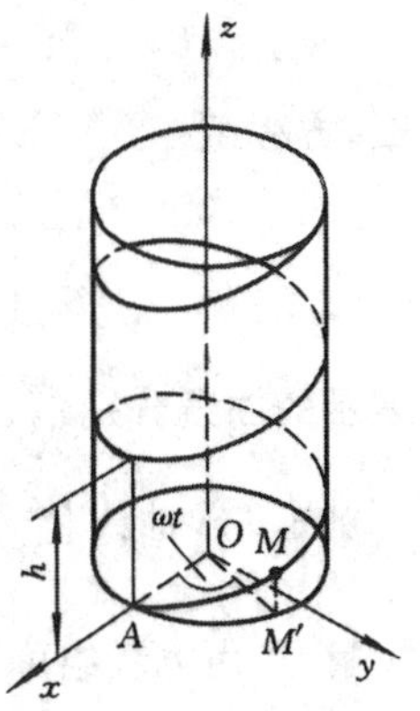

图 7-12

若令参数 $\theta = \omega t$，并记 $b = \dfrac{v}{\omega}$，则螺旋线的参数方程可以写作

$$\begin{cases} x = a\cos\theta, \\ y = a\sin\theta, \\ z = b\theta. \end{cases}$$

这是一种常用的曲线. 比如机用螺线的外缘曲线就是螺旋线. 当 θ 从 θ_0 变到 $\theta_0 + 2\pi$ 时，点 M 沿螺线升高了 $h = 2\pi b$. 这一高度在工程技术上称为螺距.

3. 空间曲线在坐标平面上的投影

设 C 是一条空间曲线. 从 C 上各点作 xOy 面的垂线，由得到的垂足所构成的曲线 C' 就称为曲线 C 在 xOy 面上的投影或投影曲线（图 7-13）. 下面将推出在坐标面上的投影曲线所满足的方程.

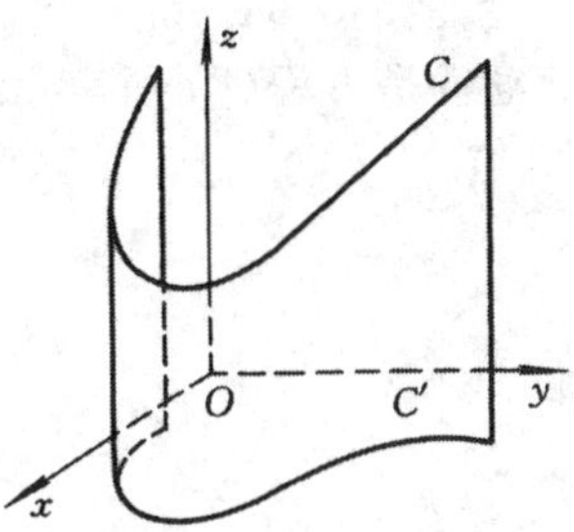

图 7-13

设 C 的一般方程为

$$\begin{cases} F(x,y,z) = 0, \\ G(x,y,z) = 0. \end{cases} \tag{5}$$

消去方程组中的变量 z 后就得到一个不含变量 z 的方程：

$$H(x,y) = 0. \tag{6}$$

方程(6) 所表示的是母线平行于 z 轴的柱面. 由于满足方程(5) 的点都满足方程(6)，因此曲线 C 含在方程(6) 所表示的柱面内. 因而方程组

$$\begin{cases} H(x,y) = 0, \\ z = 0. \end{cases} \tag{7}$$

所表示的位于 xOy 面上的曲线也就包含曲线 C 在 xOy 面上的投影 C'. 因此，投影曲线 C' 上的点都满足方程组(7).

类似地，如果分别消去方程组(5) 中的变量 y 或 x，得到方程

$$R(x,z)=0 \quad \text{或} \quad T(y,z)=0,$$

那么,方程组

$$\begin{cases} R(x,z)=0, \\ y=0 \end{cases} \quad \text{或} \quad \begin{cases} T(y,z)=0, \\ x=0 \end{cases}$$

所表示的曲线分别包含曲线 C 在 zOx 面或 yOz 面上的投影.

例 5 求曲线 $\begin{cases} x^2+y^2+z^2=4, \\ 2z-y=0 \end{cases}$ 分别在 xOy 面与 zOx 面上的投影的方程.

解 由方程组的第二式解得 $z=\dfrac{y}{2}$. 将它代入方程组的第一式,得到

$$x^2+y^2+\left(\frac{y}{2}\right)^2=4,$$

即

$$x^2+\frac{5}{4}y^2=4.$$

因此,该曲线在 xOy 面上的投影包含于方程为

$$\begin{cases} x^2+\dfrac{5}{4}y^2=4, \\ z=0 \end{cases} \tag{8}$$

的曲线内. 但容易看出该空间曲线在 xOy 面上的投影也就是方程(8) 所表示的曲线.

将原方程组中的变量 y 消去,得到

$$x^2+5z^2=4.$$

经过类似的观察,得到方程

$$\begin{cases} x^2+5z^2=4, \\ y=0 \end{cases}$$

就是该曲线在 zOx 平面上投影的方程.

习　题　7-1

(A)

1. 在空间直角坐标系中,指出下列各点在哪个卦限?

$A(1,-2,3)$; $B(2,3,-4)$; $C(2,-3,-4)$; $D(-2,-3,1)$.

2. 求点 $(1,-2,-1)$ 关于各坐标面、各坐标轴、坐标原点的对称点的坐标.

3. 边长为 a 的立方体的一个顶点在原点，三条棱分别在三条正半轴上，求各顶点的坐标.

4. 自点 $P_0(x_0,y_0,z_0)$ 分别作各坐标面和各坐标轴的垂线，写出各垂足的坐标.

5. 如何判断空间一点(x_0,y_0,z_0)是否在球面 $x^2+2x+y^2+z^2-2z=0$ 的内部、外部或是在球面上？

6. 试证明以三点 $A(4,1,9)$，$B(10,-1,6)$，$C(2,4,3)$ 为顶点的三角形是等腰直角三角形.

7. 求满足下列条件的动点轨迹的方程：

(1) 到点$(-4,3,4)$的距离等于到 xOy 面的距离；

(2) 到 y 轴的距离是到 z 轴距离的 4 倍；

(3) 到点$(1,2,1)$与到点$(2,0,1)$的距离分别等于 3 与 2.

8. 指出下列方程所表示的曲线：

(1) $\begin{cases} x^2+y^2+z^2=25, \\ x=3; \end{cases}$　(2) $\begin{cases} x^2-2x+y^2=0, \\ z=2; \end{cases}$

(3) $\begin{cases} x^2+4y^2+9z^2=36, \\ z=-1; \end{cases}$　(4) $\begin{cases} x^2-y^2-2z^2=1, \\ y=1. \end{cases}$

9. 求下列曲线在 xOy 平面上的投影曲线的方程：

(1) $\begin{cases} x^2+y^2+z^2=9, \\ x+z=1; \end{cases}$　(2) $\begin{cases} 2x^2+y^2+z^2=16, \\ x^2+z^2-y^2=0; \end{cases}$

(3) $\begin{cases} x^2+y^2-z=0, \\ z=x+1; \end{cases}$　(4) $\begin{cases} z^2=x^2+y^2, \\ z^2=2y. \end{cases}$

10. 分别求母线平行于 x 轴及 y 轴而且通过曲线 $\begin{cases} 2x^2-y^2+3z^2=16, \\ x^2+y^2-z^2=4 \end{cases}$ 的柱面方程.

(B)

1. 画出下列曲线在第一卦限内的图形：

(1) $\begin{cases} x=1, \\ y=2; \end{cases}$　(2) $\begin{cases} z=\sqrt{4-x^2-y^2}, \\ x-y=0; \end{cases}$

(3) $\begin{cases} x^2+y^2=a^2, \\ x^2+z^2=a^2. \end{cases}$

2. 求上半球体 $0\leqslant z\leqslant\sqrt{a^2-x^2-y^2}$ 与圆柱体 $x^2+y^2\leqslant ax\,(a>0)$ 的公共部分在 xOy 面与 zOx 面上的投影.

3. 求满足下列条件的球面方程：

(1) 中心在$(2,-2,1)$并与 zOx 面相切；

(2) 与球面 $x^2+y^2+z^2-6x+4z-36=0$ 有相同的球心并且经过点$(2,5,-7)$.

4. 试确定 k 分别取何值时，可以使球面 $x^2+y^2+2y+z^2-4z=k$ 分别与 xOy 面、zOx 面以及 x 轴相切？

5. 求曲线$\begin{cases} x^2+y^2+z^2=1, \\ x^2+(y-1)^2+(z-1)^2=1 \end{cases}$在 xOy 面与 yOz 面上的投影曲线的方程.

6. 将下列曲线的一般方程化为参数方程：

(1) $\begin{cases} x^2+y^2+z^2=1, \\ x+y=0; \end{cases}$　　(2) $\begin{cases} z=\sqrt{4-x^2-y^2}, \\ (x-1)^2+y^2=1. \end{cases}$

第二节　向量及其线性运算

一、向量的概念

在自然科学与社会科学中，人们遇到的量有两类. 其中一类是仅有大小的量，如某一群体的数量，某两点间的距离，某一物体的外形尺寸、体积与质量，等等. 通常这类量称为纯量. 另有一类量是不仅有大小、而且还有方向的量，如速度、力、位移等，我们称这一类量为向量（也称为矢量）. 在数学上常用有向线段来表示向量，有向线段的长度表示向量的大小，有向线段的方向表示向量的方向. 以 A 为起点、B 为终点的有向线段表示的向量记为$\overrightarrow{AB}$（图 7-14）. 有时也用黑体字母来表示向量，例如，$\boldsymbol{a}$，$\boldsymbol{r}$，$\boldsymbol{v}$，$\boldsymbol{F}$，或者用字母上面加箭头的符号来表示，例如，$\vec{a}$，$\vec{r}$，$\vec{v}$，$\vec{F}$ 等.

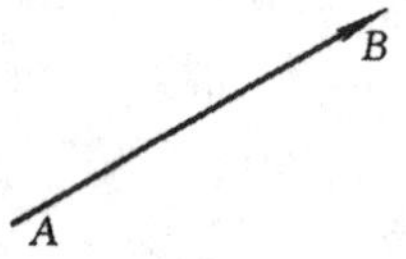

图 7-14

在许多实际问题中，有些向量仅与它的大小及方向有关，而与它的起点无关，这样的向量称为自由向量. 我们只讨论自由向量. 对于自由向量，所谓两个向量 $\boldsymbol{a}$ 与 $\boldsymbol{b}$ 相等，是指它们的大小相等且方向相同，记作 $\boldsymbol{a}=\boldsymbol{b}$. 这就是说，经过平移后能完全重合的向量是相等的.

向量的大小称为向量的模. 向量$\overrightarrow{M_1M_2}$，$\boldsymbol{a}$ 的模依次记为 $|\overrightarrow{M_1M_2}|$，$|\boldsymbol{a}|$. 模等于1的向量称为单位向量. 模等于零的向量称为零向量，记作 $\mathbf{0}$. 零向量的起点与终点重合，它的方向可以看作是任意的.

两个非零向量如果它们的方向相同或相反，就称这两个向量平行. 向量 $\boldsymbol{a}$ 与 $\boldsymbol{b}$ 平行，记为 $\boldsymbol{a} /\!/ \boldsymbol{b}$. 由于零向量的方向可以看作是任意的，因此，可以认为零向量与任意向量都平行.

两个平行向量的起点放在同一点时，它们的终点与公共起点应在一条直线上，故两个向量平行，又称为两个向量共线.

二、向量的线性运算

1. 向量的加法

设有两个向量 $\boldsymbol{a}$ 与 $\boldsymbol{b}$，任取一点 A，作$\overrightarrow{AB}=\boldsymbol{a}$，再以 B 为起点作$\overrightarrow{BC}=\boldsymbol{b}$，连接

A，C(图 7-15)，那么，向量$\overrightarrow{AC}=\boldsymbol{c}$ 就称为向量 $\boldsymbol{a}$ 与 $\boldsymbol{b}$ 的和，记作 $\boldsymbol{a}+\boldsymbol{b}$，即

$$\boldsymbol{c}=\boldsymbol{a}+\boldsymbol{b}.$$

上述作出两向量之和的方法称为向量相加的三角形法则.

此外，还有向量相加的平行四边形法则. 这就是：当 $\boldsymbol{a}$ 与 $\boldsymbol{b}$ 不平行时，作 $\overrightarrow{AB}=\boldsymbol{a}$，$\overrightarrow{AD}=\boldsymbol{b}$，以 AB，AD 为边作一平行四边形 $ABCD$，连接对角线 AC(图 7-16)，显然，向量$\overrightarrow{AC}$ 即等于由三角形法则所确定的向量 $\boldsymbol{a}$ 与 $\boldsymbol{b}$ 的和 $\boldsymbol{a}+\boldsymbol{b}$.

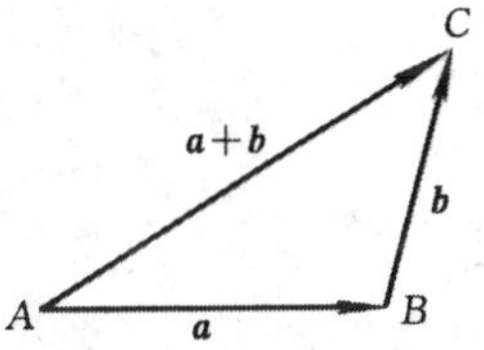

图 7-15

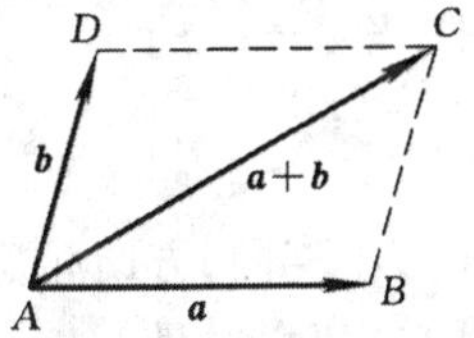

图 7-16

向量的加法符合交换律及结合律：

(1) 交换律　$\boldsymbol{a}+\boldsymbol{b}=\boldsymbol{b}+\boldsymbol{a}$；

(2) 结合律　$(\boldsymbol{a}+\boldsymbol{b})+\boldsymbol{c}=\boldsymbol{a}+(\boldsymbol{b}+\boldsymbol{c})$.

从图 7-17(a)，(b) 中容易得知这两个规律.

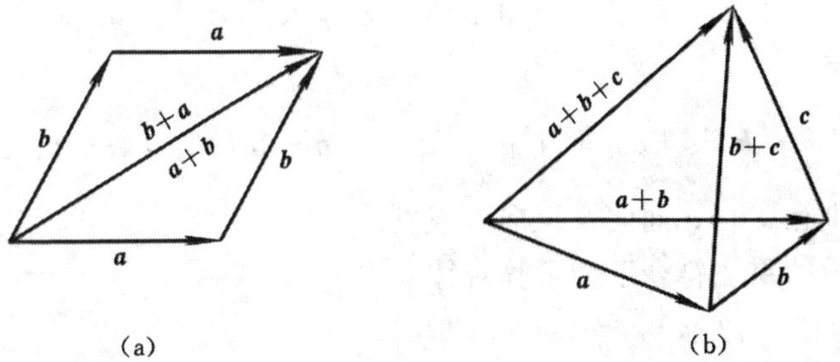

图 7-17

由于向量的加法符合交换律与结合律，故 n 个向量 $\boldsymbol{a}_1,\boldsymbol{a}_2,\cdots,\boldsymbol{a}_n(n\geqslant 3)$ 相加可以写成

$$\boldsymbol{a}_1+\boldsymbol{a}_2+\cdots+\boldsymbol{a}_n,$$

并按照向量相加的三角形法则，可得 n 个向量相加的法则如下：使前一向量的终点作为后一向量的起点，相继作向量 $\boldsymbol{a}_1,\boldsymbol{a}_2,\cdots,\boldsymbol{a}_n$. 再以第一向量的起点为起点，最后一向量的终点为终点作一向量，这个向量即为所求的和. 如图 7-18 所示的是

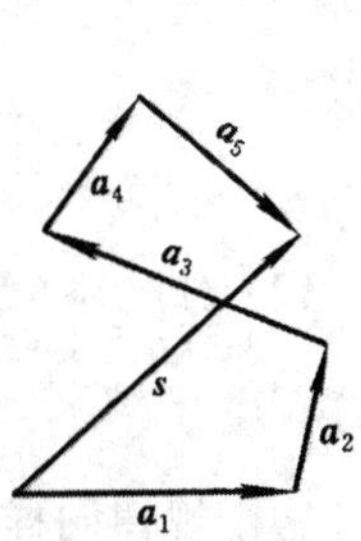

图 7-18

$$s = a_1 + a_2 + a_3 + a_4 + a_5.$$

2. 向量与数的乘法

对任意实数 λ 与向量 $\boldsymbol{a}$，我们定义 λ 与 $\boldsymbol{a}$ 的乘积（简称数乘）是一个向量，记为 $\lambda\boldsymbol{a}$，它的模与方向规定如下：

(1) $|\lambda\boldsymbol{a}| = |\lambda||\boldsymbol{a}|$；

(2) 当 $\lambda > 0$ 时，$\lambda\boldsymbol{a}$ 与 $\boldsymbol{a}$ 同方向；当 $\lambda < 0$ 时，$\lambda\boldsymbol{a}$ 与 $\boldsymbol{a}$ 反方向；当 $\lambda = 0$ 时，$\lambda\boldsymbol{a} = \boldsymbol{0}$. 即 $\lambda\boldsymbol{a}$ 为零向量，这时，它的方向可以是任意的.

特别地，当 $\lambda = -1$ 时，

$$(-1)\boldsymbol{a} = -\boldsymbol{a}$$

是与向量 $\boldsymbol{a}$ 大小相同、方向相反的向量.

由此，定义两个向量 $\boldsymbol{b}$ 与 $\boldsymbol{a}$ 的差：

$$\boldsymbol{b} - \boldsymbol{a} = \boldsymbol{b} + (-\boldsymbol{a}),$$

即把向量 $-\boldsymbol{a}$ 加到向量 $\boldsymbol{b}$ 上，便得到 $\boldsymbol{b}$ 与 $\boldsymbol{a}$ 的差(图 7-19).

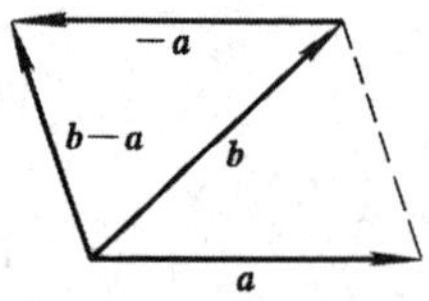

图 7-19

特别地，当 $\boldsymbol{b} = \boldsymbol{a}$ 时，有

$$\boldsymbol{a} - \boldsymbol{a} = \boldsymbol{a} + (-\boldsymbol{a}) = \boldsymbol{0}.$$

利用三角形两边之和大于第三边的原理，有向量不等式：

$$|\boldsymbol{a} + \boldsymbol{b}| \leqslant |\boldsymbol{a}| + |\boldsymbol{b}| \quad 及 \quad |\boldsymbol{a} - \boldsymbol{b}| \leqslant |\boldsymbol{a}| + |\boldsymbol{b}|,$$

其中等号分别在 $\boldsymbol{a}$ 与 $\boldsymbol{b}$ 同向及反向时成立.

向量与数的乘法符合下列运算规律：

(1) 结合律 $\lambda(\mu\boldsymbol{a}) = \mu(\lambda\boldsymbol{a}) = (\lambda\mu)\boldsymbol{a}$.

这是因为，由向量与数乘积的规定可知，向量 $\lambda(\mu\boldsymbol{a})$，$\mu(\lambda\boldsymbol{a})$，$(\lambda\mu)\boldsymbol{a}$ 都是平行的向量，它们的指向也相同，而且

$$|\lambda(\mu\boldsymbol{a})| = |\mu(\lambda\boldsymbol{a})| = |(\lambda\mu)\boldsymbol{a}| = |\lambda\mu||\boldsymbol{a}|,$$

所以

$$\lambda(\mu\boldsymbol{a}) = \mu(\lambda\boldsymbol{a}) = (\lambda\mu)\boldsymbol{a}.$$

(2) 分配律 $(\lambda + \mu)\boldsymbol{a} = \lambda\boldsymbol{a} + \mu\boldsymbol{a}$；

$$\lambda(\boldsymbol{a} + \boldsymbol{b}) = \lambda\boldsymbol{a} + \lambda\boldsymbol{b}.$$

这个规律同样可以按向量与数的乘积的规定来证明，这里从略.

向量加减及数乘向量统称为向量的线性运算.

根据向量与数乘积的规定可以得知，**向量 $\boldsymbol{a}$ 与非零向量 $\boldsymbol{b}$ 平行的充分必要条件是 $\boldsymbol{a}=\lambda\boldsymbol{b}$，并且 λ 是唯一确定的实数.**

例 1 在 $\triangle ABC$ 中，设 $\overrightarrow{AB}=\boldsymbol{a}$，$\overrightarrow{AC}=\boldsymbol{b}$. 试用向量 $\boldsymbol{a}$ 与 $\boldsymbol{b}$ 表示出三角形中的中线与中位线向量 $\overrightarrow{AD}$ 与 $\overrightarrow{MN}$（图 7-20）.

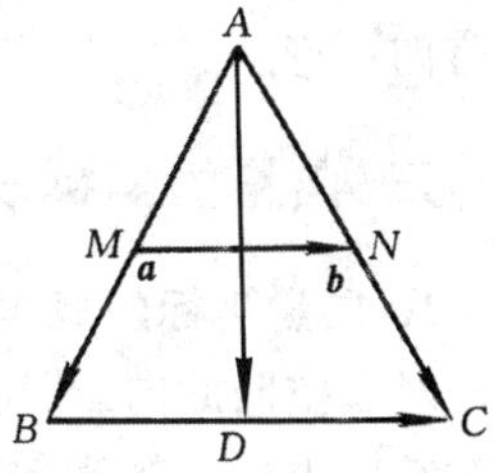

图 7-20

解 因为 D 是线段 BC 的中点，因此有

$$\overrightarrow{BD}=\frac{1}{2}\overrightarrow{BC},$$

而由向量的减法 $$\overrightarrow{BC}=\overrightarrow{BA}+\overrightarrow{AC}=\overrightarrow{AC}-\overrightarrow{AB}$$

$$=\boldsymbol{b}-\boldsymbol{a}.$$

因此

$$\overrightarrow{BD}=\frac{1}{2}(\boldsymbol{b}-\boldsymbol{a}).$$

于是，中线向量

$$\overrightarrow{AD}=\overrightarrow{AB}+\overrightarrow{BD}=\boldsymbol{a}+\frac{1}{2}(\boldsymbol{b}-\boldsymbol{a})$$

$$=\frac{1}{2}(\boldsymbol{a}+\boldsymbol{b}).$$

同理，M 是线段 AB 的中点，N 是线段 AC 的中点，因此有

$$\overrightarrow{AM}=\frac{1}{2}\overrightarrow{AB}=\frac{1}{2}\boldsymbol{a},$$

$$\overrightarrow{AN}=\frac{1}{2}\overrightarrow{AC}=\frac{1}{2}\boldsymbol{b},$$

故中位线向量

$$\overrightarrow{MN}=\overrightarrow{MA}+\overrightarrow{AN}=\overrightarrow{AN}-\overrightarrow{AM}$$

$$=\frac{1}{2}(\boldsymbol{b}-\boldsymbol{a}).$$

例 2 证明：对角线互相平分的四边形是平行四边形.

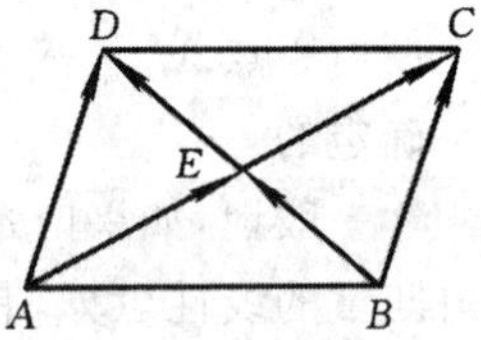

图 7-21

证 设四边形 $ABCD$ 的对角线交于点 E（图 7-21）. 由于

$$\overrightarrow{AE}=\overrightarrow{EC},\quad \overrightarrow{BE}=\overrightarrow{ED},$$

所以 $$\overrightarrow{AE}+\overrightarrow{ED}=\overrightarrow{BE}+\overrightarrow{EC},$$
即
$$\overrightarrow{AD}=\overrightarrow{BC}.$$
这说明四边形的一组对边 AD 与 BC 平行并且长度相同. 因此,四边形 $ABCD$ 是平行四边形.

三、向量的坐标表示

1. 向量坐标的概念

对于空间的向量,可以按照下面的方法定义它们的坐标,使向量的运算转化为对它们坐标的数量运算.

设 $M(x,y,z)$ 为空间一点,O 为坐标原点,向量 $\boldsymbol{r}=\overrightarrow{OM}$ 称为点 M 的向径.

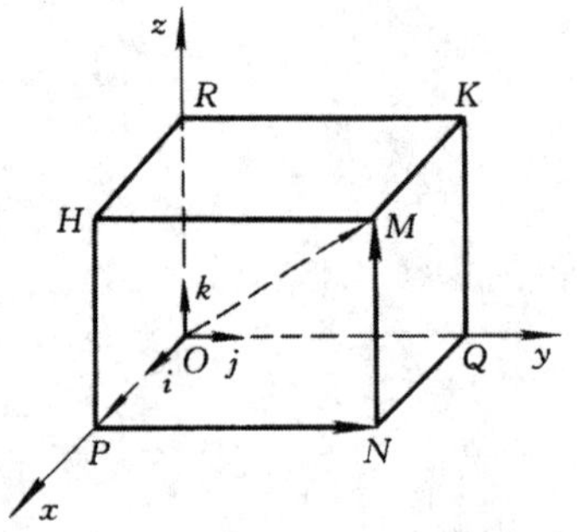

图 7-22

以向径 $\overrightarrow{OM}$ 为对角向量,各边平行于坐标轴作长方体 $OPNQ—RHMK$(图 7-22). P,Q 与 R 分别是点 M 在 x 轴、y 轴与 z 轴上的投影,因此它们的坐标分别为
$$P(x,0,0),\quad Q(0,y,0)\quad 与\quad R(0,0,z).$$
如果取与 x 轴、y 轴以及 z 轴的正向同方向的单位向量,并记为 $\boldsymbol{i},\boldsymbol{j},\boldsymbol{k}$,那么就有
$$\overrightarrow{OP}=x\boldsymbol{i},\quad \overrightarrow{OQ}=y\boldsymbol{j},\quad \overrightarrow{OR}=z\boldsymbol{k}.$$
又因为
$$\overrightarrow{PN}=\overrightarrow{OQ},\quad \overrightarrow{NM}=\overrightarrow{OR},$$
所以
$$\begin{aligned}\boldsymbol{r}=\overrightarrow{OM}&=\overrightarrow{OP}+\overrightarrow{PN}+\overrightarrow{NM}=\overrightarrow{OP}+\overrightarrow{OQ}+\overrightarrow{OR}\\&=x\boldsymbol{i}+y\boldsymbol{j}+z\boldsymbol{k}.\end{aligned}$$
此式称为向量 $\boldsymbol{r}$ 的坐标分解式,并且将它简单地记为 $\boldsymbol{r}=\{x,y,z\}$,称为向量 $\boldsymbol{r}$ 的坐标表示式.

由于点 M 在三条坐标轴上的投影是唯一确定的,因此上述坐标表示也是唯一确定的.

一般地,如果向量 $\boldsymbol{a}$ 以 $M_1(x_1,y_1,z_1)$ 为起点,$M_2(x_2,y_2,z_2)$ 为终点. 那么,由向量的线性运算,有
$$\boldsymbol{a}=\overrightarrow{M_1M_2}=\overrightarrow{M_1O}+\overrightarrow{OM_2}=\overrightarrow{OM_2}-\overrightarrow{OM_1}$$

$$= (x_2\boldsymbol{i} + y_2\boldsymbol{j} + z_2\boldsymbol{k}) - (x_1\boldsymbol{i} + y_1\boldsymbol{j} + z_1\boldsymbol{k})$$

$$= (x_2 - x_1)\boldsymbol{i} + (y_2 - y_1)\boldsymbol{j} + (z_2 - z_1)\boldsymbol{k}$$

$$= \{x_2 - x_1, y_2 - y_1, z_2 - z_1\}.$$

因此,空间的任何向量都可以按照上面规定的方法进行坐标表示.

2. 利用坐标作向量的线性运算

设 $\boldsymbol{a} = \{a_x, a_y, a_z\}$, $\boldsymbol{b} = \{b_x, b_y, b_z\}$,即

$$\boldsymbol{a} = a_x\boldsymbol{i} + a_y\boldsymbol{j} + a_z\boldsymbol{k}, \quad \boldsymbol{b} = b_x\boldsymbol{i} + b_y\boldsymbol{j} + b_z\boldsymbol{k}.$$

利用向量加法的交换律与结合律以及向量与数乘法的结合律与分配律,有

$$\boldsymbol{a} + \boldsymbol{b} = (a_x + b_x)\boldsymbol{i} + (a_y + b_y)\boldsymbol{j} + (a_z + b_z)\boldsymbol{k},$$

$$\boldsymbol{a} - \boldsymbol{b} = (a_x - b_x)\boldsymbol{i} + (a_y - b_y)\boldsymbol{j} + (a_z - b_z)\boldsymbol{k},$$

$$\lambda\boldsymbol{a} = (\lambda a_x)\boldsymbol{i} + (\lambda a_y)\boldsymbol{j} + (\lambda a_z)\boldsymbol{k} \quad (\lambda \text{ 是实数}),$$

即

$$\boldsymbol{a} + \boldsymbol{b} = \{a_x + b_x, a_y + b_y, a_z + b_z\},$$

$$\boldsymbol{a} - \boldsymbol{b} = \{a_x - b_x, a_y - b_y, a_z - b_z\},$$

$$\lambda\boldsymbol{a} = \{\lambda a_x, \lambda a_y, \lambda a_z\}.$$

由此可见,对向量进行加、减以及与数的相乘运算,只需对向量的各个坐标分别进行相应的数量运算就行了.

对于向量 $\boldsymbol{a}$ 与非零向量 $\boldsymbol{b}$ 平行的情况,由于 $\boldsymbol{a} /\!/ \boldsymbol{b}$ 相当于 $\boldsymbol{a} = \lambda\boldsymbol{b}$,于是可用坐标表示为

$$\{a_x, a_y, a_z\} = \lambda\{b_x, b_y, b_z\}.$$

这也就相当于向量 $\boldsymbol{b}$ 与 $\boldsymbol{a}$ 对应的坐标成比例:

$$\frac{a_x}{b_x} = \frac{a_y}{b_y} = \frac{a_z}{b_z}$$

(等式中若有一项分母为零,那么,该等式表示相应的分子也为零).

例 3 求解以向量为未知元的线性方程组:

$$\begin{cases} 5\boldsymbol{x} - 3\boldsymbol{y} = \boldsymbol{a}, \\ 3\boldsymbol{x} - 2\boldsymbol{y} = \boldsymbol{b}, \end{cases}$$

其中, $\boldsymbol{a} = \{2,1,2\}$, $\boldsymbol{b} = \{-1,1,-2\}$.

解 如同解以实数为未知元的线性方程组一样,可以解得

$$\boldsymbol{x} = 2\boldsymbol{a} - 3\boldsymbol{b}, \quad \boldsymbol{y} = 3\boldsymbol{a} - 5\boldsymbol{b}.$$

以 $\boldsymbol{a},\boldsymbol{b}$ 的坐标代入，即得

$$\begin{cases} \boldsymbol{x} = 2\{2,1,2\} - 3\{-1,1,-2\} = \{7,-1,10\}, \\ \boldsymbol{y} = 3\{2,1,2\} - 5\{-1,1,-2\} = \{11,-2,16\}. \end{cases}$$

例 4 设 $A(x_1,y_1,z_1)$ 与 $B(x_2,y_2,z_2)$ 是空间不相同的两点，在直线 AB 上求点 M，使得

$$\overrightarrow{AM} = \lambda \overrightarrow{AB} \quad (\lambda \text{ 是实数}).$$

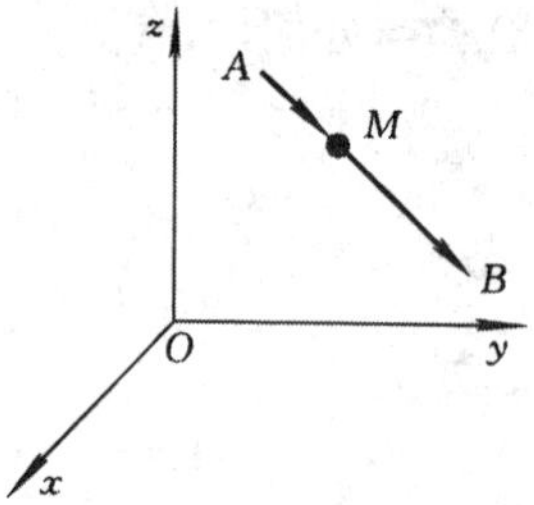

图 7-23

解 如图 7-23 所示，设点 M 的坐标为 (x,y,z)，那么向量

$$\overrightarrow{AM} = \{x - x_1, y - y_1, z - z_1\},$$

$$\overrightarrow{AB} = \{x_2 - x_1, y_2 - y_1, z_2 - z_1\}.$$

由

$$\overrightarrow{AM} = \lambda \overrightarrow{AB},$$

即

$$\{x - x_1, y - y_1, z - z_1\} = \{\lambda(x_2 - x_1), \lambda(y_2 - y_1), \lambda(z_2 - z_1)\},$$

就有

$$\begin{cases} x - x_1 = \lambda(x_2 - x_1), \\ y - y_1 = \lambda(y_2 - y_1), \\ z - z_1 = \lambda(z_2 - z_1). \end{cases}$$

解得

$$\begin{cases} x = (1-\lambda)x_1 + \lambda x_2, \\ y = (1-\lambda)y_1 + \lambda y_2, \\ z = (1-\lambda)z_1 + \lambda z_2. \end{cases} \tag{1}$$

这就是点 M 的坐标. 点 M 称为有向线段 $\overrightarrow{AB}$ 的分点.

可以看到，当 $\lambda = 0$ 时，M 就是 A 点，当 $\lambda = 1$ 时，M 就是 B 点，当 $\lambda = \frac{1}{2}$ 时，M 是线段 AB 的中点，它的坐标为

$$M\left(\frac{x_1 + x_2}{2}, \frac{y_1 + y_2}{2}, \frac{z_1 + z_2}{2}\right).$$

例5 已知三角形的三个顶点为 $A(2,-1,3)$，$B(1,1,2)$ 与 $C(5,-1,4)$. 求该三角形的中线向量 $\overrightarrow{AD}$ 以及线段 BC 上的三等分点 M_1，M_2 的坐标(图 7-24).

解 $\overrightarrow{AD}=\overrightarrow{AB}+\overrightarrow{BD}=\overrightarrow{AB}+\frac{1}{2}\overrightarrow{BC}$

$=\{-1,2,-1\}+\frac{1}{2}\{4,-2,2\}$

$=\{1,1,0\}$.

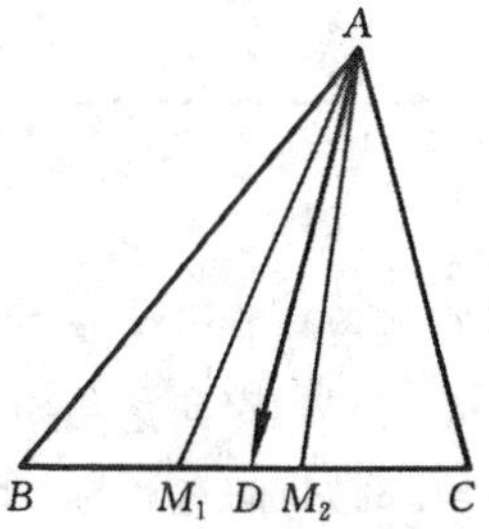

图 7-24

由于 $\overrightarrow{BM_1}=\frac{1}{3}\overrightarrow{BC}$，利用例 4 中得到的公式(1)，将点 B，C 的坐标与 $\lambda=\frac{1}{3}$ 代入(1) 式，得到

$$\begin{cases}x_1=\left(1-\frac{1}{3}\right)\times 1+\frac{1}{3}\times 5=\frac{7}{3},\\ y_1=\left(1-\frac{1}{3}\right)\times 1+\frac{1}{3}\times(-1)=\frac{1}{3},\\ z_1=\left(1-\frac{1}{3}\right)\times 2+\frac{1}{3}\times 4=\frac{8}{3}.\end{cases}$$

于是，得到点 M_1 的坐标为 $\left(\frac{7}{3},\frac{1}{3},\frac{8}{3}\right)$.

类似可得到点 M_2 的坐标为 $\left(\frac{11}{3},-\frac{1}{3},\frac{10}{3}\right)$.

3. 向量的模、方向角与方向余弦

向量的模也就是向量的长度，下面我们将利用向量的坐标来计算向量的模.

设向量 $\boldsymbol{a}=\{x,y,z\}$. 作 $\overrightarrow{OM}$，使得 $\overrightarrow{OM}=\boldsymbol{a}$(图 7-22). 由空间点 $M(x,y,z)$ 到坐标原点的距离可知 $\boldsymbol{a}$ 的模为

$$|\boldsymbol{a}|=|\overrightarrow{OM}|=\sqrt{x^2+y^2+z^2}. \tag{2}$$

例6 设有点 $A(2,-1,7)$ 与 $B(18,17,-17)$. 试求向量 $\overrightarrow{AB}$ 的模以及与 $\overrightarrow{AB}$ 平行的单位向量.

解 向量 $\overrightarrow{AB}=\{18-2,17-(-1),-17-7\}=\{16,18,-24\}$. 于是，向量 $\overrightarrow{AB}$ 的模为

$$|\overrightarrow{AB}|=\sqrt{16^2+18^2+(-24)^2}=34.$$

与向量 $\overrightarrow{AB}$ 平行的单位向量有两个，分别为

$$\pm\frac{1}{|\overrightarrow{AB}|}\overrightarrow{AB}=\pm\frac{1}{34}\{16,18,-24\}=\pm\left\{\frac{8}{17},\frac{9}{17},-\frac{12}{17}\right\}.$$

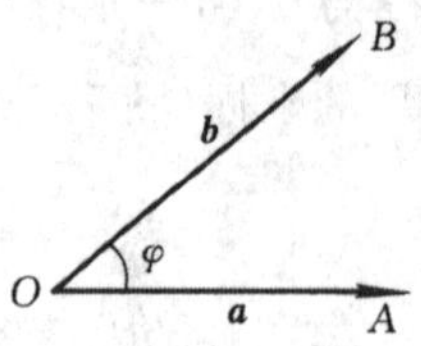

图 7-25

下面我们将引入向量夹角的概念.

设有两个非零向量 $\boldsymbol{a},\boldsymbol{b}$,任取空间一点 O. 作 $\overrightarrow{OA}=\boldsymbol{a}$, $\overrightarrow{OB}=\boldsymbol{b}$,规定不超过 π 的 $\angle AOB$(设 $\varphi=\angle AOB, 0\leqslant\varphi\leqslant\pi$)为向量 $\boldsymbol{a}$ 与 $\boldsymbol{b}$ 的夹角(图 7-25),记为 $(\widehat{\boldsymbol{a},\boldsymbol{b}})$ 或 $(\widehat{\boldsymbol{b},\boldsymbol{a}})$,即 $(\widehat{\boldsymbol{a},\boldsymbol{b}})=\varphi$. 如果向量 $\boldsymbol{a}$ 与 $\boldsymbol{b}$ 中有一个是零向量,则规定它们的夹角可在 $0\sim\pi$ 之间任意取值.

我们规定向量与沿数轴正方向的任一非零向量的夹角为该向量与该数轴的夹角. 例如,向量 $\boldsymbol{a}$ 与 x 轴的夹角就规定为 $\boldsymbol{a}$ 与 x 轴正向的单位向量 $\boldsymbol{i}$ 之间的夹角,向量 $\boldsymbol{a}$ 与 y 轴、z 轴的夹角就分别规定为 $\boldsymbol{a}$ 与向量 $\boldsymbol{j}$、向量 $\boldsymbol{k}$ 的夹角.

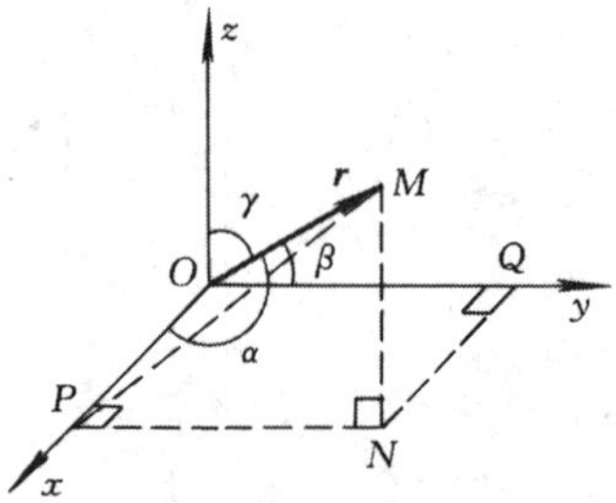

图 7-26

非零向量 $\boldsymbol{r}$ 与三条坐标轴的夹角 α,β,γ 称为向量 $\boldsymbol{r}$ 的方向角(图 7-26). 设 $\boldsymbol{r}=\overrightarrow{OM}=\{x,y,z\}$,点 P 是 $M(x,y,z)$ 在 x 轴上的投影,则点 P 的坐标为 $(x,0,0)$. 由于 OP 与 PM 垂直,OM 是直角三角形 OPM 的斜边(当 $\overrightarrow{OP}$ 与 $\overrightarrow{OM}$ 不平行并且不垂直时),并且注意到,当 $0\leqslant\alpha<\frac{\pi}{2}$ 时,x 为正值,当 $\frac{\pi}{2}<\alpha\leqslant\pi$ 时,x 取负值,因此有

$$x=|\overrightarrow{OM}|\cos\alpha,$$

即有
$$\cos\alpha=\frac{x}{|\overrightarrow{OM}|}=\frac{x}{\sqrt{x^2+y^2+z^2}}.$$

这一结果对 $\alpha=0,\alpha=\frac{\pi}{2}$ 以及 $\alpha=\pi$ 也是成立的. 这就是说,上式对于 $\overrightarrow{OP}$ 与 $\overrightarrow{OM}$ 垂直或平行时也是成立的. 对于其余两个方向角,类似地可以得到

$$\cos\beta=\frac{y}{\sqrt{x^2+y^2+z^2}},$$

$$\cos\gamma=\frac{z}{\sqrt{x^2+y^2+z^2}},$$

从而

$$\{\cos\alpha,\cos\beta,\cos\gamma\}=\left\{\frac{x}{|\boldsymbol{r}|},\frac{y}{|\boldsymbol{r}|},\frac{z}{|\boldsymbol{r}|}\right\}$$
$$=\frac{1}{|\boldsymbol{r}|}\{x,y,z\}=\frac{\boldsymbol{r}}{|\boldsymbol{r}|}=\boldsymbol{e}_r.$$

$\cos\alpha,\cos\beta,\cos\gamma$ 称为向量 $\boldsymbol{r}$ 的方向余弦. 上式表明，以向量 $\boldsymbol{r}$ 的方向余弦为坐标的向量就是与 $\boldsymbol{r}$ 方向一致的单位向量 $\boldsymbol{e}_r$，并由此可得方向余弦满足恒等式：

$$\cos^2\alpha+\cos^2\beta+\cos^2\gamma=1. \tag{3}$$

例 7 设 $A\left(0,-\frac{\sqrt{2}}{2},1\right)$，$B\left(1,\frac{\sqrt{2}}{2},3\right)$ 是空间的两点，向量 $\boldsymbol{a}=\overrightarrow{AB}$，写出 $\boldsymbol{a}$ 的坐标表示式以及它的模与方向角.

解
$$\begin{aligned}\boldsymbol{a}=\overrightarrow{AB}&=\left\{1-0,\frac{\sqrt{2}}{2}-\left(-\frac{\sqrt{2}}{2}\right),3-1\right\}\\&=\{1,\sqrt{2},2\}.\end{aligned}$$

由式(2) 可知

$$|\boldsymbol{a}|=\sqrt{1^2+(\sqrt{2})^2+2^2}=\sqrt{7}.$$

方向余弦

$$\cos\alpha=\frac{1}{\sqrt{7}}=\frac{\sqrt{7}}{7},\quad \cos\beta=\frac{\sqrt{2}}{\sqrt{7}}=\frac{\sqrt{14}}{7},\quad \cos\gamma=\frac{2}{\sqrt{7}}=\frac{2\sqrt{7}}{7}.$$

方向角

$$\alpha=\arccos\frac{\sqrt{7}}{7},\quad \beta=\arccos\frac{\sqrt{14}}{7},\quad \gamma=\arccos\frac{2\sqrt{7}}{7}.$$

例 8 设点 A 位于第 Ⅰ 卦限，其向径 $\overrightarrow{OA}$ 的模 $|\overrightarrow{OA}|=6$，且向径与 x 轴、y 轴的夹角依次为 $\frac{\pi}{3}$ 与 $\frac{\pi}{4}$，求点 A 的坐标.

解 由 $\alpha=\frac{\pi}{3}$，$\beta=\frac{\pi}{4}$ 以及关系式

$$\cos^2\alpha+\cos^2\beta+\cos^2\gamma=1,$$

得到

$$\cos^2\gamma=1-\left(\frac{1}{2}\right)^2-\left(\frac{\sqrt{2}}{2}\right)^2=\frac{1}{4}.$$

由点 A 在第一卦限知道 $\cos\gamma>0$，故 $\cos\gamma=\frac{1}{2}$，于是

$$\overrightarrow{OA}=|\overrightarrow{OA}|\,\boldsymbol{e}_{\overrightarrow{OA}}=6\{\cos\alpha,\cos\beta,\cos\gamma\}=\{3,3\sqrt{2},3\}.$$

因此，点 A 的坐标为 $(3,3\sqrt{2},3)$.

习　题　7-2

(A)

1. 设 $\boldsymbol{u}=\boldsymbol{a}+\boldsymbol{b}-2\boldsymbol{c}$，$\boldsymbol{v}=-\boldsymbol{a}-3\boldsymbol{b}+\boldsymbol{c}$. 试用 $\boldsymbol{a},\boldsymbol{b},\boldsymbol{c}$ 来表示向量 $2\boldsymbol{u}-3\boldsymbol{v}$.

2. 五等分 $\triangle ABC$ 的边 BC，设分点依次为 D_1,D_2,D_3,D_4，再分别连接点 A 与各分点. 试以 $\overrightarrow{AB}=\boldsymbol{c}$，$\overrightarrow{BC}=\boldsymbol{a}$ 表示向量 $\overrightarrow{D_1A}$，$\overrightarrow{D_2A}$，$\overrightarrow{D_3A}$ 与 $\overrightarrow{D_4A}$.

3. 已知两点 $M_1(0,1,2)$ 与 $M_2(1,-1,0)$. 试用坐标表示式表示向量 $\overrightarrow{M_1M_2}$ 与 $-2\overrightarrow{M_1M_2}$.

4. 求平行于向量 $\boldsymbol{a}=\{6,7,-6\}$ 的单位向量.

5. 已知 $A(1,2,-4)$，$\overrightarrow{AB}=\{-3,2,1\}$，求点 B 的坐标.

6. 已知 $A(1,2,-4)$，$B(6,2,z)$，$|\overrightarrow{AB}|=11$，求 z 的值.

7. 设 $A(1,2,-3)$，$B(2,-3,5)$ 为平行四边形相邻两个顶点，而 $M(1,1,1)$ 为对角线的交点，求其余两个顶点的坐标.

8. 证明空间 $P_1(5,3,-2)$，$P_2(4,1,-1)$ 与 $P_3(2,-3,1)$ 三点共线.

9. 下列哪几组角可以作为某个向量的方向角？

(1) $45°,60°,60°$；　(2) $30°,45°,60°$；

(3) $30°,90°,60°$；　(4) $0°,30°,150°$.

10. 已知向量 $\overrightarrow{P_1P_2}$ 的模为 6，方向余弦为 $-\dfrac{2}{3},\dfrac{1}{3},\dfrac{2}{3}$，点 P_1 的坐标为 $(-3,2,5)$，求点 P_2 的坐标.

11. 已知两点 $M_1(4,\sqrt{2},1)$ 与 $M_2(3,0,2)$. 计算向量 $\overrightarrow{M_1M_2}$ 的模、方向余弦与方向角.

12. 已知点 P 的向径 $\overrightarrow{OP}$ 为单位向量，且与 z 轴的夹角为 $\dfrac{\pi}{6}$，另外两个方向角相等，求点 P 的坐标.

13. 利用向量的方法证明：梯形两腰中点的连线平行于底边，且等于两底边和的一半.

(B)

1. 已给正六边形 $ABCDEF$（字母顺序按逆时针方向），记 $\overrightarrow{AB}=\boldsymbol{a}$，$\overrightarrow{AE}=\boldsymbol{b}$. 试用向量 $\boldsymbol{a},\boldsymbol{b}$ 表示向量 $\overrightarrow{AC}$，$\overrightarrow{AD}$，$\overrightarrow{AF}$ 与 $\overrightarrow{CB}$.

2. 已知向量 $\boldsymbol{a}$ 与三个坐标轴的夹角是相等的锐角，并且模为 $2\sqrt{3}$. 若 $\boldsymbol{a}$ 的终点坐标为 $(4,-3,5)$，求 $\boldsymbol{a}$ 的起点坐标.

3. 试确定 m 与 n 的值，使向量 $\boldsymbol{a}=\{-2,3,n\}$ 与向量 $\boldsymbol{b}=\{m,-6,2\}$ 平行.

4. 已知 $\overrightarrow{AB}=\{-3,0,4\}$，$\overrightarrow{AC}=\{5,-2,-14\}$. 求 $\angle BAC$ 的角平分线上的单位向量.

5. 设向量的方向余弦分别满足：(1) $\cos\alpha=0$；(2) $\cos\beta=1$；(3) $\cos\alpha=\cos\beta=0$，问这些向量与坐标轴或坐标面的关系如何？

6. 设 $\boldsymbol{a}=\boldsymbol{i}+\boldsymbol{j}+\boldsymbol{k}$，$\boldsymbol{b}=\boldsymbol{i}-2\boldsymbol{j}+\boldsymbol{k}$，$\boldsymbol{c}=-2\boldsymbol{i}+\boldsymbol{j}+2\boldsymbol{k}$，试用它们表示向量 $\boldsymbol{i},\boldsymbol{j},\boldsymbol{k}$.

第三节　向量的数量积与向量积

一、两向量的数量积

如图 7-27 所示，如果某物体在常力 $\boldsymbol{f}$ 的作用下沿直线从点 M_0 移动至点 M，用 $\boldsymbol{s}$ 表示物体的位移 $\overrightarrow{M_0M}$，那么，力 $\boldsymbol{f}$ 所作的功是

$$W = |\boldsymbol{f}||\boldsymbol{s}|\cos\theta,$$

其中，θ 是 $\boldsymbol{f}$ 与 $\boldsymbol{s}$ 的夹角.

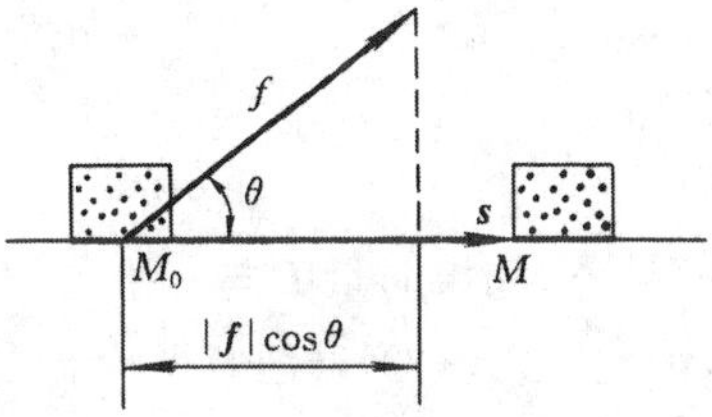

图 7-27

从这个问题看出，我们有时要对两个向量 $\boldsymbol{a}$ 与 $\boldsymbol{b}$ 作这样的运算：运算的结果是一个数，它等于 $|\boldsymbol{a}|$，$|\boldsymbol{b}|$ 及它们的夹角 θ 的余弦的乘积. 我们称它为向量 $\boldsymbol{a}$ 与 $\boldsymbol{b}$ 的数量积，记为 $\boldsymbol{a}\cdot\boldsymbol{b}$，即

$$\boldsymbol{a}\cdot\boldsymbol{b} = |\boldsymbol{a}||\boldsymbol{b}|\cos\theta. \tag{1}$$

向量的数量积也称为点积或内积. 按数量积的定义，上面所述力 $\boldsymbol{f}$ 所作的功可以表示为 $W = \boldsymbol{f}\cdot\boldsymbol{s}$.

显然，对任何向量 $\boldsymbol{a}$，有 $\boldsymbol{a}\cdot\boldsymbol{0} = 0$，此外还有

(1) $\boldsymbol{a}\cdot\boldsymbol{a} = |\boldsymbol{a}|^2$；

(2) $\boldsymbol{a}\cdot\boldsymbol{b} = 0$ 的充分必要条件是 $\boldsymbol{a}\perp\boldsymbol{b}$（向量 $\boldsymbol{a}$ 与 $\boldsymbol{b}$ 的夹角 $\theta = \frac{\pi}{2}$ 时，称它们互相垂直，并记为 $\boldsymbol{a}\perp\boldsymbol{b}$）.

这两式都可以从数量积的定义加以说明.

下面我们推导数量积的坐标表达式.

设向量 $\boldsymbol{a} = \{a_x, a_y, a_z\}$，$\boldsymbol{b} = \{b_x, b_y, b_z\}$ 是任意两个不平行的向量，$(\widehat{\boldsymbol{a},\boldsymbol{b}}) = \theta$. 如果将 $\boldsymbol{a}$ 与 $\boldsymbol{b}$ 移到同一个起点，那么，向量 $\boldsymbol{a}$，$\boldsymbol{b}$ 以及 $\boldsymbol{a}-\boldsymbol{b}$ 就构成了一个三角形（图 7-29）.

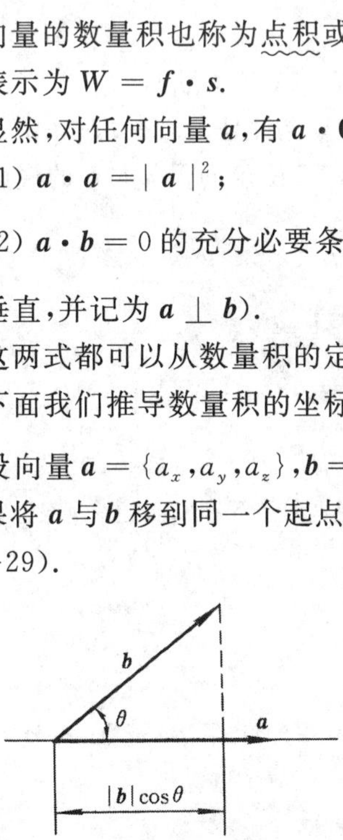

图 7-28

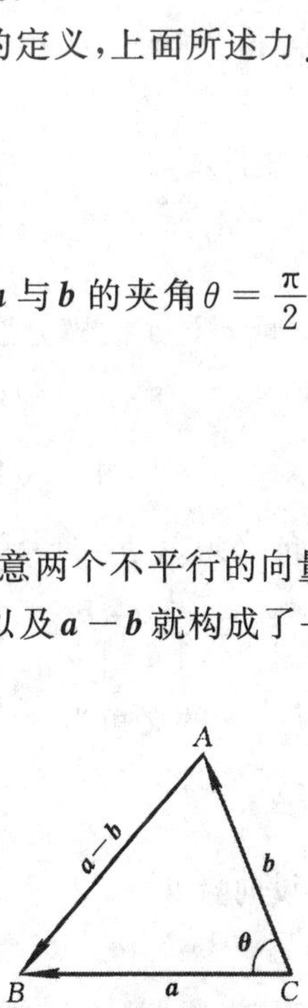

图 7-29

由三角形的余弦定理

$$|\boldsymbol{a}-\boldsymbol{b}|^2=|\boldsymbol{a}|^2+|\boldsymbol{b}|^2-2|\boldsymbol{a}||\boldsymbol{b}|\cos\theta,$$

得到

$$\begin{aligned}|\boldsymbol{a}||\boldsymbol{b}|\cos\theta=\boldsymbol{a}\cdot\boldsymbol{b}&=\frac{1}{2}(|\boldsymbol{a}|^2+|\boldsymbol{b}|^2-|\boldsymbol{a}-\boldsymbol{b}|^2)\\&=\frac{1}{2}\{(a_x^2+a_y^2+a_z^2)+(b_x^2+b_y^2+b_z^2)\\&\quad-[(a_x-b_x)^2+(a_y-b_y)^2+(a_z-b_z)^2]\}\\&=a_xb_x+a_yb_y+a_zb_z,\end{aligned}$$

即得

$$\boldsymbol{a}\cdot\boldsymbol{b}=a_xb_x+a_yb_y+a_zb_z. \tag{2}$$

另外,如果向量 $\boldsymbol{b}$ 与 $\boldsymbol{a}$ 平行,那么,$\boldsymbol{b}=\lambda\boldsymbol{a}$,可以看到,此时(2)式两端仍然相等,因此,公式(2)对任意两个向量都成立.公式(2)就是向量数量积的坐标表示式.

利用公式(2),可以方便地导出数量积满足下列运算规律:

(1) 交换律　$\boldsymbol{a}\cdot\boldsymbol{b}=\boldsymbol{b}\cdot\boldsymbol{a}$;

(2) 分配律　$(\boldsymbol{a}+\boldsymbol{b})\cdot\boldsymbol{c}=\boldsymbol{a}\cdot\boldsymbol{c}+\boldsymbol{b}\cdot\boldsymbol{c}$;

(3) 结合律　$(\lambda\boldsymbol{a})\cdot\boldsymbol{b}=\boldsymbol{a}\cdot(\lambda\boldsymbol{b})=\lambda(\boldsymbol{a}\cdot\boldsymbol{b})$($\lambda$ 是实数).

$\boldsymbol{a}\perp\boldsymbol{b}$ 的充要条件是 $\boldsymbol{a}\cdot\boldsymbol{b}=0$,可以写成 $\boldsymbol{a}\perp\boldsymbol{b}$ 的充要条件是 $a_xb_x+a_yb_y+a_zb_z=0$.

例 1　设有向量 $\boldsymbol{a}=\{5,2,5\}$,$\boldsymbol{b}=\{2,-1,2\}$.试求向量 $\boldsymbol{a}$ 与 $\boldsymbol{b}$ 的模以及它们的夹角.

解　向量 $\boldsymbol{a}$ 与 $\boldsymbol{b}$ 的模分别为

$$|\boldsymbol{a}|=\sqrt{5^2+2^2+5^2}=\sqrt{54}=3\sqrt{6},$$

$$|\boldsymbol{b}|=\sqrt{2^2+(-1)^2+2^2}=\sqrt{9}=3.$$

向量 $\boldsymbol{a}$ 与 $\boldsymbol{b}$ 的夹角 $(\widehat{\boldsymbol{a},\boldsymbol{b}})$ 的余弦为

$$\cos(\widehat{\boldsymbol{a},\boldsymbol{b}})=\frac{\boldsymbol{a}\cdot\boldsymbol{b}}{|\boldsymbol{a}||\boldsymbol{b}|}=\frac{5\times2+2\times(-1)+5\times2}{3\sqrt{6}\times3}=\frac{18}{9\sqrt{6}}=\frac{\sqrt{6}}{3},$$

因此,向量 $\boldsymbol{a}$ 与 $\boldsymbol{b}$ 的夹角为

$$(\widehat{\boldsymbol{a},\boldsymbol{b}})=\arccos\frac{\sqrt{6}}{3}.$$

例 2　设向量 $\boldsymbol{a}=\{3,-2,-5\}$,$\boldsymbol{b}=\{6,0,2\}$.计算 $(4\boldsymbol{a}-\boldsymbol{b})\cdot(\boldsymbol{a}+2\boldsymbol{b})$.

解

$$\begin{aligned}4\boldsymbol{a}-\boldsymbol{b}&=4\{3,-2,-5\}-\{6,0,2\}\\&=\{6,-8,-22\},\\\boldsymbol{a}+2\boldsymbol{b}&=\{3,-2,-5\}+2\{6,0,2\}\\&=\{15,-2,-1\},\end{aligned}$$

因此

$$(4\boldsymbol{a}-\boldsymbol{b})\cdot(\boldsymbol{a}+2\boldsymbol{b})=\{6,-8,-22\}\cdot\{15,-2,-1\}$$
$$=6\times 15+(-8)\times(-2)+(-22)\times(-1)$$
$$=128.$$

例 3 已知向量 $\boldsymbol{a}=\{3,-2,1\}$，$\boldsymbol{b}=\{2,2,5\}$，试问实数 λ 为何值时，向量 $\boldsymbol{a}+\lambda\boldsymbol{b}$ 与向量 $\boldsymbol{a}$ 垂直？

解 由向量数量积的性质，向量 $\boldsymbol{a}+\lambda\boldsymbol{b}$ 与向量 $\boldsymbol{a}$ 垂直的充分必要条件是

$$(\boldsymbol{a}+\lambda\boldsymbol{b})\cdot\boldsymbol{a}=0,$$

即

$$\boldsymbol{a}\cdot\boldsymbol{a}+\lambda\boldsymbol{a}\cdot\boldsymbol{b}=0,$$

由此得到

$$\lambda=-\frac{\boldsymbol{a}\cdot\boldsymbol{a}}{\boldsymbol{a}\cdot\boldsymbol{b}}.$$

由于

$$\boldsymbol{a}\cdot\boldsymbol{a}=|\boldsymbol{a}|^2=3^2+(-2)^2+1^2=14,$$
$$\boldsymbol{a}\cdot\boldsymbol{b}=3\times 2+(-2)\times 2+1\times 5=7,$$

故得 $\lambda=-\dfrac{14}{7}=-2$，即当 $\lambda=-2$ 时，向量 $\boldsymbol{a}+\lambda\boldsymbol{b}$ 与向量 $\boldsymbol{a}$ 垂直.

例 4 试求锥顶在坐标原点、半顶角为 $\alpha\left(0<\alpha<\dfrac{\pi}{2}\right)$、如图 7-30 所示的圆锥面的方程.

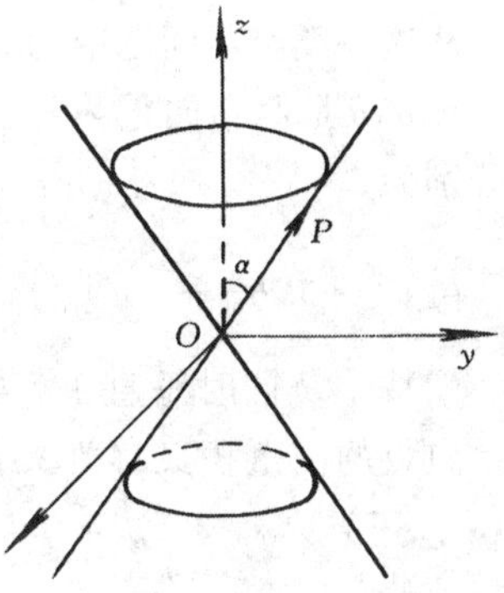

图 7-30

解 设 $P(x,y,z)$ 为锥面上任一点，由假设条件，向径 $\overrightarrow{OP}$ 与 z 轴的夹角为 α 或 $\pi-\alpha$，即向量 $\overrightarrow{OP}$ 与 z 轴正向的单位向量 $\boldsymbol{k}$ 的夹角为 α 或 $\pi-\alpha$. 因此有

$$\frac{\overrightarrow{OP}\cdot\boldsymbol{k}}{|\overrightarrow{OP}|}=\cos\alpha,$$

或

$$\frac{\overrightarrow{OP}\cdot\boldsymbol{k}}{|\overrightarrow{OP}|}=\cos(\pi-\alpha)=-\cos\alpha.$$

由于 $\overrightarrow{OP}\cdot\boldsymbol{k}=\{x,y,z\}\cdot\{0,0,1\}=z$，故由以上两式中任一式都可得

$$\frac{|z|}{\sqrt{x^2+y^2+z^2}}=\cos\alpha.$$

由此即得

$$z^2=(x^2+y^2+z^2)\cos^2\alpha.$$

另一方面，如果点 $P(x,y,z)$ 不在圆锥面上，那么，向径 $\overrightarrow{OP}$ 与 z 轴的夹角既不等

于 α，也不等于 $\pi-\alpha$，因此，点 P 的坐标就不会满足这个方程. 所以，这个方程就是该圆锥面的方程，它通常也可写成 $x^2+y^2=z^2\tan^2\alpha$.

二、两向量的向量积

在研究物体转动问题时，不但要考虑物体所受的力，还要分析这些力所产生的力矩. 下面就举一个简单的例子来说明表达力矩的方法.

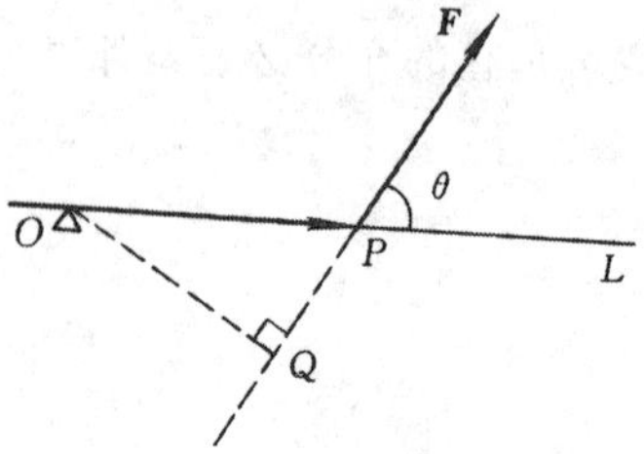

图 7-31

设 O 为杠杆 L 的支点，力 $\boldsymbol{F}$ 作用于这杠杆上的点 P 处，$\boldsymbol{F}$ 与 $\overrightarrow{OP}$ 的夹角为 θ(图7-31). 由力学规定，力 $\boldsymbol{F}$ 对支点 O 的力矩是一向量 $\boldsymbol{M}$，它的模为

$$|\boldsymbol{M}|=|OQ||\boldsymbol{F}|=|\overrightarrow{OP}||\boldsymbol{F}|\sin\theta,$$

而 $\boldsymbol{M}$ 的方向垂直于 $\overrightarrow{OP}$ 与 $\boldsymbol{F}$ 所决定的平面，$\boldsymbol{M}$ 的指向是按右手规则从 $\overrightarrow{OP}$ 以不超过 π 的角转向 $\boldsymbol{F}$ 来确定的，即当右手的四个手指从 $\overrightarrow{OP}$ 以不超过 π 的角转向 $\boldsymbol{F}$ 握拳时，大拇指的指向就是 $\boldsymbol{M}$ 的指向.

从这一类实际问题中，我们抽象出向量的另一种乘积，即两个向量的向量积.

设 $\boldsymbol{a},\boldsymbol{b}$ 是两个向量，规定 $\boldsymbol{a}$ 与 $\boldsymbol{b}$ 的向量积是一个向量，记为 $\boldsymbol{a}\times\boldsymbol{b}$，它的模与方向分别为

(1) $|\boldsymbol{a}\times\boldsymbol{b}|=|\boldsymbol{a}||\boldsymbol{b}|\sin\theta \quad (\theta=(\widehat{\boldsymbol{a},\boldsymbol{b}}))$；

(2) $\boldsymbol{a}\times\boldsymbol{b}$ 同时垂直于 $\boldsymbol{a}$ 与 $\boldsymbol{b}$，并且 $\boldsymbol{a},\boldsymbol{b},\boldsymbol{a}\times\boldsymbol{b}$ 的方向符合右手法则(图7-32).

向量的向量积又称为叉积或外积. 有了这一概念，上面提到的力矩可以表示为 $\boldsymbol{M}=\overrightarrow{OP}\times\boldsymbol{F}$.

由向量积的概念可以方便地得到向量积满足下列性质：

(1) $\boldsymbol{a}\times\boldsymbol{a}=\boldsymbol{0}$.

(2) $\boldsymbol{a}$ 与 $\boldsymbol{b}$ 不是零向量时，$\boldsymbol{a}\parallel\boldsymbol{b}$ 的充要条件是 $\boldsymbol{a}\times\boldsymbol{b}=\boldsymbol{0}$.

这是由于 $|\boldsymbol{a}\times\boldsymbol{b}|=|\boldsymbol{a}||\boldsymbol{b}|\sin\theta$，因此，$|\boldsymbol{a}\times\boldsymbol{b}|=0$ 的充要条件是 $\sin\theta=0$，所以，$\theta=0$ 或 π，即向量 $\boldsymbol{a}$ 与 $\boldsymbol{b}$ 平行.

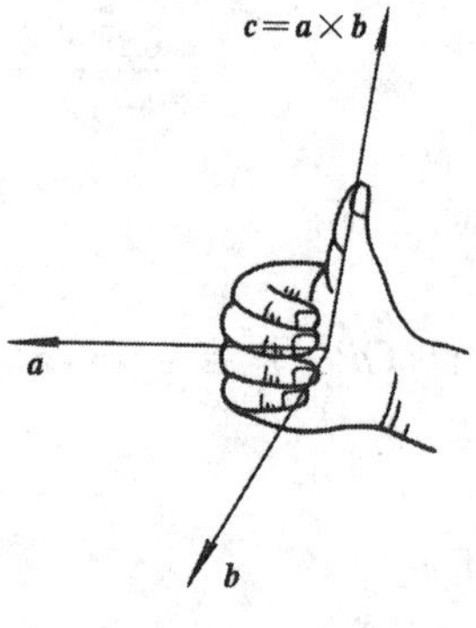

图 7-32

(3) 反交换律　$\boldsymbol{b}\times\boldsymbol{a}=-\boldsymbol{a}\times\boldsymbol{b}$.

(4) 分配律　$(\boldsymbol{a}+\boldsymbol{b})\times\boldsymbol{c}=\boldsymbol{a}\times\boldsymbol{c}+\boldsymbol{b}\times\boldsymbol{c}$.

(5) 结合律　$(\lambda \boldsymbol{a}) \times \boldsymbol{b} = \boldsymbol{a} \times (\lambda \boldsymbol{b}) = \lambda(\boldsymbol{a} \times \boldsymbol{b})$ (λ 为实数).

由于向量积 $\boldsymbol{a} \times \boldsymbol{b}$ 的方向是按图 7-32 中所示的右手法则来确定的,因此,$\boldsymbol{a} \times \boldsymbol{b}$ 与 $\boldsymbol{b} \times \boldsymbol{a}$ 的方向相反,但是模相等,所以反交换律成立.分配律、结合律的证明从略.

利用上面列出的运算性质(3)、(4) 与(5),我们可以导出向量积的坐标表示式.

设 $\boldsymbol{a} = \{a_x, a_y, a_z\}$, $\boldsymbol{b} = \{b_x, b_y, b_z\}$,那么

$$\begin{aligned}
\boldsymbol{a} \times \boldsymbol{b} &= (a_x \boldsymbol{i} + a_y \boldsymbol{j} + a_z \boldsymbol{k}) \times (b_x \boldsymbol{i} + b_y \boldsymbol{j} + b_z \boldsymbol{k}) \\
&= a_x \boldsymbol{i} \times (b_x \boldsymbol{i} + b_y \boldsymbol{j} + b_z \boldsymbol{k}) + a_y \boldsymbol{j} \times (b_x \boldsymbol{i} + b_y \boldsymbol{j} + b_z \boldsymbol{k}) \\
&\quad + a_z \boldsymbol{k} \times (b_x \boldsymbol{i} + b_y \boldsymbol{j} + b_z \boldsymbol{k}) \\
&= a_x b_x (\boldsymbol{i} \times \boldsymbol{i}) + a_x b_y (\boldsymbol{i} \times \boldsymbol{j}) + a_x b_z (\boldsymbol{i} \times \boldsymbol{k}) \\
&\quad + a_y b_x (\boldsymbol{j} \times \boldsymbol{i}) + a_y b_y (\boldsymbol{j} \times \boldsymbol{j}) + a_y b_z (\boldsymbol{j} \times \boldsymbol{k}) \\
&\quad + a_z b_x (\boldsymbol{k} \times \boldsymbol{i}) + a_z b_y (\boldsymbol{k} \times \boldsymbol{j}) + a_z b_z (\boldsymbol{k} \times \boldsymbol{k}).
\end{aligned}$$

由于据向量积的定义可知

$$\begin{aligned}
&\boldsymbol{i} \times \boldsymbol{i} = \boldsymbol{j} \times \boldsymbol{j} = \boldsymbol{k} \times \boldsymbol{k} = \boldsymbol{0}, \\
&\boldsymbol{i} \times \boldsymbol{j} = \boldsymbol{k}, \quad \boldsymbol{j} \times \boldsymbol{k} = \boldsymbol{i}, \quad \boldsymbol{k} \times \boldsymbol{i} = \boldsymbol{j}, \\
&\boldsymbol{j} \times \boldsymbol{i} = -\boldsymbol{k}, \quad \boldsymbol{k} \times \boldsymbol{j} = -\boldsymbol{i}, \quad \boldsymbol{i} \times \boldsymbol{k} = -\boldsymbol{j},
\end{aligned}$$

所以得到

$$\begin{aligned}
\boldsymbol{a} \times \boldsymbol{b} &= (a_y b_z - a_z b_y) \boldsymbol{i} + (a_z b_x - a_x b_z) \boldsymbol{j} + (a_x b_y - a_y b_x) \boldsymbol{k} \\
&= \{a_y b_z - a_z b_y, a_z b_x - a_x b_z, a_x b_y - a_y b_x\}. \qquad (3)
\end{aligned}$$

为了便于记忆,可以利用三阶行列式,把(3) 式写成

$$\boldsymbol{a} \times \boldsymbol{b} = \begin{vmatrix} \boldsymbol{i} & \boldsymbol{j} & \boldsymbol{k} \\ a_x & a_y & a_z \\ b_x & b_y & b_z \end{vmatrix}. \qquad (3')$$

按第一行展开该行列式,即可得到(3) 式.

例 5　设 $\boldsymbol{a} = \{1, -2, 3\}$, $\boldsymbol{b} = \{2, 1, -1\}$,计算 $\boldsymbol{a} \times \boldsymbol{b}$.

解
$$\boldsymbol{a} \times \boldsymbol{b} = \begin{vmatrix} \boldsymbol{i} & \boldsymbol{j} & \boldsymbol{k} \\ 1 & -2 & 3 \\ 2 & 1 & -1 \end{vmatrix} = -\boldsymbol{i} + 7\boldsymbol{j} + 5\boldsymbol{k}.$$

例 6　已知 $\triangle ABC$ 的顶点是 $A(1,2,3)$, $B(3,4,5)$ 与 $C(2,4,7)$. 求 $\triangle ABC$

的面积与 $\angle BAC$ 的正弦.

解 如图 7-33 所示，$\triangle ABC$ 的面积为

$$S_{\triangle ABC}=\frac{1}{2}|\overrightarrow{AB}|h$$

$$=\frac{1}{2}|\overrightarrow{AB}||\overrightarrow{AC}|\sin(\widehat{\overrightarrow{AB},\overrightarrow{AC}})$$

$$=\frac{1}{2}|\overrightarrow{AB}\times\overrightarrow{AC}|.$$

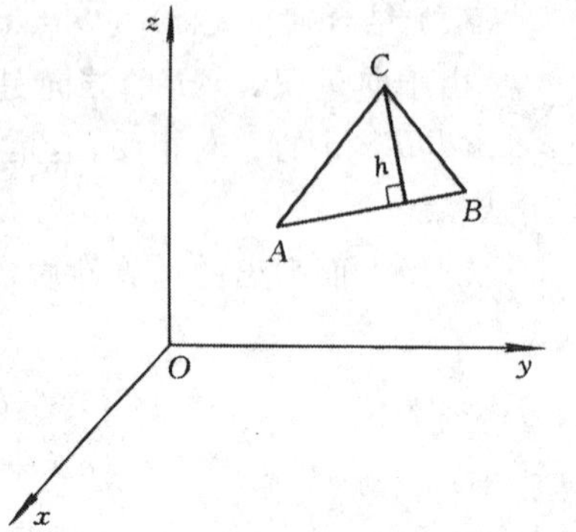

图 7-33

而由于 $\overrightarrow{AB}=\{2,2,2\}$, $\overrightarrow{AC}=\{1,2,4\}$,

$$\overrightarrow{AB}\times\overrightarrow{AC}=\{2\times4-2\times2,2\times1-2\times4,2\times2-2\times1\}$$

$$=\{4,-6,2\},$$

所以 $\triangle ABC$ 的面积为

$$S_{\triangle ABC}=\frac{1}{2}\sqrt{4^2+(-6)^2+2^2}=\frac{1}{2}\sqrt{56}=\sqrt{14}.$$

另外，

$$\sin\angle BAC=\sin(\widehat{\overrightarrow{AB},\overrightarrow{AC}})=\frac{|\overrightarrow{AB}\times\overrightarrow{AC}|}{|\overrightarrow{AB}||\overrightarrow{AC}|}$$

$$=\frac{\sqrt{56}}{\sqrt{2^2+2^2+2^2}\sqrt{1^2+2^2+4^2}}=\frac{\sqrt{2}}{3}.$$

习　题　7-3

(A)

1. 已知向量 $\boldsymbol{a}=\{3,-2,-5\}$, $\boldsymbol{b}=\{6,0,2\}$. 求：

(1) $\boldsymbol{a}\cdot\boldsymbol{b}$; (2) $\boldsymbol{a}\cdot\boldsymbol{a}$; (3) $(4\boldsymbol{a}-\boldsymbol{b})\cdot(\boldsymbol{a}+2\boldsymbol{b})$.

2. 设 $\boldsymbol{a}=\{3,2,-1\}$, $\boldsymbol{b}=\{1,-1,2\}$. 求：(1) $\boldsymbol{a}\times\boldsymbol{b}$; (2) $2\boldsymbol{a}\times7\boldsymbol{b}$; (3) $\boldsymbol{a}\times\boldsymbol{i}$.

3. 设 $\boldsymbol{a}=\{2,-3,1\}$, $\boldsymbol{b}=\{1,-1,3\}$, $\boldsymbol{c}=\{1,-2,0\}$，试计算下列各式：

(1) $(\boldsymbol{a}\cdot\boldsymbol{b})\boldsymbol{c}-(\boldsymbol{a}\cdot\boldsymbol{c})\boldsymbol{b}$;　　(2) $(\boldsymbol{a}+\boldsymbol{b})\times(\boldsymbol{b}+\boldsymbol{c})$;

(3) $(\boldsymbol{a}\times\boldsymbol{b})\cdot\boldsymbol{c}$;　　(4) $(\boldsymbol{a}\times\boldsymbol{b})\times\boldsymbol{c}$.

4. 设 $\boldsymbol{a}=3\boldsymbol{i}-\boldsymbol{j}-2\boldsymbol{k}$, $\boldsymbol{b}=\boldsymbol{i}+2\boldsymbol{j}-\boldsymbol{k}$，求：(1) 向量的模 $|\boldsymbol{a}|$, $|\boldsymbol{b}|$; (2) $\cos(\widehat{\boldsymbol{a},\boldsymbol{b}})$.

5. 设 $|\boldsymbol{a}|=2$, $|\boldsymbol{b}|=3$，试求 $|\boldsymbol{a}\times\boldsymbol{b}|^2+(\boldsymbol{a}\cdot\boldsymbol{b})^2$.

6. 设 $|\boldsymbol{a}|=3$, $|\boldsymbol{b}|=4$，并且 $\boldsymbol{a}\perp\boldsymbol{b}$，试求 $|(\boldsymbol{a}+\boldsymbol{b})\times(\boldsymbol{a}-\boldsymbol{b})|$.

7. 设质量为100kg的物体从点 $M_1(3,1,8)$ 沿直线移动到 $M_2(1,4,2)$，计算重力所作的功

(坐标系长度单位为 m,重力方向为 z 轴负方向).

8. 已知 $A(1,-1,2)$、$B(5,-6,2)$、$C(1,3,-1)$,求:

(1) 同时与 $\overrightarrow{AB}$ 及 $\overrightarrow{AC}$ 垂直的单位向量;

(2) $\triangle ABC$ 的面积;

(3) 从顶点 B 到边 AC 的高的长度.

9. 求以向量 $\boldsymbol{a}=\boldsymbol{m}+2\boldsymbol{n}$ 与 $\boldsymbol{b}=\boldsymbol{m}-3\boldsymbol{n}$ 为边的三角形的面积,其中 $|\boldsymbol{m}|=5$, $|\boldsymbol{n}|=3$, $(\widehat{\boldsymbol{m},\boldsymbol{n}})=\frac{\pi}{6}$.

10. 设 $\boldsymbol{a},\boldsymbol{b},\boldsymbol{c}$ 为单位向量,且满足 $\boldsymbol{a}+\boldsymbol{b}+\boldsymbol{c}=\boldsymbol{0}$,求 $\boldsymbol{a}\cdot\boldsymbol{b}+\boldsymbol{b}\cdot\boldsymbol{c}+\boldsymbol{c}\cdot\boldsymbol{a}$.

(B)

1. (1) 已知 $|\boldsymbol{a}|=4$, $|\boldsymbol{b}|=2$, $\boldsymbol{a}\cdot\boldsymbol{b}=4\sqrt{2}$,试求 $|\boldsymbol{a}\times\boldsymbol{b}|$;

(2) 已知 $|\boldsymbol{a}|=3$, $|\boldsymbol{b}|=26$, $|\boldsymbol{a}\times\boldsymbol{b}|=72$,试求 $\boldsymbol{a}\cdot\boldsymbol{b}$.

2. 设 $\boldsymbol{a}=\{3,5,-2\}$、$\boldsymbol{b}=\{2,1,9\}$,试求 λ 的值,分别使得

(1) $\lambda\boldsymbol{a}+\boldsymbol{b}$ 与 z 轴垂直;

(2) $\lambda\boldsymbol{a}+\boldsymbol{b}$ 与 $\boldsymbol{a}$ 垂直.

3. 设 $\boldsymbol{a}=\{2,-1,-2\}$、$\boldsymbol{b}=\{1,1,z\}$,问 z 为何值时,$(\widehat{\boldsymbol{a},\boldsymbol{b}})$ 最小?并求出此最小值.

4. 证明如下的平行四边形法则:$2(|\boldsymbol{a}|^2+|\boldsymbol{b}|^2)=|\boldsymbol{a}+\boldsymbol{b}|^2+|\boldsymbol{a}-\boldsymbol{b}|^2$,并说明这一法则的几何意义.

5. 设 $\boldsymbol{a}$ 与 $\boldsymbol{b}$ 是非零向量,$|\boldsymbol{b}|=1$,$(\widehat{\boldsymbol{a},\boldsymbol{b}})=\frac{\pi}{4}$,求极限 $\lim\limits_{x\to 0}\frac{|\boldsymbol{a}+x\boldsymbol{b}|-|\boldsymbol{a}|}{x}$.

6. 已知向量 $\boldsymbol{x}$ 与三个向量 $\boldsymbol{a}_1=\{1,1,0\}$,$\boldsymbol{a}_2=\{0,1,1\}$,$\boldsymbol{a}_3=\{1,0,1\}$ 的数量积分别为 3,5,4,试求向量 $\boldsymbol{x}$.

7. 设向量 $\boldsymbol{a},\boldsymbol{b},\boldsymbol{c}$ 满足 $\boldsymbol{a}+\boldsymbol{b}+\boldsymbol{c}=\boldsymbol{0}$,证明:

(1) $\boldsymbol{a}\cdot\boldsymbol{b}+\boldsymbol{b}\cdot\boldsymbol{c}+\boldsymbol{c}\cdot\boldsymbol{a}=-\frac{1}{2}(|\boldsymbol{a}|^2+|\boldsymbol{b}|^2+|\boldsymbol{c}|^2)$;

(2) $\boldsymbol{a}\times\boldsymbol{b}=\boldsymbol{b}\times\boldsymbol{c}=\boldsymbol{c}\times\boldsymbol{a}$.

第四节　平面及其方程

平面是空间曲面中最简单的一类曲面.下面我们将以向量为工具讨论平面.

一、平面的方程

1. 平面的点法式方程

我们称垂直于平面的非零向量为该平面的法线向量.由平面的基本性质便知平面上的任一向量都与该平面的法线向量垂直.此外,显见一张平面的法线向量并非唯一.

因为过空间一点可以作而且只能作一张平面与一已知直线垂直,所以,当平

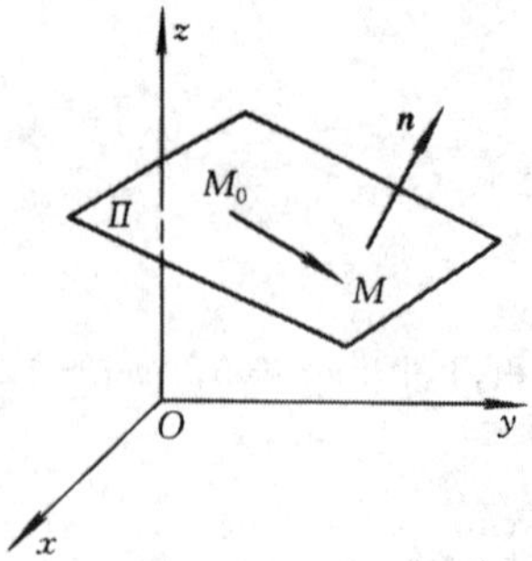

图 7-34

面 Π 上一点 $M_0(x_0,y_0,z_0)$ 与它的一个法线向量 $\boldsymbol{n}=\{A,B,C\}$ 为已知时，平面 Π 的位置就完全确定，从而可以建立它的方程. 下面就来建立它的方程.

设 $M(x,y,z)$ 是平面 Π 上的任意一点（图 7-34），则向量 $\overrightarrow{M_0M}$ 必与平面 Π 的法线向量 $\boldsymbol{n}$ 垂直，即它们的数量积必等于零：

$$\boldsymbol{n}\cdot\overrightarrow{M_0M}=0.$$

由于 $\boldsymbol{n}=\{A,B,C\}$，$\overrightarrow{M_0M}=\{x-x_0,y-y_0,z-z_0\}$，故有

$$A(x-x_0)+B(y-y_0)+C(z-z_0)=0. \tag{1}$$

当点 $M(x,y,z)$ 不在平面 Π 上时，向量 $\overrightarrow{M_0M}$ 不可能垂直于向量 $\boldsymbol{n}$. 因此，点 M 的坐标 x,y,z 不满足方程(1)，所以，方程(1) 就是平面 Π 的方程. 由于方程(1) 是由平面 Π 的一个法线向量 $\boldsymbol{n}=\{A,B,C\}$ 及它上面的一点 $M_0(x_0,y_0,z_0)$ 所确定的，所以称该方程为平面的点法式方程.

例 1 求过点(2，−3,0) 且以 $\boldsymbol{n}=\{1,-2,3\}$ 为法线向量的平面的方程.

解 由平面的点法式方程(1)，所求的平面方程为

$$(x-2)-2(y+3)+3(z-0)=0,$$

即

$$x-2y+3z-8=0.$$

例 2 求过三点 $M_1(2,-1,4)$，$M_2(-1,3,-2)$ 及 $M_3(0,2,3)$ 的平面的方程.

解 由于点 M_1,M_2,M_3 都在平面上，故向量 $\overrightarrow{M_1M_2}$ 与 $\overrightarrow{M_1M_3}$ 都与平面的法线向量 $\boldsymbol{n}$ 垂直. 由向量积的概念可知，$\overrightarrow{M_1M_2}\times\overrightarrow{M_1M_3}$ 与 $\boldsymbol{n}$ 平行，因此可以取 $\overrightarrow{M_1M_2}\times\overrightarrow{M_1M_3}$ 作为平面的法线向量.

$$\overrightarrow{M_1M_2}\times\overrightarrow{M_1M_3}=\begin{vmatrix}\boldsymbol{i}&\boldsymbol{j}&\boldsymbol{k}\\-3&4&-6\\-2&3&-1\end{vmatrix}=14\boldsymbol{i}+9\boldsymbol{j}-\boldsymbol{k}$$

$$=\{14,9,-1\}.$$

取 $M_1(2,-1,4)$ 为平面上已知的一点，$\boldsymbol{n}=\{14,9,-1\}$ 为平面的法线向量，那么，由方程(1) 可知，所求的平面方程为

$$14(x-2)+9(y+1)-(z-4)=0,$$

即

$$14x+9y-z-15=0.$$

2. 平面的一般方程

在平面的点法式方程(1)中，如果将常数 $-(Ax_0+By_0+Cz_0)$ 记为 D，那么，方程(1)就成为三元一次方程：

$$Ax+By+Cz+D=0. \tag{2}$$

反之，对于任意给定的三元一次方程(2)（常数 A,B,C 不同时为零），任取一组满足方程(2)的数 x_0,y_0,z_0，即

$$Ax_0+By_0+Cz_0+D=0.$$

把它与(2)式相减，就得到

$$A(x-x_0)+B(y-y_0)+C(z-z_0)=0.$$

这说明方程(2)就是过点 (x_0,y_0,z_0) 且法线向量为 $\boldsymbol{n}=\{A,B,C\}$ 的一张平面的方程. 由此可见，任一三元一次方程(2)的图形总是一张平面. 我们将方程(2)称为平面的一般方程.

例如，$x-2y+z-3=0$ 就是一张平面的方程，$\boldsymbol{n}=\{1,-2,1\}$ 是该平面的一个法线向量. 由于点(2,1,3)的坐标满足这一方程. 因此它是该平面上的一个点. 这一平面的方程也可以写成点法式方程：

$$(x-2)-2(y-1)+(z-3)=0.$$

对于一些具有特殊位置的平面，特别是平行于坐标轴的平面，我们可以结合母线平行于坐标轴的柱面方程的特点来讨论它们的方程的特性. 例如：

(a) 如果平面平行于坐标轴，例如平行于 x 轴，那么，该平面也是母线平行于 x 轴的柱面. 由柱面方程的特点，方程(2)中的系数 $A=0$，此时的平面方程为

$$By+Cz+D=0.$$

同理，如果一平面平行于 y 轴，则方程(2)中的 $B=0$，此时的平面方程为

$$Ax+Cz+D=0.$$

(b) 如果平面平行于坐标面，例如平行于 xOy 面，则它就是既平行于 x 轴、又平行于 y 轴的平面，由(a)的结论可知，方程(2)中的系数 $A=B=0$. 因此平面方程为

$$Cz + D = 0,$$

或者，两边除以 C，再经移项并记 $z_0 = -\frac{D}{C}$，可将该平面方程化简为

$$z = z_0.$$

(c) 如果平面经过坐标原点，那么，坐标原点 O 的坐标一定满足方程(2)，将它代入(2) 式，可得 $D = 0$，此时，平面方程为

$$Ax + By + Cz = 0.$$

(d) 结合(a) 与(c) 两种情况，如果平面经过坐标轴，例如经过 x 轴，那么，该平面既平行于 x 轴，又经过坐标原点，从而方程(2) 中的系数 $A = D = 0$，此时的平面方程为

$$By + Cz = 0.$$

例 3 求经过两点(2,1,1) 及(1,4,3) 且平行于 x 轴的平面的方程.

解 由于所求的平面平行于 x 轴，因此，可设它的方程为

$$By + Cz + D = 0.$$

另外，平面经过两点(2,1,1) 及(1,4,3)，因此，它们的坐标分别满足平面方程. 将它们的坐标代入方程，得到

$$\begin{cases} B + C + D = 0, \\ 4B + 3C + D = 0. \end{cases}$$

视 B,C 为未知量，解此方程组，可得

$$B = 2D, \quad C = -3D.$$

将它们代入所设方程，得

$$2Dy - 3Dz + D = 0,$$

注意到 $D \neq 0$(否则，$B = C = D = 0$，这是不可能的)，故上式除以 D，即得所求平面方程为

$$2y - 3z + 1 = 0.$$

求解关于 B,C,D 的上述方程组时，如果视 B,D 为未知量，或者视 C,D 为未知量，最终都得到所求平面方程为 $2y - 3z + 1 = 0$.

例 4 求经过 z 轴以及点 $P(2,3,4)$ 的平面的方程.

解法 1 由于平面经过 z 轴，由前面特殊位置的平面方程的讨论可知，它是类型(d) 的情况，因此可设平面方程为

$$Ax + By = 0.$$

将点 $P(2,3,4)$ 的坐标代入方程，得到

$$2A+3B=0,$$

故得 $B=-\dfrac{2}{3}A$. 以此代入所设方程，且除以 $\dfrac{A}{3}(A\neq 0)$，便得该平面方程为

$$3x-2y=0.$$

解法 2 由于平面经过 z 轴，因此，向量 $\boldsymbol{k}$ 就平行于平面，另外，点 $P(2,3,4)$ 以及坐标原点 $O(0,0,0)$ 都在平面上，因此，点 P 的向径 $\overrightarrow{OP}=\{2,3,4\}$ 也与平面平行. 于是，$\overrightarrow{OP}\times\boldsymbol{k}$ 就垂直于平面，便可以作为平面的法线向量.

$$\begin{aligned}\overrightarrow{OP}\times\boldsymbol{k}&=(2\boldsymbol{i}+3\boldsymbol{j}+4\boldsymbol{k})\times\boldsymbol{k}\\&=3(\boldsymbol{j}\times\boldsymbol{k})+2(\boldsymbol{i}\times\boldsymbol{k})+4(\boldsymbol{k}\times\boldsymbol{k})\\&=3\boldsymbol{i}-2\boldsymbol{j}=\{3,-2,0\}.\end{aligned}$$

因此，所求平面方程为

$$3(x-0)-2(y-0)+0(z-0)=0,$$

即

$$3x-2y=0.$$

例 5 设一平面与 x,y,z 轴的交点依次为 $P(a,0,0)$，$Q(0,b,0)$，$R(0,0,c)$（图 7-35）. 求这平面的方程（其中，$a\neq 0$，$b\neq 0$，$c\neq 0$）.

解 显然，该平面不经过坐标原点，它的一般方程

$$Ax+By+Cz+D=0$$

中的 $D\neq 0$. 将 D 移到等号右端，并且两端除以 $-D$，则方程可化为

$$A'x+B'y+C'z=1,$$

这里

$$A'=-\frac{A}{D},\quad B'=-\frac{B}{D},\quad C'=-\frac{C}{D}.$$

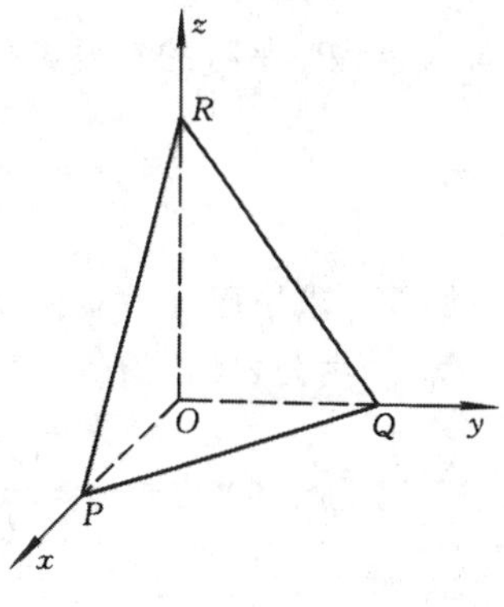

图 7-35

分别代入 P,Q,R 三点的坐标，可以得到

$$A'a=1,\quad B'b=1,\quad C'c=1.$$

因此，有

$$A' = \frac{1}{a}, \quad B' = \frac{1}{b}, \quad C' = \frac{1}{c}.$$

于是,所求平面方程为

$$\frac{x}{a} + \frac{y}{b} + \frac{z}{c} = 1. \tag{3}$$

方程式(3) 称为平面的截距式方程,而 a,b,c 依次称为平面在 x,y,z 轴上的截距.

二、平面方程的应用

1. 两平面的夹角

两平面法线向量的夹角就称为两平面的夹角(通常不取钝角)(图 7-36).

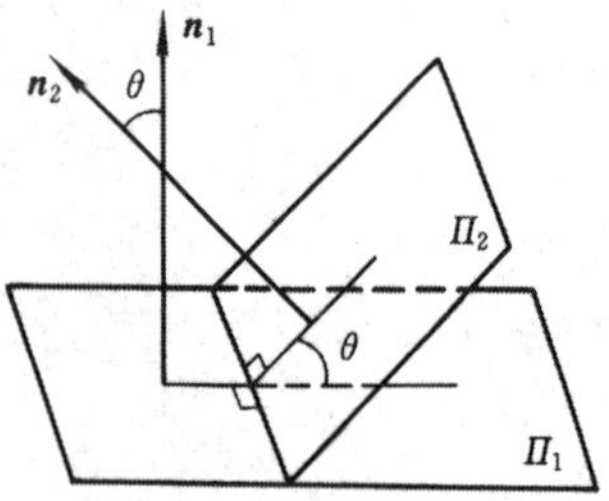

图 7-36

设两平面 Π_1 与 Π_2 分别有法线向量 $\boldsymbol{n}_1 = \{A_1, B_1, C_1\}$ 与 $\boldsymbol{n}_2 = \{A_2, B_2, C_2\}$. 由于两平面的夹角 θ 是 $\boldsymbol{n}_1$ 与 $\boldsymbol{n}_2$ 的夹角而且不取钝角,故得

$$\cos\theta = \frac{|\boldsymbol{n}_1 \cdot \boldsymbol{n}_2|}{|\boldsymbol{n}_1||\boldsymbol{n}_2|} = \frac{|A_1A_2 + B_1B_2 + C_1C_2|}{\sqrt{A_1^2 + B_1^2 + C_1^2}\sqrt{A_2^2 + B_2^2 + C_2^2}}. \tag{4}$$

利用公式(4) 可以推得:平面 Π_1 与 Π_2 互相垂直的充分必要条件是 $\cos\theta = 0$,即

$$A_1A_2 + B_1B_2 + C_1C_2 = 0;$$

平面 Π_1 与 Π_2 平行的充要条件是 $\cos\theta = 1$,即

$$\frac{A_1}{A_2} = \frac{B_1}{B_2} = \frac{C_1}{C_2}.$$

例 6 求平面 $x - y + 2z - 6 = 0$ 与平面 $2x + y + z - 5 = 0$ 的夹角.

解 由公式(4),有

$$\cos\theta = \frac{|1 \times 2 + (-1) \times 1 + 2 \times 1|}{\sqrt{1^2 + (-1)^2 + 2^2}\sqrt{2^2 + 1^2 + 1^2}} = \frac{1}{2},$$

所以,两平面的夹角为 $\theta = \arccos\frac{1}{2} = \frac{\pi}{3}$.

例 7 求经过点 $P(1,1,-1)$ 且与平面 $x + y + z = 1$ 及 $x - 2y - z + 1 = 0$ 都垂直的平面的方程.

解 设所求平面的一个法线向量是 $\boldsymbol{n}$,那么,$\boldsymbol{n}$ 与两已知平面的法线向量 $\boldsymbol{n}_1 = \{1,1,1\}$ 及 $\boldsymbol{n}_2 = \{1,-2,1\}$ 都垂直,因此

$$\begin{aligned} \boldsymbol{n}_1 \times \boldsymbol{n}_2 &= \{1,1,1\} \times \{1,-2,1\} \\ &= \{3,0,-3\} = 3\{1,0,-1\} \end{aligned}$$

与 $\boldsymbol{n}$ 平行，故我们可以取向量 $\{1,0,-1\}$ 作为所求平面的法线向量. 另外，平面又经过点 $P(1,1,-1)$. 所以所求平面的点法式方程为

$$(x-1)-(z+1)=0,$$

即 $$x-z-2=0.$$

2. 点到平面的距离

设 $P_0(x_0,y_0,z_0)$ 是已知平面 $\Pi: Ax+By+Cz+D=0$ 外的一点，N 是 P_0 在 Π 上的投影，$\boldsymbol{n}=\{A,B,C\}$ 是以 N 为起点的平面的法线向量(图 7-37). 另外，在平面 Π 上任取一点 $P_1(x_1,y_1,z_1)$，作向量 $\overrightarrow{P_1P_0}$，由图 7-37 可以看出点 P_0 到平面 Π 的距离等于线段 NP_0 的长度. 因此，所求的距离为

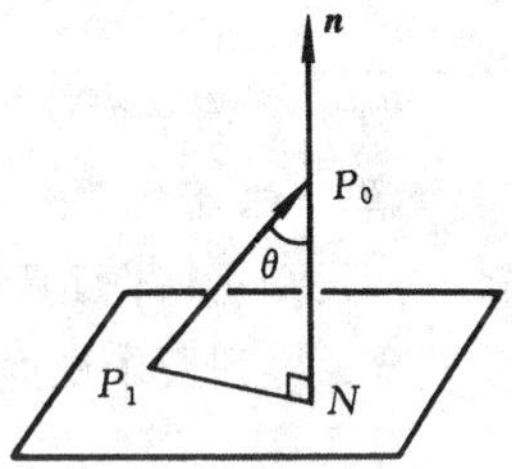

图 7-37

$$\begin{aligned} d &= |NP_0| = |\overrightarrow{P_1P_0}||\cos\theta| = \left|\overrightarrow{P_1P_0} \cdot \frac{\boldsymbol{n}}{|\boldsymbol{n}|}\right| \\ &= \left|\{x_0-x_1,y_0-y_1,z_0-z_1\} \cdot \frac{\{A,B,C\}}{\sqrt{A^2+B^2+C^2}}\right| \\ &= \frac{|Ax_0+By_0+Cz_0-(Ax_1+By_1+Cz_1)|}{\sqrt{A^2+B^2+C^2}}. \end{aligned}$$

由于点 $P_1(x_1,y_1,z_1)$ 在平面 Π 上，因此有

$$Ax_1+By_1+Cz_1+D=0,$$

即

$$-(Ax_1+By_1+Cz_1)=D.$$

将它代入上式，就得到点 P_0 到平面 Π 的距离公式：

$$d=\frac{|Ax_0+By_0+Cz_0+D|}{\sqrt{A^2+B^2+C^2}}. \tag{5}$$

例 8 求与平面 $x+y-3z+1=0$ 平行并且相距为 3 的平面的方程.

解 设 $P(x,y,z)$ 是所求平面上的任意一点，它与已知平面的距离为 3. 由公式(5)得

$$\frac{|x+y-3z+1|}{\sqrt{1^2+1^2+(-3)^2}}=3,$$

即

$$|x+y-3z+1|=3\sqrt{11},$$

因此得到所求平面方程为

$$x+y-3z+1+3\sqrt{11}=0,$$

或

$$x+y-3z+1-3\sqrt{11}=0.$$

例 9 求平面 $2x-y+z=7$ 与 $x+y+2z=11$ 的角平分平面的方程.

解 由于角平分平面上任意一点 $P(x,y,z)$ 到两个已知平面的距离一定相等,并且到两个平面距离相等的点也一定位于角平分平面上,因此可以利用距离公式(5) 得到所求的角平分面的方程为

$$\frac{|2x-y+z-7|}{\sqrt{2^2+(-1)^2+1^2}}=\frac{|x+y+2z-11|}{\sqrt{1^2+1^2+2^2}},$$

即

$$|2x-y+z-7|=|x+y+2z-11|.$$

这样就分别得到了两个角平分平面的方程为

$$2x-y+z-7=x+y+2z-11,$$

及

$$2x-y+z-7=-(x+y+2z-11).$$

经化简,可得它们的方程分别为

$$x-2y-z+4=0$$

及

$$x+z-6=0.$$

习　题　7-4

(A)

1. 是否存在满足下列条件的平面?如果存在,是否唯一?

(1) 过一已知点且与一已知直线平行;

(2) 过一已知点且与一已知直线垂直;

(3) 过一已知点且与一已知平面平行;

(4) 过一已知点且与一已知平面垂直;

(5) 过两已知点且与一已知直线平行;

(6) 过两已知点且与一已知直线垂直;

(7) 过两已知点且与一已知平面平行;

(8) 过两已知点且与一已知平面垂直;

(9) 过三个已知点.

2. 求满足下列条件的平面的方程:

(1) 平行于 zOx 面且经过点(2，－5,3)；

(2) 过点(1,0，－1)且同时平行于向量 $\boldsymbol{a}=2\boldsymbol{i}+\boldsymbol{j}+\boldsymbol{k}$ 与 $\boldsymbol{b}=\boldsymbol{i}-\boldsymbol{j}$；

(3) 过点(1,1，－1)，(－2，－2,2)与(1，－1,2)；

(4) 过点(－3,1，－2)与 y 轴；

(5) 过点(4,0，－2)，(5,1,2)且平行于 x 轴.

3. 求满足下列条件的平面的方程：

(1) 平行于平面 $2x-8y+z-2=0$ 且经过点(3,0，－5)；

(2) 过点(1,1,1)与点(0,1，－1)且与平面 $x+y+z=0$ 垂直；

(3) 过点(1，－5,1)与点(3,2，－2)且平行于 y 轴；

(4) 过点 $A(2,9,-6)$ 且与向径 $\overrightarrow{OA}$ 垂直.

4. 指出下列平面的特殊位置，并画出它们的图形：

(1) $x=0$；　　(2) $x+y+z=0$；

(3) $2x-3y-6=0$；　　(4) $3y-4z=0$；

(5) $3y-1=0$；　　(6) $y+z=1$.

5. 设平面过点(5，－7,4)且在三个坐标轴上截距相等，求这平面的方程.

6. 求平面 $x-2y+3z-6=0$ 与三个坐标平面所围成的四面体的体积.

7. 求 $2x-2y+z+5=0$ 与各个坐标面的夹角的余弦.

8. 求点(1,2,1)到平面 $x+2y+2z-10=0$ 的距离.

9. 求平面 $x+y+z+1=0$ 与平面 $x-2y-z+3=0$ 的夹角，并判别坐标原点到哪个平面的距离更近.

10. 求与已知平面 $20x-4y-5z+7=0$ 平行且相距为 6 的平面的方程.

11. 求出参数 k，使得原点到平面 $2x-y+kz=6$ 的距离为 2.

12. 求经过三个平面 $2x+y-z-2=0$，$x-3y+z+1=0$ 及 $x+y+z-3=0$ 的交点且与平面 $x+y+2z=0$ 平行的平面.

13. 求平面 $x-2y+2z+21=0$ 与平面 $7x+24z-5=0$ 的角平分平面的方程.

(B)

1. 如果已知两点 (x_1,y_1,z_1) 与 (x_2,y_2,z_2) 关于一个平面是对称的，求这个平面的方程.

2. 求点(3，－1，－1)关于平面 $6x+2y-9z+96=0$ 的对称点的坐标.

3. 求与已知平面 $2x+y+2z+5=0$ 平行且与三个坐标平面所围成的四面体的体积为 1 的平面的方程.

4. 求平面 $\dfrac{x}{a}+\dfrac{y}{b}+\dfrac{z}{c}=1$ 被三个坐标平面所截得的三角形的面积 $(a\neq 0,b\neq 0,c\neq 0)$.

5. 求经过点(3,0,0)与(0,0,1)且与 xOy 面夹角为 $\dfrac{\pi}{3}$ 的平面的方程.

第五节　空间直线及其方程

空间直线是最简单的一类空间曲线. 在本节中我们将以向量为工具讨论空间直线.

一、空间直线的方程

1. 空间直线的一般方程

由第一节的讨论我们已经知道,通常两张空间曲面的交线是一条空间曲线,两曲面方程的联立方程组便称为曲线的一般方程.

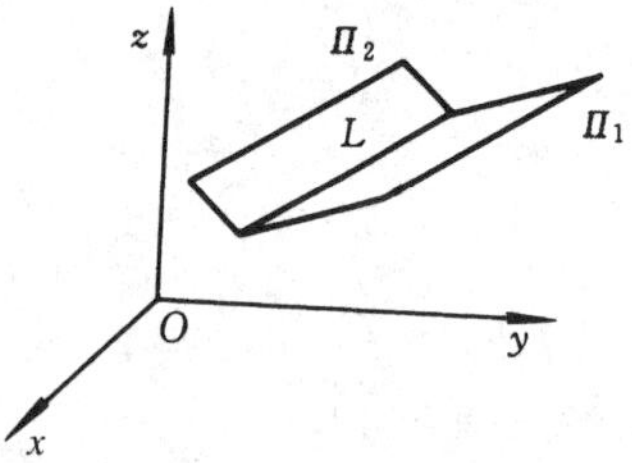

图 7-38

空间直线 L 可以看作是两张平面 Π_1 与 Π_2 的交线(图 7-38). 如果两张相交平面 Π_1 与 Π_2 的方程分别为 $A_1x+B_1y+C_1z+D_1=0$ 与 $A_2x+B_2y+C_2z+D_2=0$,那么,方程组

$$\begin{cases}A_1x+B_1y+C_1z+D_1=0,\\A_2x+B_2y+C_2z+D_2=0\end{cases}\tag{1}$$

就是直线 L 的方程. 方程组(1) 称为空间直线的一般方程.

2. 空间直线的对称式与参数方程

如果一条直线与一非零向量 $\boldsymbol{s}=\{m,n,p\}$ 平行,并且经过一个定点 $M_0(x_0,y_0,z_0)$,那么,这条直线的位置就完全确定了. 向量 $\boldsymbol{s}$ 称为直线的方向向量. 由于直线 L 上的任一向量都平行于向量 $\boldsymbol{s}$,因此,如果 $M(x,y,z)$ 是直线 L 上的任一点,那么,向量 $\overrightarrow{M_0M}$ 就与向量 $\boldsymbol{s}$ 平行(图 7-39). 反之,若 $M(x,y,z)$ 不是 L 上的点,则向量 $\overrightarrow{M_0M}$ 不与直线 L 平行,也就不与向量 $\boldsymbol{s}$ 平行. 因此,点 $M(x,y,z)$ 是否在直线 L 上等价于向量 $\overrightarrow{M_0M}=\{x-x_0,y-y_0,z-z_0\}$ 与向量 $\boldsymbol{s}=\{m,n,p\}$ 是否平行,即

$$\frac{x-x_0}{m}=\frac{y-y_0}{n}=\frac{z-z_0}{p}\tag{2}$$

是否成立. 因此,方程组(2) 就是直线 L 的方程,该方程组称为直线的对称式方程或点向式方程.

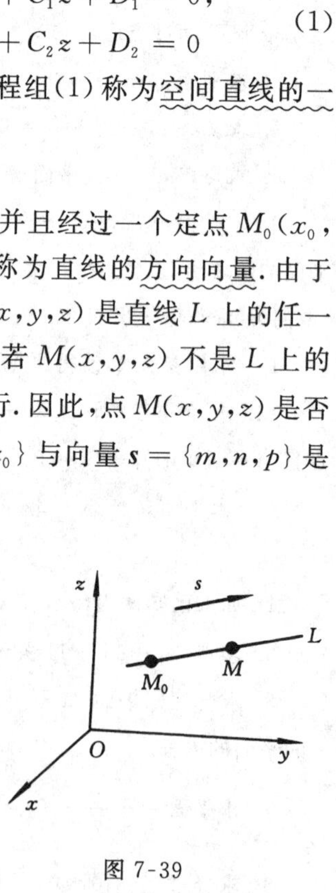

图 7-39

在此需要指出,在方程组(2) 中,如果 m,n,p 中有一个为零,则其对应的分子项也为零. 例如,当 $m=0$ 时,式(2) 表示方程组

$$\begin{cases} x - x_0 = 0, \\ \dfrac{y - y_0}{n} = \dfrac{z - z_0}{p}. \end{cases}$$

由直线的对称式方程可以导出直线的参数方程. 设

$$\frac{x - x_0}{m} = \frac{y - y_0}{n} = \frac{z - z_0}{p} = t,$$

t 是任意实数，那么，由此可得

$$\begin{cases} x = x_0 + mt, \\ y = y_0 + nt, \\ z = z_0 + pt. \end{cases} \tag{3}$$

这就是直线的参数方程.

例 1　求经过点 $P_1(1, -2, 1)$ 与点 $P_2(0, 1, 0)$ 的直线的方程.

解　由于 P_1, P_2 是直线上的点，向量 $\overrightarrow{P_1P_2} = \{-1, 3, -1\}$ 就与直线平行，因此可以将它视为直线的方向向量. 又由于点 $P_2(0, 1, 0)$ 在直线上，故所求直线的对称式方程为

$$\frac{x - 0}{-1} = \frac{y - 1}{3} = \frac{z - 0}{-1}.$$

例 2　求经过点 $(1, 2, -1)$ 且与直线 L：$\begin{cases} 2x - 3y + z - 5 = 0, \\ 3x + y - 2z - 4 = 0 \end{cases}$ 平行的直线的方程.

解　由于所要求的直线与给定的直线 L 平行，因此我们先来求出直线 L 的方向向量 $\boldsymbol{s}$. 由于两平面的交线与这两平面的法线向量 $\boldsymbol{n}_1 = \{2, -3, 1\}$，$\boldsymbol{n}_2 = \{3, 1, -2\}$ 都垂直，所以可取

$$\boldsymbol{s} = \boldsymbol{n}_1 \times \boldsymbol{n}_2 = \{2, -3, 1\} \times \{3, 1, -2\} = \{5, 7, 11\}.$$

因此，所求直线的对称式方程为

$$\frac{x - 1}{5} = \frac{y - 2}{7} = \frac{z + 1}{11},$$

或者它的参数方程为

$$\begin{cases} x = 1 + 5t, \\ y = 2 + 7t, \\ z = -1 + 11t. \end{cases}$$

二、两直线的夹角、直线与平面的夹角

1. 两直线的夹角

两直线方向向量的夹角称为两直线的夹角(通常不取钝角).

设直线 L_1 与 L_2 的方向向量分别为 $\boldsymbol{s}_1=\{m_1,n_1,p_1\}$ 与 $\boldsymbol{s}_2=\{m_2,n_2,p_2\}$. 由于 L_1 与 L_2 的夹角 φ 是 $\boldsymbol{s}_1$ 与 $\boldsymbol{s}_2$ 的夹角,并且不取钝角,故有

$$\cos\varphi=\frac{|\boldsymbol{s}_1\cdot\boldsymbol{s}_2|}{|\boldsymbol{s}_1||\boldsymbol{s}_2|}.$$

因此

$$\cos\varphi=\frac{|m_1m_2+n_1n_2+p_1p_2|}{\sqrt{m_1^2+n_1^2+p_1^2}\sqrt{m_2^2+n_2^2+p_2^2}} \tag{4}$$

就是直线 L_1 与 L_2 的夹角公式.

由公式(4)立即推出:

直线 L_1 与 L_2 互相垂直的充要条件是

$$m_1m_2+n_1n_2+p_1p_2=0;$$

直线 L_1 与 L_2 互相平行的充要条件是

$$\frac{m_1}{m_2}=\frac{n_1}{n_2}=\frac{p_1}{p_2}.$$

2. 直线与平面的夹角

直线与它在平面上的投影直线的夹角 $\theta\left(0\leqslant\theta\leqslant\frac{\pi}{2}\right)$ 称为直线与平面的夹角.

设直线 L 的方向向量为 $\boldsymbol{s}=\{m,n,p\}$,平面 Π 的法线向量为 $\boldsymbol{n}=\{A,B,C\}$,直线与平面的法线向量的夹角为 $\varphi\left(0\leqslant\varphi\leqslant\frac{\pi}{2}\right)$,那么,$\theta=\frac{\pi}{2}-\varphi$(图 7-40).

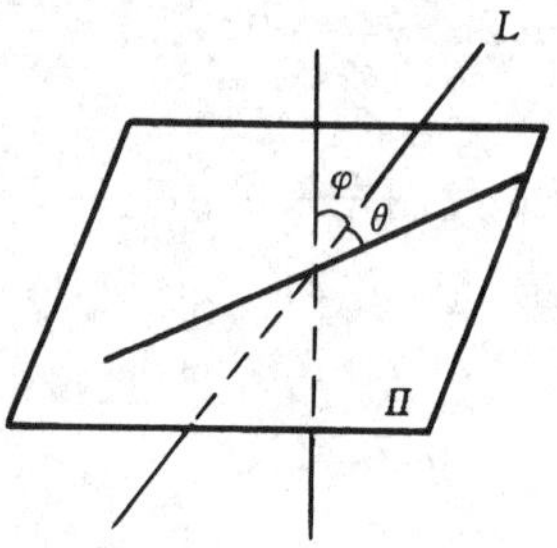

图 7-40

由于

$$\cos\varphi=\frac{|Am+Bn+Cp|}{\sqrt{m^2+n^2+p^2}\sqrt{A^2+B^2+C^2}},$$

所以

$$\sin\theta=\sin\left(\frac{\pi}{2}-\varphi\right)=\cos\varphi$$

$$=\frac{|Am+Bn+Cp|}{\sqrt{m^2+n^2+p^2}\sqrt{A^2+B^2+C^2}} \tag{5}$$

就是直线 L 与平面 Π 的夹角公式.

由公式(5)立即推出:

直线 L 与平面 Π 互相垂直的充分必要条件是

$$\frac{A}{m}=\frac{B}{n}=\frac{C}{p};$$

直线 L 与平面 Π 互相平行的充分必要条件是

$$Am+Bn+Cp=0.$$

例 3 求直线 L_1:$\frac{x-1}{1}=\frac{y}{-4}=\frac{z+3}{1}$ 与 L_2:$\frac{x}{2}=\frac{y+2}{-2}=\frac{z}{-1}$ 的夹角 φ.

解　两直线的方向向量分别为

$$\boldsymbol{s}_1=\{1,-4,1\},\quad \boldsymbol{s}_2=\{2,-2,-1\}.$$

由公式(4)可得,两直线的夹角 φ 的余弦为

$$\cos\varphi=\frac{|1\times2+(-4)\times(-2)+1\times(-1)|}{\sqrt{1^2+(-4)^2+1^2}\sqrt{2^2+(-2)^2+(-1)^2}}=\frac{\sqrt{2}}{2}.$$

因此,两直线 L_1 与 L_2 的夹角为

$$\varphi=\arccos\frac{\sqrt{2}}{2}=\frac{\pi}{4}.$$

例 4　求直线$\dfrac{x-2}{1}=\dfrac{y-3}{1}=\dfrac{z-4}{2}$与平面 $2x+y+z-6=0$ 的交点与夹角 θ.

解　直线的参数方程为

$$x=2+t,\quad y=3+t,\quad z=4+2t,$$

将它们代入平面方程,得到

$$2(2+t)+(3+t)+(4+2t)-6=0.$$

从该方程解得 $t=-1$. 把 $t=-1$ 代入直线的参数方程,即得 $x=1,y=2,z=2$. 因此,直线与平面的交点坐标为(1,2,2).

其次,$\boldsymbol{s}=\{1,1,2\}$ 是直线的方向向量,$\boldsymbol{n}=\{2,1,1\}$ 是平面的法线向量,由公式(5),有

$$\sin\theta=\frac{|2\times1+1\times1+1\times2|}{\sqrt{1^2+1^2+2^2}\sqrt{2^2+1^2+1^2}}=\frac{5}{6}.$$

所以,直线与平面的夹角为 $\theta=\arcsin\dfrac{5}{6}$.

有时候,用平面束的方程解题比较方便,下面就介绍平面束的概念及其方程.

设直线 L 的一般方程为

$$\begin{cases}A_1x+B_1y+C_1z+D_1=0,\\A_2x+B_2y+C_2z+D_2=0.\end{cases}$$

建立一个三元一次方程:

$$A_1x+B_1y+C_1z+D_1+\lambda(A_2x+B_2y+C_2z+D_2)=0,\tag{6}$$

其中 λ 为任意常数. 可以证明,对于不同的 λ 值,方程(6)表示通过直线 L 的不同的平面. 通过定直线的所有平面的全体称为通过该直线的平面束. 方程(6)就称为通过直线 L 的平面束的方程.(但是,需要注意的是,不论 λ 取何值,方程(6)都不能表示平面 $A_2x+B_2y+C_2z+D_2=0$,所以,方程(6)事实上表示的是缺少了这张平面的平面束.)

当我们需要求通过一条定直线且还要满足某一特定条件的平面的方程时，就可以采用平面束的方程来解该问题.

例 5 求经过平面 $\Pi_1: x-4z-3=0$ 与 $\Pi_2: 2x-y-5z-1=0$ 的交线且与平面 $\Pi_3: x-2y+z+2=0$ 垂直的平面的方程.

解 过已知平面 Π_1, Π_2 的交线 L 的平面束的方程为

$$(x-4z-3)+\lambda(2x-y-5z-1)=0,$$

即

$$(1+2\lambda)x-\lambda y-(4+5\lambda)z-(3+\lambda)=0,$$

其中 λ 为待定常数. 这平面与平面 Π_3 垂直的条件是

$$1\cdot(1+2\lambda)-2\cdot(-\lambda)+1\cdot(-4-5\lambda)=0,$$

即

$$-\lambda-3=0,$$

故得 $\lambda=-3$. 将 $\lambda=-3$ 代入平面束方程，就得所求平面方程为

$$-5x+3y+11z=0.$$

事实上，这张平面与平面 Π_3 的交线就是平面 Π_1 与 Π_2 的交线在平面 Π_3 上的投影直线.

习 题 7-5

(A)

1. 求满足下列条件的直线的方程：

(1) 过坐标原点且与向量 $\{1,-1,1\}$ 平行；

(2) 经过两点 $(2,5,8)$ 与 $(-1,6,3)$；

(3) 过点 $(2,-8,3)$ 且与平面 $x+2y-3z-2=0$ 垂直；

(4) 过点 $(-1,2,5)$ 且与直线 $\frac{x}{1}=\frac{y-1}{2}=\frac{z+1}{-1}$ 平行.

2. (1) 求过点 $(0,2,4)$ 且同时平行于平面 $x+2z=1$ 与 $y-3z=2$ 的直线方程；

(2) 求过点 $(2,0,1)$ 且与直线 $\begin{cases}2x-3y+z-6=0,\\4x-2y+3z+9=0\end{cases}$ 平行的直线的方程.

3. 写出下列直线的对称式方程及参数方程：

(1) $\begin{cases}2x+5z+3=0,\\x-3y+z+2=0;\end{cases}$ (2) $\begin{cases}3x-4y+5z+6=0,\\2x-5y+z-1=0.\end{cases}$

4. 求 k 的值，使直线 $\frac{x-3}{2k}=\frac{y+1}{k+1}=\frac{z-3}{5}$ 与直线 $\frac{x-1}{3}=y+5=\frac{z+2}{k-2}$ 垂直.

5. 证明：直线 $\frac{x-1}{3}=y=\frac{z+1}{5}$ 与直线 $\begin{cases}3x+6y-3z=8,\\2x-y-z=0\end{cases}$ 平行.

6. (1) 求直线 $L_1: \frac{x-1}{1}=\frac{y-5}{-2}=\frac{z+8}{1}$ 与直线 $L_2: x-6=y=\frac{z+3}{2}$ 的夹角 φ；

(2) 求直线 $L_1:\begin{cases}5x-3y+3z-9=0,\\3x-2y+z-1=0\end{cases}$ 与直线 $L_2:\dfrac{x-1}{2}=\dfrac{y+2}{-1}=\dfrac{z}{2}$ 的夹角 φ.

7. 求下列直线与平面的夹角 θ：

(1) 直线 $\dfrac{x-1}{1}=\dfrac{y+3}{1}=\dfrac{z-5}{2}$，平面 $2x+y+z-1=0$；

(2) 直线 $\dfrac{x-1}{2}=\dfrac{y}{-1}=\dfrac{z+1}{2}$，平面 $x-y+2z-2=0$.

8. 试确定下列各组中的直线是否平行、垂直或含于给定的平面：

(1) $\dfrac{x+3}{-2}=\dfrac{y+4}{-7}=\dfrac{z}{3}$ 与 $4x-2y-2z=3$； (2) $\dfrac{x}{3}=\dfrac{y}{-2}=\dfrac{z}{7}$ 与 $3x-2y+7z=8$；

(3) $\dfrac{x-2}{3}=\dfrac{y+2}{1}=\dfrac{z-3}{-4}$ 与 $x+y+z=3$.

9. 求过点 $(3,1,-2)$ 且通过直线 $\dfrac{x-4}{5}=\dfrac{y+3}{2}=\dfrac{z}{1}$ 的平面的方程.

10. 求过点 $(1,2,1)$ 而与两直线

$$-x=\frac{y-1}{2}=\frac{z+2}{3} \quad 与 \quad \begin{cases}2x-y+z=0,\\x-y+z=0\end{cases}$$

平行的平面的方程.

11. 证明：直线 $\begin{cases}5x-3y+2z-5=0,\\2x-y-z-1=0\end{cases}$ 包含在平面 $4x-3y+7z-7=0$ 内.

(B)

1. 求经过给定点且与给定直线垂直相交的直线的方程：

(1) 点 $(0,1,2)$，直线 $\dfrac{x-1}{1}=\dfrac{y-1}{-1}=\dfrac{z}{2}$； (2) 点 $(2,1,3)$，直线 $\begin{cases}x+y+5z=0,\\x-y+z+2=0.\end{cases}$

2. 求下列投影点的坐标：

(1) 点 $(-1,2,0)$ 在平面 $x+2y-z+1=0$ 上的投影；

(2) 点 $(2,3,1)$ 在直线 $\dfrac{x+7}{1}=\dfrac{y+2}{2}=\dfrac{z+2}{3}$ 上的投影.

3. 求下列投影直线的方程：

(1) 直线 $\begin{cases}2x-4y+z=0,\\3x-y-2z+9=0\end{cases}$ 在三个坐标平面上的投影；

(2) 直线 $\begin{cases}x+y-z-1=0,\\x-y+z+1=0\end{cases}$ 在平面 $x+y+z=0$ 上的投影.

4. 求点 $M_0(3,-4,4)$ 到直线 $\dfrac{x-4}{2}=\dfrac{y-5}{-2}=\dfrac{z-1}{1}$ 的距离.

5. 求经过直线 $\begin{cases}4x-y+3z-1=0,\\x+5y-z+2=0,\end{cases}$ 并且分别满足下列条件的平面的方程：

(1) 经过坐标原点；

(2) 与 x 轴平行；

(3) 与平面 $2x-y+5z+2=0$ 垂直.

第六节 旋转曲面与二次曲面

一、旋转曲面

由一条平面曲线绕其所在平面上的一条定直线旋转一周所成的曲面称为旋转曲面，而平面曲线与定直线依次称为旋转曲面的母线与轴.

设在 yOz 面上有一已知曲线 C，它的方程为

$$f(y,z)=0.$$

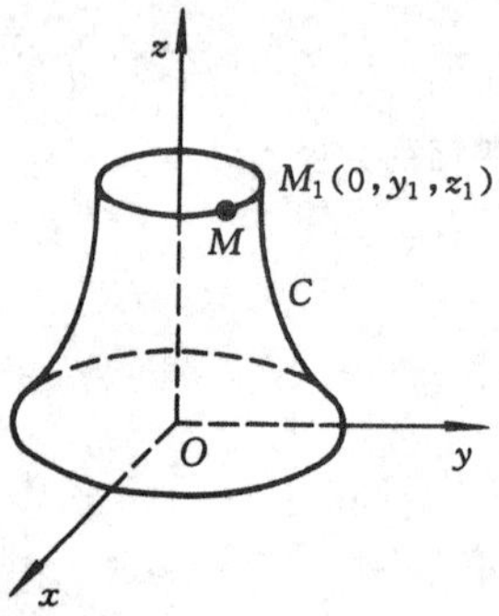

图 7-41

这条曲线绕 z 轴旋转一周，就得到一个以 z 轴为轴的旋转曲面(图 7-41). 它的方程可以这样来求得：

设 $M_1(0,y_1,z_1)$ 是曲线 C 上的任一点，$M(x,y,z)$ 是由 M_1 绕着 z 轴旋转所得到的点，因此就有 $z=z_1$ 保持不变，并且点 M 与 M_1 到 z 轴的距离相同，即有 $\sqrt{x^2+y^2}=|y_1|$，或者 $y_1=\pm\sqrt{x^2+y^2}$（$\pm$ 号由 y_1 的符号确定）. 由于原曲线上的点 $M_1(0,y_1,z_1)$ 满足方程 $f(y_1,z_1)=0$，因此，将 $z_1=z, y_1=\pm\sqrt{x^2+y^2}$ 代入该方程，得到点$M(x,y,z)$ 的坐标所满足的方程

$$f(\pm\sqrt{x^2+y^2},z)=0. \tag{1}$$

这就是曲线 C 绕 z 轴旋转所得旋转曲面的方程. 类似地，我们可以推得 xOy 面上的曲线 $g(x,y)=0$ 绕 y 轴旋转所得旋转曲面的方程为 $g(\pm\sqrt{x^2+z^2},y)=0$，等等.

例 1 求 yOz 面上的直线 $z=ky\ (k\neq 0)$ 绕 z 轴旋转一周所得曲面的方程.

解 由上面的讨论可知旋转曲面的方程为

$$z=\pm k\sqrt{x^2+y^2},$$

或者两边平方后得到

$$z^2=k^2(x^2+y^2).$$

这就是旋转曲面的方程.

直线 L 绕着与它相交的另一条直线旋转一周，所得的旋转曲面称为圆锥面. 两条直线的交点称为圆锥面的顶点，两直线的夹角 $\alpha\left(0<\alpha<\frac{\pi}{2}\right)$ 称为圆锥面的半顶角. 由例 1 可知，如果旋转轴为 z 轴，半顶角为 α（图 7-42），那么，yOz 面上方程为

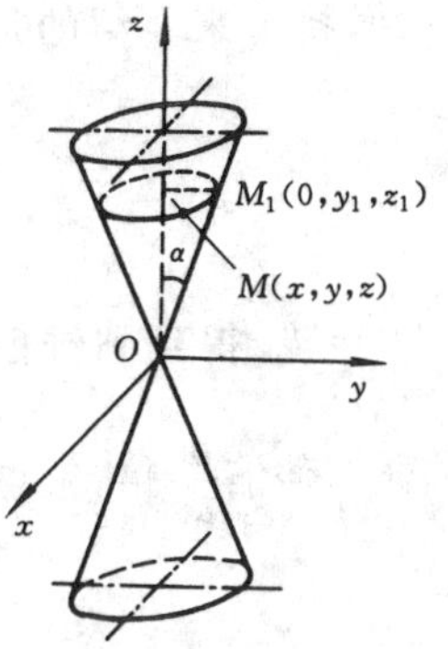

图 7-42

$$z = y\tan\left(\frac{\pi}{2}-\alpha\right) = y\cot\alpha$$

的直线绕 z 轴旋转所得的旋转曲面的方程为

$$z^2 = (x^2+y^2)\cot^2\alpha.$$

例 2 考虑平面上的二次曲线绕坐标轴旋转所得旋转曲面的方程.

(1) yOz 面上的抛物线 $z = 2py^2 (p \neq 0)$ 绕着 z 轴旋转，由公式(1) 可得旋转曲面的方程为

$$z = 2p(x^2+y^2).$$

该曲面称为旋转抛物面(图 7-43(a)).

(2) yOz 面上的椭圆 $\dfrac{y^2}{a^2}+\dfrac{z^2}{b^2}=1$ 绕 y 轴旋转所得旋转曲面的方程为

$$\frac{y^2}{a^2}+\frac{x^2+z^2}{b^2}=1.$$

该曲面称为旋转椭球面(图 7-43(b)).

(3) zOx 平面上的双曲线 $\dfrac{x^2}{a^2}-\dfrac{z^2}{b^2}=1$ 绕 z 轴旋转所得旋转曲面的方程为

$$\frac{x^2+y^2}{a^2}-\frac{z^2}{b^2}=1.$$

该曲面称为单叶旋转双曲面(图 7-43(c)).

如果这条双曲线绕 x 轴旋转，则得到旋转曲面的方程为

$$\frac{x^2}{a^2}-\frac{y^2+z^2}{b^2}=1.$$

该曲面称为双叶旋转双曲面(图 7-43(d)).

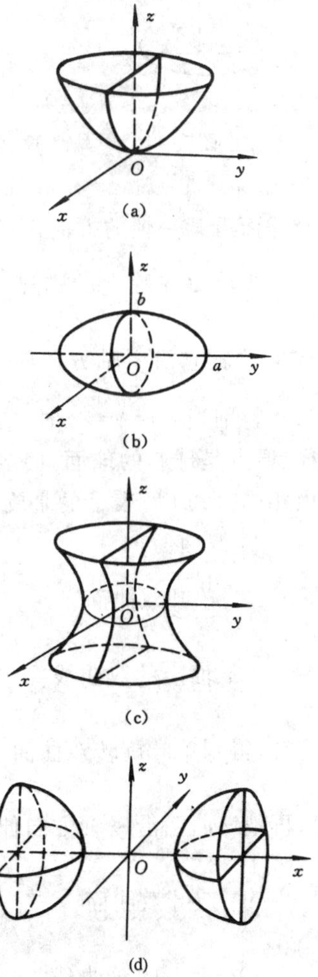

图 7-43

二、二次曲面

我们将 x,y,z 的三元二次方程所表示的曲面称为二次曲面，而称平面为一次曲面. 选择适当的坐标系，可以得到这些二次曲面的标准方程. 二次曲面有九种类型. 下面就它们的标准方程来讨论它们的形状. 本章第一节介绍

的二次柱面，即椭圆柱面、双曲柱面与抛物柱面是其中的三种，接下来介绍的是其余六种二次曲面.

① 椭圆锥面　$z^2=\frac{x^2}{a^2}+\frac{y^2}{b^2}$

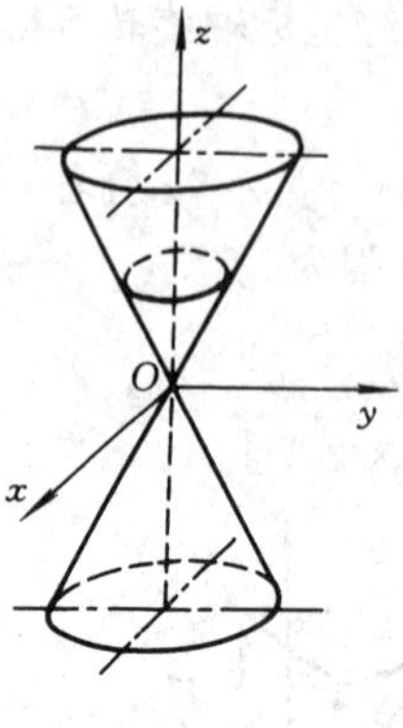

图 7-44

zOx 面上的直线 $z=\frac{x}{a}$ 绕 z 轴旋转，得到圆锥面 $z^2=\frac{x^2+y^2}{a^2}$，再把该圆锥面沿 y 轴方向伸缩$\frac{b}{a}$倍，就得到椭圆锥面 $z^2=\frac{x^2}{a^2}+\frac{y^2}{b^2}$(图 7-44).

② 椭球面　$\frac{x^2}{a^2}+\frac{y^2}{b^2}+\frac{z^2}{c^2}=1$

由该方程可知，变量 x,y,z 的取值范围必须满足

$$|x|\leqslant a,\quad |y|\leqslant b,\quad |z|\leqslant c.$$

这说明椭球面包含在由平面 $x=\pm a$，$y=\pm b$，$z=\pm c$ 所围成的长方体内，它的图形范围是有限的. 可以将旋转椭球面沿某一轴的方向作适当的伸缩，得到它的图形，方法如下：

先将 zOx 面上的椭圆$\frac{x^2}{a^2}+\frac{z^2}{c^2}=1$绕 z 轴旋转，得到旋转椭球面$\frac{x^2+y^2}{a^2}+\frac{z^2}{c^2}=1$. 再把它沿 y 轴方向伸缩$\frac{b}{a}$倍，便得到椭球面 ② 的形状(图 7-45).

特别当 $a=b=c$ 时，② 成为以 a 为半径、原点是球心的球面. 而当 a,b,c 中有两项相同时，② 所表示的是旋转椭球面.

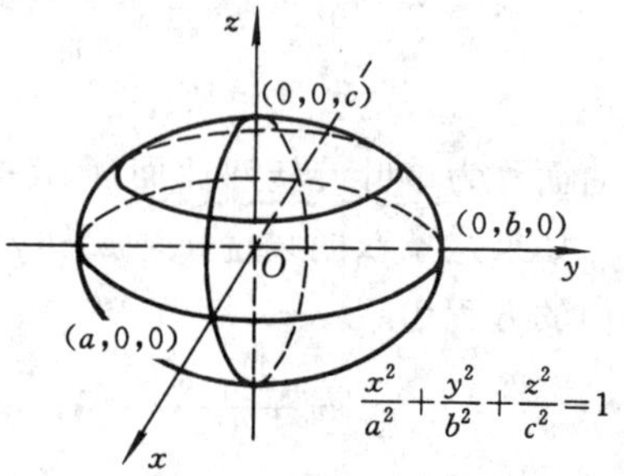

图 7-45

③ 双曲面

(a) 单叶双曲面　$\frac{x^2}{a^2}+\frac{y^2}{b^2}-\frac{z^2}{c^2}=1$

zOx 面上的双曲线$\frac{x^2}{a^2}-\frac{z^2}{c^2}=1$绕 z 轴旋转，得到单叶旋转双曲面$\frac{x^2+y^2}{a^2}-\frac{z^2}{c^2}=1$，再把该曲面沿 y 轴方向伸缩$\frac{b}{a}$倍，即得单叶双曲面$\frac{x^2}{a^2}+\frac{y^2}{b^2}-\frac{z^2}{c^2}=1$.

(b) 双叶双曲面　$\frac{x^2}{a^2}-\frac{y^2}{b^2}-\frac{z^2}{c^2}=1$

zOx 面上的双曲线$\frac{x^2}{a^2}-\frac{z^2}{c^2}=1$ 绕 x 轴旋转，得到双叶旋转双曲面$\frac{x^2}{a^2}-$

$\dfrac{y^2+z^2}{c^2}=1$，再把该曲面沿 y 轴方向伸缩 $\dfrac{b}{c}$ 倍，即得双叶双曲面 $\dfrac{x^2}{a^2}-\dfrac{y^2}{b^2}-\dfrac{z^2}{c^2}=1$.

双曲面的图形可以参阅它们的旋转型(图 7-43(c)，(d))。

④ 抛物面

(a) 椭圆抛物面　$z=\dfrac{x^2}{a^2}+\dfrac{y^2}{b^2}$

zOx 面上的抛物线 $z=\dfrac{x^2}{a^2}$ 绕 z 轴旋转，得旋转抛物面 $z=\dfrac{x^2+y^2}{a^2}$，再把它沿 y 轴方向伸缩 $\dfrac{b}{a}$ 倍，便得到椭圆抛物面 $z=\dfrac{x^2}{a^2}+\dfrac{y^2}{b^2}$(参阅它的旋转型(图 7-43(a)).

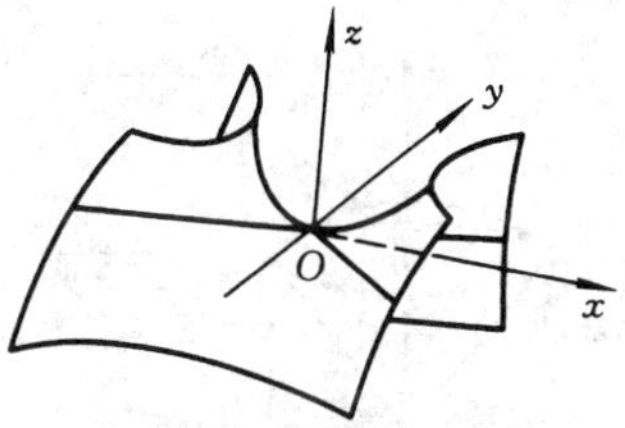

图 7-46

(b) 双曲抛物面(马鞍面)　$z=\dfrac{x^2}{a^2}-\dfrac{y^2}{b^2}$

为了了解该曲面的形状，可以用平行于坐标面的平面截该曲面，通过观察截痕的形状，并加以分析综合，来认识该曲面的概貌.

用平面 $z=z_0$ 截该曲面，所得截痕的方程是

$$\begin{cases}\dfrac{x^2}{a^2}-\dfrac{y^2}{b^2}=z_0,\\ z=z_0.\end{cases}$$

由此可见，当 $z_0=0$ 时，截痕是 xOy 面上的一对相交直线 $y=\pm\dfrac{b}{a}x$；当 $z_0\neq 0$ 时，截痕是平面 $z=z_0$ 上的双曲线，双曲线的中心是点 $(0,0,z_0)$，并且当 $z_0>0$ 时，双曲线的实轴平行于 x 轴，而当 $z_0<0$ 时，双曲线的实轴平行于 y 轴.

用平面 $x=x_0$ 截该曲面，所得截痕的方程是

$$\begin{cases}z=-\dfrac{y^2}{b^2}+\dfrac{x_0^2}{a^2},\\ x=x_0.\end{cases}$$

由此可见，截痕是平面 $x=x_0$ 上开口向下即向 z 轴的负向、对称轴平行于 z 轴、顶点为 $\left(x_0,0,\dfrac{x_0^2}{a^2}\right)$ 的抛物线. 当 x_0 变化时，这些抛物线的形状不变，只是位置作平移，并且顶点的轨迹是 zOx 面上的抛物线 $z=\dfrac{x^2}{a^2}$.

类似地可见，用平面 $y=y_0$ 截该曲面，所得截痕是平面 $y=y_0$ 上开口向上即向 z 轴正向、对称轴平行于 z 轴、顶点为 $\left(0,y_0,-\dfrac{y_0^2}{b^2}\right)$ 的抛物线. 当 y_0 变化时，

这些抛物线的形状亦不变，只是位置作平移，并且顶点的轨迹是 yOz 面上的抛物线 $z=-\frac{y^2}{b^2}$.

经过以上分析，综合起来，可知双曲抛物面 $z=\frac{x^2}{a^2}-\frac{y^2}{b^2}$ 的大致形状如图 7-46 所示.

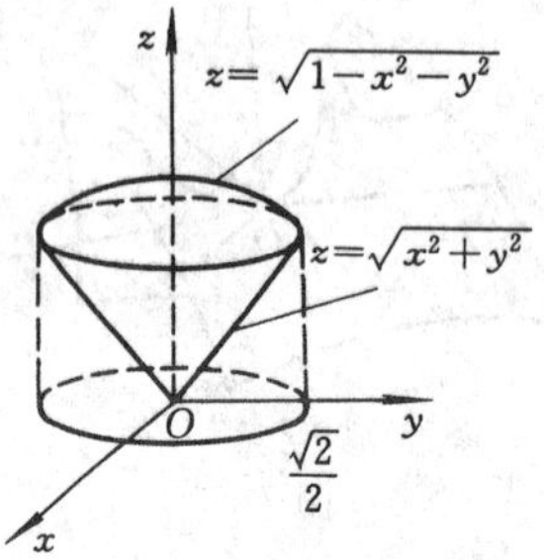

图 7-47

例 3 画出下列曲面所围立体的草图：

(1) $z=\sqrt{x^2+y^2}$ 与 $z=\sqrt{1-x^2-y^2}$；

(2) $z=x^2+y^2, y=x^2, y=1, z=0$；

(3) $1-z=x^2, x+y=1$ 及三个坐标面.

解 (1) $z=\sqrt{x^2+y^2}$ 是圆锥面 $z^2=x^2+y^2$ 位于 xOy 面上方的部分，$z=\sqrt{1-x^2-y^2}$ 是半径为1、球心在坐标原点的上半球面，因此，它们围得如图 7-47 所示的立体.

(2) $z=x^2+y^2$ 是开口向上的旋转抛物面，$y=x^2$ 是母线平行于 z 轴的抛物柱面，$y=1$ 是平行于 zOx 面的平面，$z=0$ 是 xOy 面，由它们围得如图 7-48 所示的立体.

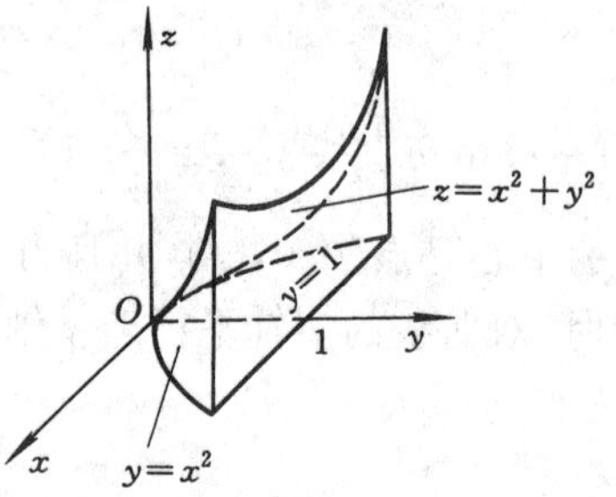

图 7-48

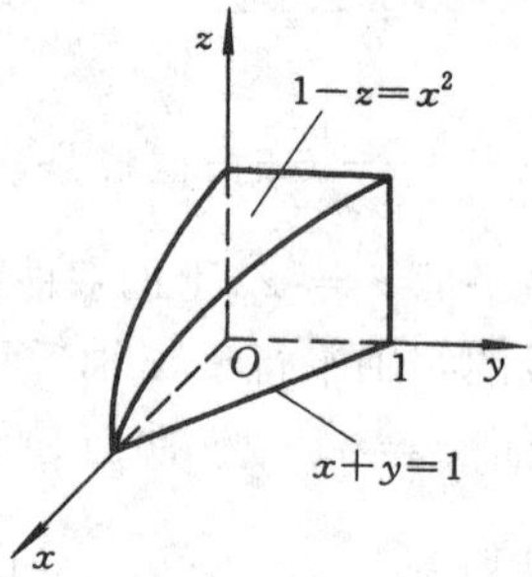

图 7-49

(3) $1-z=x^2$ 是母线平行于 y 轴的抛物柱面，$x+y=1$ 是平行于 z 轴的平面，由这两个曲面与三个坐标平面围得如图 7-49 所示的立体.

我们应当注意到，此前提到的二次曲面的标准方程中，如果将方程中的变量 x, y, z 所在的位置进行交换，所得到曲面的类型并没有改变，只是它们在空间所处的位置与原曲面有所不同. 例如，$x=\frac{y^2}{a^2}+\frac{z^2}{b^2}$ 所表示的仍然是椭圆抛物面，它的对称轴位于 x 轴上，开口向着 x 轴的正向. 对于诸如此类的方程表示的二次曲面，我们也将它们视为二次型的标准型，对它们的图形也应该了解.

习　题　7-6

(A)

1. 求下列旋转曲面的方程：

(1) 将 zOx 面上的抛物线 $z^2 = 5x$ 绕 x 轴旋转一周；

(2) 将 xOy 面上的椭圆 $\frac{x^2}{9} + \frac{y^2}{4} = 1$ 绕 y 轴旋转一周；

(3) 将 xOy 面上的双曲线 $4x^2 - 9y^2 = 36$ 分别绕 x 轴及 y 轴旋转一周；

(4) 将 xOy 面上的直线 $y = 2x + 1$ 绕 x 轴旋转一周.

2. 指出下列方程表示什么曲面.若是旋转曲面，指出它们可以由什么曲线绕什么轴旋转而成：

(1) $x^2 + y^2 + z^2 = 1$；　　(2) $x^2 + 3y^2 + 2z^2 = 1$；

(3) $\frac{x^2}{4} + \frac{y^2}{9} + \frac{z^2}{4} = 1$；　　(4) $\frac{x^2}{9} + \frac{y^2}{16} - \frac{z^2}{9} = 1$；

(5) $x^2 - \frac{y^2}{2} + z^2 = 1$；　　(6) $\frac{x^2}{4} + \frac{y^2}{4} - z^2 = -1$；

(7) $x^2 - y^2 = 4z$；　　(8) $x^2 = 2z^2 - y^2$.

3. 指出下列方程所表示的曲线：

(1) $\begin{cases} x^2 + 4y^2 + 9z^2 = 36, \\ y = 1; \end{cases}$　　(2) $\begin{cases} x^2 - 4y^2 + z^2 = 25, \\ x = -3. \end{cases}$

4. 试求平面 $x = 2$ 与椭球面 $\frac{x^2}{16} + \frac{y^2}{12} + \frac{z^2}{4} = 1$ 相交所成椭圆的长、短半轴.

5. 分别指出平面 $z = 2, z = -2, x = 1, y = 1$ 与双叶双曲面 $-x^2 - \frac{y^2}{4} + z^2 = 1$ 相交的曲线的类型.

6. 画出下列方程所表示的曲面：

(1) $4x^2 + y^2 - z^2 = 4$；　　(2) $x^2 - y^2 - 4z^2 = 4$；

(3) $\frac{z}{3} = \frac{x^2}{4} + \frac{y^2}{9}$；　　(4) $x^2 + 2y^2 = 4 - z^2$.

(B)

1. 求 xOy 面上的圆 $(x - R)^2 + y^2 = r^2 (0 < r < R)$ 绕 y 轴旋转所得圆环面的方程.

2. 求平面 $y = y_1$ 与单叶双曲面 $\frac{x^2}{a^2} + \frac{y^2}{b^2} - \frac{z^2}{c^2} = 1$ 相交的曲线，并说明曲线的类型.

第八章　多元函数的微分学及其应用

此前我们所讨论的函数都只有一个自变量，这种函数称为一元函数．但是，在很多实际问题中，所涉及的因素是多方面的，反映到数学中来，就是一个变量依赖于多个变量的情形．这就提出了多元函数以及多元函数的微分与积分的问题．在这一章里，将在以前学习过的一元函数微分学的基础上，讨论多元函数的微分法及其应用．讨论时，将以二元函数为主，这是因为从一元函数到二元函数，会产生新的问题与有不同的结果，而从二元函数到二元以上的多元函数，则可以类推．

第一节　多元函数的基本概念

因为我们将着重讨论二元函数，而二元函数的定义域是坐标平面上的点集，所以，首先有必要了解有关平面点集的一些基本概念．

一、平面点集

由平面解析几何的知识可知，在平面上引进了直角坐标系后，平面上的点 P 与有序二元实数组 (x,y) 之间就建立了一一对应的关系．因此，就常把有序二元实数组 (x,y) 与平面上的点 P 视作是等同的．这种建立了坐标系的平面称为坐标平面．有序二元实数组 (x,y) 的全体，记为 $\mathbf{R}^2=\{(x,y)\mid x\in\mathbf{R},\ y\in\mathbf{R}\}$，就表示坐标平面．

坐标平面上满足某种条件 P 的点的集合就称为平面点集，记为

$$E=\{(x,y)\mid (x,y)\text{ 满足条件 } P\}.$$

例如，平面上以原点 O 为中心、正数 r 为半径的圆内所有点的集合是

$$C=\{(x,y)\mid x^2+y^2<r^2\}.$$

如果以点 P 表示 (x,y)，$|OP|$ 表示点 P 到原点 O 的距离，那么，上述集合 C 也可以表示为

$$C=\{P\mid |OP|<r\}.$$

现在引进 $\mathbf{R}^2$ 中邻域的概念．

设 $P_0(x_0,y_0)$ 是 xOy 平面上的一点，δ 是某一正数，与点 $P_0(x_0,y_0)$ 的距离小于 δ 的点 $P(x,y)$ 的全体称为点 P_0 的 δ 邻域，记为 $U(P_0,\delta)$，即

$$U(P_0,\delta)=\{P\mid |PP_0|<\delta\},$$

亦即 $$U(P_0,\delta)=\{(x,y)\mid\sqrt{(x-x_0)^2+(y-y_0)^2}<\delta\}.$$

点 P_0 的去心 δ 邻域记为 $\dot{U}(P_0,\delta)$，即

$$\dot{U}(P_0,\delta)=\{P\mid 0<|PP_0|<\delta\}.$$

在几何上，$U(P_0,\delta)$ 就是以点 $P_0(x_0,y_0)$ 为中心、以 δ 为半径的圆内部的点 $P(x,y)$ 的全体，而 $\dot{U}(P_0,\delta)$ 则是以点 $P_0(x_0,y_0)$ 为中心、以 δ 为半径的圆内部除了中心点以外的点 $P(x,y)$ 的全体.

有时候，不需要强调邻域的半径 δ，这时就用 $U(P_0)$ 表示点 P_0 的某个邻域，用 $\dot{U}(P_0)$ 表示点 P_0 的某个去心邻域.

接下来利用邻域来描述点与点集之间的关系. 设 E 是平面上的一个点集，P 是平面上的一点.

(1) 如果存在点 P 的某个邻域 $U(P)$，使 $U(P)\subset E$，那么，称点 P 为 E 的内点(如图 8-1 中，点 P_1 为点集 E 的内点)；

(2) 如果存在点 P 的某个邻域 $U(P)$，使 $U(P)\cap E=\varnothing$，那么，称点 P 为 E 的外点(如图 8-1 中，点 P_2 为点集 E 的外点)；

(3) 如果点 P 的任何一个邻域内既含有属于点集 E 的点，也含有不属于点集 E 的点，那么，称点 P 为点集 E 的边界点(如图 8-1 中，点 P_3 为点集 E 的边界点).

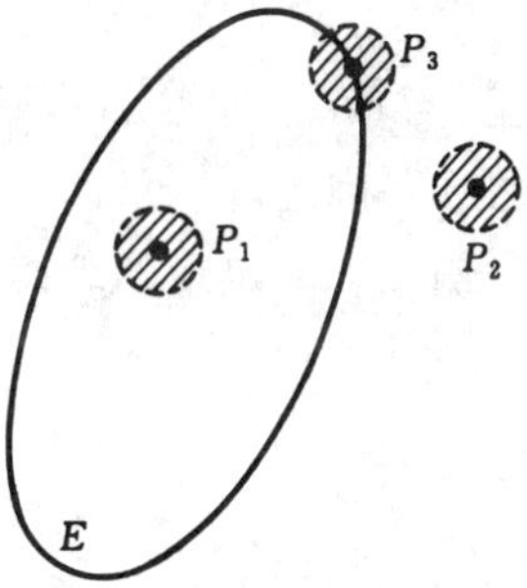

图 8-1

显然，点集 E 的内点必属于 E，点集 E 的外点必不属于 E，而点集 E 的边界点可能属于 E，也可能不属于 E. E 的边界点的全体称为 E 的边界.

根据点集中所属点的特征，我们再来定义一些重要的平面点集.

开集：如果点集 E 的点都是 E 的内点，那么，称 E 为开集.

闭集：如果点集 E 的余集 E^C 是开集，那么，称 E 为闭集.

例如，点集 $E_1=\{(x,y)\mid 1<x^2+y^2<3\}$ 是开集，点集 $E_2=\{(x,y)\mid 1\leqslant x^2+y^2\leqslant 3\}$ 是闭集，而点集 $E_3=\{(x,y)\mid 1<x^2+y^2\leqslant 3\}$ 则既非开集，也非闭集. 满足 $x^2+y^2=1$ 或 $x^2+y^2=3$ 的点 (x,y) 的全体是点集 E_1,E_2,E_3 的边界.

区域(或开区域)：如果非空的开集 E 具有连通性，即 E 中任意两点之间都可以用一条完全含于 E 的有限折线(由有限条直线段连接而成的折线)相连接，那么，称 E 为区域(或开区域).

闭区域：开区域连同它的边界一起所构成的点集称为闭区域.

例如，上述点集 E_1 是开区域，点集 E_2 是闭区域.

有界集：对于平面点集 E，如果存在某个正数 r，使得 $E \subset U(O,r)$，其中点 O 是坐标原点，那么，称 E 是有界集.

无界集：一个点集如果不是有界集，那么，就称它为无界集.

例如，上述集合 E_1, E_2, E_3 都是有界集，而点集 $E_4 = \{(x,y) \mid x+y>1\}$ 是无界的开区域，点集 $E_5 = \{(x,y) \mid x+y \geqslant 1\}$ 是无界的闭区域.

二、二元函数的概念

在很多自然现象及实际问题中，经常会遇到多个变量之间的依赖关系. 请看下面的例子：

例 1　圆柱体的体积 V 与它的底半径 r、高 h 之间具有以下关系：

$$V = \pi r^2 h.$$

这里，当 r, h 在集合 $\{(r,h) \mid r>0, h>0\}$ 内取定一对值 (r,h) 时，V 的对应值就随之唯一确定.

例 2　一定量的理想气体的压强 p、体积 V 与绝对温度 T 之间具有以下关系：

$$p = \frac{RT}{V},$$

其中 R 是常数. 这里，当 V, T 在集合 $\{(V,T) \mid V>0,\ T>T_0\}$ 内取定一对值 (V,T) 时，p 的对应值就随之唯一确定.

上面两个例子的具体意义虽然有所不同，但是它们有共同的性质. 抽出这些共性，我们就可以得出下面二元函数的定义.

定义 1　设有变量 x, y 与 z. 如果变量 x, y 在一定的范围内任意取定一对值 (x,y) 时，变量 z 按照一定的对应法则 f 总有唯一确定的数值与之对应，那么，就称这个对应法则是变量 x, y 的二元函数，变量 x, y 称为自变量，变量 z 称为因变量. 自变量 x, y 允许取值的范围称为函数的定义域.

在定义 1 中，自变量 x, y 事实上已被排了序，自变量 x, y 所取的一对值成为一组有序二元实数组 (x,y). 这样，自变量 x, y 的每一对取值就对应 xOy 平面上的一个点 $P(x,y)$，自变量 x, y 允许取值的范围就对应 xOy 平面上的一个点集 D. 我们也把点集 D 称为该函数的定义域. 由此，我们可以把定义 1 中给出的二元函数记为

$$z = f(x,y), \quad (x,y) \in D.$$

另一方面，这个二元函数也可以看作为平面上点 P 的函数，并记为

$$z = f(P), \quad P \in D.$$

实数集$\{z \mid z = f(x,y),\ (x,y) \in D\}$称为该二元函数的值域，可以记为$R_f$，即

$$R_f = \{z \mid z = f(x,y),\ (x,y) \in D\}.$$

函数的记号中，除了常用字母 f 表示其对应法则外，也可以用其他字母，例如“φ”，“g”，“F” 等表示其对应法则，甚至还可以用表示因变量的字母来表示.

对于一元函数 $y = f(x), x \in D$(D 是 $\mathbf{R}$ 的一个子集，亦即 x 轴上的一个点集)，我们曾经指出 xOy 平面上的点集$\{(x,y) \mid y = f(x), x \in D\}$是该一元函数的图形(或称图像). 通常，它是 xOy 平面上的一条曲线. 类似地，对于二元函数 $z = f(x,y), (x,y) \in D$，空间直角坐标系 $O\text{-}xyz$ 内的点集

$$\{(x,y,z) \mid z = f(x,y), (x,y) \in D\}$$

称为该二元函数的图形(或称图像，图 8-2). 通常它是 $O\text{-}xyz$ 空间内的一张曲面.

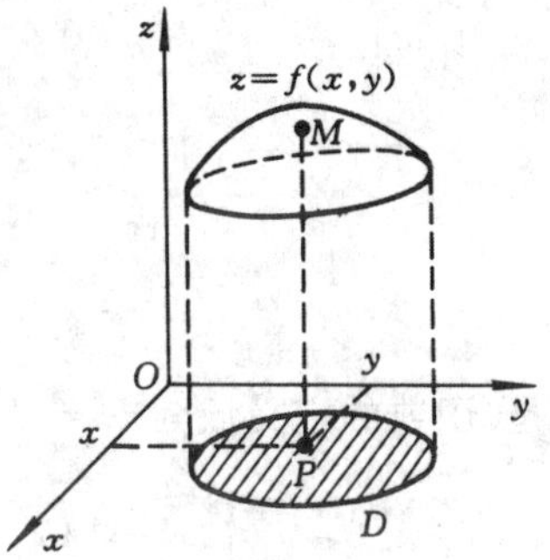

图 8-2

与一元函数的情形相类似，关于二元函数的定义域，我们作如下约定：在一般地讨论用算式表达的二元函数 $z = f(x,y)$ 时，就以使这个算式有意义的一切有序二元实数组，亦即相应的 xOy 平面上的 点所组成的集合为该函数的自然定义域. 因而对这类函数就不再特别标出其定义域，简记为 $z = f(x,y)$. 例如，函数 $z = \ln(x+y-1)$ 的定义域为$\{(x,y) \mid x+y > 1\}$(图 8-3)，前面已经指出这是一个无界的开区域. 又例如，函数 $z = \arccos(|x|+|y|)$ 的定义域为$\{(x,y) \mid |x|+|y| \leqslant 1\}$(图 8-4)，这是一个有界的闭区域.

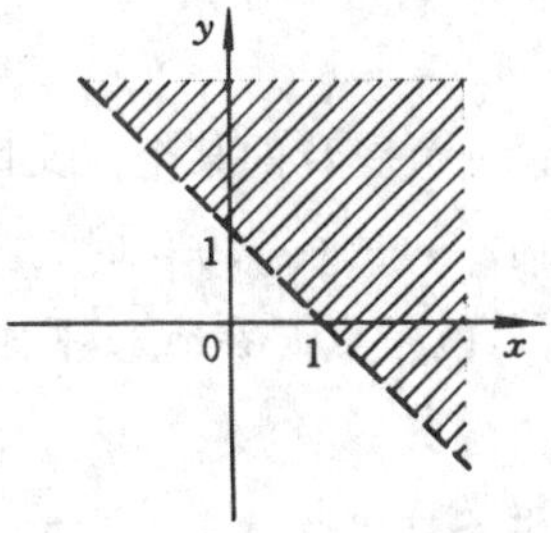

图 8-3

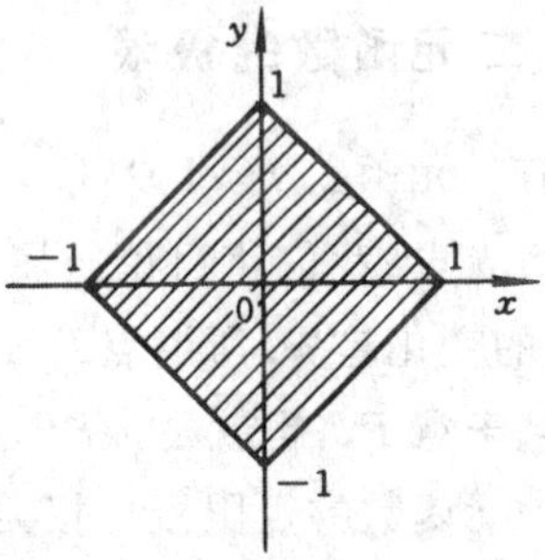

图 8-4

例 3 函数 $z = \sqrt{1-x^2-y^2}$ 的定义域为$\{(x,y) \mid x^2+y^2 \leqslant 1\}$，这是一个有界的闭区域，称为 xOy 平面上的单位闭圆域. 该函数的值域为 $R_f = [0,1]$. 该函数的图形是以原点为中心的单位球面的上半部分(图 8-5).

例 4 试求函数 $z=\ln(y-x)+\dfrac{\sqrt{x}}{\sqrt{1-x^2-y^2}}$ 的定义域.

解 自变量 x,y 的取值应满足如下的不等式组：

$$\begin{cases}y-x>0,\\x\geqslant 0,\\1-x^2-y^2>0,\end{cases}$$

即

$$\begin{cases}y>x\geqslant 0,\\x^2+y^2<1.\end{cases}$$

于是，函数的定义域为 $D=\{(x,y)\mid y>x\geqslant 0,\ x^2+y^2<1\}$(图 8-6).

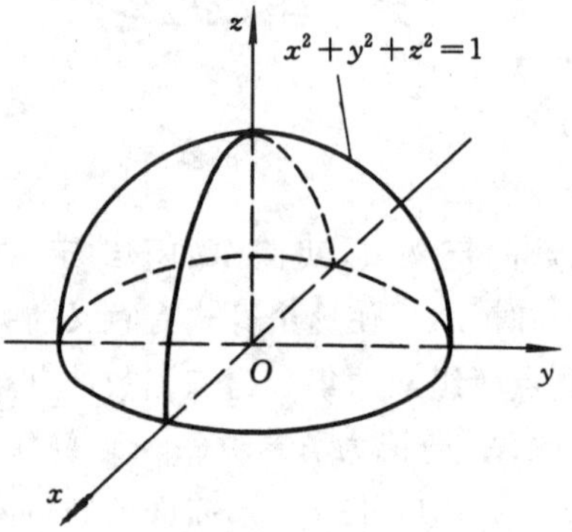

图 8-5

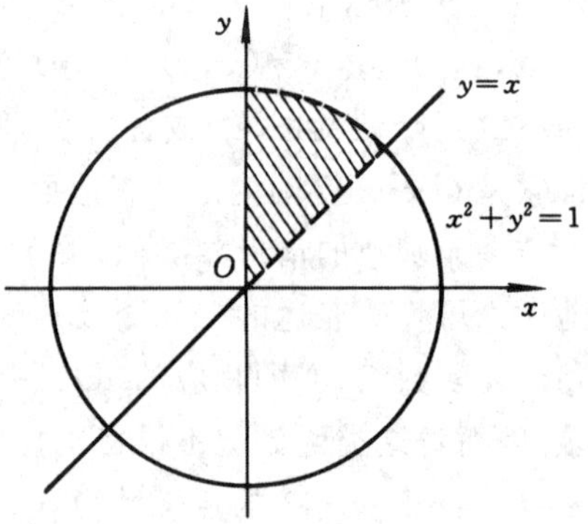

图 8-6

三、二元函数的极限

设有二元函数 $f(x,y)$，$(x,y)\in D$，点 $P_0(x_0,y_0)$ 是 D 的某个定义区域①的内点或边界点. 我们将讨论当属于 D 的点 $P(x,y)\to P_0(x_0,y_0)$ 时，二元函数 $f(x,y)$ 的变化趋势. 所谓点 $P(x,y)\to P_0(x_0,y_0)$，就是点 P 在 xOy 平面内以任何方式趋于点 P_0，也就是 $|PP_0|\to 0$.

与一元函数的极限概念相类似，我们有如下定义：

定义 2 **设有二元函数 $f(x,y)$，$(x,y)\in D$，点 $P_0(x_0,y_0)$ 是 D 的某个定义区域的内点或其边界点. 如果当属于 D 的点 $P(x,y)\to P_0(x_0,y_0)$ 时，函数值 $f(x,y)$ 无限接近于某个确定的常数 A，那么，就称当 $(x,y)\to(x_0,y_0)$ 时，二元**

① 函数的定义区域是指包含于函数定义域的区域.

函数 $f(x,y)$ 的极限是 A，也称二元函数 $f(x,y)$ 在点 $P_0(x_0,y_0)$ 处的极限是 A，记为

$$\lim_{(x,y)\to(x_0,y_0)} f(x,y)=A \quad 或 \quad f(x,y)\to A\ ((x,y)\to(x_0,y_0)),$$

也可以记为

$$\lim_{P\to P_0} f(P)=A \quad 或 \quad f(P)\to A(P\to P_0).$$

我们称这样定义的二元函数的极限为二重极限.

例 5 设 $f(x,y)=(x^2+y^2)\sin\dfrac{1}{x^2+y^2}$，证明 $\lim\limits_{(x,y)\to(0,0)} f(x,y)=0$.

证 函数 $f(x,y)$ 的定义域为 $D=\{(x,y)\mid x^2+y^2\neq 0\}$，是无界开区域，点 $O(0,0)$ 正是它的边界点. 因为

$$\begin{aligned}|f(x,y)-0|&=\left|(x^2+y^2)\sin\frac{1}{x^2+y^2}-0\right|=|x^2+y^2|\left|\sin\frac{1}{x^2+y^2}\right|\\&\leqslant x^2+y^2,\end{aligned}$$

而 x^2+y^2 是属于 D 的点 (x,y) 到点 $O(0,0)$ 的距离的平方，当 $(x,y)\to(0,0)$ 时，显然，$x^2+y^2\to 0$，所以，由上述不等式看出，对应的函数值 $f(x,y)$ 必定无限接近于常数 0. 因此，由定义 2，有

$$\lim_{(x,y)\to(0,0)} f(x,y)=0.$$

由于二元函数的极限定义与一元函数的极限定义相类似，所以，一元函数极限的运算法则可以转移到二元函数极限的运算中来，一元函数极限的某些性质，如无穷小与有界量的积仍然为无穷小（如果对于二元函数 $f(x,y)$，有 $\lim\limits_{(x,y)\to(x_0,y_0)} f(x,y)=0$，那么，完全类似地称该二元函数为当 $(x,y)\to(x_0,y_0)$ 时的无穷小），夹逼准则等也可以转移到二元函数的极限中来.

由二元函数极限的定义与上述说明，不难看出有

$$\lim_{(x,y)\to(0,0)} (x^2+y^2)^\alpha=0 \quad (\alpha>0，是常数),$$

$$\lim_{(x,y)\to(0,0)} x^\alpha y^\beta=0 \quad (\alpha>0,\ \beta>0，都是常数),$$

$$\lim_{(x,y)\to(0,0)} (x\pm y)=0,$$

等等.

例 6 求 $\lim\limits_{(x,y)\to(0,2)} \dfrac{\sin(xy)}{x}$.

解 函数 $\dfrac{\sin(xy)}{x}$ 的定义域为 $D=\{(x,y)\mid x\neq 0, x,y\in\mathbf{R}\}$，点 $P_0(0,2)$

是 D 的两个定义区域 $D_1=\{(x,y)\mid x>0,y\in\mathbf{R}\}$ 及 $D_2=\{(x,y)\mid x<0,y\in\mathbf{R}\}$ 的公共的边界点. 注意到在点 $P_0(0,2)$ 的充分小邻域内，$y\neq 0$，故由积的极限运算法则得

$$\begin{aligned}\lim_{(x,y)\to(0,2)}\frac{\sin(xy)}{x}&=\lim_{(x,y)\to(0,2)}\left[\frac{\sin(xy)}{xy}\cdot y\right]\\&=\lim_{xy\to 0}\frac{\sin(xy)}{xy}\cdot\lim_{y\to 2}y\\&=1\times 2=2.\end{aligned}$$

然而，我们更需要注意的问题是：所谓二重极限存在，是指点 $P(x,y)$ 以任何方式趋于点 $P_0(x_0,y_0)$ 时，函数值都无限接近于同一常数 A. 因此，如果点 $P(x,y)$ 以某种特殊方式，例如沿着一条定直线或定曲线趋于点 $P_0(x_0,y_0)$ 时，即使函数值无限接近于某一常数，还是不能由此断定函数的极限存在. 但是，如果当点 $P(x,y)$ 以不同方式趋于点 $P_0(x_0,y_0)$ 时，函数值趋于不同的值，那么就可以断定该函数当 $(x,y)\to(x_0,y_0)$ 时极限不存在. 我们用下面的例子来说明这种情形.

例 7　考察函数

$$f(x,y)=\begin{cases}\dfrac{xy}{x^2+y^2}, & x^2+y^2\neq 0,\\ 0, & x^2+y^2=0\end{cases}$$

在点 $(0,0)$ 处是否存在极限？

尽管当点 $P(x,y)$ 沿 x 轴(即固定 $y=0$) 趋于点 $O(0,0)$ 时，有

$$\lim_{(x,y)\to(0,0)}f(x,y)=\lim_{x\to 0}f(x,0)=\lim_{x\to 0}0=0;$$

当点 $P(x,y)$ 沿 y 轴(即固定 $x=0$) 趋于点 $O(0,0)$ 时，也有

$$\lim_{(x,y)\to(0,0)}f(x,y)=\lim_{y\to 0}f(0,y)=\lim_{y\to 0}0=0,$$

但是，决不能就此而轻易地断言有 $\lim\limits_{(x,y)\to(0,0)}f(x,y)=0$. 事实上，作深入考察后，正确的答案应如下所述.

解　因为当点 $P(x,y)$ 沿直线 $y=kx$ 趋于点 $O(0,0)$ 时，有

$$\lim_{\substack{(x,y)\to(0,0)\\ y=kx}}f(x,y)=\lim_{\substack{(x,y)\to(0,0)\\ y=kx}}\frac{xy}{x^2+y^2}=\lim_{x\to 0}\frac{kx^2}{x^2+k^2x^2}=\frac{k}{1+k^2},$$

显然，它是随着 k 值的不同而改变的，所以，由定义 2 知，$\lim\limits_{(x,y)\to(0,0)}f(x,y)$ 不存在.

四、二元函数的连续性

与一元函数的情形一样，利用函数的极限，就可以说明二元函数的连续性. 下面先说明二元函数在一点处连续的概念.

定义 3　设有二元函数 $f(x,y)$，$(x,y)\in D$，点 $P_0(x_0,y_0)$ 是 D 的某个定义区域的内点或其属于 D 的边界点. 如果

$$\lim_{(x,y)\to(x_0,y_0)} f(x,y)=f(x_0,y_0),$$

那么称函数 $f(x,y)$ 在点 $P_0(x_0,y_0)$ 处连续.

如果二元函数 $f(x,y)$ 在区域 D 内有定义且在 D 内每一点处连续，那么就称函数 $f(x,y)$ 在区域 D 内连续，或称函数 $f(x,y)$ 是区域 D 内的连续函数. 如果二元函数 $f(x,y)$ 在闭区域 D 上有定义且在 D 的每一点处连续，那么就称函数 $f(x,y)$ 在闭区域 D 上连续，或称函数 $f(x,y)$ 是闭区域 D 上的连续函数.

当我们把一元基本初等函数看成二元函数的特例（即另一个自变量不出现）时，由于一元基本初等函数在它们各自的定义区间内都是连续函数，于是，根据二元函数在一点处连续的定义，不难看出作为二元函数，在平面上相应的定义区域内也是连续函数. 例如，设 $f(x,y)=\tan x$，作为二元函数，$D_k=\{(x,y)\mid k\pi-\frac{\pi}{2}<x<k\pi+\frac{\pi}{2},\ y\in\mathbf{R}\}(k\in\mathbf{Z})$ 是它的定义区域. 对于 D_k 内任一点 $P_0(x_0,y_0)$，当点 $P(x,y)\to$ 点 $P_0(x_0,y_0)$ 时，当然有 $x\to x_0$，从而就有 $f(x,y)=\tan x\to\tan x_0=f(x_0,y_0)$. 因此，由二元函数连续性的定义知，$f(x,y)=\tan x$ 在点 $P_0(x_0,y_0)$ 处连续. 而由点 $P_0(x_0,y_0)\in D_k$ 的任意性知，$f(x,y)=\tan x$ 在 D_k 内连续.

在上一目中已经指出：一元函数的极限运算法则对于二元函数仍然适用. 根据二元函数连续性的定义与二元函数的极限运算法则，可以证明二元连续函数的和、差、积仍为连续函数；连续函数的商在分母不为零处仍连续；二元连续函数的复合函数也是连续函数.

与一元初等函数的概念类似，二元初等函数是指可以用一个式子表示的二元函数，这个式子是由常数及具有不同自变量的一元基本初等函数经过有限次的四则运算及复合运算而得到的. 例如，$\sin(x+y)$，$\dfrac{x+x^2-y^2}{1+y^2}$，$\ln(1+x^2+y^2)$ 等都是二元初等函数.

根据上面指出的连续函数的和、差、积、商的连续性及连续函数的复合函数的连续性，再利用基本初等函数的连续性，就可以进一步得出如下的结论：**一切二元初等函数在其定义区域内都是连续的.**

由二元初等函数的连续性，如果要求它在点 P_0 处的极限，而点 P_0 又在该函数定义区域之内，那么，极限值就是函数在该点处的函数值，即有

$$\lim_{P \to P_0} f(P) = f(P_0).$$

例 8 求 $\lim\limits_{(x,y)\to(2,1)} \dfrac{x+x^2-y^2}{1+y^2}$.

解 我们已经指出，函数 $f(x,y)=\dfrac{x+x^2-y^2}{1+y^2}$ 是初等函数，它的定义域为 $\mathbf{R}^2$. 由于点 $P_0(2,1)$ 是函数定义区域的内点，故有

$$\lim_{(x,y)\to(2,1)} \frac{x+x^2-y^2}{1+y^2} = \frac{2+2^2-1^2}{1+1^2} = \frac{5}{2}.$$

例 9 求 $\lim\limits_{(x,y)\to(0,0)} \dfrac{\sqrt{xy+1}-1}{xy}$.

解 函数 $f(x,y)=\dfrac{\sqrt{xy+1}-1}{xy}$ 是初等函数，它的定义域是 $D=\{(x,y) \mid x\neq 0, y\neq 0\}$. 由于点 $(0,0) \overline{\in} D$，不能直接应用二元初等函数连续性的结论.

先在 D 内对函数 $f(x,y)$ 的表达式作恒等变形：

$$f(x,y)=\frac{(\sqrt{xy+1})^2-1}{xy(\sqrt{xy+1}+1)}=\frac{1}{\sqrt{xy+1}+1}.$$

对于函数 $g(x,y)=\dfrac{1}{\sqrt{xy+1}+1}$ 而言，它是初等函数，定义域是 $\mathbf{R}^2$，点 $(0,0)$ 是其定义区域的内点，故有

$$\lim_{(x,y)\to(0,0)} g(x,y) = g(0,0) = \frac{1}{2}.$$

然而由于在 D 内 $f(x,y)\equiv g(x,y)$，因而也有

$$\lim_{(x,y)\to(0,0)} f(x,y) = \lim_{(x,y)\to(0,0)} g(x,y) = \frac{1}{2}.$$

在一元函数极限的计算中，我们已经学习过一种基本方法：利用分子（或分母）有理化，把函数表达式恒等变形，使之可以使用商的极限运算法则，或者说使之可以使用初等函数连续性的结论. 这个例子表明这种方法也可以使用于二元函数极限的计算之中. 下面再举一例.

例 10 求 $\lim\limits_{(x,y)\to(0,0)} \dfrac{x^2+y^2}{\sqrt{1+x^2+y^2}-1}$.

解 $$\lim_{(x,y)\to(0,0)}\frac{x^2+y^2}{\sqrt{1+x^2+y^2}-1}=\lim_{(x,y)\to(0,0)}\frac{(x^2+y^2)(\sqrt{1+x^2+y^2}+1)}{1+x^2+y^2-1}$$

$$=\lim_{(x,y)\to(0,0)}(\sqrt{1+x^2+y^2}+1)=2.$$

与闭区间上一元连续函数的性质相类似，在有界闭区域上连续的二元函数具有如下性质：

性质 1(有界性与最大值最小值定理)　在有界闭区域 D 上连续的二元函数必定在 D 上有界，并且能取得它的最大值与最小值.

性质 1 就是说，如果 $f(P)$ 在有界闭区域 D 上连续，那么，必定存在常数 $K>0$，使得对一切 $P\in D$，有 $|f(P)|\leqslant K$，并且存在 $P_1,P_2\in D$，使得

$$f(P_1)=\max\{f(P)\mid P\in D\},\quad f(P_2)=\min\{f(P)\mid P\in D\}.$$

性质 2(介值定理)　在有界闭区域 D 上连续的二元函数，必定取得介于最大值与最小值之间的任何值.

性质 2 就是说，如果 $f(P)$ 在有界闭区域 D 上连续，那么，由性质 1，$f(P)$ 在 D 上必能取得它的最大值 M 与最小值 m. 不仅如此，对于任何介于 m 与 M 之间的实数 μ，即 $m\leqslant\mu\leqslant M$，一定存在 $Q\in D$，使得 $f(Q)=\mu$.

五、二元以上函数的情形

我们首先指出，完全类似于定义 1，可以定义三元函数 $u=f(x,y,z)$，$(x,y,z)\in D$ 以及三元以上的函数. 习惯上，二元及二元以上的函数统称为多元函数.

由于读者在第七章中已经学习了空间解析几何的初步知识，所以类似于二元函数的情形那样，三元函数 $u=f(x,y,z)$，$(x,y,z)\in D$ 可以看作空间内点 $P(x,y,z)$ 的函数，简记为 $u=f(P)$，$P\in D$. 我们也可以完全类似于定义 2 与定义 3 来定义三元函数的极限与连续性，并且有关的结论都可以推广到三元函数的情形中来.

在了解了 n 维空间的基本知识后，我们能够定义一般的 n 元函数，并且对一般的 n 元函数展开相同的讨论，得到相同的结论.

习　题　8-1

(A)

1. 判定下列平面点集中哪些是开集、闭集、区域、有界集、无界集？并分别指出它们的边界.

(1) $\{(x,y) \mid x \neq 0,\ y \neq 0\}$；

(2) $\{(x,y) \mid 1 \leqslant x^2 + y^2 < 3\}$；

(3) $\{(x,y) \mid x > y^2\}$；

(4) $\{(x,y) \mid 0 < x < y < 1\}$.

2. 已知函数 $f(x,y) = x^2 + y^2 - xy\tan\dfrac{x}{y}$，试求 $f(tx,ty)$.

3. 已知函数 $f(x,y) = \dfrac{xy}{x^2+y^2}$，试求 $f\left(1,\dfrac{x}{y}\right)$.

4. 求下列函数的定义域，并画出其图形：

(1) $z = \ln(y^2 - 4x + 8)$；

(2) $z = \dfrac{1}{\sqrt{x+y}} + \dfrac{1}{\sqrt{x-y}}$；

(3) $z = \sqrt{4 - x^2 - y^2} + \dfrac{1}{\sqrt{x^2 + y^2 - 1}}$；

(4) $z = \sqrt{x - \sqrt{y}}$；

(5) $z = \ln(x^2 - y) + \arccos(x^2 + y^2)$；

(6) $z = \dfrac{\sqrt{x-y}}{\ln(1 - x^2 - y^2)}$.

5. 求下列极限：

(1) $\lim\limits_{(x,y)\to(1,0)} \dfrac{1 - xy}{x^2 + y^2}$；

(2) $\lim\limits_{(x,y)\to(0,0)} (x+y)\sin\dfrac{1}{xy}$；

(3) $\dfrac{\ln(x + \sin y)}{\sqrt{x^2 + y^2}}$；

(4) $\lim\limits_{(x,y)\to(0,0)} \dfrac{2 - \sqrt{xy+4}}{xy}$；

(5) $\lim\limits_{(x,y)\to(0,0)} \dfrac{e^x \cos y}{1 + x + y}$；

(6) $\lim\limits_{(x,y)\to(0,0)} \dfrac{1 - \cos(x^2 + y^2)}{(x^2 + y^2)e^{xy}}$.

6. 证明下列极限不存在：

(1) $\lim\limits_{(x,y)\to(0,0)} \dfrac{x+y}{x-y}$；

(2) $\lim\limits_{(x,y)\to(0,0)} \dfrac{x^2}{x^2 + y^2 - x}$.

7. 试问下列函数是否在全平面内连续?并请说明理由.

(1) $f(x,y) = \begin{cases} \dfrac{x^2 - y^2}{x^2 + y^2}, & x^2 + y^2 \neq 0, \\ 0, & x^2 + y^2 = 0; \end{cases}$

(2) $f(x,y) = \begin{cases} \dfrac{\sin(xy)}{x}, & x \neq 0 \\ y, & x = 0. \end{cases}$

(B)

1. 判定下列平面点集中哪些是开集、闭集、区域、有界集、无界集?并分别指出它们的边界.

(1) $\{(x,y) \mid (x-1)^2 + y^2 \geqslant 1,\ (x-2)^2 + y^2 \leqslant 4\}$；

(2) $\{(x,y) \mid 1 < xy < 2,\ \dfrac{1}{2} < \dfrac{y}{x} < 1\}$.

2. 设 $f(x+y, x-y) = x^2 - xy$，试求 $f(x,y)$.

3. 求下列函数的定义域,并画出其图形：

(1) $z=\arcsin\dfrac{y}{x}$； (2) $z=\sqrt{\dfrac{2x-x^2-y^2}{x^2+y^2-x}}$.

4. 证明极限 $\lim\limits_{(x,y)\to(0,0)}\dfrac{x^4y^4}{(x^2+y^4)^3}$ 不存在.

5. 求下列极限：

(1) $\lim\limits_{(x,y)\to(0,0)}y^2\ln(x^2+y^2)$； (2) $\lim\limits_{(x,y)\to(0,0)}\dfrac{\sin(x^3+y^3)}{x^2+y^2}$.

第二节 偏导数

一、偏导数的定义与计算

在一元函数的情形,我们从研究函数的变化率引进了导数的概念.对于多元函数,仍然需要考虑函数的变化率.然而,由于自变量的个数不再唯一,因变量与自变量之间的关系就更为复杂.但是,我们仍然可以考虑多元函数对某一个自变量的变化率,也就是说,在这个自变量发生变化、其他自变量都保持不变的情形下,考虑函数对该自变量的变化率.这是有实际意义的,例如,已经知道一定量的理想气体的体积 V、压强 p 与绝对温度 T 三者之间具有某种联系.可以考察在等温条件下(即视 T 为常数)体积对于压强的变化率,也可以考察在等压条件下(即视压强 p 为常数)体积对于温度的变化率.由此,我们引出了多元函数偏导数的概念,先以二元函数为例给出下面偏导数的定义.

定义 **设函数 $z=f(x,y)$ 在点 (x_0,y_0) 的某个邻域内有定义.当 y 固定在 y_0 而 x 在 x_0 处有增量 Δx 时,相应地,函数有增量 $f(x_0+\Delta x,y_0)-f(x_0,y_0)$.如果**

$$\lim_{\Delta x\to 0}\frac{f(x_0+\Delta x,y_0)-f(x_0,y_0)}{\Delta x} \tag{1}$$

存在,那么称此极限为函数 $z=f(x,y)$ 在点 (x_0,y_0) 处对 x 的偏导数,记为

$$\left.\frac{\partial z}{\partial x}\right|_{\substack{x=x_0\\y=y_0}},\quad \left.\frac{\partial f}{\partial x}\right|_{\substack{x=x_0\\y=y_0}},\quad \left.z_x\right|_{\substack{x=x_0\\y=y_0}}\quad \text{或}\quad f_x(x_0,y_0).$$ ①

例如,极限(1)可以表示为

① 偏导数记号 z_x,f_x 也可以记为 z'_x,f'_x.下面高阶偏导数的记号也有类似的情形.

$$f_x(x_0,y_0)=\lim_{\Delta x\to 0}\frac{f(x_0+\Delta x,y_0)-f(x_0,y_0)}{\Delta x}. \tag{2}$$

类似地，函数 $z=f(x,y)$ 在点 (x_0,y_0) 处对 y 的偏导数定义为

$$\lim_{\Delta y\to 0}\frac{f(x_0,y_0+\Delta y)-f(x_0,y_0)}{\Delta y},$$

记为

$$\left.\frac{\partial z}{\partial y}\right|_{\substack{x=x_0\\ y=y_0}},\quad \left.\frac{\partial f}{\partial y}\right|_{\substack{x=x_0\\ y=y_0}},\quad z_y\Big|_{\substack{x=x_0\\ y=y_0}}\quad 或\quad f_y(x_0,y_0).$$

如果函数 $z=f(x,y)$ 在区域 D 内每一点 (x,y) 处对 x 的偏导数都存在，那么，对于 D 内的每一点 (x,y) 都对应着 $z=f(x,y)$ 在该点处对 x 的偏导数. 这样，就在 D 内定义了一个新的函数，称之为 $z=f(x,y)$ 对 x 的偏导函数，记为

$$\frac{\partial z}{\partial x},\quad \frac{\partial f}{\partial x},\quad z_x\quad 或\quad f_x(x,y).$$

在式(2)中把 x_0，y_0 分别换成 x，y，就得到函数 $z=f(x,y)$ 对 x 的偏导函数的定义式：

$$f_x(x,y)=\lim_{\Delta x\to 0}\frac{f(x+\Delta x,y)-f(x,y)}{\Delta x}. \tag{3}$$

类似地，可以定义函数 $z=f(x,y)$ 对 y 的偏导函数，记为

$$\frac{\partial z}{\partial y},\quad \frac{\partial f}{\partial y},\quad z_y\quad 或\quad f_y(x,y),$$

并且得到 $z=f(x,y)$ 对 y 的偏导函数的定义式：

$$f_y(x,y)=\lim_{\Delta y\to 0}\frac{f(x,y+\Delta y)-f(x,y)}{\Delta y}.$$

由偏导函数的概念可知，函数 $f(x,y)$ 在点 (x_0,y_0) 处对 x 的偏导数 $f_x(x_0,y_0)$ 显然就是偏导函数 $f_x(x,y)$ 在点 (x_0,y_0) 处的函数值；而 $f_y(x_0,y_0)$ 就是偏导函数 $f_y(x,y)$ 在点 (x_0,y_0) 处的函数值. 就像一元函数的导函数那样，以后，在不至于引起混淆的地方，也把偏导函数简称为偏导数.

联系一元函数导数的定义，从式(3)可见，如果暂时把 y 看作常量，函数 $f(x,y)$ 看作 x 的一元函数，那么，这个一元函数对 x 的导数就是二元函数 $z=f(x,y)$ 对 x 的偏导数，即

$$f_x(x,y)=\frac{\mathrm{d}}{\mathrm{d}x}f(x,y)\quad（在右端视 f(x,y) 为 x 的一元函数）;$$

类似地有

$$f_y(x,y)=\frac{\mathrm{d}}{\mathrm{d}y}f(x,y)\quad(\text{在右端视 } f(x,y) \text{ 为 } y \text{ 的一元函数}).$$

因此,求函数 $z=f(x,y)$ 的偏导数时,不需要新的方法,只要应用一元函数的求导法就可以了,即求$\frac{\partial z}{\partial x}$时,只要视 y 为常量而对 x 求导数;求$\frac{\partial z}{\partial y}$时,只要视 x 为常量而对 y 求导数.

偏导数的概念还可以推广到二元以上的函数.例如,三元函数 $u=f(x,y,z)$ 在点(x,y,z) 处对 x 的偏导数就定义为

$$f_x(x,y,z)=\lim_{\Delta x\to 0}\frac{f(x+\Delta x,\ y,z)-f(x,y,z)}{\Delta x},$$

其中点(x,y,z) 是函数 $u=f(x,y,z)$ 的定义区域内的点.它们的求法也仍然是一元函数的求导问题.

例 1 求 $z=x^2+3xy+y^2$ 在点(1,2) 处的偏导数.

解 视 y 为常量,对 x 求导,即得

$$\frac{\partial z}{\partial x}=2x+3y;$$

视 x 为常量,对 y 求导,即得

$$\frac{\partial z}{\partial y}=3x+2y.$$

将 $x=1$, $y=2$ 代入上面的结果,就得到

$$\left.\frac{\partial z}{\partial x}\right|_{\substack{x=1\\y=2}}=2\times1+3\times2=8,\quad \left.\frac{\partial z}{\partial y}\right|_{\substack{x=1\\y=2}}=3\times1+2\times2=7.$$

例 2 求函数 $z=\frac{x^2y^3}{x-y}$ 的偏导数.

解 视 y 为常量,对 x 求导,即得

$$\frac{\partial z}{\partial x}=\frac{2xy^3(x-y)-x^2y^3}{(x-y)^2}=\frac{xy^3(x-2y)}{(x-y)^2};$$

视 x 为常量,对 y 求导,即得

$$\frac{\partial z}{\partial y}=\frac{3x^2y^2(x-y)-x^2y^3\cdot(-1)}{(x-y)^2}=\frac{x^2y^2(3x-2y)}{(x-y)^2}.$$

例 3 设 $z=x^y(x>0,x\neq1)$,求证:$\frac{x}{y}\frac{\partial z}{\partial x}+\frac{1}{\ln x}\frac{\partial z}{\partial y}=2z$.

证　因为$\frac{\partial z}{\partial x}=yx^{y-1}$，$\frac{\partial z}{\partial y}=x^y\ln x$，所以

$$\frac{x}{y}\frac{\partial z}{\partial x}+\frac{1}{\ln x}\frac{\partial z}{\partial y}=\frac{x}{y}\cdot yx^{y-1}+\frac{1}{\ln x}x^y\ln x=x^y+x^y=2z.$$

例 4　求 $r=\sqrt{x^2+y^2+z^2}$ 的偏导数.

解　视 y 与 z 为常量，对 x 求导，即得

$$\frac{\partial r}{\partial x}=\frac{x}{\sqrt{x^y+y^2+z^2}}=\frac{x}{r};$$

由于所给函数关于自变量的对称性，①所以

$$\frac{\partial r}{\partial y}=\frac{y}{r},\quad \frac{\partial r}{\partial z}=\frac{z}{r}.$$

例 5　已知理想气体的状态方程为 $pV=RT$（R 为常量），求证：

$$\frac{\partial p}{\partial V}\cdot\frac{\partial V}{\partial T}\cdot\frac{\partial T}{\partial p}=-1.$$

证　因为

$$p=\frac{RT}{V},\quad \frac{\partial p}{\partial V}=-\frac{RT}{V^2};$$

$$V=\frac{RT}{p},\quad \frac{\partial V}{\partial T}=\frac{R}{p};$$

$$T=\frac{pV}{R},\quad \frac{\partial T}{\partial p}=\frac{V}{R};$$

所以

$$\frac{\partial p}{\partial V}\cdot\frac{\partial V}{\partial T}\cdot\frac{\partial T}{\partial p}=-\frac{RT}{V^2}\cdot\frac{R}{p}\cdot\frac{V}{R}=-\frac{RT}{pV}=-1.$$

我们已经知道，对于一元函数而言，$\frac{\mathrm{d}y}{\mathrm{d}x}$可以看作函数的微分 $\mathrm{d}y$ 与自变量的微分 $\mathrm{d}x$ 之商. 然而上式表明，偏导数的记号是一个整体，不能看作分子与分母之商.

二元函数 $z=f(x,y)$ 在点(x_0,y_0)处的偏导数有下述几何意义：

设 $M_0(x_0,y_0,f(x_0,y_0))$ 为曲面 $z=f(x,y)$ 上的一点，过点 M_0 作平面 $y=y_0$，截此曲面得一曲线，此曲线在平面 $y=y_0$ 上的方程为 $z=f(x,y_0)$，偏导数

① 这就是说，当函数表达式中任意两个自变量对换以后，仍然表示原来的函数。

$f_x(x_0,y_0)$ 就是函数 $z=f(x,y_0)$ 在 x_0 处的导数 $\left.\frac{\mathrm{d}}{\mathrm{d}x}f(x,y_0)\right|_{x=x_0}$，按一元函数时的讨论，就是这条曲线在点 M_0 处的切线 M_0T_x 对 x 轴的斜率(图 8-7). 同样，偏导数 $f_y(x_0,y_0)$ 的几何意义是曲面 $z=f(x,y)$ 被平面 $x=x_0$ 所截得的曲线在点 M_0 处的切线 M_0T_y 对 y 轴的斜率(图 8-7).

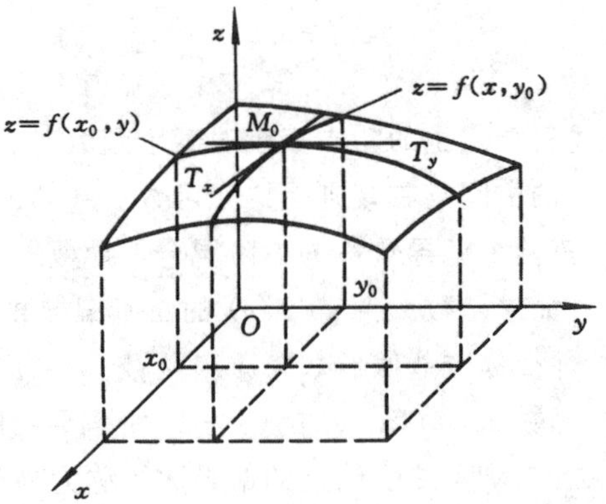

图 8-7

我们已经知道，如果一元函数在某点具有导数，那么，它在该点必定连续. 但是，对于多元函数而言，即使各偏导数在某点都存在，也不能保证函数在该点连续. 这是因为各偏导数存在只能保证点 P 沿着平行于坐标轴的方向趋于点 P_0 时，函数值 $f(P)$ 趋于 $f(P_0)$，并不能保证点 P 按任何方式趋于点 P_0 时，函数值 $f(P)$ 都趋于 $f(P_0)$. 例如，对于上一节例 7 中的函数

$$f(x,y)=\begin{cases}\dfrac{xy}{x^2+y^2}, & x^2+y^2\neq 0,\\ 0, & x^2+y^2=0,\end{cases}$$

已知该函数在点 $O(0,0)$ 处二重极限不存在，从而在点 $O(0,0)$ 处不连续. 但是，该函数在点 $O(0,0)$ 处是具有偏导数的：

$$f_x(0,0)=\lim_{\Delta x\to 0}\frac{f(0+\Delta x,0)-f(0,0)}{\Delta x}=\lim_{\Delta x\to 0}0=0;$$

$$f_y(0,0)=\lim_{\Delta y\to 0}\frac{f(0,0+\Delta y)-f(0,0)}{\Delta y}=\lim_{\Delta y\to 0}0=0.$$

二、高阶偏导数

设函数 $z=f(x,y)$ 在区域 D 内具有偏导数 $f_x(x,y)$，$f_y(x,y)$，它们是 D 内 x,y 的函数. 如果这两个函数在 D 内的偏导数也存在，那么就称这两个函数的偏导数为原来的函数 $z=f(x,y)$ 的二阶偏导数. 依照对变量求偏导数次序的不同而有下列四个二阶偏导数：

$$\frac{\partial}{\partial x}\left(\frac{\partial z}{\partial x}\right)=\frac{\partial^2 z}{\partial x^2}=f_{xx}(x,y),\quad \frac{\partial}{\partial y}\left(\frac{\partial z}{\partial x}\right)=\frac{\partial^2 z}{\partial x\partial y}=f_{xy}(x,y),$$

$$\frac{\partial}{\partial x}\left(\frac{\partial z}{\partial y}\right)=\frac{\partial^2 z}{\partial y\partial x}=f_{yx}(x,y),\quad \frac{\partial}{\partial y}\left(\frac{\partial z}{\partial y}\right)=\frac{\partial^2 z}{\partial y^2}=f_{yy}(x,y).$$

上述每个式子的左端表示对某个函数对于某变量进行求偏导数的运算，而每个式子的中间与右端则是二元函数 $z=f(x,y)$ 的二阶偏导数的常用记号，其中第二、三两个偏导数称为二阶混合偏导数.

如果函数 $z=f(x,y)$ 的二阶偏导数作为 x,y 的函数，在 D 内也存在偏导数，那么称这些偏导数为原来函数 $z=f(x,y)$ 的三阶偏导数. 如此等等，一般地，函数 $z=f(x,y)$ 的 $(n-1)$ 阶偏导数的偏导数就称为 $z=f(x,y)$ 的 n 阶偏导数. 二阶及二阶以上的偏导数统称为高阶偏导数. 相对于高阶偏导数，有时候也把函数的偏导数称为一阶偏导数.

例 6 设 $z=x^3y^2-3xy^3-xy+1$，求 $\frac{\partial^2 z}{\partial x^2}$，$\frac{\partial^2 z}{\partial x\partial y}$，$\frac{\partial^2 z}{\partial y\partial x}$，$\frac{\partial^2 z}{\partial y^2}$ 及 $\frac{\partial^3 z}{\partial x^3}$.

解 $\frac{\partial z}{\partial x}=3x^2y^2-3y^3-y$，$\quad \frac{\partial z}{\partial y}=2x^3y-9xy^2-x$，

$$\frac{\partial^2 z}{\partial x^2}=\frac{\partial}{\partial x}\left(\frac{\partial z}{\partial x}\right)=6xy^2,\quad \frac{\partial^2 z}{\partial x\partial y}=\frac{\partial}{\partial y}\left(\frac{\partial z}{\partial x}\right)=6x^2y-9y^2-1,$$

$$\frac{\partial^2 z}{\partial y\partial x}=\frac{\partial}{\partial x}\left(\frac{\partial z}{\partial y}\right)=6x^2y-9y^2-1,\quad \frac{\partial^2 z}{\partial y^2}=\frac{\partial}{\partial y}\left(\frac{\partial z}{\partial y}\right)=2x^3-18xy,$$

$$\frac{\partial^3 z}{\partial x^3}=\frac{\partial}{\partial x}\left(\frac{\partial^2 z}{\partial x^2}\right)=6y^2.$$

可见，例 6 中两个二阶混合偏导数相等，即 $\frac{\partial^2 z}{\partial x\partial y}=\frac{\partial^2 z}{\partial y\partial x}$. 这是因为函数的这两个混合偏导数满足了下述定理的条件，所以有此必然的结果.

定理　如果函数 $z=f(x,y)$ 的两个二阶混合偏导数 $\frac{\partial^2 z}{\partial x\partial y}$ 及 $\frac{\partial^2 z}{\partial y\partial x}$ 在区域 D 内连续，那么，在该区域内，这两个二阶混合偏导数必然相等.

换言之，二阶混合偏导数在连续的条件下与求偏导数的次序无关. 该定理的证明从略.

对于二元以上的函数，也可以类似地定义高阶偏导数，而且高阶混合偏导数在连续的条件下也与求偏导数的次序无关.

例 7 设 $z=\sin(x^2y)$，求 $\frac{\partial^2 z}{\partial x^2}$，$\frac{\partial^2 z}{\partial x\partial y}$，$\frac{\partial^2 z}{\partial y\partial x}$，$\frac{\partial^2 z}{\partial y^2}$ 及 $\frac{\partial^3 z}{\partial x\partial y^2}$.

解 $\quad \frac{\partial z}{\partial x}=2xy\cos(x^2y)$，$\quad \frac{\partial z}{\partial y}=x^2\cos(x^2y)$.

由求导法及多元初等函数连续性的结论，容易断言：该函数的各阶偏导数在 $\mathbf{R}^2$ 内都是连续的，所以由上述定理，有

$$\frac{\partial^2 z}{\partial x \partial y} = \frac{\partial^2 z}{\partial y \partial x} = \frac{\partial}{\partial x}\left(\frac{\partial z}{\partial y}\right) = 2x\cos(x^2 y) - 2x^3 y\sin(x^2 y).$$

$$\frac{\partial^2 z}{\partial y^2} = \frac{\partial}{\partial y}\left(\frac{\partial z}{\partial y}\right) = -x^4 \sin(x^2 y).$$

$$\frac{\partial^3 z}{\partial x \partial y^2} = \frac{\partial}{\partial x}\left(\frac{\partial^2 z}{\partial y^2}\right) = -4x^3 \sin(x^2 y) - 2x^5 y\cos(x^2 y).$$

注意：按符号 $\frac{\partial^3 z}{\partial x \partial y^2}$ 的含义，应是 $\frac{\partial^3 z}{\partial x \partial y^2} = \frac{\partial}{\partial y}\left(\frac{\partial^2 z}{\partial x \partial y}\right)$. 但是，由上述定理，也有 $\frac{\partial^3 z}{\partial x \partial y^2} = \frac{\partial}{\partial x}\left(\frac{\partial^2 z}{\partial y^2}\right)$.

例 8　验证函数 $z = \ln\sqrt{x^2 + y^2}$ 满足方程 $\frac{\partial^2 z}{\partial x^2} + \frac{\partial^2 z}{\partial y^2} = 0$.

解　因为 $z = \ln\sqrt{x^2 + y^2} = \frac{1}{2}\ln(x^2 + y^2)$，所以

$$\frac{\partial z}{\partial x} = \frac{x}{x^2 + y^2}, \quad \frac{\partial^2 z}{\partial x^2} = \frac{\partial}{\partial x}\left(\frac{\partial z}{\partial x}\right) = \frac{(x^2 + y^2) - x \cdot 2x}{(x^2 + y^2)^2} = \frac{y^2 - x^2}{(x^2 + y^2)^2}.$$

由于所给函数关于自变量的对称性，故

$$\frac{\partial^2 z}{\partial y^2} = \frac{x^2 - y^2}{(x^2 + y^2)^2}.$$

因此

$$\frac{\partial^2 z}{\partial x^2} + \frac{\partial^2 z}{\partial y^2} = \frac{y^2 - x^2}{(x^2 + y^2)^2} + \frac{x^2 - y^2}{(x^2 + y^2)^2} = 0.$$

例 9　验证函数 $u = \frac{1}{r}$ 满足方程 $\frac{\partial^2 u}{\partial x^2} + \frac{\partial^2 u}{\partial y^2} + \frac{\partial^2 u}{\partial z^2} = 0$，其中 $r = \sqrt{x^2 + y^2 + z^2}$.

解　在例 4 中已求得 $\frac{\partial r}{\partial x} = \frac{x}{r}$，利用这个结果，有

$$\frac{\partial u}{\partial x} = -\frac{1}{r^2} \cdot \frac{\partial r}{\partial x} = -\frac{x}{r^3},$$

$$\frac{\partial^2 u}{\partial x^2} = -\frac{1}{r^3} + \frac{3x}{r^4} \cdot \frac{\partial r}{\partial x} = -\frac{1}{r^3} + \frac{3x^2}{r^5}.$$

由于所给函数关于自变量的对称性，故

$$\frac{\partial^2 u}{\partial y^2}=-\frac{1}{r^3}+\frac{3y^2}{r^5},\quad \frac{\partial^2 u}{\partial z^2}=-\frac{1}{r^3}+\frac{3z^2}{r^5}.$$

因此

$$\frac{\partial^2 u}{\partial x^2}+\frac{\partial^2 u}{\partial y^2}+\frac{\partial^2 u}{\partial z^2}=-\frac{3}{r^3}+\frac{3(x^2+y^2+z^2)}{r^5}=-\frac{3}{r^3}+\frac{3r^2}{r^5}=0.$$

例 8 与例 9 中的两个方程都称为拉普拉斯(Laplace)方程，在研究热传导、流体运动等问题中有着重要的应用.

习　题　8-2

(A)

1. 求下列函数的偏导数：

(1) $z=x^5-6x^4y^2+y^6$；

(2) $z=x^4y-xy^4$；

(3) $z=xy+\dfrac{x}{y}$；

(4) $z=xe^{x+y}$；

(5) $z=\sqrt{\ln(xy)}$；

(6) $z=\arctan\dfrac{x-y}{x+y}$；

(7) $z=\ln\tan\dfrac{x}{y}$；

(8) $z=e^{x^2+y^2}\sin(xy)$；

(9) $z=\arcsin\dfrac{x}{\sqrt{x^2+y^2}}$；

(10) $z=(1+xy)^y$；

(11) $u=x^{\frac{y}{z}}$；

(12) $u=\arctan(x+y)^z$.

2. 设 $T=2\pi\sqrt{\dfrac{l}{g}}$，求证：$l\dfrac{\partial T}{\partial l}+g\dfrac{\partial T}{\partial g}=0$.

3. 设 $z=e^{\frac{x}{y^2}}$，求证：$2x\dfrac{\partial z}{\partial x}+y\dfrac{\partial z}{\partial y}=0$.

4. 求下列函数指定的偏导数：

(1) $z=x+y-\sqrt{x^2+y^2}$，$\left.\dfrac{\partial z}{\partial y}\right|_{\substack{x=3\\y=4}}$；

(2) $z=e^{-x}\cos(2x-3y)$，$\left.\dfrac{\partial z}{\partial x}\right|_{\substack{x=0\\y=\frac{\pi}{2}}}$；

(3) $z=\ln\left(x+\dfrac{y}{2x}\right)$，$\left.\dfrac{\partial z}{\partial x}\right|_{\substack{x=1\\y=1}}$.

5. 设 $f(x,y)=x+(y-1)\arcsin\sqrt{\dfrac{x}{y}}$，求 $f_x(x,1)$.

6. 设 $f(x,y)=x^2+\ln(y^2+1)\arctan(x^{y+1})$，求 $f_x(x,0)$.

7. 曲线$\begin{cases} z = \dfrac{x^2+y^2}{4}, \\ y = 4 \end{cases}$在点(2,4,5)处的切线对于$x$轴的倾角是多少？

8. 求下列函数的$\dfrac{\partial^2 z}{\partial x^2}$，$\dfrac{\partial^2 z}{\partial y^2}$及$\dfrac{\partial^2 z}{\partial x \partial y}$：

(1) $z = x^4 + y^4 - 4x^2y^2$；　　(2) $z = x^2 e^y + y^3 \sin x$；

(3) $z = \cos^2(2x+3y)$；　　(4) $z = \arcsin(xy)$.

9. 设$f(x,y,z) = xy^2 + yz^2 + zx^2$，求：

$$f_{xx}(0,0,1),\ f_{xz}(1,0,2),\ f_{yz}(0,-1,0)\text{ 及 } f_{zzx}(2,0,1).$$

10. 设$z = xe^{xy}$，求$\dfrac{\partial^3 z}{\partial x^2 \partial y}$及$\dfrac{\partial^3 z}{\partial x \partial y^2}$.

(B)

1. 设$f(x,y) = \begin{cases} \dfrac{x^2 y}{x^2+y^2}, & x^2+y^2 \neq 0, \\ 0, & x^2+y^2 = 0, \end{cases}$　求$f_x(x,y)$及$f_y(x,y)$.

2. 设$z = \dfrac{y^2}{3x} + \arcsin(xy)$，求证：$x^2\dfrac{\partial z}{\partial x} - xy\dfrac{\partial z}{\partial y} + y^2 = 0$.

3. 求下列函数的一阶偏导数及二阶偏导数：

(1) $z = \ln(x+y^2)$；　　(2) $z = x\sin(x+y) + y\cos(x+y)$.

4. 验证：

(1) $y = e^{-kn^2t}\sin(nx)$满足热传导方程$\dfrac{\partial y}{\partial t} = k\dfrac{\partial^2 y}{\partial x^2}$；

(2) $u = z\arctan\dfrac{x}{y}$满足拉普拉斯方程$\dfrac{\partial^2 u}{\partial x^2} + \dfrac{\partial^2 u}{\partial y^2} + \dfrac{\partial^2 u}{\partial z^2} = 0$.

第三节　全微分

一、全微分的概念

在第二章第四节中，对于一元函数$y = f(x)$，我们讨论过这样一个问题：设函数$y = f(x)$在点x_0的邻域内有定义，当自变量x在x_0取得增量Δx时，相应地函数有增量$\Delta y = f(x_0+\Delta x) - f(x_0)$，那么，$\Delta y$在点$x_0$的附近是否可以由$\Delta x$的线性函数来近似替代呢？也就是说，函数的增量$\Delta y$是否具有可被局部线性近似的性质呢？这是函数的一种重要的性质，并且具有很高的实际应用价值. 对于多元函数，我们也要讨论类似的问题. 下面以二元函数为例来展开讨论.

设函数$z = f(x,y)$在点$P(x,y)$的某个邻域内有定义，$P'(x+\Delta x, y+\Delta y)$是该邻域内的任意一点，这两点处的函数值之差$f(x+\Delta x, y+\Delta y) - f(x,y)$被称为函数在点$P$处对应于自变量的增量$\Delta x$，$\Delta y$的全增量，记为$\Delta z$，即

$$\Delta z = f(x+\Delta x,\ y+\Delta y) - f(x,y).$$

一般而言,全增量 Δz 的计算是比较复杂的.先考察这样一个具体问题:设一圆柱体的底半径为 r,高为 h,当底半径与高各自获得增量 Δr 与 Δh 时,为了了解圆柱体体积 V 的改变量,就要计算如下的全增量:

$$\begin{aligned}\Delta V &= \pi(r+\Delta r)^2(h+\Delta h) - \pi r^2 h \\ &= 2\pi rh\Delta r + \pi r^2\Delta h + 2\pi r\Delta r\Delta h + \pi h(\Delta r)^2 + \pi(\Delta r)^2\Delta h.\end{aligned}$$

可以看出,当 $|\Delta r|$ 与 $|\Delta h|$ 都很小时,圆柱体体积 V 的全增量 ΔV 可以用上式右端的前两项之和 $2\pi rh\Delta r + \pi r^2\Delta h$ 来近似表示,它是自变量的增量 Δr 与 Δh 的线性函数(这里,r,h 视为常数),计算起来简便了许多.由它近似代替 ΔV 而产生的误差是上式右端后三项之和.由于这三项中的每一项都是 Δr 与 Δh 的二次函数或三次函数,故当 Δr 与 Δh 都趋于零时,误差趋于零的速度要快得多.因此,当 $|\Delta r|$ 与 $|\Delta h|$ 都很小时,这种近似的精确程度是比较高的.这种状况正是我们所期望的.撇开这类问题的具体实际背景,究其共性,可以引入如下定义.

定义　如果函数 $z=f(x,y)$ 在点 (x,y) 的全增量

$$\Delta z = f(x+\Delta x, y+\Delta y) - f(x,y)$$

可以表示为

$$\Delta z = A\Delta x + B\Delta y + o(\rho), \tag{1}$$

其中 A,B 不依赖于 $\Delta x,\Delta y$,而仅与 x,y 有关,$\rho=\sqrt{(\Delta x)^2+(\Delta y)^2}$(显然,$\rho\to 0$ 当且仅当 $\Delta x\to 0$ 且 $\Delta y\to 0$),那么称函数 $z=f(x,y)$ 在点 (x,y) 处可微分,而 $A\Delta x + B\Delta y$ 称为函数 $z=f(x,y)$ 在点 (x,y) 处的全微分,记为 $\mathrm{d}z$,即

$$\mathrm{d}z = A\Delta x + B\Delta y.$$

如果函数 $z=f(x,y)$ 在区域 D 内各点处都可微分,那么称该函数在 D 内可微分.

现在我们来讨论可微分的函数具备一些什么性质,也就是可微分的必要条件是什么?

首先,如果函数 $z=f(x,y)$ 在点 (x,y) 处可微分,那么,函数在该点处必定连续.

事实上,这时由式(1)可得

$$\lim_{\rho\to 0}\Delta z = \lim_{(\Delta x,\Delta y)\to(0,0)}\Delta z = 0,$$

从而有

$$\lim_{(\Delta x,\Delta y)\to(0,0)} f(x+\Delta x, y+\Delta y) = \lim_{(\Delta x,\Delta y)\to(0,0)}[f(x,y)+\Delta z] = f(x,y).$$

这就说明函数 $z=f(x,y)$ 在点 (x,y) 处连续.

其次,如果函数 $z=f(x,y)$ 在点 (x,y) 处可微分,那么,函数在点 (x,y) 处的偏导数$\frac{\partial z}{\partial x}$，$\frac{\partial z}{\partial y}$必定存在，并且函数在点$(x,y)$处的全微分为

$$\mathrm{d}z=\frac{\partial z}{\partial x}\Delta x+\frac{\partial z}{\partial y}\Delta y. \tag{2}$$

事实上，如果函数$z=f(x,y)$在点(x,y)处可微分，那么，式(1)对任意的Δx，Δy都成立，特别地，当$\Delta y=0$时，式(1)也成立，而这时$\rho=|\Delta x|$，所以，式(1)成为

$$f(x+\Delta x,y)-f(x,y)=A\Delta x+o(|\Delta x|).$$

上式两端除以Δx，再令$\Delta x\to 0$，取极限，就得

$$\lim_{\Delta x\to 0}\frac{f(x+\Delta x,y)-f(x,y)}{\Delta x}=A.$$

这就说明，在点(x,y)处，函数$z=f(x,y)$对x的偏导数$\frac{\partial z}{\partial x}$存在，并且等于$A$. 同样可以证明，在点$(x,y)$处，函数$z=f(x,y)$对$y$的偏导数$\frac{\partial z}{\partial y}$存在，并且等于$B$. 因此式(2)成立.

我们已经知道，一元函数在某点可微分的充分条件是函数在该点的导数存在. 但是，对于多元函数而言，情况就截然不同. 虽然上面已经说明偏导数的存在是函数$z=f(x,y)$可微分的必要条件，然而情况也就仅此而已，偏导数的存在不是函数可微分的充分条件. 当一个二元函数$z=f(x,y)$在点(x,y)处的偏导数$\frac{\partial z}{\partial x}$，$\frac{\partial z}{\partial y}$都存在时，尽管形式上可以写出式子$\frac{\partial z}{\partial x}\Delta x+\frac{\partial z}{\partial y}\Delta y$，但是它与$\Delta z$之差可以不是$\rho=\sqrt{(\Delta x)^2+(\Delta y)^2}$的高阶无穷小，因而由定义，此时函数$z=f(x,y)$在点$(x,y)$处是不可微分的. 例如，在上一节中已经说明函数

$$f(x,y)=\begin{cases}\dfrac{xy}{x^2+y^2}, & x^2+y^2\neq 0,\\ 0, & x^2+y^2=0\end{cases}$$

在点$(0,0)$处偏导数存在：$f_x(0,0)=0$，$f_y(0,0)=0$. 但是，该函数在点$(0,0)$处不连续，因此它在点$(0,0)$处必定不可微分.

即使函数在一点连续，同时偏导数也存在，我们也不能断言函数在该点可微分. 请看下面的例子.

例 1 设有函数

$$f(x,y)=\begin{cases}\dfrac{xy}{\sqrt{x^2+y^2}}, & x^2+y^2\neq 0,\\ 0, & x^2+y^2=0,\end{cases}$$

证明该函数在点$(0,0)$处连续，偏导数存在，但是不可微分.

证 当$x^2+y^2\neq 0$时，有

$$\frac{xy}{\sqrt{x^2+y^2}}=\frac{xy}{x^2+y^2}\sqrt{x^2+y^2},$$

而又有

$$\left|\frac{xy}{x^2+y^2}\right|\leqslant\frac{\frac{1}{2}(x^2+y^2)}{x^2+y^2}=\frac{1}{2}\quad 及\quad \lim_{(x,y)\to(0,0)}\sqrt{x^2+y^2}=0,$$

所以就有

$$\lim_{(x,y)\to(0,0)}\frac{xy}{\sqrt{x^2+y^2}}=0,$$

即

$$\lim_{(x,y)\to(0,0)}f(x,y)=f(0,0).$$

这说明函数在点$(0,0)$处连续.

由于

$$\lim_{\Delta x\to 0}\frac{f(0+\Delta x,0)-f(0,0)}{\Delta x}=\lim_{\Delta x\to 0}\frac{0}{\Delta x}=0,$$

$$\lim_{\Delta y\to 0}\frac{f(0,0+\Delta y)-f(0,0)}{\Delta y}=\lim_{\Delta y\to 0}\frac{0}{\Delta y}=0.$$

这又说明函数在点$(0,0)$处偏导数存在,且$f_x(0,0)=0$, $f_y(0,0)=0$.

函数在点$(0,0)$处的全增量Δz与$f_x(0,0)\Delta x+f_y(0,0)\Delta y$之差为

$$\Delta z-[f_x(0,0)\Delta x+f_y(0,0)\Delta y]=\frac{\Delta x\Delta y}{\sqrt{(\Delta x)^2+(\Delta y)^2}},$$

令点$P'(\Delta x,\Delta y)$沿直线$y=x$趋于点$(0,0)$,则有

$$\frac{\dfrac{\Delta x\Delta y}{\sqrt{(\Delta x)^2+(\Delta y)^2}}}{\rho}=\frac{\Delta x\Delta y}{(\Delta x)^2+(\Delta y)^2}=\frac{(\Delta x)^2}{(\Delta x)^2+(\Delta x)^2}=\frac{1}{2}\to\frac{1}{2},$$

它不能随$\rho\to 0$而趋于零,这就说明,当$\rho\to 0$时,$\Delta z-[f_x(0,0)\Delta x+f_y(0,0)\Delta y]$并非较$\rho$高阶的无穷小,因此由定义知,该函数在点$(0,0)$处不可微分.

函数究竟具备什么样的性质便可以保证其可微分呢?下面就给出一个函数可微分的充分条件.

定理　如果函数$z=f(x,y)$的偏导数$\frac{\partial z}{\partial x},\frac{\partial z}{\partial y}$在点$(x,y)$的某邻域内存在,并且在点$(x,y)$处这两个偏导数都连续,那么,函数$z=f(x,y)$在该点处可微分.

*证　设点$(x+\Delta x,y+\Delta y)$为点(x,y)的该邻域内的任意一点.函数的全增量为

$$\begin{aligned}\Delta z&=f(x+\Delta x,y+\Delta y)-f(x,y)\\&=[f(x+\Delta x,y+\Delta y)-f(x,y+\Delta y)]+[f(x,y+\Delta y)-f(x,y)].\end{aligned}$$

对于第一个方括号内的表达式而言,由于$y+\Delta y$不变,故可看作为x的一元函数

$f(x,y+\Delta y)$ 在点 x 处的增量. 于是，应用格拉朗日中值定理，得到

$$f(x+\Delta x,y+\Delta y)-f(x,y+\Delta y)=f_x(x+\theta_1\Delta x,y+\Delta y)\Delta x \quad (0<\theta_1<1).$$

又由假设条件 $f_x(x,y)$ 在点 (x,y) 处连续，所以上式可进一步写为

$$f(x+\Delta x,y+\Delta y)-f(x,y+\Delta y)=f_x(x,y)\Delta x+\varepsilon_1\Delta x, \tag{3}$$

其中，ε_1 是 $\Delta x,\Delta y$ 的函数，并且当 $\Delta x\to 0,\Delta y\to 0$ 时，$\varepsilon_1\to 0$.

同理，第二个方括号内的表达式可写为

$$f(x,y+\Delta y)-f(x,y)=f_y(x,y)\Delta y+\varepsilon_2\Delta y, \tag{4}$$

其中，ε_2 是 Δy 的函数，并且当 $\Delta y\to 0$ 时，$\varepsilon_2\to 0$.

由式(3)、式(4)可得，在偏导数连续的假设条件下，全增量 Δz 可表示为

$$\Delta z=f_x(x,y)\Delta x+f_y(x,y)\Delta y+\varepsilon_1\Delta x+\varepsilon_2\Delta y. \tag{5}$$

容易看出

$$\left|\frac{\varepsilon_1\Delta x+\varepsilon_2\Delta y}{\rho}\right|\leqslant|\varepsilon_1|+|\varepsilon_2|,$$

它是随着 $(\Delta x,\Delta y)\to(0,0)$ 即 $\rho\to 0$ 而趋于零的，即式(5)右端中的 $\varepsilon_1\Delta x+\varepsilon_2\Delta y=o(\rho)$. 因此，由定义，函数 $z=f(x,y)$ 在点 (x,y) 处可微分.

习惯上，我们将自变量的增量 $\Delta x,\Delta y$ 分别记为 $\mathrm{d}x,\mathrm{d}y$，并且分别称为自变量 x,y 的微分. 这样，函数 $z=f(x,y)$ 的全微分(如果存在的话)即式(2)就可以写为

$$\mathrm{d}z=\frac{\partial z}{\partial x}\mathrm{d}x+\frac{\partial z}{\partial y}\mathrm{d}y. \tag{6}$$

以上关于二元函数全微分的定义及可微分的必要与充分条件可以完全类似地推广到二元以上的函数. 例如，如果三元函数 $u=f(x,y,z)$ 在点 (x,y,z) 的某个邻域内三个偏导数 $\frac{\partial u}{\partial x},\frac{\partial u}{\partial y},\frac{\partial u}{\partial z}$ 都连续，那么，该函数在点 (x,y,z) 处就可微分，且有

$$\mathrm{d}u=\frac{\partial u}{\partial x}\mathrm{d}x+\frac{\partial u}{\partial y}\mathrm{d}y+\frac{\partial u}{\partial z}\mathrm{d}z.$$

例 2 计算函数 $z=\sin(x^2+y^2)$ 的全微分.

解 $\qquad \dfrac{\partial z}{\partial x}=2x\cos(x^2+y^2), \quad \dfrac{\partial z}{\partial y}=2y\cos(x^2+y^2).$

因为 $\frac{\partial z}{\partial x},\frac{\partial z}{\partial y}$ 在全平面内处处连续，所以，函数在全平面内处处可微分，并且有

$$\begin{aligned}\mathrm{d}z&=2x\cos(x^2+y^2)\mathrm{d}x+2y\cos(x^2+y^2)\mathrm{d}y\\&=2\cos(x^2+y^2)(x\mathrm{d}x+y\mathrm{d}y).\end{aligned}$$

例 3 计算函数 $z=e^{x^2y}$ 在点(1,2) 的全微分.

解
$$\frac{\partial z}{\partial x}=2xye^{x^2y},\quad \frac{\partial z}{\partial y}=x^2e^{x^2y}.$$
偏导数$\frac{\partial z}{\partial x},\frac{\partial z}{\partial y}$在全平面内处处连续,故函数 $z=e^{x^2y}$ 在全平面内处处可微分. 由于
$$\left.\frac{\partial z}{\partial x}\right|_{\substack{x=1\\y=2}}=4e^2,\quad \left.\frac{\partial z}{\partial y}\right|_{\substack{x=1\\y=2}}=e^2,$$
所以有
$$\left.dz\right|_{\substack{x=1\\y=2}}=4e^2dx+e^2dy=e^2(4dx+dy).$$

例 4 计算函数 $u=\sin(xy)+e^{xyz}$ 的全微分.

解 $\frac{\partial u}{\partial x}=y\cos(xy)+yze^{xyz},\quad \frac{\partial u}{\partial y}=x\cos(xy)+xze^{xyz},\quad \frac{\partial u}{\partial z}=xye^{xyz}.$

这三个偏导数在全空间内处处连续,所以,函数在全空间内处处可微分,并且有
$$du=[y\cos(xy)+yze^{xyz}]dx+[x\cos(xy)+xze^{xyz}]dy+xye^{xyz}dz.$$

* 二、全微分在近似计算中的应用

由二元函数全微分的定义与全微分存在的充分条件可知,当二元函数 $z=f(x,y)$ 的两个偏导数 $f_x(x,y),f_y(x,y)$ 都在点 (x,y) 的某个邻域内存在且在该点处连续时,如果 $|\Delta x|$, $|\Delta y|$ 都很小,那么,就有近似等式:
$$\Delta z\approx dz=f_x(x,y)\Delta x+f_y(x,y)\Delta y.\tag{7}$$
此式也可以写成
$$f(x+\Delta x,y+\Delta y)\approx f(x,y)+f_x(x,y)\Delta x+f_y(x,y)\Delta y.\tag{8}$$
与一元函数的情形类似,我们可以利用式(7) 或式(8) 对二元函数作近似计算与误差估计.

例 5 有一圆柱体,受压后发生变形,它的半径由20cm增大到20.05cm,高度由100cm减小到99cm,求此圆柱体体积变化的近似值.

解 设圆柱体的半径、高与体积依次为 r,h 与 V,则有
$$V=\pi r^2h.$$
显然,二元函数 $V=\pi r^2h$ 满足可微分的充分条件. 依次记 r,h 与 V 的增量为 $\Delta r,\Delta h$ 与 ΔV,则可应用公式(7),有
$$\Delta V\approx dV=V_r\Delta r+V_h\Delta h=2\pi rh\Delta r+\pi r^2\Delta h.$$
代入 $r=20,h=100,\Delta r=0.05,\Delta h=-1$,得

$$\Delta V \approx 2\pi \times 20 \times 100 \times 0.05 + \pi \times 20^2 \times (-1) = -200\pi(\text{cm}^3),$$

即此圆柱体受压后体积约减小 $200\pi\text{cm}^3$.

例 6 计算$(1.02)^{2.01}$的近似值.

解 设函数 $f(x,y)=x^y(x>0,x\neq 1)$,则要计算的值就是函数在 $x=1.02,y=2.01$ 时的值 $f(1.02,2.01)$.

显然,函数 $f(x,y)$ 在其定义区域内满足可微分的充分条件,故可应用公式(8),有

$$f(x+\Delta x,y+\Delta y)\approx f(x,y)+f_x(x,y)\Delta x+f_y(x,y)\Delta y$$

$$=x^y+yx^{y-1}\Delta x+x^y\ln x\Delta y.$$

代入 $x=1,y=2,\Delta x=0.02,\Delta y=0.01$,得

$$(1.02)^{2.01}\approx 1+2\times 0.02+0\times 0.01=1.04.$$

例 7 利用单摆测定重力加速度 g 的公式是 $g=\dfrac{4\pi^2 l}{T^2}$.现测得单摆摆长 l 与振动周期 T 依次为 $l=100\pm 0.1\text{cm}$,$T=2\pm 0.004\text{s}$.问:由于测量 l 与 T 的误差而引起 g 的绝对误差与相对误差各为多少?①

解 如果把测量 l 与 T 时所产生的误差当作 $|\Delta l|$ 与 $|\Delta T|$,那么,利用计算公式间接测得 g 所产生的误差就是二元函数 $g=\dfrac{4\pi^2 l}{T^2}$ 的全增量的绝对值 $|\Delta g|$.由于二元函数 $g=\dfrac{4\pi^2 l}{T^2}$ 在其定义区域内显然满足可微分的充分条件,且 $|\Delta l|$ 与 $|\Delta T|$ 又都很小,故可利用式(7),并且进一步有以下的估计:

$$|\Delta g|\approx|\mathrm{d}g|=\left|\frac{\partial g}{\partial l}\Delta l+\frac{\partial g}{\partial T}\Delta T\right|\leqslant\left|\frac{\partial g}{\partial l}\right||\Delta l|+\left|\frac{\partial g}{\partial T}\right||\Delta T|$$

$$=\frac{4\pi^2}{T^2}\left(|\Delta l|+\frac{2l}{T}|\Delta T|\right)\leqslant\frac{4\pi^2}{T^2}\left(\delta_l+\frac{2l}{T}\delta_T\right),$$

其中,δ_l 与 δ_T 分别是 l 与 T 的绝对误差.由题设可知,$\delta_l=0.1$,$\delta_T=0.004$.现在把 $l=100$,$T=2$,$\delta_l=0.1$,$\delta_T=0.004$ 代入上式,即得

$$|\Delta g|\leqslant\frac{4\pi^2}{2^2}\left(0.1+\frac{2\times 100}{2}\times 0.004\right)=0.5\pi^2\approx 4.93(\text{cm/s}^2).$$

于是可知,g 的绝对误差约为 $\delta_g=4.93(\text{cm/s}^2)$,从而 g 的相对误差约为

$$\frac{\delta_g}{g}=\frac{0.5\pi^2}{\dfrac{4\pi^2\times 100}{2^2}}=0.5\%.$$

从上面的例子可以看到,对于一般的可微分的二元函数 $z=f(x,y)$,如果自变量 x,y 的绝对误差分别为 δ_x,δ_y,即 $|\Delta x|\leqslant\delta_x$,$|\Delta y|\leqslant\delta_y$,那么,对于 z 的误差有如下估计:

$$|\Delta z|\approx|\mathrm{d}z|=\left|\frac{\partial z}{\partial x}\Delta x+\frac{\partial z}{\partial y}\Delta y\right|\leqslant\left|\frac{\partial z}{\partial x}\right||\Delta x|+\left|\frac{\partial z}{\partial y}\right||\Delta y|$$

---

① 按第二章第四节中的说明,这里的绝对误差与相对误差各指相应的误差限.

$$\leqslant \left|\frac{\partial z}{\partial x}\right|\delta_x + \left|\frac{\partial z}{\partial y}\right|\delta_y,$$

从而得到 z 的绝对误差约为

$$\delta_z = \left|\frac{\partial z}{\partial x}\right|\delta_x + \left|\frac{\partial z}{\partial y}\right|\delta_y,$$

z 的相对误差约为

$$\frac{\delta_z}{|z|} = \left|\frac{\dfrac{\partial z}{\partial x}}{z}\right|\delta_x + \left|\frac{\dfrac{\partial z}{\partial y}}{z}\right|\delta_y.$$

习　　题　8-3

(A)

1. 求下列函数的全微分：

(1) $z = x^2 y + \dfrac{x}{y^2}$；　　(2) $z = \ln(x^2 + y^2)$；

(3) $z = \sqrt{x^3 - y^4}$；　　(4) $z = x\cos(x - y)$；

(5) $u = x^{yz}$；　　(6) $= u = \dfrac{z^2}{x^2 + y^2}$.

2. 求函数 $z = \dfrac{y}{x}$ 当 $x = 2, y = 1, \Delta x = 0.1, \Delta y = -0.2$ 时的全增量与全微分.

3. 求函数 $z = x^2 y^3$ 当 $x = 2, y = -1, \Delta x = 0.02, \Delta y = 0.01$ 时的全增量与全微分.

4. 求下列函数在指定点处的全微分：

(1) $z = \ln(1 + x^2 + y^2)$，点 $(2,4)$；

(2) $z = \dfrac{\sin x}{y^2}$，点 $\left(\dfrac{\pi}{4}, 2\right)$；

(3) $u = e^x \sin(yz)$，点 $\left(1, \dfrac{1}{2}, \dfrac{\pi}{2}\right)$.

*5. 计算 $\sqrt{(1.02)^3 + (1.97)^3}$ 的近似值.

*6. 设有一无盖圆柱形容器，容器的壁与底的厚度均为 0.1cm，内高为 20cm，内半径为 4cm，求容器壳体体积的近似值.

*7. 测量得一块三角形土地的两边边长分别为 63 ± 0.1m 与 78 ± 0.1m，这两边的夹角为 $60° \pm 1°$，试求这块三角形土地面积的近似值，并求其绝对误差与相对误差.

*8. 利用全微分证明：

(1) 两数之和的绝对误差等于它们各自绝对误差之和；

(2) 两数之积的相对误差等于它们各自相对误差之和.

(B)

1. 在"充分"、"必要"与"充分必要"三者中选择一个正确的填入下列空格内：

(1) $f(x,y)$ 在点 (x,y) 可微分是 $f(x,y)$ 在该点处连续的______条件；

(2) $f(x,y)$ 在点 (x,y) 处连续是 $f(x,y)$ 在该点可微分的______条件；

(3) $f(x,y)$ 在点(x,y) 的偏导数 $f_x(x,y)$,$f_y(x,y)$ 存在是 $f(x,y)$ 在该点可微分的______条件;

(4) $f(x,y)$ 的偏导数 $f_x(x,y)$,$f_y(x,y)$ 在点(x,y) 处都连续是 $f(x,y)$ 在该点可微分的______条件.

2. 函数 $f(x,y)=\sqrt{|x|}\cos y$ 在点$(0,0)$ 不可微分的理由是____________________.

*3. 验证函数

$$f(x,y)=\begin{cases}\dfrac{x^2y^2}{(x^2+y^2)^{3/2}}, & x^2+y^2\neq 0,\\ 0, & x^2+y^2=0\end{cases}$$

在点$(0,0)$ 处连续,偏导数存在,但是不可微分.

*4. 验证函数

$$f(x,y)=\begin{cases}(x^2+y^2)\sin\dfrac{1}{x^2+y^2}, & x^2+y^2\neq 0,\\ 0, & x^2+y^2=0\end{cases}$$

的偏导数 $f_x(x,y)$,$f_y(x,y)$ 在点$(0,0)$ 处不连续,但是该函数在点$(0,0)$ 可微分.

第四节　多元复合函数的求导法则

现在我们要把一元函数微分学中复合函数的求导法则推广到多元复合函数的情形.多元复合函数的求导法则在多元函数微分学中也起着重要的作用.

多元复合函数的求导法则在多元复合函数不同的复合情形下有不同的表达形式,以下分三种情形来加以讨论.

情形 1　复合函数的中间变量均为一元函数的情形

定理 1　如果函数 $u=\varphi(t)$,$v=\psi(t)$ 都在点 t 处可导,而函数 $z=f(u,v)$ 在对应的点(u,v) 处具有连续偏导数,那么,复合函数 $z=f[\varphi(t),\psi(t)]$ 在点 t 处可导,且有

$$\frac{\mathrm{d}z}{\mathrm{d}t}=\frac{\partial z}{\partial u}\cdot\frac{\mathrm{d}u}{\mathrm{d}t}+\frac{\partial z}{\partial v}\cdot\frac{\mathrm{d}v}{\mathrm{d}t}. \tag{1}$$

证　设 t 取得增量 Δt,则 $u=\varphi(t)$,$v=\psi(t)$ 相应地有增量 Δu,Δv,从而函数 $z=f(u,v)$ 也相应地有全增量 Δz.由于假定函数 $z=f(u,v)$ 在点(u,v) 处具有连续偏导数,故上一节中的式(5) 成立,即有

$$\Delta z=\frac{\partial z}{\partial u}\Delta u+\frac{\partial z}{\partial v}\Delta v+\varepsilon_1\Delta u+\varepsilon_2\Delta v,$$

其中,ε_1,ε_2 当$(\Delta u,\Delta v)\to(0,0)$ 时都趋于零.

将上式两端除以 Δt,得

$$\frac{\Delta z}{\Delta t}=\frac{\partial z}{\partial u}\cdot\frac{\Delta u}{\Delta t}+\frac{\Delta z}{\Delta v}\cdot\frac{\Delta u}{\Delta t}+\varepsilon_1\frac{\Delta u}{\Delta t}+\varepsilon_2\frac{\Delta v}{\Delta t}.$$

因为当 $\Delta t\to 0$ 时，$\Delta u\to 0,\Delta v\to 0,\frac{\Delta u}{\Delta t}\to\frac{\mathrm{d}u}{\mathrm{d}t},\frac{\Delta u}{\Delta t}\to\frac{\mathrm{d}v}{\mathrm{d}t}$，所以有

$$\lim_{\Delta t\to 0}\frac{\Delta z}{\Delta t}=\frac{\partial z}{\partial u}\cdot\frac{\mathrm{d}u}{\mathrm{d}t}+\frac{\partial z}{\partial v}\cdot\frac{\mathrm{d}u}{\mathrm{d}t}.$$

这就证明了复合函数 $z=f[\varphi(t),\psi(t)]$ 在点 t 处可导，且其导数可用公式(1) 计算.

用同样的方法可以把定理推广到复合函数的中间变量多于两个的情形. 例如，设 $z=f(u,v,w)$，$u=\varphi(t)$，$v=\psi(t)$，$w=\omega(t)$，可复合而得复合函数

$$z=f[\varphi(t),\psi(t),\omega(t)],$$

则在与定理 1 相似的条件下，该复合函数在点 t 处可导，且有

$$\frac{\mathrm{d}z}{\mathrm{d}t}=\frac{\partial z}{\partial u}\cdot\frac{\mathrm{d}u}{\mathrm{d}t}+\frac{\partial z}{\partial v}\cdot\frac{\mathrm{d}v}{\mathrm{d}t}+\frac{\partial z}{\partial w}\cdot\frac{\mathrm{d}w}{\mathrm{d}t}. \tag{2}$$

式(1) 或式(2) 中的导数$\frac{\mathrm{d}z}{\mathrm{d}t}$都称为全导数.

例 1 设 $z=\mathrm{e}^{u-2v}$，而 $u=\sin t$，$v=\mathrm{e}^t$，求全导数$\frac{\mathrm{d}z}{\mathrm{d}t}$.

解 显然可以用公式(1) 来计算全导数$\frac{\mathrm{d}z}{\mathrm{d}t}$，有

$$\begin{aligned}\frac{\mathrm{d}z}{\mathrm{d}t}&=\frac{\partial z}{\partial u}\cdot\frac{\mathrm{d}u}{\mathrm{d}t}+\frac{\partial z}{\partial v}\cdot\frac{\mathrm{d}v}{\mathrm{d}t}=\mathrm{e}^{u-2v}\cos t+(-2)\mathrm{e}^{u-2v}\mathrm{e}^t\\&=\mathrm{e}^{\sin t-2\mathrm{e}^t}(\cos t-2\mathrm{e}^t).\end{aligned}$$

例 2 设 $z=f(u,v,w)$，而 $u=\ln t$，$v=t^3$，$w=\cos t$，其中 f 具有连续偏导数，求全导数$\frac{\mathrm{d}z}{\mathrm{d}t}$.

解 显然可以用公式(2) 来计算全导数$\frac{\mathrm{d}z}{\mathrm{d}t}$，有

$$\frac{\mathrm{d}z}{\mathrm{d}t}=\frac{\partial z}{\partial u}\cdot\frac{du}{\mathrm{d}t}+\frac{\partial z}{\partial v}\cdot\frac{\mathrm{d}v}{\mathrm{d}t}+\frac{\partial z}{\partial w}\cdot\frac{\mathrm{d}w}{\mathrm{d}t}=\frac{1}{t}\frac{\partial z}{\partial u}+3t^2\frac{\partial z}{\partial v}-\sin t\frac{\partial z}{\partial w}.$$

情形 2　复合函数的中间变量均为多元函数的情形

定理 2　如果函数 $u=\varphi(x,y)$，$v=\psi(x,y)$ 都在点 (x,y) 处具有对 x 及对 y 的偏导数，函数 $z=f(u,v)$ 在对应的点 (u,v) 处具有连续偏导数，那么，复合

函数 $z=f[\varphi(x,y),\psi(x,y)]$ 在点 (x,y) 处对 x 及对 y 的偏导数都存在，且有

$$\frac{\partial z}{\partial x}=\frac{\partial z}{\partial u}\cdot\frac{\partial u}{\partial x}+\frac{\partial z}{\partial v}\cdot\frac{\partial v}{\partial x}, \tag{3}$$

$$\frac{\partial z}{\partial y}=\frac{\partial z}{\partial u}\cdot\frac{\partial u}{\partial y}+\frac{\partial z}{\partial v}\cdot\frac{\partial v}{\partial y}. \tag{4}$$

事实上，我们可以利用定理 1 来证明定理 2. 例如，在证明 $\frac{\partial z}{\partial x}$ 存在且有式(3)时，将 y 看作常量，因此中间变量 u,v 仍可看作 x 的一元函数，故可应用定理 1. 但是，由于复合函数 $z=f[\varphi(x,y),\psi(x,y)]$ 及 $u=\varphi(x,y)$ 与 $v=\psi(x,y)$ 实际上都是 x,y 的二元函数，所以，只是应该把式(1) 中的 d 改为 ∂，再把 t 换成 x，就由式(1) 得式(3). 同理可由式(1) 得式(4).

定理 2 也可以推广到复合函数的中间变量多于两个的情形. 例如，设 $u=\varphi(x,y),v=\psi(x,y),w=\omega(x,y)$ 都在点 (x,y) 处具有对 x 及对 y 的偏导数，函数 $z=f(u,v,w)$ 在对应点 (u,v,w) 处具有连续偏导数，那么，复合函数 $z=f[\varphi(x,y),\psi(x,y),\omega(x,y)]$ 在点 (x,y) 处对 x 及对 y 的偏导数都存在，且有

$$\frac{\partial z}{\partial x}=\frac{\partial z}{\partial u}\cdot\frac{\partial u}{\partial x}+\frac{\partial z}{\partial v}\cdot\frac{\partial v}{\partial x}+\frac{\partial z}{\partial w}\cdot\frac{\partial w}{\partial x}, \tag{5}$$

$$\frac{\partial z}{\partial y}=\frac{\partial z}{\partial u}\cdot\frac{\partial u}{\partial y}+\frac{\partial z}{\partial v}\cdot\frac{\partial v}{\partial y}+\frac{\partial z}{\partial w}\cdot\frac{\partial w}{\partial y}. \tag{6}$$

例 3 设 $z=e^u\sin v$，而 $u=xy,v=x+y$. 求 $\frac{\partial z}{\partial x}$ 及 $\frac{\partial z}{\partial y}$.

解

$$\begin{aligned}\frac{\partial z}{\partial x}&=\frac{\partial z}{\partial u}\cdot\frac{\partial u}{\partial x}+\frac{\partial z}{\partial v}\cdot\frac{\partial v}{\partial x}=e^u\sin v\cdot y+e^u\cos v\cdot 1\\&=e^{xy}[y\sin(x+y)+\cos(x+y)],\\\frac{\partial z}{\partial y}&=\frac{\partial z}{\partial u}\cdot\frac{\partial u}{\partial y}+\frac{\partial z}{\partial v}\cdot\frac{\partial v}{\partial y}=e^u\sin v\cdot x+e^u\cos v\cdot 1\\&=e^{xy}[x\sin(x+y)+\cos(x+y)].\end{aligned}$$

例 4 设 $z=f(u,v,w)$，而 $u=x+y,v=xy,w=\frac{x}{y}$，其中 f 具有连续偏导数，求 $\frac{\partial z}{\partial x}$ 及 $\frac{\partial z}{\partial y}$.

解

$$\begin{aligned}\frac{\partial z}{\partial x}&=\frac{\partial z}{\partial u}\cdot\frac{\partial u}{\partial x}+\frac{\partial z}{\partial v}\cdot\frac{\partial v}{\partial x}+\frac{\partial z}{\partial w}\cdot\frac{\partial w}{\partial x}\\&=\frac{\partial z}{\partial u}+y\frac{\partial z}{\partial v}+\frac{1}{y}\frac{\partial z}{\partial w},\end{aligned}$$

$$\begin{aligned}\frac{\partial z}{\partial y}&=\frac{\partial z}{\partial u}\cdot\frac{\partial u}{\partial y}+\frac{\partial z}{\partial v}\cdot\frac{\partial v}{\partial y}+\frac{\partial z}{\partial w}\cdot\frac{\partial w}{\partial y}\\&=\frac{\partial z}{\partial u}+x\frac{\partial z}{\partial v}-\frac{x}{y^2}\frac{\partial z}{\partial w}.\end{aligned}$$

情形3　复合函数的中间变量中既有一元函数又有多元函数的情形

定理3　如果函数 $u=\varphi(x,y)$ 在点 (x,y) 处具有对 x 及对 y 的偏导数，函数 $v=\psi(y)$ 在点 y 可导，函数 $z=f(u,v)$ 在对应的点 (u,v) 处具有连续偏导数，那么，复合函数 $z=f[\varphi(x,y),\psi(y)]$ 在点 (x,y) 处对 x 及对 y 的偏导数都存在，且有

$$\frac{\partial z}{\partial x}=\frac{\partial z}{\partial u}\cdot\frac{\partial u}{\partial x},\quad \frac{\partial z}{\partial y}=\frac{\partial z}{\partial u}\cdot\frac{\partial u}{\partial y}+\frac{\partial z}{\partial v}\cdot\frac{\mathrm{d}v}{\mathrm{d}y}.$$

这种情形实际上是情形2的一种特例，即在情形2中，变量 v 与 x 无关，从而 $\frac{\partial v}{\partial x}=0$. 在 v 对 y 求导时，由于 v 是 y 的一元函数，故 $\frac{\partial v}{\partial y}$ 换成 $\frac{\mathrm{d}v}{\mathrm{d}y}$，这就得到上述结果.

必须引起注意的是，在情形3中还会遇到这样一种情况：复合函数的某些中间变量本身又是复合函数的自变量. 这时要特别注意防止偏导数记号的混淆. 例如，设 $z=f(u,x,y)$ 具有连续偏导数，而 $u=\varphi(x,y)$ 具有对 x 及对 y 的偏导数，则复合函数 $z=f[\varphi(x,y),x,y]$ 可以看成情形2中当 $v=x, w=y$ 时的特殊情况. 因此

$$\frac{\partial v}{\partial x}=1,\quad \frac{\partial v}{\partial y}=0,\quad \frac{\partial w}{\partial x}=0,\quad \frac{\partial w}{\partial y}=1,$$

从而复合函数 $z=f[\varphi(x,y),x,y]$ 具有对 x 及对 y 的偏导数，且由公式(5)与公式(6)，得

$$\frac{\partial z}{\partial x}=\frac{\partial f}{\partial u}\cdot\frac{\partial u}{\partial x}+\frac{\partial f}{\partial x},\qquad \frac{\partial z}{\partial y}=\frac{\partial f}{\partial u}\cdot\frac{\partial u}{\partial y}+\frac{\partial f}{\partial y}.$$

对于第一个等式，要注意的是左端的 $\frac{\partial z}{\partial x}$ 与右端中的 $\frac{\partial f}{\partial x}$ 是不同的，$\frac{\partial z}{\partial x}$ 是把复合函数 $z=f[\varphi(x,y),x,y]$ 中的 y 看作常量而对 x 的偏导数，$\frac{\partial f}{\partial x}$ 则是把未经复合的函数 $z=f(u,x,y)$ 中的 u 与 y 都看作常量而对 x 的偏导数. 第二个等式两端的 $\frac{\partial z}{\partial y}$ 与 $\frac{\partial f}{\partial y}$ 之间也有类似的区别.

例5　设 $z=\arctan(uv)$，而 $u=xe^y, v=y^2$，求 $\frac{\partial z}{\partial x}$ 及 $\frac{\partial z}{\partial y}$.

解 $$\frac{\partial z}{\partial x}=\frac{\partial z}{\partial u}\cdot\frac{\partial u}{\partial x}=\frac{v}{1+(uv)^2}\cdot e^y=\frac{y^2e^y}{1+x^2y^4e^{2y}},$$

$$\frac{\partial z}{\partial y}=\frac{\partial z}{\partial u}\cdot\frac{\partial u}{\partial y}+\frac{\partial z}{\partial v}\cdot\frac{dv}{dy}$$

$$=\frac{v}{1+(uv)^2}\cdot xe^y+\frac{u}{1+(uv)^2}\cdot 2y$$

$$=\frac{xy(y+2)e^y}{1+x^2y^4e^{2y}}.$$

例 6 设 $u=e^{x^2+y^2+z^2}$，而 $z=x^2\sin y$，求 $\frac{\partial u}{\partial x}$ 及 $\frac{\partial u}{\partial y}$.

解 这里，变量 x,y 既是复合函数的自变量，又是中间变量. 为避免出现偏导数记号的混淆，可以先引进函数的记号 $f(x,y,z)$，即令

$$u=f(x,y,z)=e^{x^2+y^2+z^2},$$

于是有

$$\frac{\partial u}{\partial x}=\frac{\partial f}{\partial x}+\frac{\partial f}{\partial z}\cdot\frac{\partial z}{\partial x}=2xe^{x^2+y^2+z^2}+2ze^{x^2+y^2+z^2}\cdot 2x\sin y$$

$$=2x(1+2x^2\sin^2 y)e^{x^2+y^2+x^4\sin^2 y},$$

$$\frac{\partial u}{\partial y}=\frac{\partial f}{\partial y}+\frac{\partial f}{\partial z}\cdot\frac{\partial z}{\partial y}=2ye^{x^2+y^2+z^2}+2ze^{x^2+y^2+z^2}\cdot x^2\cos y$$

$$=(2y+x^4\sin 2y)e^{x^2+y^2+x^4\sin^2 y}.$$

例 7 设 $z=uv+\sin t$，而 $u=e^t$，$v=\cos t$，求全导数 $\frac{dz}{dt}$.

解 这里，变量 t 既是复合函数的自变量，又是中间变量，但因为复合函数是一元函数，所以全导数 $\frac{dz}{dt}$ 与偏导数 $\frac{\partial z}{\partial t}$（表示函数 $z=uv+\sin t$ 对 t 的偏导数）不会引起混淆. 我们有

$$\frac{dz}{dt}=\frac{\partial z}{\partial u}\cdot\frac{du}{dt}+\frac{\partial z}{\partial v}\cdot\frac{dv}{dt}+\frac{\partial z}{\partial t}$$

$$=v\cdot e^t+u\cdot(-\sin t)+\cos t=e^t(\cos t-\sin t)+\cos t.$$

多元复合函数的求导法则可以在求高阶偏导数时连续使用，只要每次使用时条件得到满足.

例 8 设 $w=f(x+y+z,xyz)$，f 具有二阶连续偏导数，求 $\frac{\partial w}{\partial x}$ 及 $\frac{\partial^2 w}{\partial x\partial z}$.

解 令 $u=x+y+z, v=xyz$，则函数 $w=f(x+y+z,xyz)$ 由函数 $w=f(u,v)$ 与 $u=x+y+z, v=xyz$ 复合而成. 根据复合函数的求导法则，有

$$\frac{\partial w}{\partial x}=\frac{\partial f}{\partial u}\cdot\frac{\partial u}{\partial x}+\frac{\partial f}{\partial v}\cdot\frac{\partial v}{\partial x}=\frac{\partial f}{\partial u}+yz\frac{\partial f}{\partial v}.$$

由求导的四则运算法则，有

$$\frac{\partial^2 w}{\partial x\partial z}=\frac{\partial}{\partial z}\left(\frac{\partial f}{\partial u}+yz\frac{\partial f}{\partial v}\right)=\frac{\partial}{\partial z}\left(\frac{\partial f}{\partial u}\right)+yz\frac{\partial}{\partial z}\left(\frac{\partial f}{\partial v}\right)+y\frac{\partial f}{\partial v}.$$

接下去求 $\frac{\partial}{\partial z}\left(\frac{\partial f}{\partial u}\right)$ 及 $\frac{\partial}{\partial z}\left(\frac{\partial f}{\partial v}\right)$ 时，一定要注意到 $\frac{\partial f}{\partial u}$ 与 $\frac{\partial f}{\partial v}$ 仍然是复合函数. 根据复合函数的求导法则，有

$$\frac{\partial}{\partial z}\left(\frac{\partial f}{\partial u}\right)=\frac{\partial^2 f}{\partial u^2}\cdot\frac{\partial u}{\partial z}+\frac{\partial^2 f}{\partial u\partial v}\cdot\frac{\partial v}{\partial z}=\frac{\partial^2 f}{\partial u^2}+xy\frac{\partial^2 f}{\partial u\partial v},$$

$$\frac{\partial}{\partial z}\left(\frac{\partial f}{\partial v}\right)=\frac{\partial^2 f}{\partial v\partial u}\cdot\frac{\partial u}{\partial z}+\frac{\partial^2 f}{\partial v^2}\cdot\frac{\partial v}{\partial z}=\frac{\partial^2 f}{\partial u\partial v}+xy\frac{\partial^2 f}{\partial v^2}.$$

于是

$$\frac{\partial^2 w}{\partial x\partial z}=\frac{\partial^2 f}{\partial u^2}+y(x+z)\frac{\partial^2 f}{\partial u\partial v}+xy^2z\frac{\partial^2 f}{\partial v^2}+y\frac{\partial f}{\partial v}.$$

为了表示简便计，通常引进以下记号：

$$f_1'=\frac{\partial f}{\partial u},\quad f_{12}''=\frac{\partial^2 f}{\partial u\partial v},$$

这里，下标 1 表示对第一个变量 u 求偏导数，下标 2 表示对第二个变量 v 求偏导数. 同理，还有记号 f_2', f_{11}'', f_{22}'' 等. 于是，例 8 中的两个结果可以写成

$$\frac{\partial w}{\partial x}=f_1'+yzf_2',\quad \frac{\partial^2 w}{\partial x\partial z}=f_{11}''+y(x+z)f_{12}''+xy^2zf_{22}''+yf_2'.$$

不仅如此，掌握了这些简便记号的含义之后，在求偏导数的计算过程中就引用，可使计算过程的表达得以简便.

例 9 设 $z=f(xy,x^2-y^2)$，f 具有二阶连续偏导数，求 $\frac{\partial z}{\partial x}$ 及 $\frac{\partial^2 z}{\partial x\partial y}$.

解

$$\frac{\partial z}{\partial x}=f_1'\cdot y+f_2'\cdot 2x=yf_1'+2xf_2'.$$

$$\begin{aligned}\frac{\partial^2 z}{\partial x\partial y}&=\frac{\partial}{\partial y}(yf_1'+2xf_2')\\&=f_1'+y[f_{11}''\cdot x+f_{12}''\cdot(-2y)]+2x[f_{21}''\cdot x+f_{22}''\cdot(-2y)]\\&=f_1'+xyf_{11}''+2(x^2-y^2)f_{12}''-4xyf_{22}''.\end{aligned}$$

全微分形式不变性

设函数 $z=f(u,v)$ 具有连续偏导数，则有全微分

$$\mathrm{d}z=\frac{\partial z}{\partial u}\mathrm{d}u+\frac{\partial z}{\partial v}\mathrm{d}v.$$

如果 u,v 都又是 x,y 的函数 $u=\varphi(x,y),v=\psi(x,y)$，且这两个函数也具有连续偏导数，那么，复合函数 $z=f[\varphi(x,y),\psi(x,y)]$ 有全微分

$$\mathrm{d}z=\frac{\partial z}{\partial x}\mathrm{d}x+\frac{\partial z}{\partial y}\mathrm{d}y,$$

其中，$\frac{\partial z}{\partial x}$ 与 $\frac{\partial z}{\partial y}$ 分别由公式(3) 与公式(4) 给出. 把公式(3) 与公式(4) 中的 $\frac{\partial z}{\partial x}$ 与 $\frac{\partial z}{\partial y}$ 代入上式，则得

$$\begin{aligned}\mathrm{d}z&=\left(\frac{\partial z}{\partial u}\cdot\frac{\partial u}{\partial x}+\frac{\partial z}{\partial v}\cdot\frac{\partial v}{\partial x}\right)\mathrm{d}x+\left(\frac{\partial z}{\partial u}\cdot\frac{\partial u}{\partial y}+\frac{\partial z}{\partial v}\cdot\frac{\partial v}{\partial y}\right)\mathrm{d}y\\&=\frac{\partial z}{\partial u}\left(\frac{\partial u}{\partial x}\mathrm{d}x+\frac{\partial u}{\partial y}\mathrm{d}y\right)+\frac{\partial z}{\partial v}\left(\frac{\partial v}{\partial x}\mathrm{d}x+\frac{\partial v}{\partial y}\mathrm{d}y\right)\\&=\frac{\partial z}{\partial u}\mathrm{d}u+\frac{\partial z}{\partial v}\mathrm{d}v.\end{aligned}$$

由此可见，无论 z 是自变量 u,v 的函数或是中间变量 u,v 的函数，它的全微分形式是一样的. 这个性质称为全微分形式不变性.

例 10 利用全微分形式不变性解本节例 3.

解 $$\mathrm{d}z=\mathrm{d}(\mathrm{e}^u\sin v)=\mathrm{e}^u\sin v\mathrm{d}u+\mathrm{e}^u\cos v\mathrm{d}v.$$

因为

$$\mathrm{d}u=\mathrm{d}(xy)=y\mathrm{d}x+x\mathrm{d}y,\ \mathrm{d}v=\mathrm{d}(x+y)=\mathrm{d}x+\mathrm{d}y,$$

所以将它们代入上式，然后归并含 $\mathrm{d}x$ 及 $\mathrm{d}y$ 的项，得

$$\mathrm{d}z=(\mathrm{e}^u\sin v\cdot y+\mathrm{e}^u\cos v)\mathrm{d}x+(\mathrm{e}^u\sin v\cdot x+\mathrm{e}^u\cos v)\mathrm{d}y,$$

此即

$$\begin{aligned}\frac{\partial z}{\partial x}\mathrm{d}x+\frac{\partial z}{\partial y}\mathrm{d}y=\ &\mathrm{e}^{xy}[y\sin(x+y)+\cos(x+y)]\mathrm{d}x\\&+\mathrm{e}^{xy}[x\sin(x+y)+\cos(x+y)]\mathrm{d}y.\end{aligned}$$

比较此式两端 $\mathrm{d}x,\mathrm{d}y$ 的系数，就同时得到两个偏导数 $\frac{\partial z}{\partial x},\frac{\partial z}{\partial y}$，它们与例 3 的结果一致.

习　题　8-4

(A)

1. 设 $z=u^2+uv+v^2$,而 $u=x+y,v=x-y$,求$\frac{\partial z}{\partial x},\frac{\partial z}{\partial y}$.

2. 设 $z=u^2\ln v$,而 $u=\frac{x}{y},v=3x-2y$,求$\frac{\partial z}{\partial x},\frac{\partial z}{\partial y}$.

3. 设 $z=e^u\ln v$,而 $u=2x^2-y^2,v=x^2-2y^2$,求$\frac{\partial z}{\partial x},\frac{\partial z}{\partial y}$.

4. 设 $z=e^{x-2y}$,而 $x=\sin t,y=t^3$,求$\frac{dz}{dt}$.

5. 设 $z=\arcsin(x-y)$,而 $x=3t,y=4t^3$,求$\frac{dz}{dt}$.

6. 设 $z=\tan(3t+2x^2-y^2)$,而 $x=\frac{1}{t},y=\sqrt{t}$,求$\frac{dz}{dt}$.

7. 设 $u=\frac{e^{ax}(y-z)}{a^2+1}$,而 $y=a\sin x,z=\cos x$,求$\frac{du}{dx}$.

8. 设 $u=e^{x^2+y^2+z^2}$,而 $z=y^2\sin x$,求$\frac{\partial u}{\partial x},\frac{\partial u}{\partial y}$.

9. 设 $z=x^2+y^2+\cos(x+y)$,而 $x=u+v,y=\arcsin v$,求$\frac{\partial z}{\partial u},\frac{\partial^2 z}{\partial u\partial v}$.

10. 设 $z=\arctan\frac{x}{y}$,而 $x=u+v,y=u-v$,验证$\frac{\partial z}{\partial u}+\frac{\partial z}{\partial v}=\frac{u-v}{u^2+v^2}$.

11. 设 f 具有一阶连续偏导数,求下列函数的一阶偏导数:

(1) $z=f(3x+2y,4x-3y)$;　　(2) $z=f(x^2-y^2,e^{xy})$;

(3) $z=f(y\ln x,2x+3y)$;　　(4) $z=f\left(\frac{y}{x},\frac{x}{y}\right)$;

(5) $z=f(x,x+y,x-y)$;　　(6) $u=f(x,xy,xyz)$.

12. 设 $f(u)$ 具有连续导数,$z=xy+xf\left(\frac{y}{x}\right)$,验证 $x\frac{\partial z}{\partial x}+y\frac{\partial z}{\partial y}=xy+z$.

13. 设 $z=f(x^2+y^2)$,其中 $f(u)$ 具有二阶连续导数,求$\frac{\partial^2 z}{\partial x^2},\frac{\partial^2 z}{\partial x\partial y},\frac{\partial^2 z}{\partial y^2}$.

14. 设 f 具有二阶连续偏导数,求下列函数的$\frac{\partial^2 z}{\partial x^2},\frac{\partial^2 z}{\partial x\partial y},\frac{\partial^2 z}{\partial y^2}$:

(1) $z=f(x+y,xy)$;　　(2) $z=f\left(xy,\frac{x}{y}\right)$.

(B)

1. 设 $z=x^y$,而 $x=\varphi(t),y=\psi(t)$ 且 φ,ψ 都可导,求$\frac{dz}{dt}$.

2. 设 $z=f(u,x,y)$,而 $u=xe^y$,其中 f 具有二阶连续偏导数,求$\frac{\partial^2 z}{\partial x^2},\frac{\partial^2 z}{\partial x\partial y},\frac{\partial^2 z}{\partial y^2}$.

3. 设 $z=\frac{y}{f(x^2-y^2)}$,其中 f 具有连续导数,验证$\frac{1}{x}\frac{\partial z}{\partial x}+\frac{1}{y}\frac{\partial z}{\partial y}=\frac{z}{y^2}$.

4. 设 φ,ψ 具有二阶连续导数，验证函数 $u=\varphi(x-at)+\psi(x+at)$ 满足波动方程

$$\frac{\partial^2 u}{\partial t^2}=a^2\frac{\partial^2 u}{\partial x^2}.$$

5. 设 $u=f(x,y)$ 具有连续偏导数，$x=\rho\cos\theta, y=\rho\sin\theta$，验证

$$\left(\frac{\partial u}{\partial \rho}\right)^2+\left(\frac{1}{\rho}\frac{\partial u}{\partial \theta}\right)^2=\left(\frac{\partial u}{\partial x}\right)^2+\left(\frac{\partial u}{\partial y}\right)^2.$$

第五节　隐函数的求导公式

一、一个方程的情形

在第二章第三节中，我们已经提出了隐函数的概念，并且通过举例的方式指出了无须显化隐函数而直接由方程 $F(x,y)=0$ 来求出它所确定的隐函数的导数的方法. 现在给出下面的定理.

隐函数存在定理1　如果函数 $F(x,y)$ 在点 (x_0,y_0) 的一个邻域内具有连续偏导数，且 $F(x_0,y_0)=0, F_y(x_0,y_0)\neq 0$，那么，方程 $F(x,y)=0$ 在点 (x_0,y_0) 的某个邻域内恒能唯一确定一个连续且具有连续导数的函数 $y=f(x)$，满足条件 $y_0=f(x_0)$，且有

$$\frac{\mathrm{d}y}{\mathrm{d}x}=-\frac{F_x}{F_y}. \tag{1}$$

公式(1) 就是隐函数的求导公式. 这个定理的证明从略. 但是可以再从多元复合函数求导法则的应用这个角度来解释公式(1). 将方程 $F(x,y)=0$ 所确定的函数 $y=f(x)$ 代回方程，得到恒等式

$$F[x,f(x)]\equiv 0,$$

其左端可以看作是 x 的一个复合函数，并且完全满足上一节定理 1 的条件(即定理 1 中的 t 改为 x，而 $u=x$)，利用该定理来求这个复合函数的全导数，并且由于恒等式两端求导后仍然恒等，所以上述恒等式两端求导后即得

$$\frac{\partial F}{\partial x}+\frac{\partial F}{\partial y}\cdot\frac{\mathrm{d}y}{\mathrm{d}x}=0.$$

由于 $F_y(x,y)$ 连续且 $F_y(x_0,y_0)\neq 0$，故必存在点 (x_0,y_0) 的某个邻域，使得在该邻域内有 $F_y(x,y)\neq 0$，于是得到

$$\frac{\mathrm{d}y}{\mathrm{d}x}=-\frac{F_x}{F_y}.$$

例 1　验证方程 $x^2+y^2-1=0$ 在点 $(0,1)$ 的某个邻域内能唯一确定一个有连续导数、当 $x=0$ 时 $y=1$ 的函数 $y=f(x)$，并求这个函数在 $x=0$ 处的导数.

解　设 $F(x,y)=x^2+y^2-1$，则 $F_x=2x, F_y=2y, F(0,1)=1, F_x(0,1)$

$= 0, F_y(0,1) = 2 \neq 0$. 因此，由隐函数存在定理 1 可知，方程 $x^2 + y^2 - 1 = 0$ 在点 $(0,1)$ 的某个邻域内能唯一确定一个有连续导数、当 $x = 0$ 时 $y = 1$ 的函数 $y = f(x)$，并且由公式(1)，有

$$\frac{\mathrm{d}y}{\mathrm{d}x} = -\frac{F_x}{F_y} = -\frac{x}{y}, \quad \left.\frac{\mathrm{d}y}{\mathrm{d}x}\right|_{x=0} = 0.$$

例 2 设方程 $x\mathrm{e}^y + y\mathrm{e}^x = 0$ 确定了 y 是 x 的函数，求 $\frac{\mathrm{d}y}{\mathrm{d}x}$.

解 令 $F(x,y) = x\mathrm{e}^y + y\mathrm{e}^x$，则有

$$F_x(x,y) = \mathrm{e}^y + y\mathrm{e}^x, \quad F_y(x,y) = x\mathrm{e}^y + \mathrm{e}^x,$$

于是由公式(1)，有

$$\frac{\mathrm{d}y}{\mathrm{d}x} = -\frac{F_x}{F_y} = -\frac{\mathrm{e}^y + y\mathrm{e}^x}{x\mathrm{e}^y + \mathrm{e}^x}.$$

以上隐函数存在定理 1 可以推广到三元或三元以上方程的情形. 例如，我们有如下定理：

隐函数存在定理 2 **如果函数 $F(x,y,z)$ 在点 (x_0, y_0, z_0) 的一个邻域内具有连续偏导数，且 $F(x_0, y_0, z_0) = 0, F_z(x_0, y_0, z_0) \neq 0$，那么，方程 $F(x,y,z) = 0$ 在点 (x_0, y_0, z_0) 的某个邻域内恒能唯一确定一个连续且具有连续偏导数的函数 $z = f(x,y)$，满足条件 $z_0 = f(x_0, y_0)$，且有**

$$\frac{\partial z}{\partial x} = -\frac{F_x}{F_z}, \quad \frac{\partial z}{\partial y} = -\frac{F_y}{F_z}. \tag{2}$$

定理的证明从略. 我们还是可以再从多元复合函数求导法则的应用这个角度来解释公式(2). 将 $y = f(x,y)$ 代回方程，得到恒等式

$$F[x, y, f(x,y)] \equiv 0.$$

此式左端是 x, y 的复合函数，对 x 及对 y 求偏导数时，可应用多元复合函数的求导法则，因此，此式两端分别对 x 及对 y 求偏导数，即得

$$F_x + F_z \frac{\partial z}{\partial x} = 0, \quad F_y + F_z \frac{\partial z}{\partial y} = 0.$$

因为 F_z 连续，$F_z(x_0, y_0, z_0) \neq 0$，所以必存在点 (x_0, y_0, z_0) 的某个邻域，使得在该邻域内有 $F_z \neq 0$，于是得到

$$\frac{\partial z}{\partial x} = -\frac{F_x}{F_z}, \quad \frac{\partial z}{\partial y} = -\frac{F_y}{F_z}.$$

例 3 设方程 $\frac{x}{z} = \ln \frac{z}{y}$ 确定了函数 $z = f(x,y)$，求 $\frac{\partial z}{\partial x}, \frac{\partial z}{\partial y}$.

解 令 $F(x,y,z)=\frac{x}{z}-\ln\frac{z}{y}$,则有

$$F_x=\frac{1}{z},\quad F_y=\frac{1}{y},\quad F_z=-\frac{x}{z^2}-\frac{1}{z}=-\frac{x+z}{z^2}.$$

于是由公式(2),有

$$\frac{\partial z}{\partial x}=-\frac{F_x}{F_z}=\frac{z}{x+z},\quad \frac{\partial z}{\partial y}=-\frac{F_y}{F_z}=\frac{z^2}{y(x+z)}.$$

例 4 设方程 $x^2+y^2+z^2-4z=0$ 确定了函数 $z=f(x,y)$,求$\frac{\partial z}{\partial x},\frac{\partial z}{\partial y}$.

解 本例题不应用公式(2),也可以直接求$\frac{\partial z}{\partial x}$及$\frac{\partial z}{\partial y}$.注意到方程中 z 是 x,y 的函数,方程两端对 x 求偏导数,得

$$2x+2z\frac{\partial z}{\partial x}-4\frac{\partial z}{\partial x}=0,$$

故得

$$\frac{\partial z}{\partial x}=\frac{x}{2-z}.$$

同理可求得

$$\frac{\partial z}{\partial y}=\frac{y}{2-z}.$$

二、方程组的情形

我们将隐函数存在定理作另一方面的推广,即不仅增加方程中变元的个数,还增加方程的个数.例如,考虑方程组

$$\begin{cases}F(x,y,u,v)=0,\\G(x,y,u,v)=0.\end{cases}$$

这时,四个变量中一般只能有两个变量可以独立变化.因此,方程组应有可能确定两个二元函数.我们可以由函数 F、G 的性质来断言方程组够确定具有一定性质的两个二元函数.事实上,有下面的定理.

隐函数存在定理 3 **如果函数** $F(x,y,u,v)$,$G(x,y,u,v)$ **在点**(x_0,y_0,u_0,v_0)**的一个邻域内都具有连续偏导数,且** $F(x_0,y_0,u_0,v_0)=0$,$G(x_0,y_0,u_0,v_0)=0$,**以及由偏导数组成的函数行列式(或称雅可比(Jacobi)式):**

$$J=\frac{\partial(F,G)}{\partial(u,v)}=\begin{vmatrix}F_u & F_v\\ G_u & G_v\end{vmatrix}$$

在点(x_0,y_0,u_0,v_0)处不等于零，那么，方程组

$$\begin{cases}F(x,y,u,v)=0,\\ G(x,y,u,v)=0\end{cases}$$

在点(x_0,y_0,u_0,v_0)的某个邻域内恒能唯一确定一组连续且具有连续偏导数的函数$u=u(x,y)$，$v=v(x,y)$，它们满足条件$u_0=u(x_0,y_0)$，$v_0=v(x_0,y_0)$，且有

$$\frac{\partial u}{\partial x}=-\frac{1}{J}\frac{\partial(F,G)}{\partial(x,v)}=-\frac{1}{J}\begin{vmatrix}F_x & F_v\\ G_x & G_v\end{vmatrix},\quad \frac{\partial v}{\partial x}=-\frac{1}{J}\frac{\partial(F,G)}{\partial(u,x)}=-\frac{1}{J}\begin{vmatrix}F_u & F_x\\ G_u & G_x\end{vmatrix};$$

$$\frac{\partial u}{\partial y}=-\frac{1}{J}\frac{(F,G)}{\partial(y,v)}=-\frac{1}{J}\begin{vmatrix}F_y & F_v\\ G_y & G_v\end{vmatrix},\quad \frac{\partial v}{\partial y}=-\frac{1}{J}\frac{\partial(F,G)}{\partial(u,y)}=-\frac{1}{J}\begin{vmatrix}F_u & F_y\\ G_u & G_y\end{vmatrix}.$$

(3)

定理的证明也从略. 类似地，从多元复合函数求导法则的应用这个角度来解释公式(3). 将由方程组所唯一确定的具有连续偏导数的函数$u=u(x,y)$，$v=v(x,y)$代回方程组，即得恒等式组

$$\begin{cases}F[x,y,u(x,y),v(x,y)]\equiv 0,\\ G[x,y,u(x,y),v(x,y)]\equiv 0.\end{cases}$$

在每个恒等式的两端对x求偏导数，应用多元复合函数的求导法则，得

$$\begin{cases}F_x+F_u\dfrac{\partial u}{\partial x}+F_v\dfrac{\partial v}{\partial x}=0,\\[2ex] G_x+G_u\dfrac{\partial u}{\partial x}+G_v\dfrac{\partial v}{\partial x}=0.\end{cases}$$

这是关于$\frac{\partial u}{\partial x}$，$\frac{\partial v}{\partial x}$的线性方程组，由假设条件知，存在点$(x_0,y_0,u_0,v_0)$的某个邻域，使得在该邻域内系数行列式$J=\begin{vmatrix}F_u & F_v\\ G_u & G_v\end{vmatrix}\neq 0$，故可从线性方程组中解出$\frac{\partial u}{\partial x}$，$\frac{\partial v}{\partial x}$，得到

$$\frac{\partial u}{\partial x}=-\frac{1}{J}\cdot\frac{\partial(F,G)}{\partial(x,v)},\quad \frac{\partial v}{\partial x}=-\frac{1}{J}\cdot\frac{\partial(F,G)}{\partial(u,x)}.$$

同理可得式(3)中的另两个偏导数的公式.

例 5 设方程组

$$\begin{cases}xu-yv=0,\\ yu+xv=1\end{cases}$$

确定 $u=u(x,y),v=v(x,y)$,求$\frac{\partial u}{\partial x},\frac{\partial u}{\partial y},\frac{\partial v}{\partial x}$及$\frac{\partial v}{\partial y}$.

解 令 $F(x,y,u,v)=xu-yv,G(x,y,u,v)=yu+xv-1$,则有

$$F_u=x,\quad F_v=-y,\quad F_x=u,\quad F_y=-v,$$

$$G_u=y,\quad G_v=x,\quad G_x=v,\quad G_y=u,$$

故

$$J=\frac{\partial(F,G)}{\partial(u,v)}=\begin{vmatrix}x & -y\\ y & x\end{vmatrix}=x^2+y^2,$$

$$\frac{\partial(F,G)}{\partial(x,v)}=\begin{vmatrix}u & -y\\ v & x\end{vmatrix}=xu+yv,\quad \frac{\partial(F,G)}{\partial(y,v)}=\begin{vmatrix}-v & -y\\ u & x\end{vmatrix}=-xv+yu,$$

$$\frac{\partial(F,G)}{\partial(u,x)}=\begin{vmatrix}x & u\\ y & v\end{vmatrix}=xv-yu,\quad \frac{\partial(F,G)}{\partial(u,y)}=\begin{vmatrix}x & -v\\ y & u\end{vmatrix}=xu+yv.$$

所以,在 $J=x^2+y^2\neq 0$ 的条件下,由式(3),得

$$\frac{\partial u}{\partial x}=-\frac{xu+yv}{x^2+y^2},\quad \frac{\partial u}{\partial y}=\frac{xv-yu}{x^2+y^2},\quad \frac{\partial v}{\partial x}=-\frac{xv-yu}{x^2+y^2},\quad \frac{\partial v}{\partial y}=-\frac{xu+yv}{x^2+y^2}.$$

例 6 设函数 $x=x(u,v),y=y(u,v)$ 在点(u,v)的一个邻域内连续且具有连续偏导数,又$\frac{\partial(x,y)}{\partial(u,v)}\neq 0$.

(1) 证明方程组$\begin{cases}x=x(u,v),\\ y=y(u,v)\end{cases}$在点$(x,y,u,v)$的某个邻域内唯一确定一组连续且具有连续偏导数的反函数 $u=u(x,y),v=v(x,y)$;

(2) 求反函数 $u=u(x,y),v=v(x,y)$ 对 x 及对 y 的偏导数.

解 (1) 将方程组改写成下面的形式:

$$\begin{cases}F(x,y,u,v)=x-x(u,v)=0,\\ G(x,y,u,v)=y-y(u,v)=0,\end{cases}$$

则由假设条件,有

$$J=\frac{\partial(F,G)}{\partial(u,v)}=\frac{\partial(x,y)}{\partial(u,v)}\neq 0,$$

函数 F 与 G 显然还满足隐函数存在定理 3 的其余条件,故由该定理即得所要证明的结论.

(2) 不按公式(3)来求反函数 $u=u(x,y),v=v(x,y)$ 的偏导数,而是按对公式(3)的解释那样直接来求解. 将满足隐函数存在定理 3 结论的反函数

$u=u(x,y),v=v(x,y)$ 代回方程组,即得

$$\begin{cases}x\equiv x[u(x,y),v(x,y)],\\ y\equiv y[u(x,y),v(x,y)].\end{cases}$$

上述每个恒等式两端对 x 求偏导数,得

$$\begin{cases}1=\dfrac{\partial x}{\partial u}\cdot\dfrac{\partial u}{\partial x}+\dfrac{\partial x}{\partial v}\cdot\dfrac{\partial v}{\partial x},\\ 0=\dfrac{\partial y}{\partial u}\cdot\dfrac{\partial u}{\partial x}+\dfrac{\partial y}{\partial v}\cdot\dfrac{\partial v}{\partial x}.\end{cases}$$

由于 $J=\dfrac{\partial(x,y)}{\partial(u,v)}\neq 0$,故可解得

$$\frac{\partial u}{\partial x}=\frac{1}{J}\frac{\partial y}{\partial v},\quad \frac{\partial v}{\partial x}=-\frac{1}{J}\frac{\partial y}{\partial u}.$$

同理可得

$$\frac{\partial u}{\partial y}=-\frac{1}{J}\frac{\partial x}{\partial v},\quad \frac{\partial u}{\partial y}=\frac{1}{J}\frac{\partial x}{\partial u}.$$

在结束本节之时,我们指出隐函数存在定理可以推广到最一般的由 m 个 $m+n$ 元方程组成的方程组的情形,在类似的假设条件下,可以断言方程组能够唯一确定由 m 个 n 元函数组成的函数组,这些函数具有类似的性质(m,n 是正整数).

习　　题　8-5

(A)

1. 下列方程确定 y 是 x 的函数,求$\dfrac{\mathrm{d}y}{\mathrm{d}x}$:

(1) $\sin y+\mathrm{e}^x-xy^2=0$;　　(2) $\ln\sqrt{x^2+y^2}=\arctan\dfrac{y}{x}$;

(3) $x^y=y^x$;　　(4) $xy+\mathrm{e}^y=1$.

2. 下列方程确定 z 是 x,y 的函数,求$\dfrac{\partial z}{\partial x},\dfrac{\partial z}{\partial y}$:

(1) $\mathrm{e}^z-xyz=0$;　　(2) $z^3-3xyz=a^3$;

(3) $x^2y-2yz+\mathrm{e}^z=1$;　　(4) $\sin z=xyz$.

3. 设 $2\sin(x+2y-3z)=x+2y-3z$ 确定 z 是 x,y 的函数,验证$\dfrac{\partial z}{\partial x}+\dfrac{\partial z}{\partial y}=1$.

4. 设 $x=x(y,z),y=y(z,x),z=z(x,y)$ 都是由方程 $F(x,y,z)=0$ 所确定的具有连

续偏导数的函数,验证$\frac{\partial x}{\partial y}\cdot\frac{\partial y}{\partial z}\cdot\frac{\partial z}{\partial x}=-1$.

5. 函数设 $\varphi(u,v)$ 具有连续偏导数,验证方程 $\varphi(cx-az,cy-bz)=0$ 所确定的函数 $z=z(x,y)$ 满足

$$a\frac{\partial z}{\partial x}+b\frac{\partial z}{\partial y}=c.$$

6. 设 f 具有连续偏导数,方程 $z=f(xz,z-y)$ 确定 z 是 x,y 的函数,求$\frac{\partial z}{\partial x},\frac{\partial z}{\partial y}$.

7. 设 f 具有连续偏导数,方程 $f(x,x+y,x+y+z)=0$ 确定 z 是 x,y 的函数,求$\frac{\partial z}{\partial x}$,$\frac{\partial z}{\partial y}$.

8. 求下列方程组确定的函数的导数或偏导数:

(1) $\begin{cases}z=x^2+y^2,\\x^2+2y^2+3z^2=20,\end{cases}$ 求$\frac{\mathrm{d}y}{\mathrm{d}x},\frac{\mathrm{d}z}{\mathrm{d}x}$;

(2) $\begin{cases}x^2+y^2=\frac{1}{2}z^2,\\x+y+z=2,\end{cases}$ 求$\frac{\mathrm{d}x}{\mathrm{d}z},\frac{\mathrm{d}y}{\mathrm{d}z}$;

(3) $\begin{cases}u^3+xv-y=0,\\v^3+yu-x=0,\end{cases}$ 求$\frac{\partial u}{\partial x},\frac{\partial v}{\partial x}$;

(4) $\begin{cases}x+y=u+v,\\x\sin v=y\sin u,\end{cases}$ 求$\frac{\partial v}{\partial y},\frac{\partial v}{\partial y}$.

(B)

1. 方程 $x+y=\mathrm{e}^{x-y}$ 在平面内哪些点的附近能唯一确定 y 是 x 的可导函数?并求$\frac{\mathrm{d}y}{\mathrm{d}x}$.

2. 设方程 $x+y+z-\sqrt{xyz}=0$ 确定 z 是 x,y 的函数,求$\frac{\partial z}{\partial x},\frac{\partial z}{\partial y}$.

3. 设方程组$\begin{cases}u=f(ux,v+y),\\v=g(u-x,v^2y)\end{cases}$确定 u,v 都是 x,y 的函数,其中 f,g 均有连续偏导数,求$\frac{\partial u}{\partial x},\frac{\partial v}{\partial x}$.

4. 设方程 $x^2+y^2+z^2=yf\left(\frac{z}{y}\right)$确定 z 是 x,y 的函数,其中 f 具有连续导数,验证

$$(x^2-y^2-z^2)\frac{\partial z}{\partial x}+2xy\frac{\partial z}{\partial y}=2xz.$$

5. 设函数 $z=z(x,y)$ 由方程 $2xz-2xyz+\ln(xyz)=0$ 所确定,求 $\mathrm{d}z$.

*6. 设 $y=f(x,t)$,而 t 是由方程 $F(x,y,t)=0$ 所确定的 x,y 的函数,其中 f,F 都具有连续偏导数,证明

$$\frac{\mathrm{d}y}{\mathrm{d}x}=\frac{\frac{\partial f}{\partial x}\frac{\partial F}{\partial t}-\frac{\partial f}{\partial t}\frac{\partial F}{\partial x}}{\frac{\partial f}{\partial t}\frac{\partial F}{\partial y}+\frac{\partial F}{\partial t}}.$$

第六节　多元函数微分学的几何应用

一、空间曲线的切线与法平面

设空间曲线 Γ 的参数方程为

$$x=\varphi(t),\ y=\psi(t),\ z=\omega(t),\ \alpha\leqslant t\leqslant\beta, \tag{1}$$

这里假定式(1)中的三个函数都在 $[\alpha,\beta]$ 上可导，并且导数 $\varphi'(t),\psi'(t),\omega'(t)$ 不同时为零.

在曲线 Γ 上取定对应于 $t=t_0$ 的点 $M(x_0,y_0,z_0)$ 及对应于 $t=t_0+\Delta t$ 的邻近的点 $M'(x_0+\Delta x,y_0+\Delta y,z_0+\Delta z)$. 根据解析几何的知识，曲线 Γ 的割线 MM' 的方程是

$$\frac{x-x_0}{\Delta x}=\frac{y-y_0}{\Delta y}=\frac{z-z_0}{\Delta z}.$$

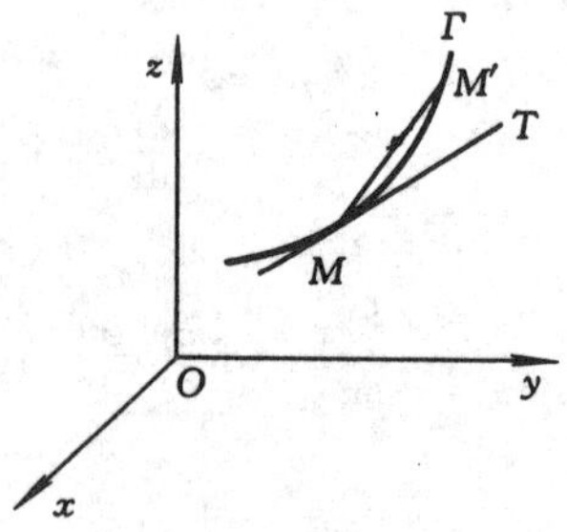

图 8-8

当点 M' 沿着曲线 Γ 趋于点 M 时，如果割线 MM' 的极限位置 MT 存在，那么就称直线 MT 为曲线 Γ 在点 M 处的切线(图 8-8). 用 Δt 除上式的各分母，得

$$\frac{x-x_0}{\frac{\Delta x}{\Delta t}}=\frac{y-y_0}{\frac{\Delta y}{\Delta t}}=\frac{z-z_0}{\frac{\Delta z}{\Delta t}},$$

令点 M' 沿 Γ 趋于点 M(这时，$\Delta t\to 0$)，通过对此式取极限，即得

$$\frac{x-x_0}{\varphi'(t_0)}=\frac{y-y_0}{\psi'(t_0)}=\frac{z-z_0}{\omega'(t_0)}. \tag{2}$$

这个结果说明，在假设条件下，曲线 Γ 在点 M 处的切线存在，且上面的方程(2)就是曲线 Γ 在点 M 处切线的方程.

切线的方向向量称为曲线的切向量. 向量

$$\boldsymbol{\tau}=\{\varphi'(t_0),\psi'(t_0),\omega'(t_0)\}$$

就是曲线 Γ 在点 M 处的一个切向量，它的指向与参数 t 增大时点 M 移动的走向一致.

通过点 M 而与切线垂直的平面称为曲线 Γ 在点 M 处的法平面，它是通过点 $M(x_0,y_0,z_0)$ 而以 $\boldsymbol{\tau}=\{\varphi'(t_0),\psi'(t_0),\omega'(t_0)\}$ 为法线向量的平面，因此，这张法平面的方程是

$$\varphi'(t_0)(x-x_0)+\psi'(t_0)(y-y_0)+\omega'(t_0)(z-z_0)=0. \tag{3}$$

例 1 求曲线 $x=t, y=t^2, z=t^3$ 在点 $(1,1,1)$ 处的切线及法平面的方程.

解 因为 $x'(t)=1, y'(t)=2t, z'(t)=3t^2$，而点 $(1,1,1)$ 所对应的参数 $t=1$，所以，曲线在该点处的一个切向量为 $\boldsymbol{\tau}=\{1,2,3\}$. 于是，所求的切线方程为

$$\frac{x-1}{1}=\frac{y-1}{2}=\frac{z-1}{3},$$

而法平面方程为

$$(x-1)+2(y-1)+3(z-1)=0,$$

即

$$x+2y+3z-6=0.$$

*** 曲线的向量方程及向量值函数的导数**

曲线 Γ 的参数方程(1) 可以写成向量的形式. 如果记

$$\boldsymbol{r}=x\boldsymbol{i}+y\boldsymbol{j}+z\boldsymbol{k}, \quad \boldsymbol{r}(t)=\varphi(t)\boldsymbol{i}+\psi(t)\boldsymbol{j}+\omega(t)\boldsymbol{k},$$

那么，方程(1) 就成为向量方程：

$$\boldsymbol{r}=\boldsymbol{r}(t), \quad \alpha\leqslant t\leqslant\beta. \tag{4}$$

方程(4) 也可以这样理解：对于每一个 $[\alpha,\beta]$ 内的值 t，变向量 $\boldsymbol{r}$ 就有唯一确定的一个向量 $\boldsymbol{r}(t)$ 与之对应，于是就称变向量 $\boldsymbol{r}$ 为变量 t 的向量值函数，记为方程(4) 中的表达形式. 在几何上，$\boldsymbol{r}(t)$ 是 $\mathbf{R}^3$ 中点 $(\varphi(t),\psi(t),\omega(t))$ 的向径(图 8-9). 空间曲线 Γ 就是变向径 $\boldsymbol{r}(t)$ 终点的轨迹，故也称曲线 Γ 为向量值函数 $\boldsymbol{r}(t)$ 的矢端曲线.

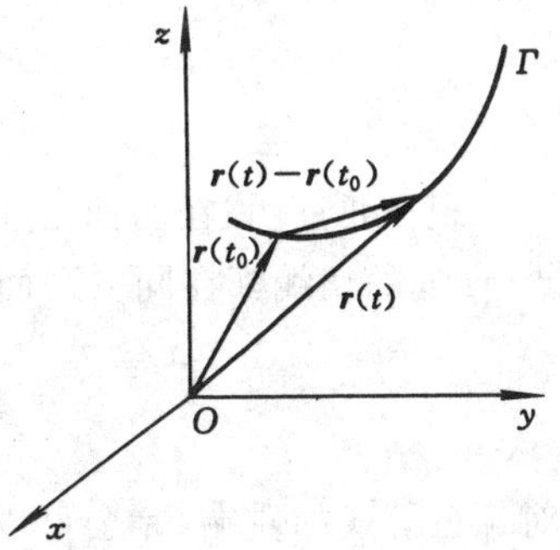

图 8-9

根据 $\mathbf{R}^3$ 中向量的模的概念与向量的线性运算法则，可以定义一元向量值函数 $\boldsymbol{r}(t)$ 的连续性与可导性如下：

设 $\boldsymbol{r}(t)$ 在点 t_0 的某个邻域内有定义. 如果

$$\lim_{t\to t_0}|\boldsymbol{r}(t)-\boldsymbol{r}(t_0)|=0,$$

那么称 $\boldsymbol{r}(t)$ 在 t_0 连续；又如果存在常向量 $\boldsymbol{\tau}=\{a,b,c\}$，使得

$$\lim_{t\to t_0}\left|\frac{\boldsymbol{r}(t)-\boldsymbol{r}(t_0)}{t-t_0}-\boldsymbol{\tau}\right|=0,$$

那么称 $\boldsymbol{r}(t)$ 在 t_0 可导，并且称 $\boldsymbol{\tau}$ 为 $\boldsymbol{r}(t)$ 在 t_0 的导数(或导向量)，记为 $\boldsymbol{r}'(t_0)$，即 $\boldsymbol{r}'(t_0)=\boldsymbol{\tau}$.

容易证明，向量值函数 $\boldsymbol{r}(t)$ 在 t_0 连续的充分必要条件是：$\boldsymbol{r}(t)$ 的三个分量函数 $\varphi(t)$，$\psi(t)$，$\omega(t)$ 都在 t_0 处连续；$\boldsymbol{r}(t)$ 在 t_0 处可导的充分必要条件是：$\boldsymbol{r}(t)$ 的三个分量函数 $\varphi(t)$，$\psi(t)$，$\omega(t)$ 都在 t_0 处可导，且有

$$\boldsymbol{r}'(t_0)=\varphi'(t_0)\boldsymbol{i}+\psi'(t_0)\boldsymbol{j}+\omega'(t_0)\boldsymbol{k}.$$

采用向量的形式后，以上讨论的关于空间曲线的切线、切向量的结果可以表达为：如果向量值函数 $\boldsymbol{r}(t)$ 在 t_0 可导，且 $\boldsymbol{r}'(t_0)\neq\boldsymbol{0}$，那么，$\boldsymbol{r}(t)$ 矢端曲线 Γ 在 $\boldsymbol{r}(t_0)$ 的终点处存在切线，$\boldsymbol{r}'(t_0)$ 就是切线的一个方向向量，它的指向与参数 t 增大时点 M 移动的走向一致.

二、曲面的切平面与法线

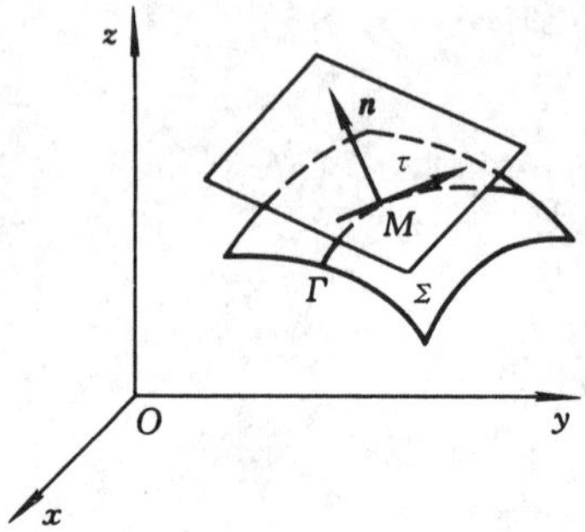

图 8-10

设曲面 Σ 的方程为 $F(x,y,z)=0$，点 $M(x_0,y_0,z_0)$ 是曲面 Σ 上的一点，并设函数 $F(x,y,z)$ 在该点有连续偏导数且不同时为零. 在曲面 Σ 上通过点 M 任意地引一条曲线 Γ（图8-10），假定曲线 Γ 的参数方程为

$$x=\varphi(t),y=\psi(t),z=\omega(t),\alpha\leqslant t\leqslant\beta,\quad(5)$$

并假定参数 $t=t_0$ 对应点 $M(x_0,y_0,z_0)$，且 $\varphi'(t_0),\psi'(t_0),\omega'(t_0)$ 不全为零，那么，由(2) 式可得这条曲线在点 M 处的切线方程为

$$\frac{x-x_0}{\varphi'(t_0)}=\frac{y-y_0}{\psi'(t_0)}=\frac{z-z_0}{\omega'(t_0)}.$$

现在要证明：在曲面 Σ 上通过点 M 且在点 M 处有切线的任何曲线，它们在点 M 处的切线都在同一平面上. 事实上，因为曲线 Γ 完全在曲面 Σ 上，所以有恒等式

$$F[\varphi(t),\psi(t),\omega(t)]\equiv 0.$$

对于恒等式的左端，完全可以利用第四节中的公式(2) 求其在 $t=t_0$ 处的全导数，所以，在此恒等式两端求对于 t 在 $t=t_0$ 处的导数，得

$$F_x(x_0,y_0,z_0)\varphi'(t_0)+F_y(x_0,y_0,z_0)\psi'(t_0)+F_z(x_0,y_0,z_0)\omega'(t_0)=0.$$

引进向量

$$\boldsymbol{n}=\{F_x(x_0,y_0,z_0),F_y(x_0,y_0,z_0),F_z(x_0,y_0,z_0)\},$$

上式就表示曲线 Γ 在点 M 处的切向量 $\boldsymbol{\tau}=\{\varphi'(t_0),\psi'(t_0),\omega'(t_0)\}$ 与向量 $\boldsymbol{n}$ 垂直. 由于曲线 Γ 的任意性，故知这一类曲线在点 M 处的切线都与同一向量 $\boldsymbol{n}$ 垂直，从而这些切线都在同一平面上（图 8-10）. 这张平面就称为曲面 Σ 在点 M 处的切平面，它的方程显然就是

$$F_x(x_0,y_0,z_0)(x-x_0)+F_y(x_0,y_0,z_0)(y-y_0)+F_z(x_0,y_0,z_0)(z-z_0)=0.\quad(6)$$

通过点 $M(x_0,y_0,z_0)$ 而垂直于切平面(6)的直线称为曲面 Σ 在该点处的法线. 显然,法线方程是

$$\frac{x-x_0}{F_x(x_0,y_0,z_0)}=\frac{y-y_0}{F_y(x_0,y_0,z_0)}=\frac{z-z_0}{F_z(x_0,y_0,z_0)}. \tag{7}$$

垂直于曲面上切平面的向量称为曲面的法向量. 向量

$$\boldsymbol{n}=\{F_x(x_0,y_0,z_0),F_y(x_0,y_0,z_0),F_z(x_0,y_0,z_0)\}$$

就是曲面 Σ 在点 M 处的一个法向量.

接下来考虑曲面 Σ 的方程为 $z=f(x,y)$ 的情形. 点 $M(x_0,y_0,z_0)$ 是曲面 Σ 上的一点(显然,$z_0=f(x_0,y_0)$). 我们可令

$$F(x,y,z)=f(x,y)-z,$$

则有

$$F_x(x,y,z)=f_x(x,y),\quad F_y(x,y,z)=f_y(x,y),\quad F_z(x,y,z)=-1.$$

于是,当函数 $f(x,y)$ 在点 (x_0,y_0) 处有连续偏导数时,曲面 Σ 在点 M 处的一个法向量为

$$\boldsymbol{n}=\{f_x(x_0,y_0),f_y(x_0,y_0),-1\},$$

从而切平面方程为

$$f_x(x_0,y_0)(x-x_0)+f_y(x_0,y_0)(y-y_0)-(z-z_0)=0,$$

亦即

$$z-z_0=f_x(x_0,y_0)(x-x_0)+f_y(x_0,y_0)(y-y_0), \tag{8}$$

而法线方程为

$$\frac{x-x_0}{f_x(x_0,y_0)}=\frac{y-y_0}{f_y(x_0,y_0)}=\frac{z-z_0}{-1}.$$

由于方程(8)的右端恰好是函数 $z=f(x,y)$ 在点 (x_0,y_0) 处的全微分,而左端是切平面上点的竖坐标的增量,因此,函数 $z=f(x,y)$ 在点 (x_0,y_0) 处的全微分在几何上表示曲面 $z=f(x,y)$ 在点 $(x_0,y_0,f(x_0,y_0))$ 处的切平面上点的竖坐标的增量.

例 2 求椭球面 $x^2+2y^2+3z^2=6$ 上点 $(1,1,1)$ 处的切平面及法线的方程.

解 令 $F(x,y,z)=x^2+2y^2+3z^2-6$,则

$$F_x=2x,\quad F_y=4y,\quad F_z=6z,$$

故在点 $(1,1,1)$ 处,椭球面的一个法向量为 $\boldsymbol{n}=\{1,2,3\}$. 于是,在该点处椭球面的切平面方程为

$$(x-1)+2(y-1)+3(z-1)=0,$$

即

$$x+2y+3z-6=0,$$

而法线方程为

$$\frac{x-1}{1}=\frac{y-1}{2}=\frac{z-1}{3}.$$

例 3 求旋转抛物面 $z=x^2+y^2-1$ 上平行于已知平面 $4x+2y-z=0$ 的切平面的方程.

解 令 $f(x,y)=x^2+y^2-1$，则旋转抛物面上点 (x_0,y_0,z_0) 处的一个法向量是 $\boldsymbol{n}=\{2x_0,2y_0,-1\}$. 由题设，向量 $\boldsymbol{n}$ 与已知平面的法线向量 $\boldsymbol{n}_1=\{4,2,-1\}$ 平行，即

$$\frac{2x_0}{4}=\frac{2y_0}{2}=\frac{-1}{-1},$$

故得 $x_0=2,y_0=1$，从而 $z_0=f(x_0,y_0)=4$. 这说明旋转抛物面上点 $(2,1,4)$ 处的法向量 $\boldsymbol{n}$ 与已知平面的法线向量 $\boldsymbol{n}_1$ 平行，从而旋转抛物面在该点处的切平面即为所求，其方程为

$$4(x-2)+2(y-1)-(z-4)=0,$$

即

$$4x+2y-z-6=0.$$

习　题　8-6

(A)

1. 求下列曲线在指定点处的切线及法平面方程：

(1) 曲线 $x=t,y=t^2,z=\dfrac{t}{1+t}$，在点 $\left(1,1,\dfrac{1}{2}\right)$；

(2) 曲线 $x=t-\sin t,y=1-\cos t,z=4\sin\dfrac{t}{2}$，在 $t=\dfrac{\pi}{2}$ 所对应的点；

(3) 曲线 $x=2\sin^2 t,y=3\sin t\cos t,z=\cos^2 t$，在 $t=\dfrac{\pi}{4}$ 所对应的点；

(4) 曲线 $x=\dfrac{2t}{1+t},y=\dfrac{1-t}{t},z=\sqrt{t}$，在点 $(1,0,1)$.

2. 在曲线 $x=t,y=t^2,z=t^3$ 上求一点，使曲线在该点处的切线与平面 $x+2y+z=10$ 平行.

3. 求下列曲面在指定点处的切平面及法线方程：

(1) 曲面 $z=y+\ln\dfrac{x}{z}$，点 $(1,1,1)$；

(2) 曲面 $z=x^2+y^2$，点(2,1,5)；

(3) 曲面 $e^z-z+xy=3$，点(2,1,0).

4. 求曲面 $x^2+2y^2+3z^2=21$ 上平行于平面 $x+4y+6z=0$ 的切平面的方程.

5. 在曲面 $z=xy$ 上求一点，使该点处曲面的法线垂直于平面 $x+3y+z+9=0$.

6. 求旋转椭球面 $3x^2+y^2+z^2=16$ 上点 $(-1,-2,3)$ 处的切平面与 xOy 面的夹角的余弦.

7. 试证明曲面 $\sqrt{x}+\sqrt{y}+\sqrt{z}=\sqrt{a}$ 上任一点处的切平面在各坐标轴上的截距之和等于 a.

(B)

1. 证明螺旋线 $x=a\cos t, y=a\sin t, z=bt$ 上任一点处的切线都与 z 轴形成定角.

2. 求曲面 $x^2-y^2-3z=0$ 的切平面，使切平面过点 $A(0,0,-1)$ 且与直线 $\frac{x}{2}=\frac{y}{1}=\frac{z}{2}$ 平行.

3. 证明曲面 $f(ax-bz,ay-cz)=0$ 上任一点处的切平面都与某条定直线平行，其中 f 具有连续偏导数.

4. 证明曲面 $z=xf\left(\frac{y}{x}\right)$ 上任一点处的切平面都过原点，其中 f 具有连续导数.

5. 证明曲面 $xyz=a^3\ (a>0)$ 上任一点处的切平面与坐标面围成的四面体的体积为定值.

第七节　方向导数与梯度

一、方向导数

对于二元函数或三元函数而言，偏导数反映的是它们沿坐标轴方向的变化率. 然而，在实际问题中往往还需要知道它们沿着某一指定方向的变化率. 例如，在气象学中，就要确定大气温度、气压沿着某些方向的变化率. 为此，我们就要讨论二元函数或三元函数沿任一指定方向的变化率问题. 我们首先引进二元函数的方向导数的概念.

定义 1　设函数 $z=f(x,y)$ 在点 $P_0(x_0,y_0)$ 的某个邻域 $U(P_0)$ 内有定义，l 是由点 $P_0(x_0,y_0)$ 发出的射线，并设点 $P(x,y)$ 为 l 上的另一点，且点 $P\in U(P_0)$（图 8-11）. 如果当点 P 沿射线 l 趋于点 P_0 时，极限

$$\lim_{\substack{P\to P_0\\ P\in l}}\frac{f(P)-f(P_0)}{|PP_0|}$$

存在，那么称此极限为函数 $z=f(x,y)$ 在点 $P_0(x_0,y_0)$ 处沿方向 l 的方向导数，记为 $\left.\frac{\partial f}{\partial l}\right|_{P_0}$ 或 $\left.\frac{\partial z}{\partial l}\right|_{P_0}$，即

$$\left.\frac{\partial f}{\partial l}\right|_{P_0}=\lim_{\substack{P\to P_0\\ P\in l}}\frac{f(P)-f(P_0)}{|PP_0|}. \tag{1}$$

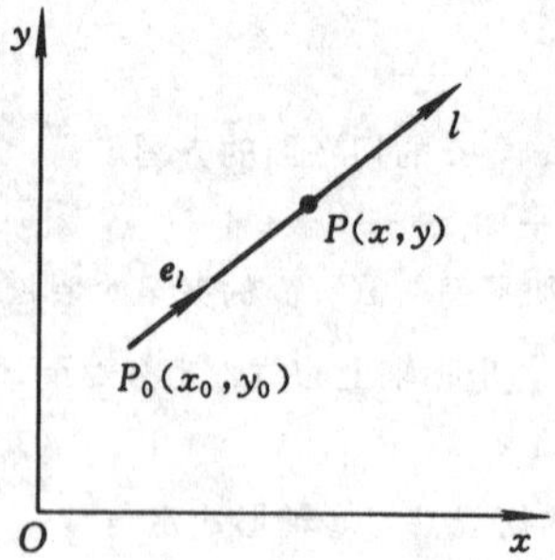

图 8-11

我们已经知道,如果方向 l 的方向余弦为 $\cos\alpha$,$\cos\beta$,那么,向量 $\boldsymbol{e}_l = \{\cos\alpha, \cos\beta\}$ 便是与 l 同方向的单位向量(图 8-11),射线 l 的参数方程则为

$$\begin{cases} x = x_0 + t\cos\alpha, \\ y = y_0 + t\cos\beta \end{cases} \quad (t \geqslant 0),$$

其中,$t = |PP_0|$. 于是式(1) 可以写为

$$\left.\frac{\partial f}{\partial l}\right|_{P_0} = \lim_{t \to 0^+} \frac{f(x_0 + t\cos\alpha, y_0 + t\cos\beta) - f(x_0, y_0)}{t}. \tag{2}$$

从方向导数的定义易知,方向导数 $\left.\frac{\partial f}{\partial l}\right|_{P_0}$ 是函数 $z = f(x,y)$ 在点 $P_0(x_0, y_0)$ 处沿方向 l 的变化率.

如果函数 $z = f(x,y)$ 在点 $P_0(x_0,y_0)$ 处的偏导数都存在,那么,若取 $\boldsymbol{e}_l = \boldsymbol{i}$,则有

$$\left.\frac{\partial f}{\partial l}\right|_{P_0} = \lim_{t \to 0^+} \frac{f(x_0 + t, y_0) - f(x_0, y_0)}{t} = f_x(x_0, y_0);$$

若取 $\boldsymbol{e}_l = \boldsymbol{j}$,则有

$$\left.\frac{\partial f}{\partial l}\right|_{P_0} = \lim_{t \to 0^+} \frac{f(x_0, y_0 + t) - f(x_0, y_0)}{t} = f_y(x_0, y_0).$$

但是反之,函数 $z = f(x,y)$ 在点 $P_0(x_0,y_0)$ 处沿方向 $l = \boldsymbol{i}$(或沿方向 $l = \boldsymbol{j}$) 的方向导数存在并不能保证函数在点 $P_0(x_0,y_0)$ 处对 x 的偏导数 $\left.\frac{\partial f}{\partial x}\right|_{P_0}$ (或对 y 的偏导数 $\left.\frac{\partial f}{\partial y}\right|_{P_0}$) 存在. 例如,函数 $f(x,y) = \sqrt{x^2 + y^2}$ 在原点 O 处沿 $l = \boldsymbol{i}$ 的方向的方向导数为 1,但是该函数在原点 O 处对 x 的偏导数并不存在.

关于方向导数的存在及计算,有如下定理:

定理　如果函数 $f(x,y)$ 在点 $P_0(x_0,y_0)$ 可微分,那么函数在该点沿任一方向 l 的方向导数都存在,且有

$$\left.\frac{\partial f}{\partial l}\right|_{P_0} = f_x(x_0,y_0)\cos\alpha + f_y(x_0,y_0)\cos\beta, \tag{3}$$

其中 $\cos\alpha$,$\cos\beta$ 是方向 l 的方向余弦.

证　设点 $P(x_0 + \Delta x, y_0 + \Delta y)$ 在以点 P_0 为始点的射线 l 上,则应有

$$\Delta x = t\cos\alpha,\ \Delta y = t\cos\beta, \quad |PP_0| = \sqrt{(\Delta x)^2 + (\Delta y)^2} = t.$$

由于函数 $f(x,y)$ 在点 $P_0(x_0,y_0)$ 可微分，故有

$$\begin{aligned}&f(x_0+\Delta x,y_0+\Delta y)-f(x_0,y_0)\\&=f_x(x_0,y_0)\Delta x+f_y(x_0,y_0)\Delta y+o\left(\sqrt{(\Delta x)^2+(\Delta y)^2}\right),\end{aligned}$$

即有

$$f(x_0+t\cos\alpha,y_0+t\cos\beta)-f(x_0,y_0)=t[f_x(x_0,y_0)\cos\alpha+f_y(x_0,y_0)\cos\beta]+o(t).$$

于是

$$\lim_{t\to0^+}\frac{f(x_0+t\cos\alpha,y_0+t\cos\beta)-f(x_0,y_0)}{t}=f_x(x_0,y_0)\cos\alpha+f_y(x_0,y_0)\cos\beta.$$

这就由式(2) 证明了方向导数 $\left.\frac{\partial f}{\partial l}\right|_{P_0}$ 存在，且式(3) 成立.

例 1 求函数 $z=xe^{2y}$ 在点 $P(1,0)$ 处沿从该点到点 $Q(2,-1)$ 的方向的方向导数.

解 这里，方向 l 就是向量 $\overrightarrow{PQ}=\{1,-1\}$，与其同方向的单位向量为 $\boldsymbol{e}_l=\left\{\frac{1}{\sqrt{2}},-\frac{1}{\sqrt{2}}\right\}$，亦即方向 l 的方向余弦为 $\cos\alpha=\frac{1}{\sqrt{2}},\cos\beta=-\frac{1}{\sqrt{2}}$.

因为函数显然在点 P 处可微分，并且

$$\left.\frac{\partial z}{\partial x}\right|_{\substack{x=1\\y=0}}=\left.e^{2y}\right|_{\substack{x=1\\y=0}}=1,\quad \left.\frac{\partial z}{\partial y}\right|_{\substack{x=1\\y=0}}=\left.2xe^{2y}\right|_{\substack{x=1\\y=0}}=2,$$

所以由公式(3) 即得所求的方向导数为

$$\left.\frac{\partial z}{\partial l}\right|_P=1\times\frac{1}{\sqrt{2}}+2\times\left(-\frac{1}{\sqrt{2}}\right)=-\frac{\sqrt{2}}{2}.$$

对于三元函数 $f(x,y,z)$，可以完全类似地定义它在点 $P_0(x_0,y_0,z_0)$ 处沿方向 l 的方向导数为

$$\left.\frac{\partial f}{\partial l}\right|_{P_0}=\lim_{\substack{P\to P_0\\P\in l}}\frac{f(P)-f(P_0)}{|PP_0|}.$$

当与方向 l 同方向的单位向量为 $\boldsymbol{e}_l=\{\cos\alpha,\cos\beta,\cos\gamma\}$ 时，即为

$$\left.\frac{\partial f}{\partial l}\right|_{P_0}=\lim_{t\to0^+}\frac{f(x_0+t\cos\alpha,y_0+t\cos\beta,z_0+t\cos\gamma)-f(x_0,y_0,z_0)}{t},$$

其中，$\cos\alpha,\cos\beta,\cos\gamma$ 也就是方向 l 的方向余弦.

上述定理也完全可以推广到三元函数的情形，即如果函数 $f(x,y,z)$ 在点

$P_0(x_0,y_0,z_0)$ 处可微分，那么，函数在该点沿任一方向 l 的方向导数存在，且有

$$\left.\frac{\partial f}{\partial l}\right|_{P_0}=f_x(x_0,y_0,z_0)\cos\alpha+f_y(x_0,y_0,z_0)\cos\beta+f_z(x_0,y_0,z_0)\cos\gamma, \quad (4)$$

其中，$\cos\alpha,\cos\beta,\cos\gamma$ 是方向 l 的方向余弦.

例 2 求函数 $f(x,y,z)=xy-y^2z+ze^x$ 在点 $P_0(1,0,2)$ 处沿向量 $\boldsymbol{l}=\{2,1,-1\}$ 的方向导数.

解 $f_x(x,y,z)=y+ze^x, f_y(x,y,z)=x-2yz, f_z(x,y,z)=-y^2+e^x$，显然，它们在点 $P_0(1,0,2)$ 处连续，从而函数 $f(x,y,z)$ 在点 $P_0(1,0,2)$ 处可微分，且有

$$f_x(1,0,2)=2e,\quad f_y(1,0,2)=1,\quad f_z(1,0,2)=e.$$

与向量 $\boldsymbol{l}$ 同方向的单位向量为

$$\boldsymbol{e}_l=\left\{\frac{2}{\sqrt{6}},\frac{1}{\sqrt{6}},-\frac{1}{\sqrt{6}}\right\},$$

故 $\boldsymbol{l}$ 的方向余弦为

$$\cos\alpha=\frac{2}{\sqrt{6}},\quad \cos\beta=\frac{1}{\sqrt{6}},\quad \cos\gamma=-\frac{1}{\sqrt{6}}.$$

应用公式(4)，即得所求的方向导数为

$$\left.\frac{\partial f}{\partial l}\right|_{P_0}=2e\times\frac{2}{\sqrt{6}}+1\times\frac{1}{\sqrt{6}}+e\times\left(-\frac{1}{\sqrt{6}}\right)=\frac{1}{\sqrt{6}}(3e+1).$$

二、梯度

与方向导数有密切关系的一个概念是函数的梯度. 对于二元函数，有下面的定义.

定义 2 如果函数 $f(x,y)$ 在点 $P_0(x_0,y_0)$ 处对 x 及对 y 的偏导数都存在，那么称向量

$$f_x(x_0,y_0)\boldsymbol{i}+f_y(x_0,y_0)\boldsymbol{j}$$

为函数 $f(x,y)$ 在点 $P_0(x_0,y_0)$ 处的梯度，记为 $\mathbf{grad}f(x_0,y_0)$，即

$$\mathbf{gard}f(x_0,y_0)=f_x(x_0,y_0)\boldsymbol{i}+f_y(x_0,y_0)\boldsymbol{j}.$$

现在来揭示梯度与方向导数这两个概念之间的密切关系，由此也使我们看到梯度这个概念的内在含义. 为此，假设函数 $f(x,y)$ 在点 $P_0(x_0,y_0)$ 处可微分，因此，一方面，$f(x,y)$ 在点 $P_0(x_0,y_0)$ 处有唯一确定的梯度 $\mathbf{grad}f(x_0,y_0)$；另一

方面，$f(x,y)$ 在点 $P_0(x_0,y_0)$ 处沿任一方向 l 的方向导数 $\left.\frac{\partial f}{\partial l}\right|_{P_0}$ 都存在，且若 $\boldsymbol{e}_l = \{\cos\alpha, \cos\beta\}$ 是与方向 l 同方向的单位向量，则有

$$\left.\frac{\partial f}{\partial l}\right|_{P_0} = f_x(x_0,y_0)\cos\alpha + f_y(x_0,y_0)\cos\beta.$$

根据梯度的定义与两向量数量积的定义及坐标表示式，就有

$$\left.\frac{\partial f}{\partial l}\right|_{P_0} = \textbf{grad}\,f(x_0,y_0)\cdot\boldsymbol{e}_l = |\,\textbf{grad}\,f(x_0,y_0)\,|\cos\theta,$$

其中，θ 是梯度与方向 l 的夹角.

这个关系式就表明了可微分的二元函数在一点处的梯度与方向导数之间的关系. 特别地，当方向 l 与梯度的夹角 $\theta = 0$ 即方向 l 沿梯度的方向时，方向导数 $\left.\frac{\partial f}{\partial l}\right|_{P_0}$ 取得最大值，这个最大值就是梯度的模 $|\,\textbf{grad}\,f(x_0,y_0)\,|$. 这就是说，可微分的二元函数在一点处的梯度是这样一个向量：它的方向是使函数在该点的方向导数取得最大值的方向，它的模就等于方向导数的最大值.

以上讨论的梯度的概念可以推广到三元函数的情形. 如果函数 $f(x,y,z)$ 在点 $P_0(x_0,y_0,z_0)$ 处对 x、对 y 及对 z 的偏导数都存在，那么称向量

$$f_x(x_0,y_0,z_0)\boldsymbol{i} + f_y(x_0,y_0,z_0)\boldsymbol{j} + f_z(x_0,y_0,z_0)\boldsymbol{k}$$

为函数 $f(x,y,z)$ 在点 $P_0(x_0,y_0,z_0)$ 处的梯度，记为 $\textbf{grad}\,f(x_0,y_0,z_0)$，即

$$\textbf{grad}\,f(x_0,y_0,z_0) = f_x(x_0,y_0,z_0)\boldsymbol{i} + f_y(x_0,y_0,z_0)\boldsymbol{j} + f_z(x_0,y_0,z_0)\boldsymbol{k}.$$

经过类似的讨论可知，可微分的三元函数在一点处的梯度也是这样一个向量：它的方向是使函数在该点的方向导数取得最大值的方向，它的模就等于方向导数的最大值.

例 3 求 $\textbf{grad}\,\frac{1}{x^2+y^2}$.

解 这里 $f(x,y) = \frac{1}{x^2+y^2}$，因为

$$\frac{\partial f}{\partial x} = -\frac{2x}{(x^2+y^2)^2}, \quad \frac{\partial f}{\partial y} = -\frac{2y}{(x^2+y^2)^2},$$

所以

$$\textbf{grad}\,\frac{1}{x^2+y^2} = -\frac{2x}{(x^2+y^2)^2}\boldsymbol{i} - \frac{2y}{(x^2+y^2)^2}\boldsymbol{j} = -\frac{2}{(x^2+y^2)^2}(x\boldsymbol{i} + y\boldsymbol{j}).$$

例 4 求函数 $f(x,y,z)=xy+e^z$ 在点 $P(1,1,0)$ 处沿从该点到点 $Q(2,0,1)$ 的方向 l 的方向导数,并求函数在点 P 处方向导数的最大值及相应的方向.

解 这里,方向 l 就是向量 $\overrightarrow{PQ}=\{1,-1,1\}$,与方向 l 同方向的单位向量为 $\boldsymbol{e}_l=\left\{\frac{1}{\sqrt{3}},-\frac{1}{\sqrt{3}},\frac{1}{\sqrt{3}}\right\}$. 另一方面,有

$$f_x(x,y,z)=y,\quad f_y(x,y,z)=x,\quad f_z(x,y,z)=e^z,$$

故有 $\mathbf{grad}f(1,1,0)=\boldsymbol{i}+\boldsymbol{j}+\boldsymbol{k}$. 又显然,函数 $f(x,y,z)$ 在点 $P(1,1,0)$ 处可微分,于是

$$\left.\frac{\partial f}{\partial l}\right|_P=\mathbf{grad}f(1,1,0)\cdot\boldsymbol{e}_l=1\times\frac{1}{\sqrt{3}}+1\times\left(-\frac{1}{\sqrt{3}}\right)+1\times\frac{1}{\sqrt{3}}=\frac{1}{\sqrt{3}}.$$

根据梯度与方向导数之间的关系可知,在点 $P(1,1,0)$ 处方向导数的最大值为 $|\mathbf{grad}f(1,1,0)|=\sqrt{3}$,相应的方向就是 $\mathbf{grad}f(1,1,0)$ 的方向,即向量 $\{1,1,1\}$ 的方向.

关于梯度这个概念进一步的意义、实用价值,不再展开讨论. 有兴趣的读者可以参考其他一些高等数学的书籍. 但是,我们要简单地介绍一下数量场与向量场的概念.

场是物理学中习惯使用的一个词. 如果在空间或者平面的一个区域内分布有某种物理量(即区域内的每一点在每个时刻都对应着这种物理量的一个确定的值),那么就称在这个区域内确定了一个场(场的名称由这个物理量来命名). 例如,在空间某区域 G 内每一点每一时刻都有一个确定的温度时,就称在 G 内确定了一个温度场,等等. 依照所分布的物理量是数量还是向量,场分为数量场(例如温度场、密度场等)与向量场(例如力场、速度场等)两种.

如果场内的物理量与时间无关,那么称这种场为稳定的场. 以下为简单计,仅考虑稳定的场. 事实上,从数学的角度来看,譬如说在空间区域 G 内确定了一个数量场,也就是在该区域内定义有一个数值函数 $f(M)(M\in G)$,则就可称这个场为数量场 $f(M)$;如果在 G 内确定的是向量场,也就是在该区域内定义有一个向量值函数 $\boldsymbol{F}(M)$,则就可称这个场为向量场 $\boldsymbol{F}(M)$,这里

$$\boldsymbol{F}(M)=P(M)\boldsymbol{i}+Q(M)\boldsymbol{j}+R(M)\boldsymbol{k},$$

其中,$P(M)$,$Q(M)$,$R(M)$ 是 G 内的数值函数.

如果函数 $f(M)$ 在 G 内可微分,那么在每一点 $M\in G$,就有函数 $f(M)$ 的梯度 $\mathbf{grad}f(M)$. 区域 G 内的向量值函数 $\mathbf{grad}f(M)$ 确定了一个向量场,称之为数量场 $f(M)$ 的梯度场. 当向量场 $\boldsymbol{F}(M)$ 是某个数量场 $f(M)$ 的梯度场时,称这个向

量场为势场，而函数 $f(M)$ 通常称为这个向量场的势. 当然，我们会注意到并非每一个向量场都是势场.

例 5 试求由数量场 $\frac{m}{r}$ 所产生的梯度场，其中 $r=\sqrt{x^2+y^2+z^2}$ 是原点 O 到场内的点 $M(x,y,z)$ 的距离，而 $m>0$ 是常数.

解 $\frac{\partial}{\partial x}\left(\frac{m}{r}\right)=-\frac{m}{r^2}\cdot\frac{\partial r}{\partial x}=-\frac{mx}{r^3}$，并且由对称性质，得

$$\frac{\partial}{\partial y}\left(\frac{m}{r}\right)=-\frac{my}{r^3},\quad \frac{\partial}{\partial z}\left(\frac{m}{r}\right)=-\frac{mz}{r^3}.$$

因此

$$\mathbf{grad}\,\frac{m}{r}=-\frac{m}{r^2}\left(\frac{x}{r}\boldsymbol{i}+\frac{y}{r}\boldsymbol{j}+\frac{z}{r}\boldsymbol{k}\right).$$

如果用 $\boldsymbol{e}_r$ 表示与 $\overrightarrow{OM}$ 同方向的单位向量，那么，$\boldsymbol{e}_r=\frac{x}{r}\boldsymbol{i}+\frac{y}{r}\boldsymbol{j}+\frac{z}{r}\boldsymbol{k}$，从而

$$\mathbf{grad}\,\frac{m}{r}=-\frac{m}{r^2}\boldsymbol{e}_r.$$

上式右端在力学上可以解释为位于原点 O 而质量为 m 的质点对位于点 $M(x,y,z)$ 的单位质点的引力，这引力的大小与两质点质量的乘积成正比，而与两质点距离的平方成反比，这引力的方向由点 M 指向原点 O. 因此，数量场 $\frac{m}{r}$ 的势场即其梯度场 $\mathbf{grad}\,\frac{m}{r}$ 称为引力场，而函数 $\frac{m}{r}$ 称为引力势.

习　题　8-7

(A)

1. 求函数 $z=x^2+y^2$ 在点(1,2)处沿从该点到点 $(2,2+\sqrt{3})$ 的方向的方向导数.

2. 求函数 $z=\cos(x+y)$ 在点 $\left(0,\frac{\pi}{2}\right)$ 处沿向量 $\{3,-4\}$ 的方向的方向导数.

3. 求函数 $z=\ln(x^2+y^2)$ 在点(1,1)处沿方向余弦为 $\cos\alpha=\frac{1}{2}$，$\cos\beta=\frac{\sqrt{3}}{2}$ 的方向的方向导数.

4. 求函数 $z=\ln\left(\mathrm{e}^{-x}+\frac{x^2}{y}\right)$ 在点(1,1)处沿任一非零向量 $\{a,b\}$ 的方向的方向导数.

5. 求函数 $u=xy^2+z^3-xyz$ 在点(1,1,2)处沿方向角为 $\alpha=\frac{\pi}{3}$，$\beta=\frac{\pi}{4}$，$\gamma=\frac{\pi}{3}$ 的方向的方向导数.

6. 求函数 $u=\left(\frac{x}{y}\right)^z$ 在点(1,1,1)处沿向量 $\{2,1,-1\}$ 的方向的方向导数.

7. 求函数 $z = x^2 - xy + y^2$ 在点(1,1)处沿方向余弦为 $\cos\alpha, \cos\beta$ 的方向的方向导数,并指出:

(1) 沿什么方向的方向导数值最大?

(2) 沿什么方向的方向导数值最小?

(3) 沿什么方向的方向导数值为零?

8. 求函数 $u = x^2 + y^2 + z^2 - xy + yz$ 在点(1,1,1)处方向导数的最大值及相应的方向,再指出在该点处沿什么方向的方向导数为零?

9. 如果可微分的函数 $f(x,y)$ 在点(1,2)处沿从该点到点(2,2)的方向的方向导数为2,沿从该点到点(1,1)的方向的方向导数为 -2,试求:

(1) 函数 $f(x,y)$ 在该点处的梯度;

(2) 函数 $f(x,y)$ 在该点处沿从该点到点(4,6)的方向的方向导数.

10. 设 $f(x,y,z) = x^2 + 2y^2 + 3z^2 + xy + 3x - 2y - 6z$,求 $\mathbf{grad}f(0,0,0)$ 及 $\mathbf{grad}f(1,1,1)$.

(B)

1. 求函数 $z = \ln(x+y)$ 在抛物线 $y^2 = 4x$ 上的点(1,2)处沿抛物线在该点处偏向 x 轴正向的切线方向的方向导数.

2. 求函数 $u = 1 - \left(\dfrac{x^2}{a^2} + \dfrac{y^2}{b^2} + \dfrac{z^2}{c^2}\right)$ 在点 $\left(\dfrac{a}{\sqrt{3}}, \dfrac{b}{\sqrt{3}}, \dfrac{c}{\sqrt{3}}\right)$ 处沿椭球面 $\dfrac{x^2}{a^2} + \dfrac{y^2}{b^2} + \dfrac{z^2}{c^2} = 1$ 在该点处的内法线方向的方向导数.

3. 设 u, v 都是 x, y, z 的函数,且都具有连续偏导数. 证明:

(1) $\mathbf{grad}(u+v) = \mathbf{grad}u + \mathbf{grad}v$;

(2) $\mathbf{grad}(uv) = v\,\mathbf{grad}u + u\,\mathbf{grad}v$.

4. 证明函数 $f(x,y) = \sqrt[3]{xy}$ 在原点 $O(0,0)$ 处连续,$f_x(0,0)$,$f_y(0,0)$ 都存在,但是在原点 $O(0,0)$ 处沿向量 $\{a,b\}(a \neq 0, b \neq 0)$ 的方向的方向导数不存在.

5. 证明函数

$$f(x,y) = \begin{cases} \dfrac{2xy^2}{x^2 + y^4}, & x^2 + y^2 \neq 0, \\ 0, & x^2 + y^2 = 0 \end{cases}$$

在原点 $O(0,0)$ 处沿任一方向的方向导数都存在,但是在原点处函数不连续,从而也不可微.

第八节　多元函数的极值问题

一、多元函数的极值及最大值、最小值

在实际问题中,往往会遇到多元函数的最大值、最小值问题. 与一元函数时的情形相类似,多元函数的最大值、最小值与极大值、极小值问题有密切的联系. 因此,以二元函数为例,我们先讨论多元函数的极值问题.

定义　**设函数 $f(x,y)$ 在点 (x_0,y_0) 的某个邻域内有定义,并且对于该邻域**

内异于点(x_0,y_0)的任何点(x,y)，都有

$$f(x,y)<f(x_0,y_0)\quad(\text{或 } f(x,y)>f(x_0,y_0)),$$

那么称函数$f(x,y)$在点(x_0,y_0)处有极大值$f(x_0,y_0)$（或有极小值$f(x_0,y_0)$），点(x_0,y_0)称为函数$f(x,y)$的极大值点（或极小值点）.

极大值、极小值统称为极值，使函数取得极值的点称为极值点.

根据定义，我们容易判定函数$z=x^2+y^2$在原点$O(0,0)$处有极小值$f(0,0)=0$，这是因为在点$O(0,0)$的邻域内任何异于点O的点(x,y)处函数值总是正的，而仅在点O处函数值为0. 从几何方面看，这也是显然的，点$O(0,0,0)$是开口朝上的旋转抛物面$z=x^2+y^2$的顶点. 类似地，我们也容易由定义判定函数$z=1-\sqrt{x^2+y^2}$在点$O(0,0)$处有极大值$f(0,0)=1$. 然而，对于函数$z=x^2-y^2$而言，点$O(0,0)$就不是它的极值点，因为在点$O(0,0)$处函数值为零，而在点$O(0,0)$的任何邻域内总是有使函数值为正的点，也总是有使函数值为负的点.

以上关于二元函数的极值的概念可以推广到二元以上的多元函数.

二元函数的极值问题一般可以利用偏导数来解决. 下面两个定理就是这个问题的结论.

定理1（必要条件）　设函数$z=f(x,y)$在点(x_0,y_0)处具有偏导数，并且在点(x_0,y_0)处有极值，则有

$$f_x(x_0,y_0)=0,\quad f_y(x_0,y_0)=0.$$

证　不妨设函数$z=f(x,y)$在点(x_0,y_0)处有极大值. 于是由定义，对于点(x_0,y_0)的某个邻域内异于点(x_0,y_0)的点(x,y)，都有

$$f(x,y)<f(x_0,y_0).$$

特殊地，在该邻域内取使$y=y_0$但$x\neq x_0$的点，亦有

$$f(x,y_0)<f(x_0,y_0).$$

这表明一元函数$f(x,y_0)$在x_0处有极大值. 因而根据一元可导函数取得极值的必要条件，就得到$f_x(x_0,y_0)=0$.

类似可证得$f_y(x_0,y_0)=0$.

从几何角度看，这时如果曲面$z=f(x,y)$在点(x_0,y_0,z_0)处有切平面，那么，切平面方程必成为$z-z_0=0$，即切平面必平行于xOy面.

上述定理可以推广到二元以上函数的情形. 例如有：如果三元函数$f(x,y,z)$在点(x_0,y_0,z_0)处具有偏导数，那么它在点(x_0,y_0,z_0)处有极值的必要条件是

$$f_x(x_0,y_0,z_0)=0,\quad f_y(x_0,y_0,z_0)=0,\quad f_z(x_0,y_0,z_0)=0.$$

仿照一元函数的情形，如果函数在这一点处对各自变量的偏导数同时为零，那么，这一点就称为该函数的驻点.从定理1便可知，具有偏导数的函数的极值点必定是驻点.但是反之则不然.例如，已经知道点$O(0,0)$不是函数$z=x^2-y^2$的极值点，但是该点是这个函数的驻点.还有一种情形是，如果函数在个别点处偏导数不存在，这种点也有可能成为函数的极值点.例如，已经知道点$O(0,0)$是函数$z=1-\sqrt{x^2+y^2}$的极大值点，然而恰在点$O(0,0)$处，函数的偏导数不存在.

怎样判定二元函数的驻点是否成为它的极值点呢？以下的定理回答了这个问题.

定理2(充分条件)　设函数$z=f(x,y)$在点(x_0,y_0)的某个邻域内具有二阶连续偏导数，又有$f_x(x_0,y_0)=0,f_y(x_0,y_0)=0$.记

$$f_{xx}(x_0,y_0)=A,\quad f_{xy}(x_0,y_0)=B,\quad f_{yy}(x_0,y_0)=C,$$

则$f(x,y)$在点(x_0,y_0)是否取得极值的条件如下：

(1) $AC-B^2>0$时具有极值，且当$A<0$时有极大值，当$A>0$时有极小值；

(2) $AC-B^2<0$时没有极值；

(3) $AC-B^2=0$时可能有极值，也可能没有极值，还需另作讨论.

这个定理的证明从略.利用定理1与定理2，可以对具有二阶连续偏导数的函数$z=f(x,y)$采取下述方法与步骤来求解其极值：

第一步　解方程组$f_x(x,y)=0,f_y(x,y)=0$，求得一切实数解，从而求得一切驻点；

第二步　对于每个驻点(x_0,y_0)，求出二阶偏导数的值A,B及C；

第三步　确定$AC-B^2$的符号，按定理2的结论判定$f(x_0,y_0)$是否为极值，是极大值还是极小值.

例1　求函数$f(x,y)=x^3-y^3+3x^2+3y^2-9x$的极值.

解　先计算函数的一、二阶偏导数如下：

$$f_x(x,y)=3x^2+6x-9,\quad f_y(x,y)=-3y^2+6y,$$

$$f_{xx}(x,y)=6x+6,\quad f_{xy}=0,\quad f_{yy}(x,y)=-6y+6.$$

解方程组$\begin{cases}f_x(x,y)=0,\\ f_y(x,y)=0,\end{cases}$得函数的驻点为$(1,0),(1,2),(-3,0),(-3,2)$.

在点$(1,0)$处，$AC-B^2=12\times6=72>0$，又$A=12>0$，故函数在点(1,

0) 处取得极小值 $f(1,0)=-5$；

在点(1,2)处，$AC-B^2=12\times(-6)=-72<0$，故 $f(1,2)$ 不是极值；

在点(−3,0)处，$AC-B^2=(-12)\times 6=-72<0$，故 $f(-3,0)$ 不是极值；

在点(−3,2)处，$AC-B^2=(-12)\times(-6)=72>0$，又 $A=-12<0$，故函数在点(−3,2)取得极大值 $f(-3,2)=31$.

例 2 求函数 $f(x,y)=4xy-x^4-y^4$ 的极值.

解 先计算函数的一、二阶偏导数如下：

$$f_x(x,y)=4y-4x^3,\quad f_y(x,y)=4x-4y^3,$$

$$f_{xx}(x,y)=-12x^2,\quad f_{xy}(x,y)=4,\quad f_{yy}(x,y)=-12y^2.$$

解方程组 $\begin{cases} f_x(x,y)=0, \\ f_y(x,y)=0, \end{cases}$ 得函数的驻点为(0,0)，(1,1)，(−1,−1).

在点(0,0)处，$AC-B^2=-16<0$，故 $f(0,0)$ 不是极值；而在点(1,1)与(−1,−1)处，都有 $AC-B^2=128>0$，又 $A=-12<0$，故函数在点(1,1)与(−1,−1)处都取得极大值，且极大值都为2.

值得注意的是，对于一元连续函数而言，任意两个极大值点（或极小值点）之间必有一个极小值点（或极大值点）. 但是，对于多元函数而言，还可以有多个极大值点（或极小值点），而没有极小值点（或极大值点）.

事实上，可以与一元函数的情形相类似，利用函数的极值来求函数的最大值与最小值. 在第一节中已经指出，如果函数 $f(x,y)$ 在有界闭区域 D 上连续，那么，函数在 D 上必能取到最大值与最小值. 最大值与最小值可能在 D 的内部取到，也可能在 D 的边界上取到. 现在假定所讨论的函数总是在 D 上连续，在 D 内可微分且只有有限个驻点. 如果函数在 D 的内部取到最大值（或最小值），那么，这个最大值（或最小值）也必然是函数的极大值（或极小值）. 因此，求这类函数的最大值与最小值的一般方法是：将函数 $f(x,y)$ 在 D 内所有驻点处的函数值与函数在 D 的边界上的最大值及最小值都集在一起加以比较，其中最大的就是最大值，最小的就是最小值. 然而，求函数 $f(x,y)$ 在 D 的边界上的最大值及最小值往往是相当复杂的. 但是，在通常遇到的实际问题中，对于建立起来的定义在某区域 D 上的目标函数 $f(x,y)$（注意，区域 D 并非一定是有界闭区域），根据问题的性质，可以断言其最大值（或最小值）一定是在 D 的内部取到，同时，函数在 D 内可微分且又只有一个驻点，这时就可以肯定这唯一的驻点处的函数值就是函数在 D 上的最大值（或最小值）. 问题就不那么复杂了.

例 3 要用铁板做一个体积为 $2\mathrm{m}^3$ 的有盖长方体水箱. 问当长、宽、高各取怎样的尺寸时，才能使用料最省？

解 设水箱的长为 $x\mathrm{m}$、宽为 $y\mathrm{m}$，则其高为 $\dfrac{2}{xy}\mathrm{m}$，此水箱所用材料的面积为

$$A = 2\left(xy + y \cdot \frac{2}{xy} + x \cdot \frac{2}{xy}\right), \quad x > 0, y > 0,$$

即

$$A = 2\left(xy + \frac{2}{x} + \frac{2}{y}\right), \quad x > 0, y > 0.$$

可见,材料面积 A 是 x,y 的二元函数,这就是目标函数.下面来求它的最小值.

令 $A_x = 2\left(y - \frac{2}{x^2}\right) = 0$,$A_y = 2\left(x - \frac{2}{y^2}\right) = 0$,解这个方程组,得

$$x = \sqrt[3]{2}, \quad y = \sqrt[3]{2}.$$

根据题意可知,水箱所用材料面积的最小值一定存在,并在开区域 $D = \{(x,y) \mid x > 0, y > 0\}$ 内取得.又函数在 D 内只有唯一的驻点$(\sqrt[3]{2},\sqrt[3]{2})$,因此,可以断言,当 $x = \sqrt[3]{2}$,$y = \sqrt[3]{2}$ 时,A 取得最小值.这就是说,水箱的长为$\sqrt[3]{2}$ m、宽为$\sqrt[3]{2}$ m、高为$\frac{2}{\sqrt[3]{2} \times \sqrt[3]{2}} = \sqrt[3]{2}$ m 时,水箱所用的材料最省.

从这个例子还可以看出,在体积一定的长方体中,以立方体的表面积为最小.

二、条件极值 拉格朗日乘数法

上一目所讨论的极值问题可以称为无条件极值,因为对函数的自变量,除了限制在函数的定义域内之外,并无其他限制条件.在实际问题中,有时还会遇到对函数的自变量另有附加限制条件的极值问题.例如,求表面积为 a^2 而体积为最大的长方体的体积问题.设长方体的三棱的长为 x,y,z,则体积 $V = xyz$.又因为假定其表面积为 a^2,故自变量 x,y,z 还须满足附加的限制条件:$2(xy + yz + zx) = a^2$.像这种对自变量有附加限制条件的极值就称为条件极值.

有时候,我们可以把条件极值转化为无条件极值,然后利用上一目中的方法加以解决.例如,对于上述问题,可由条件 $2(xy + yz + zx) = a^2$ 将 z 表示为 x,y 的函数 $z = \frac{a^2 - 2xy}{2(x + y)}$,再把它代入 $V = xyz$ 之中,于是,问题就转化为求 $V = \frac{xy(a^2 - 2xy)}{2(x + y)}$ 的无条件极值.例 3 也是属于把条件极值转化为无条件极值的例子.

然而,在很多情形中,将条件极值转化为无条件极值并非这样简单.现在要介绍一种无须转化而直接寻找条件极值的方法,这种方法称为拉格朗日乘数法.

我们首先来寻找函数 $z = f(x,y)$ 在条件 $\varphi(x,y) = 0$ 下取得极值的必要条件.如果函数在点(x_0, y_0)处取得所要求的极值,那么当然应该有

$$\varphi(x_0, y_0) = 0. \tag{1}$$

假定函数 $f(x,y),\varphi(x,y)$ 在点 (x_0,y_0) 的邻域内都有连续偏导数，且 $\varphi_y(x_0,y_0)\neq 0$，那么，由隐函数存在定理可知，方程 $\varphi(x,y)=0$ 在点 (x_0,y_0) 的某个邻域内确定了具有连续导数的函数 $y=\varphi(x)$，满足 $y_0=\varphi(x_0)$. 将 $y=\varphi(x)$ 代入 $z=f(x,y)$，结果得到单个变量 x 的函数 $z=f[x,\varphi(x)]$. 于是，函数 $z=f(x,y)$ 在点 (x_0,y_0) 取得所要求的极值也就是相当于函数 $z=f[x,\varphi(x)]$ 在 x_0 取得极值. 由一元可导函数取得极值的必要条件，必有

$$\left.\frac{\mathrm{d}z}{\mathrm{d}x}\right|_{x=x_0}=f_x(x_0,y_0)+f_y(x_0,y_0)\cdot\left.\frac{\mathrm{d}y}{\mathrm{d}x}\right|_{x=x_0}=0.$$

但是，由隐函数的求导公式，有 $\left.\frac{\mathrm{d}y}{\mathrm{d}x}\right|_{x=x_0}=-\frac{\varphi_x(x_0,y_0)}{\varphi_y(x_0,y_0)}$，将它代入上式，则得

$$f_x(x_0,y_0)-f_y(x_0,y_0)\cdot\frac{\varphi_x(x_0,y_0)}{\varphi_y(x_0,y_0)}=0. \tag{2}$$

式(1) 与式(2) 就是函数 $z=f(x,y)$ 在条件 $\varphi(x,y)=0$ 之下于点 (x_0,y_0) 处取得极限的必要条件.

如果记 $\frac{f_y(x_0,y_0)}{\varphi_y(x_0,y_0)}=-\lambda$，那么，上述必要条件就转变为

$$\begin{cases}f_x(x_0,y_0)+\lambda\varphi_x(x_0,y_0)=0,\\ f_y(x_0,y_0)+\lambda\varphi_y(x_0,y_0)=0,\\ \varphi(x_0,y_0)=0.\end{cases} \tag{3}$$

又若引进辅助函数

$$L(x,y)=f(x,y)+\lambda\varphi(x,y),$$

则不难看出(3) 式中前两式正是辅助函数对 x 及对 y 的偏导数为零：

$$L_x(x_0,y_0)=0,\quad L_y(x_0,y_0)=0.$$

函数 $L(x,y)$ 称为拉格朗日函数，参数 λ 称为拉格朗日乘子.

由以上的讨论就可以得到下面的结论：

拉格朗日乘数法　要寻找函数 $z=f(x,y)$ 在条件 $\varphi(x,y)=0$ 之下可能的极值点，可以先作拉格朗日函数：

$$L(x,y)=f(x,y)+\lambda\varphi(x,y),$$

其中 λ 为参数. 求其对 x 及对 y 的偏导数，并使之为零，然后与条件 $\varphi(x,y)=0$ 联立起来，得到方程组

$$\begin{cases} f_x(x,y)+\lambda\varphi_x(x,y)=0, \\ f_y(x,y)+\lambda\varphi_y(x,y)=0, \\ \varphi(x,y)=0. \end{cases}$$

由这个方程组解出 x,y 及 λ，则所得到的 (x,y) 就是函数 $z=f(x,y)$ 在条件 $\varphi(x,y)=0$ 下可能的极值点.

这种方法可以推广到二元以上的函数以及条件多于一个的情形.例如，要求函数 $u=f(x,y,z)$ 在条件 $\varphi(x,y,z)=0,\psi(x,y,z)=0$ 下的极值时，可以先作拉格朗日函数

$$L(x,y,z)=f(x,y,z)+\lambda\varphi(x,y,z)+\mu\psi(x,y,z),$$

其中 λ,μ 为参数.求其对 x、对 y 及对 z 的偏导数，并使之为零，然后与条件 $\varphi(x,y,z)=0,\psi(x,y,z)=0$ 联立起来得到一个方程组，求解这个方程组所得到的 (x,y,z) 就是函数 $u=f(x,y,z)$ 在条件 $\varphi(x,y,z)=0,\psi(x,y,z)=0$ 下可能的极值点.

至于如何确定所求得的点是否为极值点，在实际问题中，往往可以根据问题本身的性质来判定.

例 4 求表面积为 a^2 而体积为最大的长方体的体积.

解 设长方体的三棱长分别为 x,y,z，则问题就是在条件

$$\psi(x,y,z)=2xy+2yz+2zx-a^2=0 \tag{4}$$

之下，求函数

$$V=xyz \quad (x>0,\ y>0,z>0)$$

的最大值.为此，作拉格朗日函数

$$L(x,y,z)=xyz+\lambda(2xy+2yz+2zx-a^2),$$

求其对 x,y,z 的偏导数，并使之为零，且与条件(4)联立，得方程组

$$\begin{cases} yz+2\lambda(y+z)=0, \\ xz+2\lambda(x+z)=0, \\ xy+2\lambda(x+y)=0, \\ 2(xy+yz+zx)-a^2=0. \end{cases} \tag{5}$$

由于 $x>0,y>0,z>0$，故可由式(5)中的前三个方程得到

$$\frac{y}{x}=\frac{y+z}{x+z}, \quad \frac{z}{x}=\frac{y+z}{x+y}.$$

由这两式可得 $x=y=z$，将此代入式(5)中的最后一个方程，便可解得

$$x=y=z=\frac{a}{\sqrt{6}},$$

于是得到唯一可能的极值点$\left(\frac{a}{\sqrt{6}},\frac{a}{\sqrt{6}},\frac{a}{\sqrt{6}}\right)$.

因为由问题本身可知最大值一定存在,所以最大值就在这个唯一可能的极值点处取得,即在表面积为 a^2 的长方体中,以棱长为$\frac{a}{\sqrt{6}}$的正方体的体积为最大,最大体积为$\frac{\sqrt{6}}{36}a^3$.

例 5 椭球面$\frac{x^2}{a^2}+\frac{y^2}{b^2}+\frac{z^2}{c^2}=1(a>0,b>0,c>0)$的第一卦限内部分曲面上的切平面与三坐标面围成一四面体. 试求这种四面体体积的最小值.

解 设点(x_0,y_0,z_0)是椭球面$\frac{x^2}{a^2}+\frac{y^2}{b^2}+\frac{z^2}{c^2}=1$的第一卦限内部分曲面上的一点. 又记 $F(x,y,z)=\frac{x^2}{a^2}+\frac{y^2}{b^2}+\frac{z^2}{c^2}-1$,则向量

$$\begin{aligned}\boldsymbol{n}&=\{F_x(x_0,y_0,z_0),F_y(x_0,y_0,z_0),F_z(x_0,y_0,z_0)\}\\&=\left\{\frac{2x_0}{a^2},\frac{2y_0}{b^2},\frac{2z_0}{c^2}\right\}\end{aligned}$$

是曲面在点(x_0,y_0,z_0)处的一个法向量,从而该点处曲面的切平面方程为

$$\frac{x_0}{a^2}(x-x_0)+\frac{y_0}{b^2}(y-y_0)+\frac{z_0}{c^2}(z-z_0)=0,$$

注意到点(x_0,y_0,z_0)在曲面上,故切平面方程可化为

$$\frac{x_0x}{a^2}+\frac{y_0y}{b^2}+\frac{z_0z}{c^2}=1.$$

于是,可得切平面在三坐标轴上的截距依次为$\frac{a^2}{x_0},\frac{b^2}{y_0},\frac{c^2}{z_0}$,从而切平面与三坐标面所围成的四面体的体积为

$$V=\frac{1}{6}\cdot\frac{a^2b^2c^2}{x_0y_0z_0}.$$

当乘积 $x_0y_0z_0$ 最大时,体积 V 就最小,又由于点(x_0,y_0,z_0)是椭球面的第一卦限内部分曲面上任取的一点,所以问题是求函数

$$f(x,y,z)=xyz\quad(0<x<a,0<y<b,0<z<c)$$

在条件

$$\frac{x^2}{a^2}+\frac{x^2}{b^2}+\frac{y^2}{c^2}-1=0 \tag{6}$$

之下的最大值.为此,作拉格朗日函数

$$L(x,y,z)=xyz+\lambda\left(\frac{x^2}{a^2}+\frac{y^2}{b^2}+\frac{z^2}{c^2}-1\right),$$

求其对 x,y,z 的偏导数,并使之为零,又与条件式(6)联立,得方程组

$$\begin{cases} yz+\dfrac{2\lambda x}{a^2}=0, \\ xz+\dfrac{2\lambda y}{b^2}=0, \\ xy+\dfrac{2\lambda z}{c^2}=0, \\ \dfrac{x^2}{a^2}+\dfrac{y^2}{b^2}+\dfrac{z^2}{c^2}-1=0. \end{cases} \tag{7}$$

从式(7)中的前三个方程可得$\dfrac{x}{a}=\dfrac{y}{b}=\dfrac{z}{c}$,将此代入式(7)中的最后一个方程,便可得到$\dfrac{x}{a}=\dfrac{y}{b}=\dfrac{z}{c}=\dfrac{1}{\sqrt{3}}$,即得

$$x=\frac{a}{\sqrt{3}},\quad y=\frac{b}{\sqrt{3}},\quad z=\frac{c}{\sqrt{3}},$$

亦即得到唯一可能的极值点$\left(\dfrac{a}{\sqrt{3}},\dfrac{b}{\sqrt{3}},\dfrac{c}{\sqrt{3}}\right)$.

因为由问题本身可知最大值一定存在,所以最大值就一定在这唯一可能的极值点处取到.于是,对于原来的问题而言,答案是在这些四面体中,由椭球面的第一卦限内部分曲面上的点$\left(\dfrac{a}{\sqrt{3}},\dfrac{b}{\sqrt{3}},\dfrac{c}{\sqrt{3}}\right)$处的切平面与三坐标面所围成的四面体的体积最小,为$\dfrac{\sqrt{3}}{2}abc$.

习　题　8-8

(A)

1. 求函数 $f(x,y)=4(x-y)-x^2-y^2$ 的极值.

2. 求函数 $f(x,y)=xy+\dfrac{8}{x}+\dfrac{27}{y}$ 的极值.

3. 求函数 $f(x,y)=e^{x-y}(x^2-2y^2)$ 的极值.

4. 求函数 $f(x,y)=x^3+y^3-3(x^2+y^2)$ 的极值.

5. 要制造一个容积为 $4\mathrm{m}^3$ 的无盖长方体水箱,问它的长、宽、高应各取什么样的尺寸时,才使所用材料最省?

6. 求椭圆 $x^2+3y^2=12$ 的内接等腰三角形(三角形底边平行于椭圆长轴)的最大面积.

7. 求旋转抛物面 $z=x^2+y^2$ 与平面 $x+y-z=1$ 之间的最短距离.

8. 在 xOy 坐标面上求一点,使它到直线 $x=0$,$y=0$ 及 $x+2y-16=0$ 的距离的平方和为最小.

9. 将周长为 $2p$ 的矩形绕它的一边旋转而构成一个圆柱体.问矩形的边长各为多少时,才可使圆柱体的体积最大?

10. 求内接于椭球面 $\dfrac{x^2}{a^2}+\dfrac{y^2}{b^2}+\dfrac{z^2}{c^2}=1$ 的长方体(各表面平行于坐标面)的最大体积.

(B)

1. 证明函数 $f(x,y)=(1+e^y)\cos x-ye^y$ 有无穷多个极大值点,但无极小值点.

2. 平面 $x+y+z=1$ 截抛物面 $z=x^2+y^2$ 得一椭圆,求原点到这个椭圆的最大距离及最小距离.

3. 当 $x>0,y>0,z>0$ 时,求函数

$$f(x,y,z)=\ln x+2\ln y+3\ln z$$

在球面 $x^2+y^2+z^2=6R^2$ 上的极大值,并由此证明:当 a,b,c 为正数时,成立不等式

$$ab^2c^3\leqslant 108\left(\frac{a+b+c}{6}\right)^6.$$

4. 要制作一个圆柱形的帐篷,并给它加一个圆锥形的顶.问:在体积为定值时,圆柱的半径 R、高 H 与圆锥的高 h 三者之间满足什么关系时,可使所用布料最省?

5. 求函数 $f(x,y)=xy(4-x-y)$ 在由直线 $x=1$,$y=0$ 及 $x+y=6$ 所围成的闭区域上的最大值与最小值.

考研试题选讲(六)

以下是2012—2014年全国硕士研究生入学统一考试数学一、二、三试题中与本章相关的试题及其解析.由于试卷的性质,解题中需要的方法有可能会超出本章的范围.

1. (2012年数学一第(3)题)

如果函数 $f(x,y)$ 在点 $(0,0)$ 处连续,那么下列命题正确的是 ( )

(A) 若极限 $\lim\limits_{\substack{x\to 0\\ y\to 0}}\dfrac{f(x,y)}{|x|+|y|}$ 存在,则 $f(x,y)$ 在点 $(0,0)$ 处可微;

(B) 若极限 $\lim\limits_{\substack{x\to 0\\ y\to 0}}\dfrac{f(x,y)}{x^2+y^2}$ 存在,则 $f(x,y)$ 在点 $(0,0)$ 处可微;

(C) 若 $f(x,y)$ 在点 $(0,0)$ 处可微,则极限 $\lim\limits_{\substack{x\to 0\\ y\to 0}}\dfrac{f(x,y)}{|x|+|y|}$ 存在;

(D) 若 $f(x,y)$ 在点 $(0,0)$ 处可微,则极限 $\lim\limits_{\substack{x\to 0\\ y\to 0}}\dfrac{f(x,y)}{x^2+y^2}$ 存在.

答案 (B).

分析 因为 $\lim\limits_{\substack{x\to 0\\ y\to 0}}\dfrac{f(x,y)}{x^2+y^2}$ 存在,又 $\lim\limits_{\substack{x\to 0\\ y\to 0}}(x^2+y^2)=0$,所以 $\lim\limits_{\substack{x\to 0\\ y\to 0}}f(x,y)=0$. 由于 $f(x,y)$ 在点 $(0,0)$ 处连续,所以 $f(0,0)=0$. 设 $\lim\limits_{\substack{x\to 0\\ y\to 0}}\dfrac{f(x,y)}{x^2+y^2}=c$,且记 $r=\sqrt{x^2+y^2}$,则 $\dfrac{f(x,y)}{x^2+y^2}=c+o(1)\ (r\to 0)$,即 $f(x,y)=cr^2+o(r^2)$,从而函数 $z=f(x,y)$ 在点 $(0,0)$ 的全增量

$$\Delta z=f(0+\Delta x,0+\Delta y)-f(0,0)=f(\Delta x,\Delta y)=c\rho^2+o(\rho^2),$$

其中 $\rho=\sqrt{(\Delta x)^2+(\Delta y)^2}$. 于是现在就有 $\Delta z=0\cdot\Delta x+0\cdot\Delta y+o(\rho)$,因此根据函数在一点可微的定义,$f(x,y)$ 在点 $(0,0)$ 处可微,所以应选(B).

注 事实上命题(A),(C)与(D)都是伪命题.例如,令 $f(x,y)=|x|+|y|$,$\lim\limits_{\substack{x\to 0\\ y\to 0}}\dfrac{f(x,y)}{|x|+|y|}$ 存在,但是 $f(x,y)$ 在点 $(0,0)$ 处偏导数不存在,从而在点 $(0,0)$ 处不可微,这说明(A)是伪命题.例如,令 $f(x,y)=x$,则 $f(x,y)$ 在点 $(0,0)$ 处可微,但是显然极限 $\lim\limits_{\substack{x\to 0\\ y\to 0}}\dfrac{f(x,y)}{|x|+|y|}$ 不存在,这说明(C)是伪命题.例如,令 $f(x,y)=\begin{cases}(x^2+y^2)\sin\dfrac{1}{x^2+y^2}, & x^2+y^2\neq 0,\\ 0, & x^2+y^2=0\end{cases}$ (即本书习题8-3第4题),则 $f(x,y)$ 在点 $(0,0)$ 处可微,但是显然极限 $\lim\limits_{\substack{x\to 0\\ y\to 0}}\dfrac{f(x,y)}{x^2+y^2}$ 不存在,这说明(D)是伪命题.

2. (2012年数学一第(11)题)

$\mathbf{grad}\left(xy+\dfrac{z}{y}\right)\Big|_{(2,1,1)}=$ __________.

答案 $\{1,1,1\}$.

分析 这是一道关于梯度的基本概念题,需要计算函数 $u=xy+\dfrac{z}{y}$ 在点 $(2,1,1)$ 处的

偏导数:因为$\frac{\partial u}{\partial x}+y$, $\frac{\partial u}{\partial y}=x-\frac{z}{y^2}$, $\frac{\partial u}{\partial z}=\frac{1}{y}$,所以$\left.\frac{\partial u}{\partial z}\right|_{2,1,1)}=1$, $\left.\frac{\partial u}{\partial y}\right|_{(2,1,1)}=1$, $\left.\frac{\partial u}{\partial z}\right|_{(2,1,1)}=1$,从而由梯度的定义,有

$$\mathbf{grad}\left(xy+\frac{z}{y}\right)\Big|_{(2,1,1)}=\{1,1,1\}.$$

3. (2012 年数学一第(16) 题,数学二第(16) 题)

求函数 $f(x,y)=xe^{-\frac{x^2+y^2}{2}}$ 的极值.

分析 这是一道具有二阶连续偏导数的二元函数的极值求解问题.利用其在一点处取得极值的必要条件与充分条件来求解.

解 先计算函数的一、二阶导数:

$$f_x(x,y)=(1-x^2)e^{-\frac{x^2+y^2}{2}},\quad f_y(x,y)=-xye^{-\frac{x^2+y^2}{2}},$$

$$f_{xx}(x,y)=x(x^2-3)e^{-\frac{x^2+y^2}{2}},\quad f_{xy}(x,y)=y(x^2-1)e^{-\frac{x^2+y^2}{2}},$$

$$f_{yy}(x,y)=x(y^2-1)e^{-\frac{x^2+y^2}{2}}.$$

解方程组$\begin{cases}f_x(x,y)=0,\\ f_y(x,y)=0,\end{cases}$得到函数有驻点为$(-1,0)$和$(1,0)$.

在点$(-1,0)$处,$A=f_{xx}(-1,0)=2e^{-\frac{1}{2}}$,$B=f_{xy}(-1,0)=0$,$C=f_{xy}(-1,0)=e^{-\frac{1}{2}}$,从而有 $A>0$,$AC-B^2>0$,所以函数在点$(-1,0)$处取得极小值 $f(-1,0)=-e^{-\frac{1}{2}}$.

在点$(1,0)$处,$A=f_{xx}(1,0)=-2e^{-\frac{1}{2}}$,$B=f_{xy}(1,0)=0$,$C=f_{yy}(1,0)=-e^{-\frac{1}{2}}$,从而有 $A<0$,$AC-B^2>0$,所以函数在点$(1,0)$处取得极大值 $f(1,0)=e^{-\frac{1}{2}}$.

4. (2012 年数学二第(5) 题)

设函数 $f(x,y)$ 可微,且对任意的 x,y 都有$\frac{\partial f(x,y)}{\partial x}>0$,$\frac{\partial f(x,y)}{\partial y}>0$,则使不等式 $f(x_1,y_1)<f(x_2,y_2)$ 成立的一个充分条件是 ( )

(A) $x_1>x_2$, $y_1<y_2$; (B) $x_1>x_2$, $y_1>y_2$;

(C) $x_1<x_2$, $y_1<y_2$; (D) $x_1<x_2$, $y_1>y_2$.

答案 (D).

分析 对任意的 x,y 都有$\frac{\partial f(x,y)}{\partial x}>0$说明对任意固定的 y,$f(x,y)$ 看作 x 的一元函数,为单调递增,因此当 $x_1<x_2$ 时,对任意的 y 都有 $f(x_1,y)<f(x_2,y)$.类似地,对任意的 x,y 都有$\frac{\partial f(x,y)}{\partial y}<0$说明对任意固定的 x,$f(x,y)$ 看作 y 的一元函数,为单调递减,因此当 $y_1<y_2$ 时,对任意的 x 都有 $f(x,y_1)>f(x,y_2)$.由以上所述可见当 $x_1<x_2$, $y_1>y_2$ 时,便有 $f(x_1,y_1)<f(x_2,y_1)<f(x_2,y_2)$.因此应选(D).

5. (2012 年数学二第(11) 题)

设 $z = f\left(\ln x + \dfrac{1}{y}\right)$，其中函数 $f(u)$ 可微，则 $x\dfrac{\partial z}{\partial x} + y^2\dfrac{\partial z}{\partial y} =$ ______.

答案 0.

分析 $\dfrac{\partial z}{\partial x} = \dfrac{1}{x}f'\left(\ln x + \dfrac{1}{y}\right)$，$\dfrac{\partial z}{\partial y} = -\dfrac{1}{y^2}f'\left(\ln x + \dfrac{1}{y}\right)$，所以 $x\dfrac{\partial z}{\partial x} + y^2\dfrac{\partial z}{\partial y} = 0$.

6. (2012 年数学三第(11) 题)

设连续函数 $z = f(x,y)$ 满足 $\lim\limits_{\substack{x\to 0\\ y\to 1}}\dfrac{f(x,y) - 2x + y - 2}{\sqrt{x^2 + (y-1)^2}} = 0$，则 $\mathrm{d}z\big|_{(0,1)} =$ ______.

答案 $2\mathrm{d}x - \mathrm{d}y$.

分析 由 $\lim\limits_{\substack{x\to 0\\ y\to 1}}\dfrac{f(x,y) - 2x + y - 2}{\sqrt{x^2 + (y-1)^2}} = 0$，$\lim\limits_{\substack{x\to 0\\ y\to 1}}\sqrt{x^2 + (y-1)^2} = 0$ 及 $f(x,y)$ 连续，得

$$\lim_{\substack{x\to 0\\ y\to 1}}[f(x,y) - 2x + y - 2] = f(0,1) - 1 = 0,$$

由此即得 $f(0,1) = 1$. 此外，由 $\lim\limits_{\substack{x\to 0\\ y\to 1}}\dfrac{f(x,y) - 2x + y - 2}{\sqrt{x^2 + (y-1)^2}} = 0$，得 $f(x,y) - 2x + y - 2 = o(\rho)$，从而得到

$$f(x,y) - f(0,1) = 2x - (y-1) + o(\rho),$$

其中 $\rho = \sqrt{x^2 + (y+1)^2}$. 由此，根据函数在一点处可微的定义可见 $z = f(x,y)$ 在点 $(0,1)$ 可微，且有

$$\mathrm{d}z\big|_{(0,1)} = 2\mathrm{d}x - \mathrm{d}y.$$

7. (2013 年数学一第(2) 题)

曲面 $x^2 + \cos(xy) + yz + x = 0$ 在点 $(0,1,-1)$ 处的切平面方程为 ( )

(A) $x - y + z = -2$； (B) $x + y + z = 0$；

(C) $x - 2y + z = -3$； (D) $x - y - z = 0$.

答案 (A).

分析 记 $F(x,y,z) = x^2 + \cos(xy) + yz + x$，则

$$F_x(x,y,z) = 2x - y\sin(xy) + 1,\quad F_y(x,y,z) = -x\sin(xy) + z,\quad F_z(x,y,z) = y,$$

于是 $F_x(0,1,-1) = 1$，$F_y(0,1,-1) = -1$，$F_z(0,1,-1) = 1$. 因此曲面在点 $(0,1,-1)$ 处的切平面方程为 $x - (y-1) + (z+1) = 0$，即 $x - y + z = -2$，所以应选(A).

8. (2013 年数学一第(17) 题)

求函数 $f(x,y) = \left(y + \dfrac{x^3}{3}\right)\mathrm{e}^{x+y}$ 的极值.

分析 这是一道具有二阶连续偏导数的二元函数的极值求解问题. 利用其在一点处取得极值的必要条件与充分条件来求解.

解 先计算函数的一、二阶导数：

$$f_x(x,y) = \left(\frac{x^3}{3} + x^2 + y\right)\mathrm{e}^{x+y},\quad f_y(x,y) = \left(\frac{x^3}{3} + y + 1\right)\mathrm{e}^{x+y},$$

$$f_{xx}(x,y) = \left(\frac{x^3}{3} + 2x^2 + 2x + y\right)\mathrm{e}^{x+y},\quad f_{xy}(x,y) = \left(\frac{x^3}{3} + x^2 + y + 1\right)\mathrm{e}^{x+y},$$

$$f_{yy}(x,y)=\left(\frac{x^3}{3}+y+2\right)e^{x+y}.$$

解方程组$\begin{cases}f_x(x,y)=0,\\f_y(x,y)=0,\end{cases}$得到函数有驻点为$\left(-1,-\frac{2}{3}\right)$和$\left(1,-\frac{4}{3}\right)$.

在点$\left(-1,-\frac{2}{3}\right)$处,$A=f_{xx}\left(-1,-\frac{2}{3}\right)=-e^{-\frac{5}{3}}$,$B=f_{xy}\left(-1,-\frac{2}{3}\right)=e^{-\frac{5}{3}}$,$C=f_{yy}\left(-1,-\frac{2}{3}\right)=e^{-\frac{5}{3}}$,所以有$AC-B^2<0$,因此点$\left(-1,-\frac{2}{3}\right)$不是函数的极值点.

在点$\left(1,-\frac{4}{3}\right)$处,$A=f_{xx}\left(1,-\frac{4}{3}\right)=3e^{-\frac{1}{3}}$,$B=f_{xy}\left(1,-\frac{4}{3}\right)=e^{-\frac{1}{3}}$,$C=f_{yy}\left(1,-\frac{4}{3}\right)=e^{-\frac{1}{3}}$,所以有$A>0$,$AC-B^2>0$,因此在点$\left(1,-\frac{4}{3}\right)$处,函数取得极小值$f\left(1,-\frac{4}{3}\right)=-e^{-\frac{1}{3}}$.

9.（2013年数学二第(5)题）

设函数$z=\frac{y}{x}f(x,y)$,其中f可微,则$\frac{x}{y}\frac{\partial z}{\partial x}+\frac{\partial z}{\partial y}=$ （ ）

(A) $2yf'(xy)$； (B) $-2yf'(xy)$； (C) $\frac{2}{x}f(x,y)$； (D) $-\frac{2}{x}f(xy)$.

答案 (A).

分析 本题的关键是迅速正确地计算偏导数.

$$\frac{\partial z}{\partial x}=-\frac{y}{x^2}f(xy)+\frac{y^2}{x}f'(xy),\quad \frac{\partial z}{\partial y}=\frac{1}{x}f(xy)+yf'(xy),$$

所以,$\frac{x}{y}\frac{\partial z}{\partial x}+\frac{\partial z}{\partial y}=2yf'(xy)$.因此应选(A).

10.（2013年数学二第(19)题）

求曲线$x^3-xy+y^3=1\ (x\geqslant 0,y\geqslant 0)$上的点到坐标原点的最长距离与最短距离.

分析 这是一道多元函数的条件极值问题,应用拉格朗日乘数法求解.

解 因为点(x,y)到坐标原点的距离为$\sqrt{x^2+y^2}$,所以可以令拉格朗日函数为

$$L(x,y,\lambda)=x^2+y^2+\lambda(x^3-xy+y^3-1),$$

建立方程组

$$\begin{cases}L_x=2x+\lambda(3x^2-y)=0,\\L_y=2y+\lambda(-x+3y^2)=0,\\L_\lambda=x^3-xy+y^3-1=0.\end{cases}$$

首先,若$\lambda=0$,则由第一式和第二式,得到$x=0$和$y=0$,但是$x=0$和$y=0$不满足第三式,所以$\lambda\neq 0$.其次,若$3x^2-y=0$或者$3y^2-x=0$,则由第一式或者第二式,都得到$x=0$和$y=0$,所以$3x^2-y\neq 0$,并且$3y^2-x\neq 0$.

当$3x^2-y\neq 0$时,由第一式,得到$\lambda=\frac{2x}{y-3x^2}$,将它代入第二式,得到$(y-x)(y+x+3xy)=0$.由于$x\geqslant 0,y\geqslant 0$,所以必须有$x=y$,代入第三式,则得$x=y=1$.当$3y^2-x\neq 0$时,类似地,也得到$x=y=1$.因此得到点$(1,1)$是唯一可能的条件极值点.该曲线上的点

(1,1) 到坐标原点的距离为$\sqrt{2}$.

特别注意到该曲线有界，并且关于直线 $y=x$ 对称，该曲线的两个端点(1,0)和(0,1)到坐标原点的距离均为1，而该曲线上其它点到坐标原点的距离都大于1，所以可以断定该曲线上的点到坐标原点的最长距离与最短距离依次为$\sqrt{2}$与1.（视 $x\in(0,1)$ 为常数，令 $g(y)=y^3-xy+(x^3-1)$，则 $g(1)=x(x^2-1)<0$，但 $\lim\limits_{y\to+\infty}g(y)=+\infty$，故由闭区间上连续函数的零点定理，存在 $y_x>1$，使得 $g(y_x)=0$，从而得出结论：满足 $x\in(0,1)$ 而在该曲线上的点(x,y_x)到坐标原点的距离都大于1.）

11. (2013 年数学三第(10)题)

设函数 $z=z(x,y)$ 由方程 $(z+y)^x=xy$ 所确定，则$\left.\dfrac{\partial z}{\partial x}\right|_{(1,2)}$ ________.

答案 $2(1-\ln 2)$.

分析 方程 $(z+y)^x=xy$ 两端先取对数，然后关于 x 求偏导数，有 $\ln(z+y)+\dfrac{x}{z+y}\dfrac{\partial z}{\sum\limits_{n=1}^{\infty} z}=\dfrac{1}{x}$，所以得到$\dfrac{\partial z}{\partial x}=\dfrac{(z+y)[1-x\ln(z+y)]}{x^2}$. 将 $x=1, y=2$ 代入方程可得 $z=0$，因此，将 $x=1, y=2, z=0$ 代入$\dfrac{\partial z}{\partial x}$的表达式，即得$\left.\dfrac{\partial z}{\partial x}\right|_{(1,2)}=2(1-\ln 2)$.

12. (2014 年数学一第(9)题)

曲面 $z=x^2(1-\sin y)+y^2(1-\sin x)$ 在点(1,0,1)处的切平面方程为________.

答案 $2x-y-z-1=0$.

分析 $\dfrac{\partial z}{\partial x}=2x(1-\sin y)-y^2\cos x$，$\dfrac{\partial z}{\partial y}=-x^2\cos+2y(1-\sin x)$，因此$\left.\dfrac{\partial z}{\partial x}\right|_{(1,0)}=2$，$\left.\dfrac{\partial z}{\partial y}\right|_{(1,0)}=-1$. 于是得到该曲面在点(1,0,1)处的法向量为 $\boldsymbol{n}=\{2,-1,-1\}$，所以曲面在该点处的切平面方程为

$$2(x-1)-y-(z-1)=0.$$

即 $2x-y-z-1=0$.

13. (2014 年数学一第(17)题，数学二第(18)题，数学三第(17)题)

设函数 $f(u)$ 具有二阶连续导数，$z=f(e^x\cos y)$ 满足$\dfrac{\partial^2 z}{\partial x^2}+\dfrac{\partial^2 z}{\partial y^2}=(4z+e^x\cos y)e^{2x}$. 若 $f(0)=0, f'(0)=0$，求 $f(u)$ 的表达式.

分析 首先通过偏导数的计算，由题设得出 $f(u)$ 需要满足的微分方程，然后通过求解微分方程的初值问题得到 $f(u)$ 的表达式.

解 $$\frac{\partial z}{\partial x}=e^x\cos y f'(e^x\cos y),\quad \frac{\partial z}{\partial y}=-e^x\sin y f'(e^x\cos y),$$

$$\frac{\partial^2 z}{\partial x^2}=e^x\cos y f'(e^x\cos y)+e^{2x}\cos^2 y f''(e^x\cos y),$$

$$\frac{\partial^2 z}{\partial y^2}=-e^x\cos y f'(e^x\cos y)+e^{2x}\sin^2 y f''(e^x\cos y),$$

所以依题设，有$\frac{\partial^2 z}{\partial x^2}+\frac{\partial^2 z}{\partial y^2}=e^{2x}f''(e^x\cos y)=(4z+e^x\cos y)e^{2x}$. 记$u=e^x\cos y, z=f(u)$，则由此式得到$f''(u)=[4f(u)+u]$，即$f(u)$应满足微分方程$\frac{d^2 z}{du^2}-4z=u$，且由题设，还应满足初始条件$z|_{u=0}=0$与$z'|_{u=0}=0$.

$\frac{d^2 z}{du^2}-4z=u$是二阶常系数非齐次线性微分方程. 首先求相应齐次方程的通解，相应齐次方程的特征方程为$r^2-4=0$，特征根为$r=\pm 2$，所以相应齐次方程的通解为$z=C_1e^{-2u}+C_2e^{2u}$. 然后求非齐次方程的特解，设$z^*=au+b$，代入原非齐次方程，得$a=-\frac{1}{4}, b=0$，故特解为$z^*=-\frac{1}{4}u$，从而得到原非齐次方程的通解为$z=C_1e^{-2u}+C_2e^{2u}-\frac{1}{4}u$. 代入初始条件，得到$C_1=-\frac{1}{16}, C_2=\frac{1}{16}$. 最终得到$f(u)$的表达式为$f(u)=-\frac{1}{16}e^{-2u}+\frac{1}{16}e^{2u}-\frac{1}{4}u$.

14. (2014年数学二第(6)题)

设函数$u(x,y)$在有界闭区域D上连续，在D的内部具有二阶连续偏导数，且满足$\frac{\partial^2 u}{\partial x\partial y}\neq 0$及$\frac{\partial^2 u}{\partial x^2}+\frac{\partial^2 u}{\partial y^2}=0$，则 ( )

(A) $u(x,y)$的最大值和最小值都在D的边界上取得；

(B) $u(x,y)$的最大值和最小值都在D的内部取得；

(C) $u(x,y)$的最大值在D的内部取得，最小值在D的边界上取得；

(D) $u(x,y)$的最小值在D的内部取得，最大值在D的边界上取得.

答案 (A).

分析 由于$u(x,y)$在有界闭区域D上连续，所以$u(x,y)$在D上一定能够取得最大值和最小值. 若最大值或最小值在D的内部取得，则最大值或最小值也是$u(x,y)$的极大值或极小值. 由于$u(x,y)$在D的内部具有二阶连续偏导数，且满足$\frac{\partial^2 u}{\partial x\partial y}\neq 0$及$\frac{\partial^2 u}{\partial x^2}+\frac{\partial^2 u}{\partial y^2}=0$，所以在$D$内部的任何一点处都有

$$AC-B^2=\frac{\partial^2 u}{\partial x^2}\frac{\partial^2 u}{\partial y^2}-\left(\frac{\partial^2 u}{\partial x\partial y}\right)^2=-\left(\frac{\partial^2 u}{\partial x^2}\right)^2-\left(\frac{\partial^2 u}{\partial x\partial y}\right)^2<0.$$

因此根据二元函数在一点取得极值的充分条件中"当$AC-B^2<0$时函数在该点不能取得极值"，满足题设的函数$u(x,y)$只能在D的边界上取得最大值和最小值. 由此可见应选(A).

15. (2014年数学二第(11)题)

设$z=z(x,y)$是由方程$e^{2yz}+x+y^2+z=\frac{7}{4}$确定的函数，则$dz|_{(\frac{1}{2},\frac{1}{2})}=$ __________.

答案 $\frac{1}{2}dx+dy)$.

分析 在方程$e^{2yz}+x+y^2+z=\frac{7}{4}$的两端关于$x$求偏导数，得$2ye^{2yz}\frac{\partial z}{\partial x}+1+\frac{\partial z}{\partial x}=$

0，即得$\frac{\partial z}{\partial x}=-\frac{1}{2ye^{2yz}+1}$. 类似可得$\frac{\partial z}{\partial y}=-\frac{2y+2ze^{2yz}}{2ye^{2yz}+1}$. 于是得到

$$dz=\frac{\partial z}{\partial x}dx+\frac{\partial z}{\partial y}dy=-\frac{dx+2(y+ze^{2yz})dy}{2ye^{2yz}+1}.$$

将 $x=y=\frac{1}{2}$ 代入方程 $e^2yz+x+y^2+z=\frac{7}{4}$，得到 $e^z+z=1$，所以 $z=0$，即得 $z\left(\frac{1}{2},\frac{1}{2}\right)=0$. 于是将 $x=y=\frac{1}{2}$ 和 $z=0$ 代入上式，得到 $dz\mid_{\left(\frac{1}{2},\frac{1}{2}\right)}=-\frac{1}{2}(dx+dy)$.

或者方程两端微分，得 $2e^{2yz}(zdy+ydz)+dx+2ydy+dz=0$，即得

$$(2ye^{2yz}+1)dz=-dx-2(ze^{2yz}+y)dy.$$

将 $x=y=\frac{1}{2}$ 代入方程 $e^{2yz}+x+y^2+z=\frac{7}{4}$，得到 $e^z+z=1$，所以 $z=0$，即得 $z\left(\frac{1}{2},\frac{1}{2}\right)=0$. 于是将 $x=y=\frac{1}{2}$ 和 $z=0$ 代入上式，得到 $dz\mid_{\left(\frac{1}{2},\frac{1}{2}\right)}=-\frac{1}{2}(dx+dy)$.

16. (2014 年数学二第(21) 题)

已知函数 $f(x,y)$ 满足$\frac{\partial f}{\partial y}=2(y+1)$，且 $f(y,y)=(y+1)^2-(2-y)\ln y$，求曲线 $f(x,y)=0$ 所围成的图形绕直线 $y=-1$ 旋转所成的旋转体的体积.

分析　首先可以利用偏导数的定义求出 $f(x,y)$ 的表达式，然后利用定积分几何应用中的求旋转体体积的方法求出体积.

解　根据偏导数的定义，由 $f(x,y)$ 满足$\frac{\partial f}{\partial y}=2(y+1)$ 得 $f(x,y)=(y+1)^2+\varphi(x)$，其中 $\varphi(x)$ 待定.

由题设 $f(y,y)=(y+1)^2-(2-y)\ln y$，得 $\varphi(y)=-(2-y)\ln y$，从而 $\varphi(x)=-(2-x)\ln x$，于是得到 $f(x,y)=(y+1)^2+(x-2)\ln x$.

$f(x,y)=0$ 即 $(y+1)^2=(2-x)\ln x$，可见当且仅当 $x\in[1,2]$ 时该式才能成立，且 $x=1$ 或 $x=2$ 时有 $y=-1$，所以曲线 $f(x,y)=0$ 所围成的图形介于直线 $x=1$ 与 $x=2$ 之间. 因此，利用定积分几何应用中的求旋转体体积的方法可知所求的旋转体的体积为

$$\begin{aligned}V&=\pi\int_1^2[y(x)-(-1)]^2dx=\pi\int_1^2(2-x)\ln x dx\\&=\pi\int_1^2\ln x d\left[-\frac{1}{2}(2-x)^2\right]=\pi\left[-\frac{1}{2}(2-x)^2\ln x\right]_1^2+\frac{\pi}{2}\int_1^2\frac{(2-x)^2}{x}dx\\&=\frac{\pi}{2}\int_1^2\left(\frac{4}{x}-4+x\right)dx=\pi\left(2\ln 2-\frac{5}{4}\right).\end{aligned}$$

第九章　多元函数的积分学及其应用

在一元函数积分学中，我们已经知道，定积分是某种确定形式的和的极限. 这种和的极限的概念推广到定义在区域、曲线或曲面上的多元函数的情形，就得到重积分、曲线积分或曲面积分的概念. 本章将介绍这些积分的概念、计算方法以及它们的应用.

第一节　二重积分的概念与性质

一、二重积分的概念

实例1(曲顶柱体的体积)　设有一立体，它的底是 xOy 面上的闭区域① D，它的侧面是以 D 的边界曲线为准线而母线平行于 z 轴的柱面，它的顶面是曲面 $z=f(x,y)$，这里，$f(x,y)\geqslant 0$，且在 D 上连续(图9-1). 这种立体称为曲顶柱体. 现在来讨论如何定义并计算它的体积 V.

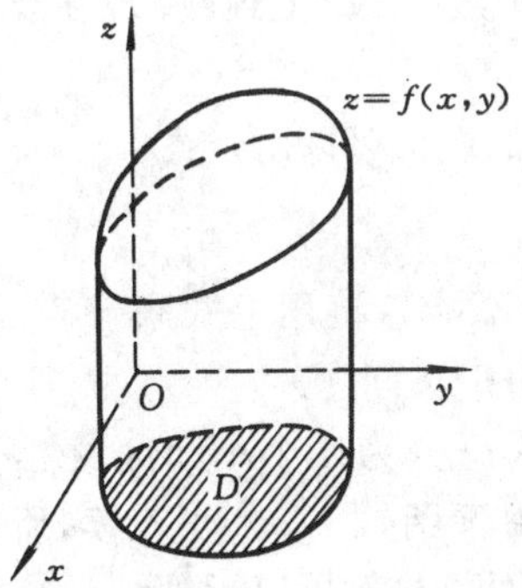

图 9-1

我们知道，平顶柱体的高是不变的，它的体积可由公式

$$\text{体积}=\text{高}\times\text{底面积}$$

来定义与计算. 至于曲顶柱体，当点 (x,y) 在闭区域 D 上变动时，高度 $f(x,y)$ 是个变量，因此，它的体积不能直接由上式来定义与计算. 但是，如果回忆起第五章第一节中曲边梯形面积的定义与计算，就不难想到当时所采用的方法原则上也可以用来解决目前的问题.

首先，用一组曲线网把闭区域 D 分成 n 个小闭区域：

$$\Delta\sigma_1,\ \Delta\sigma_2,\cdots,\ \Delta\sigma_n.$$

分别以这些小闭区域的边界曲线为准线，作母线平行于 z 轴的柱面，这些柱面就把曲顶柱体分为 n 个细曲顶柱体. 如果以 $\Delta\sigma_i$ 为底面的细曲顶柱体的体积为

---

① 为简便计，本章以后除非特别说明，都假定平面闭区域与空间闭区域是有界的，且前者有有限面积而后者有有限体积.

$\Delta V_i(i=1,2,\cdots,n)$，那么，显然有 $V=\sum_{i=1}^{n}\Delta V_i$.

当这些小闭区域 $\Delta\sigma_1$，$\Delta\sigma_2$，…，$\Delta\sigma_n$ 的直径①都很小时，由于函数 $f(x,y)$ 连续，故在同一个小闭区域上 $f(x,y)$ 的变化就很小，因此，细曲顶柱体可以近似地看作平顶柱体. 在每个小闭区域 $\Delta\sigma_i$（其面积也以 $\Delta\sigma_i$ 来表示）上任取一点 (ξ_i,η_i)，以 $f(\xi_i,\eta_i)$ 为高而底为 $\Delta\sigma_i$ 的平顶柱体（图 9-2）的体积为 $f(\xi_i,\eta_i)\Delta\sigma_i$，于是有

$$\Delta V_i \approx f(\xi_i,\eta_i)\Delta\sigma_i \quad (i=1,2,\cdots,n),$$

从而也有

$$V=\sum_{i=1}^{n}\Delta V_i \approx \sum_{i=1}^{n} f(\xi_i,\eta_i)\Delta\sigma_i.$$

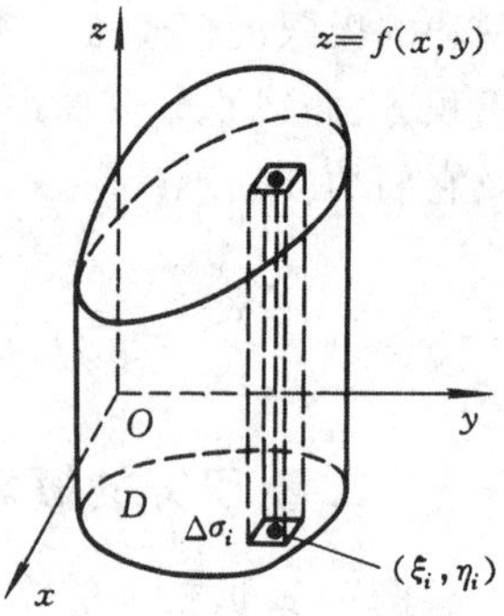

图 9-2

最后，令 n 个小闭区域的直径中的最大值（记为 λ）趋于零，取上述和的极限，所得极限便自然地定义为这个曲顶柱体的体积 V，即

$$V=\lim_{\lambda\to 0}\sum_{i=1}^{n} f(\xi_i,\eta_i)\Delta\sigma_i.$$

实例 2（平面薄片的质量） 设有一平面薄片占有 xOy 面上的闭区域 D，它在点 (x,y) 处的面密度为 $\mu(x,y)$，这里，$\mu(x,y)>0$，且在 D 上连续. 现在要计算该薄片的质量 M.

如果薄片是均匀的，即面密度为常数，那么，薄片的质量可以用公式

$$\text{质量}=\text{面密度}\times\text{面积}$$

来计算. 现在面密度 $\mu(x,y)$ 是变量，薄片的质量就不能直接用上式来计算. 但是，上面用来处理曲顶柱体体积问题的方法完全适用于本问题.

为此，还是先对闭区域 D 作划分，即用曲线网将 D 分为 n 个小闭区域 $\Delta\sigma_1$，$\Delta\sigma_2$，…，$\Delta\sigma_n$，相应地，平面薄片也被分成 n 个小块. 由于函数 $\mu(x,y)$ 连续，所以只要小闭区域 $\Delta\sigma_i$ 的直径很小，那么，相应的小块平面薄片就可以近似地看作均匀薄片，在 $\Delta\sigma_i$ 上任取一点 (ξ_i,η_i)（还以 $\Delta\sigma_i$ 表示小闭区域 $\Delta\sigma_i$ 的面积），则

$$\mu(\xi_i,\eta_i)\Delta\sigma_i \quad (i=1,2,\cdots,n)$$

可以看作相应的小块平面薄片质量的近似值（图 9-3）. 通过求和，就得到平面薄片质量的近似值：

$$M\approx\sum_{i=1}^{n}\mu(\xi_i,\eta_i)\Delta\sigma_i.$$

---

① 一个闭区域的直径是指该区域上任意两点间距离的最大值.

最后还是令 n 个小闭区域的直径中的最大值(还记为 λ) 趋于零,取上述和的极限,就得到该平面薄片的质量 M,即

$$M=\lim_{\lambda\to 0}\sum_{i=1}^{n}\mu(\xi_i,\eta_i)\Delta\sigma_i.$$

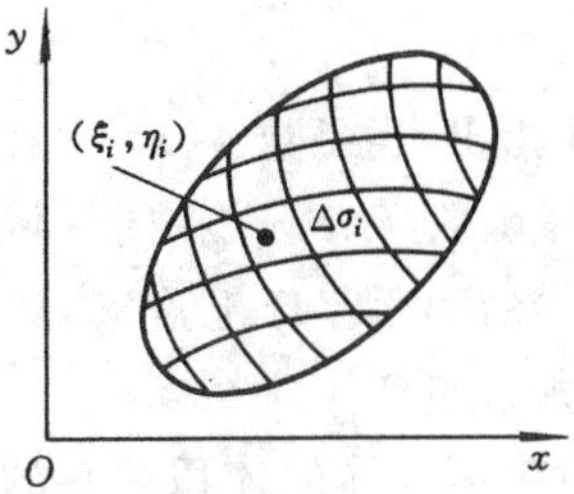

图 9-3

上面两个实例的实际意义虽有所不同,但所求的量都归结为同一形式的和的极限.许多实际问题中所要求的量都会归结为这一形式的和的极限.因此有必要更一般地研究这种和的极限.我们抽象出下述二重积分的定义.

定义 **设 $f(x,y)$ 是有界闭区域 D 上的有界函数.将闭区域 D 任意地划分为 n 个小闭区域:**

$$\Delta\sigma_1,\Delta\sigma_2,\cdots,\Delta\sigma_n,$$

这里,$\Delta\sigma_i$ 既表示第 i 个小闭区域,也表示它的面积.在每个 $\Delta\sigma_i$ 上任取一点 (ξ_i,η_i),作乘积 $f(\xi_i,\eta_i)\Delta\sigma_i(i=1,2,\cdots,n)$,并作和 $\sum\limits_{i=1}^{n}f(\xi_i,\eta_i)\Delta\sigma_i$.如果当各小闭区域的直径中的最大值 λ 趋于零时,这个和的极限存在,那么,称此极限为函数 $f(x,y)$ 在闭区域 D 上的二重积分,记为 $\iint\limits_D f(x,y)\mathrm{d}\sigma$,即

$$\iint\limits_D f(x,y)\mathrm{d}\sigma=\lim_{\lambda\to 0}\sum_{i=1}^{n}f(\xi_i,\eta_i)\Delta\sigma_i, \tag{1}$$

其中,$f(x,y)$ 称为被积函数,$f(x,y)\mathrm{d}\sigma$ 称为被积表达式,$\mathrm{d}\sigma$ 称为面积元素,x,y 称为积分变量,D 称为积分区域,$\sum\limits_{i=1}^{n}f(\xi_i,\eta_i)\Delta\sigma_i$ 称为积分和.

要注意的是,定义中"这个和的极限存在"的含义为:存在着这样一个唯一确定的数值 I,无论闭区域 D 怎样地划分为 n 个小闭区域,又无论怎样地在每个小闭区域 $\Delta\sigma_i$ 上取点 $(\xi_i,\eta_i)(i=1,2,\cdots,n)$,所作出的种种积分和 $\sum\limits_{i=1}^{n}f(\xi_i,\eta_i)\Delta\sigma_i$ 当各小闭区域直径中的最大值 λ 趋于零时,都无限接近于数 I.由此看来,二重积分 $\iint\limits_D f(x,y)\mathrm{d}\sigma$ 是否存在,仅取决于被积函数与积分区域了.

在二重积分的定义中对闭区域 D 的划分是任意的.在直角坐标系中,如果用平行于坐标轴的直线网来划分 D,那么,除了包含边界点的一些小闭区域外[①],其余的小闭区域都是矩形闭区域.设矩形闭区域 $\Delta\sigma_i$ 的边长为 Δx_j 与 Δy_k,

---

① 由于在定义中已对积分区域与被积函数有一定要求,所以积分和中这些小闭区域所对应的项的和当 $\lambda\to 0$ 时极限必为零.因此,这些小闭区域可以略去不计.

则面积 $\Delta\sigma_i = \Delta x_j \Delta y_k$. 因此，在直角坐标系中，有时也把面积元素 $\mathrm{d}\sigma$ 记为 $\mathrm{d}x\mathrm{d}y$，从而把二重积分记为

$$\iint_D f(x,y)\mathrm{d}x\mathrm{d}y,$$

其中 $\mathrm{d}x\mathrm{d}y$ 称为直角坐标系中的面积元素.

与定积分的存在条件相类似，我们(不加证明地) 指出，当函数 $f(x,y)$ 在闭区域 D 上连续时，式(1) 右端的和的极限必定存在，即函数 $f(x,y)$ 在闭区域 D 上的二重积分必定存在. 以后总是假定函数 $f(x,y)$ 在闭区域 D 上连续，因而 $f(x,y)$ 在 D 上的二重积分都存在，也就不再每次都加以说明了.

由二重积分的定义及存在条件可知，实例 1 中的曲顶柱体的体积是它的变高 $f(x,y)$ 在底 D 上的二重积分，即

$$V = \iint_D f(x,y)\mathrm{d}\sigma,$$

而实例 2 中的平面薄片的质量是它的面密度 $\mu(x,y)$ 在它所占区域 D 上的二重积分，即

$$M = \iint_D \mu(x,y)\mathrm{d}\sigma.$$

最后我们给出二重积分的一种几何解释如下：一般地，如果 $f(x,y) \geqslant 0$，那么，被积函数 $f(x,y)$ 可以解释为曲顶柱体的顶在点 (x,y) 处的竖坐标，故二重积分的几何意义就是曲顶柱体的体积. 如果 $f(x,y) < 0$，那么，曲顶柱体就倒置于 xOy 面的下方，故二重积分的绝对值仍然等于曲顶柱体的体积，但二重积分的值是负的. 如果 $f(x,y)$ 在 D 的若干部分区域上非负，而在其余部分区域上为负，那么，我们可以把 xOy 面上方的柱体体积取为正，把 xOy 面下方的柱体体积取为负，$f(x,y)$ 在 D 上的二重积分就等于这些部分区域上的柱体体积的代数和.

二、二重积分的性质

比较定积分与二重积分的定义，可以想到二重积分与定积分会有类似的性质. 现在我们叙述如下.

性质 1(线性性质) 设 α,β 为常数，则有

$$\iint_D [\alpha f(x,y) + \beta g(x,y)]\mathrm{d}\sigma = \alpha\iint_D f(x,y)\mathrm{d}\sigma + \beta\iint_D g(x,y)\mathrm{d}\sigma.$$

性质 2(区域可加性质) **如果闭区域 D 被有限条曲线分成有限个部分闭区域，那么 D 上的二重积分等于各部分闭区域上的二重积分之和.**

例如，闭区域 D 被划分为两个闭区域 D_1 与 D_2，则有

$$\iint_D f(x,y)\mathrm{d}\sigma = \iint_{D_1} f(x,y)\mathrm{d}\sigma + \iint_{D_2} f(x,y)\mathrm{d}\sigma.$$

性质 3　如果在闭区域 D 上 $f(x,y) \equiv 1$，σ 为 D 的面积，那么

$$\sigma = \iint_D 1\mathrm{d}\sigma = \iint_D \mathrm{d}\sigma.$$

这个性质的几何意义极为明显，高为 1 的平顶柱体的体积在数值上就是柱体的底面积. 上式右端 $\iint_D \mathrm{d}\sigma$ 是被积函数为常数 1 时二重积分的常用简便记号.

性质 4(单调性质)　如果在闭区域 D 上，$f(x,y) \leqslant g(x,y)$，那么

$$\iint_D f(x,y)\mathrm{d}\sigma \leqslant \iint_D g(x,y)\mathrm{d}\sigma.$$

推论 1　$\left|\iint_D f(x,y)\mathrm{d}\sigma\right| \leqslant \iint_D |f(x,y)|\mathrm{d}\sigma.$

这是因为总有

$$-|f(x,y)| \leqslant f(x,y) \leqslant |f(x,y)|$$

及 $f(x,y)$ 在 D 上连续时也必有 $|f(x,y)|$ 在 D 上连续.

推论 2　设 M 与 m 分别是 $f(x,y)$ 在闭区域 D 上的最大值与最小值，σ 是 D 的面积，则有

$$m\sigma \leqslant \iint_D f(x,y)\mathrm{d}\sigma \leqslant M\sigma.$$

因为在 D 上有 $m \leqslant f(x,y) \leqslant M$，所以由性质 4，有

$$\iint_D m\mathrm{d}\sigma \leqslant \iint_D f(x,y)\mathrm{d}\sigma \leqslant \iint_D M\mathrm{d}\sigma,$$

再应用性质 1 与性质 3，就得到结论. 推论 2 中的不等式可以用于对二重积分进行估值.

性质 5(二重积分的中值定理)　如果函数 $f(x,y)$ 在闭区域 D 上连续，σ 是 D 的面积，那么，在 D 上至少存在一点 (ξ,η)，使得

$$\iint_D f(x,y)\mathrm{d}\sigma = f(\xi,\eta)\cdot\sigma.$$

证　显然，$\sigma > 0$，故由推论 2 中的不等式，有

$$m \leqslant \frac{1}{\sigma}\iint_D f(x,y)\mathrm{d}\sigma \leqslant M.$$

这就是说,确定的数值$\frac{1}{\sigma}\iint_D f(x,y)\mathrm{d}\sigma$介于函数$f(x,y)$在$D$上的最大值与最小值之间.根据有界闭区域上连续函数的介值定理,在D上至少存在一点(ξ,η),使得有

$$f(\xi,\eta) = \frac{1}{\sigma}\iint_D f(x,y)\mathrm{d}\sigma.$$

由此即得所要证明的等式.

例 1 估计二重积分$\iint_D (x+y)\mathrm{d}\sigma$的值,其中$D$为由圆$x^2+y^2=1$所围成的闭区域.

解 因为对任意的点$(x,y)\in D$,有$-\sqrt{2}\leqslant x+y\leqslant\sqrt{2}$,且$D$的面积$\sigma=\pi$,所以

$$-\sqrt{2}\pi \leqslant \iint_D (x+y)\mathrm{d}\sigma \leqslant \sqrt{2}\pi.$$

习 题 9-1

(A)

1. 设有一平面薄片,占有xOy面上的闭区域D,薄片上分布有面密度为$\mu(x,y)$的电荷,且$\mu(x,y)$在D上连续,试用二重积分表达该薄片上的全部电荷.

2. 设$I_1=\iint_{D_1}(x^2+y^2+10)^3\mathrm{d}\sigma$,其中$D_1=\{(x,y)\mid x^2+y^2\leqslant 4, x\leqslant 0, y\geqslant 0\}$,$I_2=\iint_{D_2}(x^2+y^2+10)^3\mathrm{d}\sigma$,其中$D_2=\{(x,y)\mid x^2+y^2\leqslant 4\}$,试利用二重积分的几何意义说明$I_1$与$I_2$间的关系.

3. 根据二重积分的几何意义,确定下列二重积分的值:

(1) $\iint_D (a-\sqrt{x^2+y^2})\mathrm{d}\sigma$,其中$D=\{(x,y)\mid x^2+y^2\leqslant a^2\}(a>0)$;

(2) $\iint_D (1-x-y)\mathrm{d}\sigma$,其中$D$是由$x$轴、$y$轴及直线$x+y=1$所围成的闭区域.

4. 根据二重积分的性质,比较下列各对二重积分的大小:

(1) $\iint_D (x+y)^2\mathrm{d}\sigma$与$\iint_D (x+y)^3\mathrm{d}\sigma$,其中$D$是由$x$轴、$y$轴及直线$x+y=1$所围成的闭区域;

(2) $\iint_D (x^2-y^2)\mathrm{d}\sigma$与$\iint_D \sqrt{x^2-y^2}\mathrm{d}\sigma$,其中$D$是以点$(0,0)$,$(1,-1)$及$(1,1)$为顶点的三

角形闭区域；

(3) $\iint\limits_D \sin(x+y)\mathrm{d}\sigma$ 与 $\iint\limits_D (x+y)\mathrm{d}\sigma$，其中 D 是由直线 $x+y=1$、$x+y=2$ 及两坐标轴所围成的闭区域；

(4) $\iint\limits_D \ln(x+y)\mathrm{d}\sigma$ 与 $\iint\limits_D [\ln(x+y)]^2\mathrm{d}\sigma$，其中 D 是以点 $(1,0)$，$(1,1)$ 及 $(2,0)$ 为顶点的三角形闭区域.

5. 利用二重积分的性质，估计下列二重积分的值：

(1) $I=\iint\limits_D xy(x+y)\mathrm{d}\sigma$，其中 $D=\{(x,y)\mid 0\leqslant x\leqslant 1, 0\leqslant y\leqslant 1\}$；

(2) $I=\iint\limits_D x^2 y\mathrm{d}\sigma$，其中 D 是由直线 $y=-x$，$y=x$ 及 $y=1$ 所围成的闭区域；

(3) $I=\iint\limits_D (x+y+10)\mathrm{d}\sigma$，其中 $D=\{(x,y)\mid 0\leqslant x\leqslant 3, 0\leqslant y\leqslant 1\}$；

(4) $I=\iint\limits_D (x^2+4y^2+9)\mathrm{d}\sigma$，其中 $D=\{(x,y)\mid x^2+y^2\leqslant 1\}$.

(B)

1. 利用二重积分的定义，证明：$\iint\limits_D kf(x,y)\mathrm{d}\sigma=k\iint\limits_D f(x,y)\mathrm{d}\sigma$，其中 k 为常数.

2. 设 $f(x,y)$ 是闭区域 D 上的连续函数，利用二重积分的定义，证明：

(1) 若 D 关于 y 轴对称，则 $\iint\limits_D f(x,y)\mathrm{d}\sigma=\iint\limits_D f(-x,y)\mathrm{d}\sigma$；

(2) 若 D 关于 x 轴对称，则 $\iint\limits_D f(x,y)\mathrm{d}\sigma=\iint\limits_D f(x,-y)\mathrm{d}\sigma$.

3. 利用上题的结论及二重积分的性质，确定下列二重积分的值：

(1) $\iint\limits_D (x+x^3y)\mathrm{d}\sigma$，其中 $D=\{(x,y)\mid x^2+y^2\leqslant 4, y\geqslant 0\}$；

(2) $\iint\limits_D (x+y+1)\mathrm{d}\sigma$，其中 $D=\{(x,y)\mid x^2+y^2\leqslant a^2\}$；

(3) $\iint\limits_D (x+y)^3\mathrm{d}\sigma$，其中 $D=\left\{(x,y)\,\middle|\,\dfrac{x^2}{a^2}+\dfrac{y^2}{b^2}\leqslant 1\right\}$.

第二节　二重积分的计算法

我们已经知道，按照定积分的定义来计算定积分并不是一个切实可行的方法.对于二重积分，同样如此.现在介绍一种计算二重积分的可行的方法，这种方法是把二重积分化为两次单积分（即两次定积分，亦简称为二次积分）来进行计算.

由于已经掌握定积分的计算法，所以这种方法的关键是如何把二重积分化为二次积分.在把二重积分化为二次积分时，根据积分区域与被积函数的不同情形，有时利用直角坐标较为方便，有时则利用极坐标较为方便. 下面分别加以讨论.

一、利用直角坐标计算二重积分

先假定 $f(x,y) \geqslant 0$，用几何的观点来讨论二重积分的计算问题.

设积分区域 D 可以用不等式

$$\varphi_1(x) \leqslant y \leqslant \varphi_2(x), \quad a \leqslant x \leqslant b$$

来表示(图 9-4)，其中函数 $\varphi_1(x)$，$\varphi_2(x)$ 都在闭区间 $[a,b]$ 上连续. 这种积分区域称为X- 型区域，其几何上的特点是：穿过 D 的内部且平行于 y 轴的直线与 D 的边界之交点为两个.

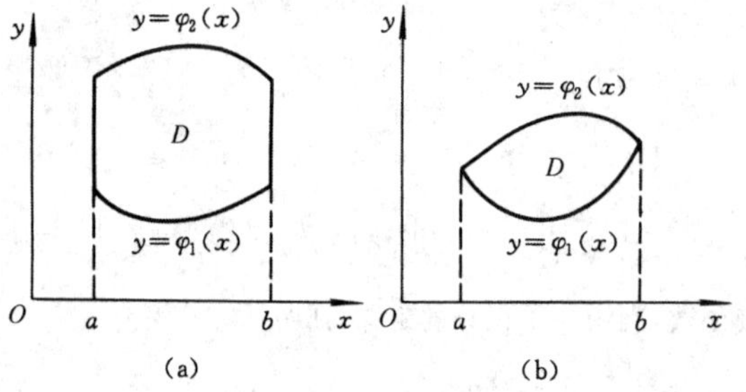

图 9-4

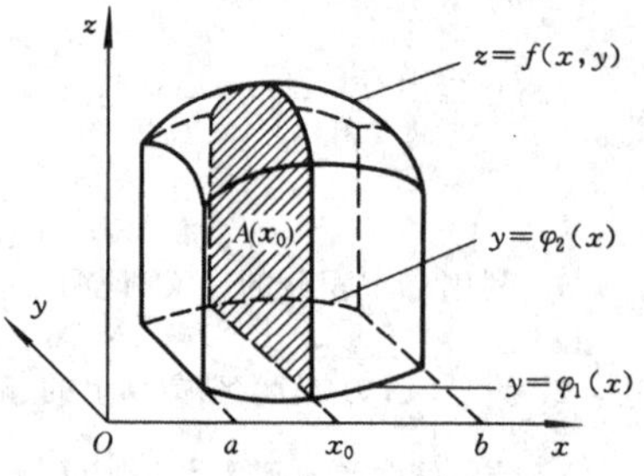

图 9-5

按照二重积分的几何意义，二重积分 $\iint\limits_D f(x,y)\mathrm{d}\sigma$ 的值等于以 D 为底面，曲面 $z=f(x,y)$ 为顶的曲顶柱体(图 9-5)的体积 V. 但是，也可以应用第五章第五节中计算“平行截面面积为已知的立体的体积”的方法，来计算这个曲顶柱体的体积 V.

先设法得到该曲顶柱体的平行截面且计算出它的面积. 为此，在 x 轴的闭区间 $[a,b]$ 上任意取定一点 x_0，作平行于 yOz 面的平面 $x=x_0$. 这张平面截曲顶柱体就得到了截面，所得截面是以区间 $[\varphi_1(x_0),\varphi_2(x_0)]$ 为底、以曲线 $z=f(x_0,y)$ 为曲边的曲边梯形(图 9-5 中阴影部分)，所以这截面的面积为

$$A(x_0)=\int_{\varphi_1(x_0)}^{\varphi_2(x_0)} f(x_0,y)\mathrm{d}y.$$

一般地，过区间 $[a,b]$ 上任一点 x 且平行于 yOz 面的平面截曲顶柱体所得截面的面积为

$$A(x)=\int_{\varphi_1(x)}^{\varphi_2(x)} f(x,y)\mathrm{d}y.$$

于是，应用计算平行截面面积为已知的立体体积的方法，得到曲顶柱体的体积为

$$V=\int_a^b A(x)\mathrm{d}x=\int_a^b\left[\int_{\varphi_1(x)}^{\varphi_2(x)} f(x,y)\mathrm{d}y\right]\mathrm{d}x.$$

因为也有 $V=\iint\limits_D f(x,y)\mathrm{d}\sigma$，故得

$$\iint\limits_D f(x,y)\mathrm{d}\sigma=\int_a^b\left[\int_{\varphi_1(x)}^{\varphi_2(x)} f(x,y)\mathrm{d}y\right]\mathrm{d}x.$$

上式右端的积分称为先对 y、后对 x 的二次积分. 这就是先把 x 看作常数，把 $f(x,y)$ 看作只是 y 的函数，并对 y 计算从 $\varphi_1(x)$ 到 $\varphi_2(x)$ 的定积分，然后把算得的结果（是 x 的函数）再对 x 计算从 a 到 b 的定积分. 这个先对 y、后对 x 的二次积分常记为 $\int_a^b \mathrm{d}x\int_{\varphi_1(x)}^{\varphi_2(x)} f(x,y)\mathrm{d}y$，于是，上式常写成

$$\iint\limits_D f(x,y)\mathrm{d}\sigma=\int_a^b \mathrm{d}x\int_{\varphi_1(x)}^{\varphi_2(x)} f(x,y)\mathrm{d}y, \tag{1}$$

这就是在积分区域 D 为 X- 型区域时，把二重积分化为先对 y、后对 x 的二次积分的公式.

在上述讨论中，假定 $f(x,y)\geqslant 0$，但事实上，公式(1) 的成立并不受此条件的限制.

如果积分区域 D 可以用不等式

$$\psi_1(y)\leqslant x\leqslant\psi_2(y),\quad c\leqslant y\leqslant d$$

来表示(图 9-6)，其中函数 $\psi_1(y)$，$\psi_2(y)$ 都在闭区间 $[c,d]$ 上连续，那么，称 D 为 Y- 型区域，其几何上的特点是：穿过 D 的内部且平行于 x 轴的直线与 D 的边界之交点为两个. 对于这类积分区域上的二重积分，类似地有

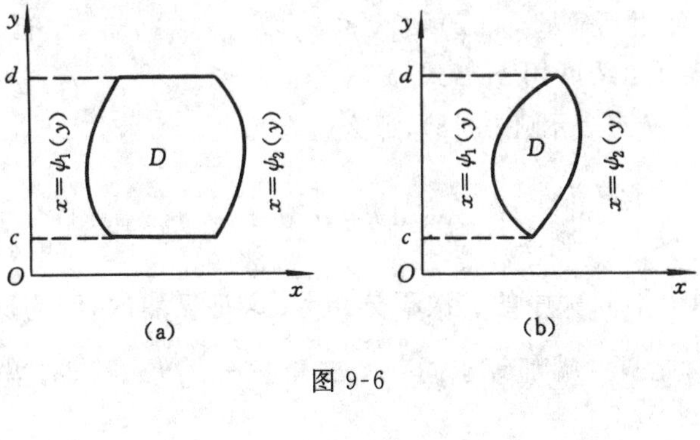

图 9-6

$$\iint\limits_D f(x,y)\mathrm{d}\sigma=\int_c^d\left[\int_{\psi_1(y)}^{\psi_2(y)}f(x,y)\mathrm{d}x\right]\mathrm{d}y.$$

此式右端的积分称为先对 x、后对 y 的二次积分. 这个二次积分也常写成 $\int_c^d\mathrm{d}y\int_{\psi_1(y)}^{\psi_2(y)}f(x,y)\mathrm{d}x$，因此，上式也常写成

$$\iint\limits_D f(x,y)\mathrm{d}\sigma=\int_c^d\mathrm{d}y\int_{\psi_1(y)}^{\psi_2(y)}f(x,y)\mathrm{d}x,\tag{2}$$

这便是在积分区域 D 为 Y- 型区域时，把二重积分化为先对 x、后对 y 的二次积分的公式.

一般情形中，当积分区域 D 既非 X- 型区域，又非 Y- 型区域时，可以用平行于坐标轴的一些直线把它划分为几个部分区域，使每一部分或为 X- 型区域，或为 Y- 型区域. 在每个部分区域上，可以用公式(1) 或公式(2) 来计算出该部分区域上二重积分的值. 于是，由上一节中的性质 2，将这些值加在一起，就得到整个积分区域 D 上的二重积分了. 譬如，图 9-7 中所示的积分区域 D，由于有些平行于 y 轴而穿过 D 的内部的直线与 D 的边界之交点多于两个，又有些平行于 x 轴而穿过 D 的内部的直线与 D 的边界之交点多于两个，故 D 既非 X- 型区域，又非 Y- 型区域. 但是，如图所示，用一条平行于 y 轴的适当直线便把 D 分成了三个 X- 型区域. D 上的二重积分便等于这三个 X- 型区域上的二重积分之和.

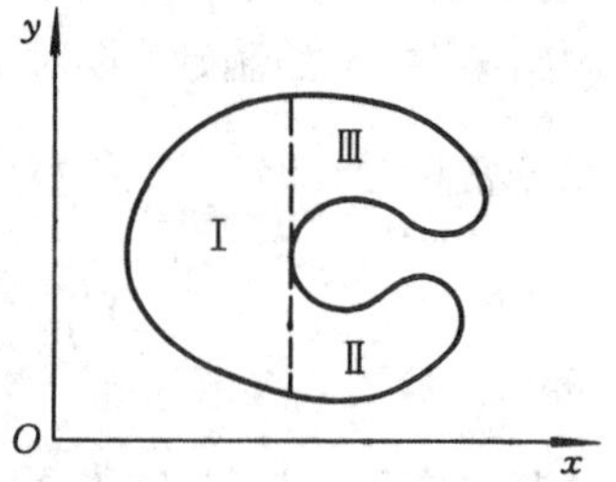

图 9-7

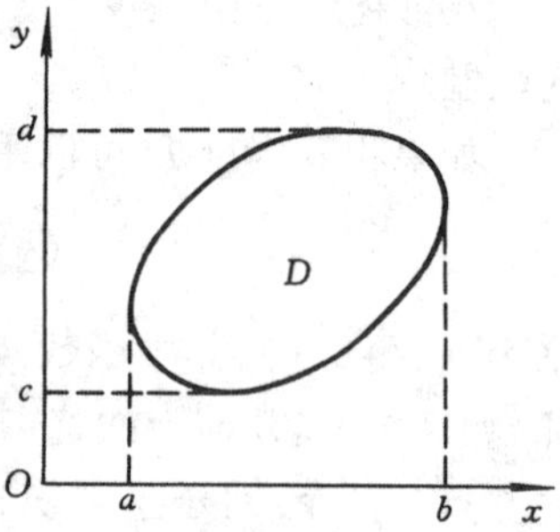

图 9-8

如果积分区域 D 既是 X- 型区域，又是 Y- 型区域，即 D 既可用不等式 $\varphi_1(x)\leqslant y\leqslant\varphi_2(x)$，$a\leqslant x\leqslant b$ 来表示，又可用不等式 $\psi_1(y)\leqslant x\leqslant\psi_2(y)$，$c\leqslant y\leqslant d$ 来表示(图 9-8)，那么就有

$$\int_a^b\mathrm{d}x\int_{\varphi_1(x)}^{\varphi_2(x)}f(x,y)\mathrm{d}y=\int_c^d\mathrm{d}y\int_{\psi_1(y)}^{\psi_2(y)}f(x,y)\mathrm{d}x.$$

此式表明这两个不同次序的二次积分相等. 这是显然的，因为这时候式(1) 与式(2) 都成立，此式两端都等于同一个二重积分 $\iint\limits_D f(x,y)\mathrm{d}\sigma$，当然它们就相等了.

二重积分化为二次积分时，确定积分限是关键. 积分限是根据积分区域来确定的，所以一般可以先画出积分区域的图形，然后借助于图形根据区域的类型来确定二次积分的次序及相应的积分限. 下面结合例题来具体说明确定积分限的方法.

例 1 计算$\iint\limits_D xy\,\mathrm{d}\sigma$，其中 D 是由直线 $x=1$，$y=1$ 及 $y=x+1$ 所围成的闭区域.

解法 1 首先画出积分区域 D 的图形(图 9-9(a)). D 是 X- 型区域，D 上点的横坐标的变化范围是闭区间$[0,1]$. 在$[0,1]$上任意取定一个 x 值，过点$(x,0)$作平行于 y 轴的直线，这条直线被 D 截得一段线段，该线段下端点的纵坐标为 $y=1$，而上端点的纵坐标为 $y=x+1$，即该线段上的点的纵坐标从 $y=1$ 变化到 $y=x+1$. 于是可知 D 可以用不等式

$$1\leqslant y\leqslant x+1,\quad 0\leqslant x\leqslant 1$$

来表示. 因此，利用式(1)，得到

$$\begin{aligned}\iint\limits_D xy\,\mathrm{d}\sigma &= \int_0^1\mathrm{d}x\int_1^{x+1}xy\,\mathrm{d}y = \int_0^1\left[\frac{xy^2}{2}\right]_1^{x+1}\mathrm{d}x\\ &= \int_0^1\frac{x}{2}[(x+1)^2-1]\mathrm{d}x = \frac{1}{2}\int_0^1(x^3+2x^2)\mathrm{d}x\\ &= \frac{1}{2}\left[\frac{1}{4}x^4+\frac{2}{3}x^3\right]_0^1 = \frac{11}{24}.\end{aligned}$$

解法 2 如图 9-9(b) 所示，积分区域 D 是 Y- 型区域. D 上点的纵坐标的变

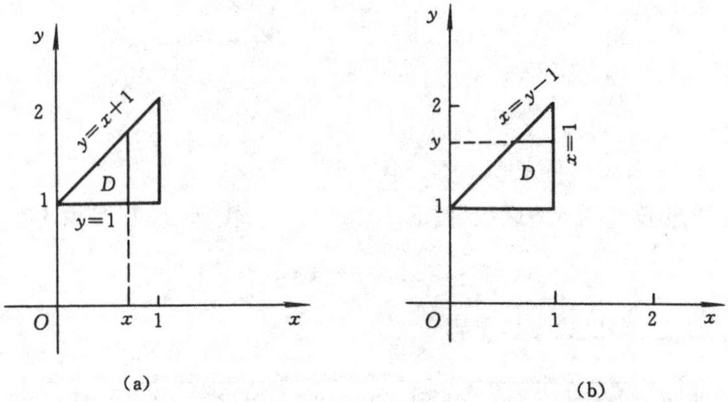

图 9-9

化范围是闭区间[1,2].在[1,2]上任意取定一个 y 值,过点(0,y)作平行于 x 轴的直线,这条直线被 D 截得一段线段,该线段左端点的横坐标为 $x=y-1$,而右端点的横坐标为 $x=1$,即该线段上的点的横坐标从 $x=y-1$ 变化到 $x=1$.于是可知 D 可以用不等式

$$y-1\leqslant x\leqslant 1,\quad 1\leqslant y\leqslant 2$$

来表示.因此,利用式(2),得到

$$\begin{aligned}\iint\limits_{D}xy\,\mathrm{d}\sigma&=\int_{1}^{2}\mathrm{d}y\int_{y-1}^{1}xy\,\mathrm{d}x=\int_{1}^{2}\left[\frac{yx^{2}}{2}\right]_{y-1}^{1}\mathrm{d}y\\&=\int_{1}^{2}\frac{y}{2}[1-(y-1)^{2}]\mathrm{d}y=\frac{1}{2}\int_{1}^{2}(-y^{3}+2y^{2})\mathrm{d}y\\&=\frac{1}{2}\left[-\frac{1}{4}y^{4}+\frac{2}{3}y^{3}\right]_{1}^{2}=\frac{11}{24}.\end{aligned}$$

例 2 计算 $\iint\limits_{D}y\sqrt{1+x^{2}-y^{2}}\,\mathrm{d}\sigma$,其中 D 是由直线 $x=-1$,$y=x$ 及 $y=1$ 所围成的闭区域.

解 画出积分区域 D 的图形(图 9-10).D 既是 X-型区域,又是 Y-型区域.

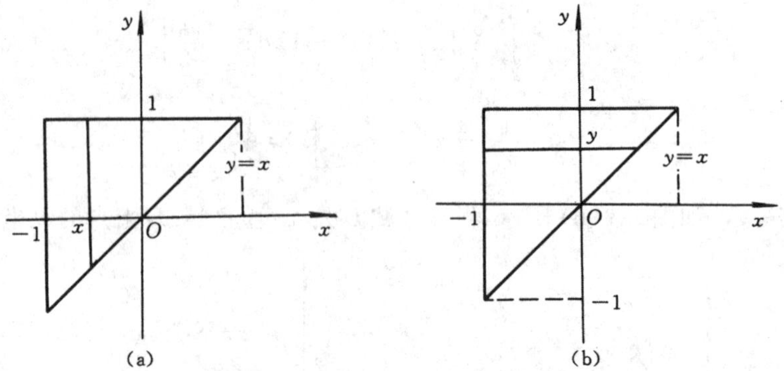

图 9-10

如果按照 D 是 X-型区域(图 9-10(a))来考虑,那么,D 是由不等式

$$x\leqslant y\leqslant 1,\quad -1\leqslant x\leqslant 1$$

来表示的.于是,利用式(1),得到

$$\iint\limits_{D}y\sqrt{1+x^{2}-y^{2}}\,\mathrm{d}\sigma=\int_{-1}^{1}\mathrm{d}x\int_{x}^{1}y\sqrt{1+x^{2}-y^{2}}\,\mathrm{d}y$$

$$= \int_{-1}^{1} \left[-\frac{1}{3}(1+x^2-y^2)^{3/2} \right]_x^1 \mathrm{d}x$$

$$= -\frac{1}{3}\int_{-1}^{1} (|x|^3 - 1)\mathrm{d}x$$

$$= -\frac{2}{3}\int_{0}^{1} (x^3 - 1)\mathrm{d}x = \frac{1}{2}.$$

如果按照 D 是 Y- 型区域(图 9-10(b)) 来考虑,那么,D 是由不等式

$$-1 \leqslant x \leqslant y, \quad -1 \leqslant y \leqslant 1$$

来表示的. 于是,利用式(2),得到

$$\iint_D y\sqrt{1+x^2-y^2}\,\mathrm{d}\sigma = \int_{-1}^{1} \mathrm{d}y \int_{-1}^{y} y\sqrt{1+x^2-y^2}\,\mathrm{d}x.$$

因为上式右端先要进行的对 x 的积分计算比较麻烦,所以还是采用公式(1)来计算这个二重积分为妥.

例 3 计算$\iint_D xy\,\mathrm{d}\sigma$,其中 D 是由抛物线 $y^2 = x$ 及直线 $y = x-2$ 所围成的闭区域.

解 通过求解方程组 $y^2 = x, y = x-2$,得出抛物线与直线的交点为点 $(1,-1)$ 与 $(4,2)$,然后可以画出积分区域 D 的图形如图 9-11 所示. D 既是 X- 型区域,又是 Y- 型区域.

如果按照 D 是 Y- 型区域(图 9-11(a)) 来考虑,那么,D 可以表示为

$$D = \{(x,y) \mid y^2 \leqslant x \leqslant y+2, -1 \leqslant y \leqslant 2\}.$$

于是,利用公式(2),得到

$$\iint_D xy\,\mathrm{d}\sigma = \int_{-1}^{2} \mathrm{d}y \int_{y^2}^{y+2} xy\,\mathrm{d}x = \int_{-1}^{2} y\left[\frac{x^2}{2}\right]_{y^2}^{y+2} \mathrm{d}y$$

$$= \frac{1}{2}\int_{-1}^{2} (y^3 + 4y^2 + 4y - y^5)\mathrm{d}y$$

$$= \frac{1}{2}\left[\frac{1}{4}y^4 + \frac{4}{3}y^3 + 2y^2 - \frac{1}{6}y^6\right]_{-1}^{2} = \frac{45}{8}.$$

如果按照 D 是 X- 型区域(图 9-11(b)) 来考虑,那么,D 可以表示为

$$D = \{(x,y) \mid (x,y) \mid \varphi_1(x) \leqslant y \leqslant \sqrt{x}, 0 \leqslant x \leqslant 4\},$$

其中,$\varphi_1(x) = \begin{cases} -\sqrt{x}, & 0 \leqslant x \leqslant 1, \\ x-2, & 1 < x \leqslant 4. \end{cases}$由于 $\varphi_1(x)$ 是分段函数,所以要使该二重

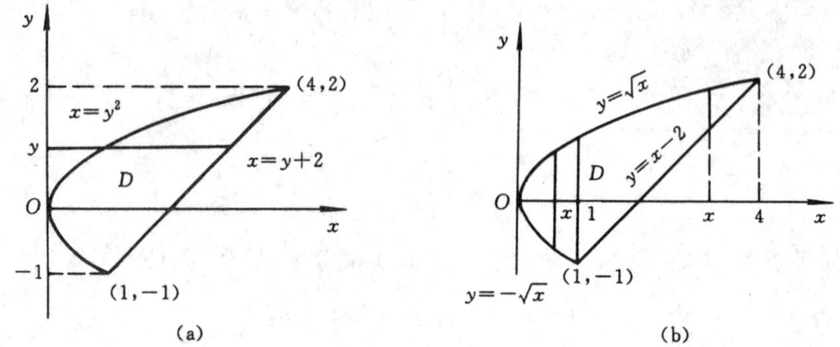

图 9-11

积分的计算得以进行，必须用经过交点(1，−1)且平行于 y 轴的直线 $x=1$ 把 D 分为两个部分区域 D_1 与 D_2(图 9-11(b))，其中

$$D_1=\{(x,y)\mid -\sqrt{x}\leqslant y\leqslant\sqrt{x},\ 0\leqslant x\leqslant 1\},$$
$$D_2=\{(x,y)\mid x-2\leqslant y\leqslant\sqrt{x},1\leqslant x\leqslant 4\}.$$

于是，根据二重积分的性质 2 及式(1)，得到

$$\iint\limits_D xy\,\mathrm{d}\sigma=\iint\limits_{D_1}xy\,\mathrm{d}\sigma+\iint\limits_{D_2}xy\,\mathrm{d}\sigma$$
$$=\int_0^1\mathrm{d}x\int_{-\sqrt{x}}^{\sqrt{x}}xy\,\mathrm{d}y+\int_1^4\mathrm{d}x\int_{x-2}^{\sqrt{x}}xy\,\mathrm{d}y.$$

显然，这样计算二重积分就比较麻烦，实为不可取.

例 4　计算 $\iint\limits_D\sin(y^2)\mathrm{d}\sigma$，其中 D 是由直线 $x=0$，$y=1$ 及 $y=x$ 所围成的闭区域.

解　画出积分区域 D 的图形(图 9-12). D 既是 X- 型区域，又是 Y- 型区域.

如果按照 D 是 X- 型区域来考虑，那么由公式(1)，得到

$$\iint\limits_D\sin(y^2)\mathrm{d}\sigma=\int_0^1\mathrm{d}x\int_x^1\sin(y^2)\mathrm{d}y.$$

但由于 $\sin(y^2)$ 的原函数不是初等函数，我们无法利用所学过的方法计算先对 y 的积分，所以也就无法由此途径来计算这个二重积分.

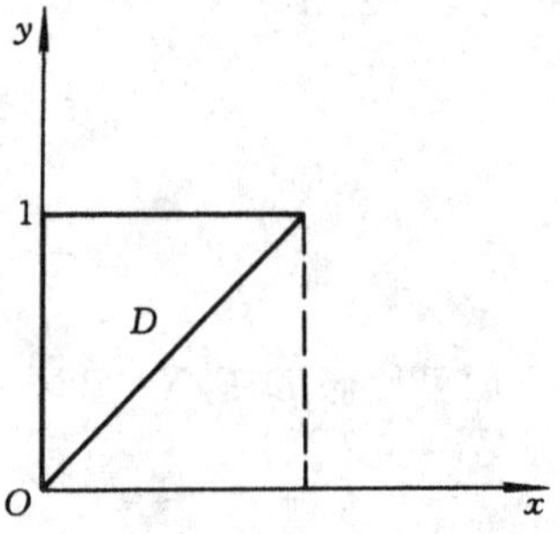

图 9-12

然而，按照 D 是 Y- 型区域来考虑，那么由公式(2)，得到

$$\iint_D \sin(y^2)\,\mathrm{d}\sigma = \int_0^1 \mathrm{d}y \int_0^y \sin(y^2)\,\mathrm{d}x = \int_0^1 y\sin(y^2)\,\mathrm{d}y$$

$$= \left[-\frac{1}{2}\cos(y^2)\right]_0^1 = \frac{1}{2}(1-\cos 1).$$

由此可知，选择怎样的积分次序，有时还直接关系到能否计算二重积分的问题.

总的说来，以上几个例子告诉我们，在计算二重积分的过程中化二重积分为二次积分时，需要选择适当的二次积分的次序. 这要求我们既要考虑积分区域 D 的形状特征，又要考虑到被积函数 $f(x,y)$ 的特征.

例 5 改换二次积分 $\int_0^{\frac{1}{2}} \mathrm{d}x \int_{x^2}^{x} f(x,y)\,\mathrm{d}y$ 的积分次序.

解 反向利用公式(1)，由所给二次积分的积分限得到它所表示的是如图 9-13 所示的积分区域

$$D = \left\{(x,y) \mid x^2 \leqslant y \leqslant x,\ 0 \leqslant x \leqslant \frac{1}{2}\right\}$$

上函数 $f(x,y)$ 的二重积分 $\iint_D f(x,y)\,\mathrm{d}\sigma$. 现在再将这个二重积分利用公式(2) 化为另一次序的二次积分.

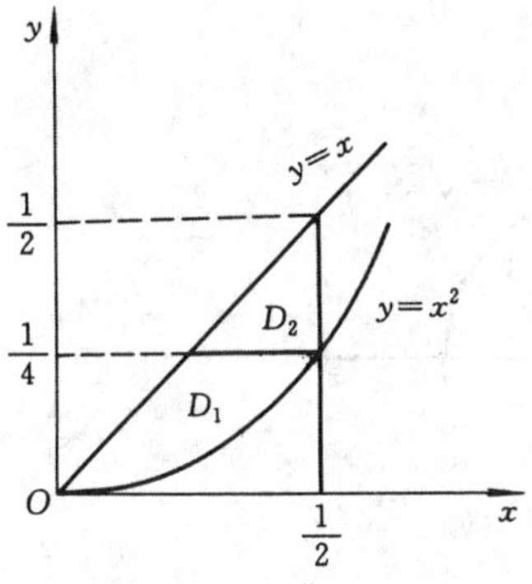

图 9-13

虽然积分区域 D 是 Y- 型区域，但是，为使二次积分中的积分限有明确具体的表达式，我们需要如图 9-13 所示的那样，用直线 $y=\frac{1}{4}$ 将 D 划分为两个 Y- 型区域 D_1 与 D_2：

$$D_1 = \left\{(x,y) \mid y \leqslant x \leqslant \sqrt{y},\ 0 \leqslant y \leqslant \frac{1}{4}\right\},$$

$$D_2 = \left\{(x,y) \mid y \leqslant x \leqslant \frac{1}{2},\ \frac{1}{4} \leqslant y \leqslant \frac{1}{2}\right\}.$$

于是，根据二重积分的性质 2 及式(2)，有

$$\iint_D f(x,y)\,\mathrm{d}\sigma = \iint_{D_1} f(x,y)\,\mathrm{d}\sigma + \iint_{D_2} f(x,y)\,\mathrm{d}\sigma$$

$$= \int_0^{\frac{1}{4}} \mathrm{d}y \int_y^{\sqrt{y}} f(x,y)\,\mathrm{d}x + \int_{\frac{1}{4}}^{\frac{1}{2}} \mathrm{d}y \int_y^{\frac{1}{2}} f(x,y)\,\mathrm{d}x.$$

综合以上分析，得

$$\int_0^{\frac{1}{2}} dx \int_{x^2}^{x} f(x,y)\,dy = \int_0^{\frac{1}{4}} dy \int_y^{\sqrt{y}} f(x,y)\,dx + \int_{\frac{1}{4}}^{\frac{1}{2}} dy \int_y^{\frac{1}{2}} f(x,y)\,dx.$$

事实上，可以看到在以上的例 1 至例 4 中依次有

$$\int_0^1 dx \int_1^{x+1} xy\,dy = \int_1^2 dy \int_{y-1}^1 xy\,dx,$$

$$\int_{-1}^1 dx \int_x^1 y\sqrt{1+x^2-y^2}\,dy = \int_{-1}^1 dy \int_{-1}^y y\sqrt{1+x^2-y^2}\,dx,$$

$$\int_0^1 dx \int_{-\sqrt{x}}^{\sqrt{x}} xy\,dy + \int_1^4 dx \int_{x-2}^{\sqrt{x}} xy\,dy = \int_{-1}^2 dy \int_{y^2}^{y+2} xy\,dx,$$

$$\int_0^1 dx \int_x^1 \sin(y^2)\,dy = \int_0^1 dy \int_0^y \sin(y^2)\,dx.$$

这些等式中的具体函数都可以换成一般的连续函数 $f(x,y)$.

最后再举一个利用二重积分的几何意义计算立体体积的例子.

例 6 求两个底圆半径都等于 R 的直交圆柱面所围成的立体的体积.

解 可设这两个圆柱面的方程为 $x^2+y^2=R^2$ 及 $x^2+z^2=R^2$. 利用立体关于坐标面的对称性，只需计算出它在第一卦限部分(图 9-14(a))的体积 V_1，然后再乘以 8，即得所求立体的体积 V.

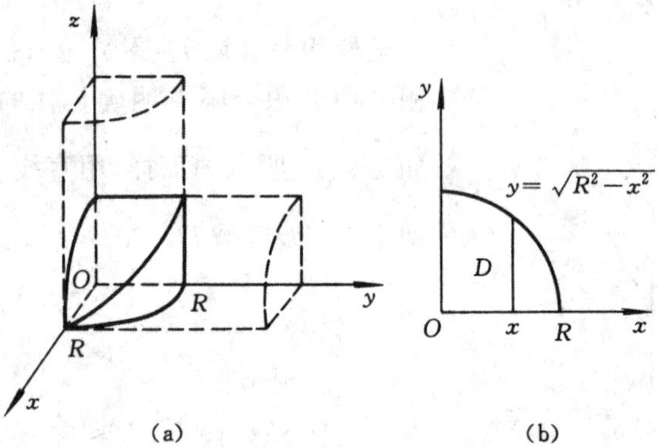

图 9-14

该立体在第一卦限的部分可以看成是一个曲顶柱体，它的底是 xOy 面上的闭区域

$$D = \left\{(x,y) \mid 0 \leqslant y \leqslant \sqrt{R^2-x^2},\ 0 \leqslant x \leqslant R\right\},$$

如图 9-14(b) 所示，它的顶是柱面 $z=\sqrt{R^2-x^2}$. 于是

$$V_1 = \iint_D \sqrt{R^2 - x^2}\,\mathrm{d}\sigma.$$

利用公式(1)，即得

$$V_1 = \iint_D \sqrt{R^2 - x^2}\,\mathrm{d}\sigma = \int_0^R \mathrm{d}x \int_0^{\sqrt{R^2-x^2}} \sqrt{R^2 - x^2}\,\mathrm{d}y$$

$$= \int_0^R (R^2 - x^2)\,\mathrm{d}x = \frac{2}{3}R^3.$$

因此，所求立体的体积为

$$V = 8V_1 = \frac{16}{3}R^3.$$

二、利用极坐标计算二重积分

有些二重积分的积分区域 D 的边界曲线用极坐标方程来表示比较方便，并且被积函数用极坐标变量 ρ,θ 表达也比较简单. 这时，我们就可以考虑利用极坐标来计算二重积分.

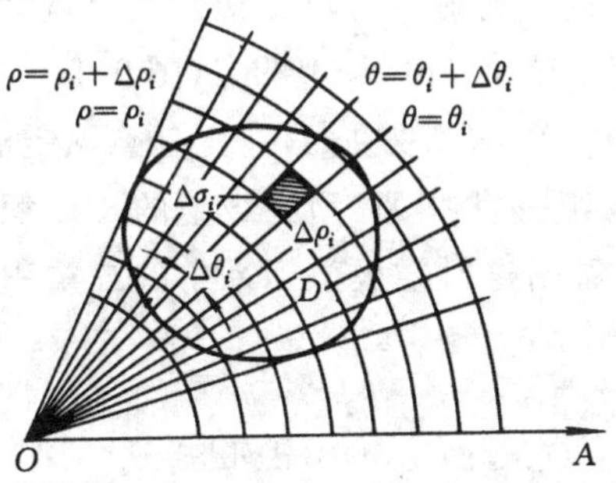

图 9-15

首先要得到二重积分 $\iint_D f(x,y)\,\mathrm{d}\sigma$ 在极坐标系中的表达式. 根据极坐标系的特点，用从极点 O 发出的射线与以极点 O 的中心的圆组成的曲线网来划分积分区域 D. 除了包含边界点的一些小闭区域外，其余的小闭区域是四边形，其一组对边是相邻两条射线上的直线段，另一组对边是相邻的两个同心圆上的圆弧. 如图 9-15 所示，小闭区域 $\Delta\sigma_i$ 由射线 $\theta=\theta_i$ 及 $\theta=\theta_i+\Delta\theta_i$ 与圆 $\rho=\rho_i$ 及 $\rho=\rho_i+\Delta\rho_i$ 所围成. 当对 D 的划分越来越细密时，小闭区域 $\Delta\sigma_i$ 越来越近似于一个以 $\rho_i\Delta\theta_i$，$\Delta\rho_i$ 为边长的矩形，因此，$\Delta\sigma_i$ 的面积(还是以 $\Delta\sigma_i$ 表示) $\Delta\sigma_i \approx \rho_i\Delta\rho_i\Delta\theta_i$. 于是，得到极坐标系中的面积元素：

$$\mathrm{d}\sigma = \rho\,\mathrm{d}\rho\,\mathrm{d}\theta.$$

至于被积函数 $f(x,y)$，利用直角坐标与极坐标间的关系 $x=\rho\cos\theta$，$y=\rho\sin\theta$，就可以化为 $f(\rho\cos\theta,\rho\sin\theta)$. 这样，我们得到了二重积分 $\iint_D f(x,y)\,\mathrm{d}\sigma$ 在极坐标系中的表达式：

$$\iint_D f(x,y)\mathrm{d}\sigma = \iint_D f(\rho\cos\theta, \rho\sin\theta)\rho\mathrm{d}\rho\mathrm{d}\theta.$$

由于在直角坐标系中,二重积分$\iint_D f(x,y)\mathrm{d}\sigma$ 常记为$\iint_D f(x,y)\mathrm{d}x\mathrm{d}y$,所以上式又可以写成

$$\iint_D f(x,y)\mathrm{d}x\mathrm{d}y = \iint_D f(\rho\cos\theta, \rho\sin\theta)\rho\mathrm{d}\rho\mathrm{d}\theta. \tag{3}$$

这就是二重积分的变量从直角坐标变换为极坐标的变换公式.特别要注意在作这种转换时,面积元素的转换 —— 从直角坐标系中的面积元素 $\mathrm{d}x\mathrm{d}y$ 到极坐标系中的面积元素 $\rho\mathrm{d}\rho\mathrm{d}\theta$ 的转换.

极坐标系中的二重积分同样可以化为二次积分来计算.

设积分区域 D 可以用不等式

$$\varphi_1(\theta) \leqslant \rho \leqslant \varphi_2(\theta), \quad \alpha \leqslant \theta \leqslant \beta$$

来表示(图 9-16),其中函数 $\varphi_1(\theta)$,$\varphi_2(\theta)$ 在闭区间$[\alpha,\beta]$ 上连续.这种积分区域几何上的特点是:从极点 O 发出且穿过 D 的内部的射线与 D 的边界之交点为两个.在区间$[\alpha,\beta]$ 上任意取定一个 θ 值,对应于这个 θ 值,D 上的点(图 9-17 中这些点在线段 EF 上)的极径 ρ 从 $\varphi_1(\theta)$ 变到 $\varphi_2(\theta)$.又 θ 是在$[\alpha,\beta]$ 上任意取定的,所以 θ 的变化范围是区间$[\alpha,\beta]$.这种状况与第一目中 X- 型区域上的二重积分化为二次积分时的状况极为相似.所以可以看出这时候极坐标系中的二重积分化为二次积分的公式为

$$\iint_D f(\rho\cos\theta, \rho\sin\theta)\rho\mathrm{d}\rho\mathrm{d}\theta = \int_\alpha^\beta \left[\int_{\varphi_1(\theta)}^{\varphi_2(\theta)} f(\rho\cos\theta, \rho\sin\theta)\rho\mathrm{d}\rho\right]\mathrm{d}\theta.$$

此式通常写成

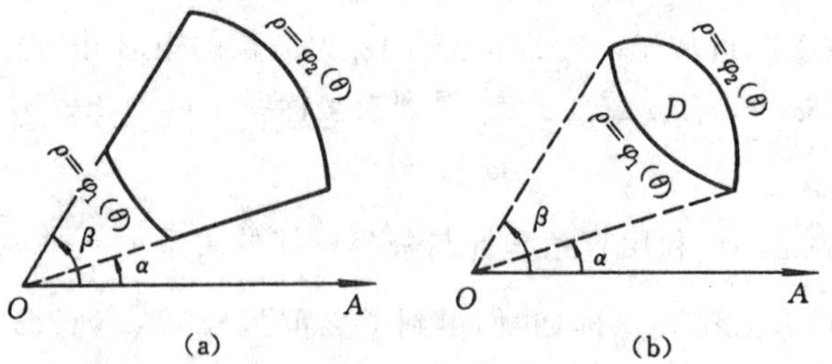

图 9-16

$$\iint_D f(\rho\cos\theta,\rho\sin\theta)\rho\mathrm{d}\rho\mathrm{d}\theta=\int_\alpha^\beta\mathrm{d}\theta\int_{\varphi_1(\theta)}^{\varphi_2(\theta)}f(\rho\cos\theta,\rho\sin\theta)\rho\mathrm{d}\rho. \tag{4}$$

如果积分区域 D 是图 9-18 所示的曲边扇形，那么可以把它看作图 9-16(a) 中当 $\varphi_1(\theta)\equiv 0,\varphi_2(\theta)=\varphi(\theta)$ 时的特例. 这时，闭区域 D 可用不等式

$$0\leqslant\rho\leqslant\varphi(\theta),\quad \alpha\leqslant\theta\leqslant\beta$$

来表示，而式(4) 成为

$$\iint_D f(\rho\cos\theta,\rho\sin\theta)\rho\mathrm{d}\rho\mathrm{d}\theta=\int_\alpha^\beta\mathrm{d}\theta\int_0^{\varphi(\theta)}f(\rho\cos\theta,\rho\sin\theta)\rho\mathrm{d}\rho.$$

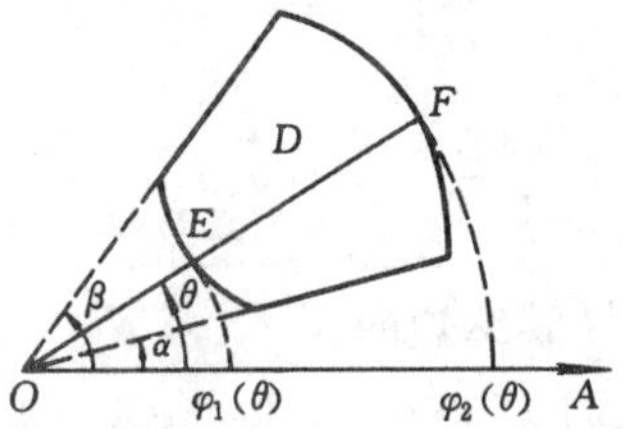

图 9-17

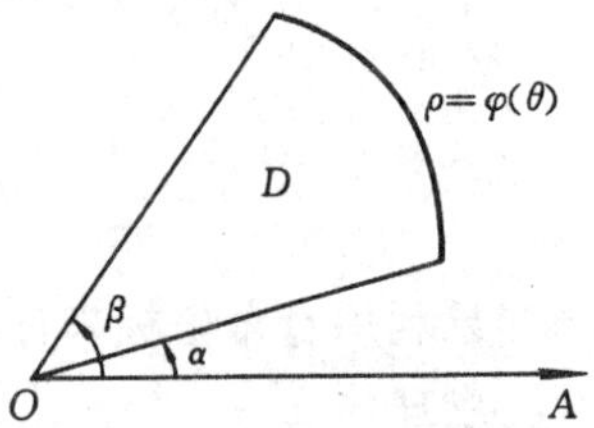

图 9-18

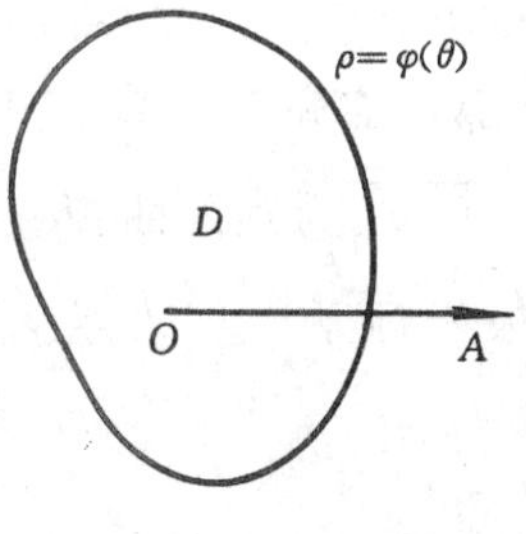

图 9-19

如果积分区域 D 如图 9-19 所示，极点 O 在 D 的内部，那么可以把它看作图 9-18 中当 $\alpha=0,\beta=2\pi$ 时的特例. 这时闭区域 D 可用不等式

$$0\leqslant\rho\leqslant\varphi(\theta),\quad 0\leqslant\theta\leqslant 2\pi$$

来表示，而式(4) 成为

$$\iint_D f(\rho\cos\theta,\rho\sin\theta)\rho\mathrm{d}\rho\mathrm{d}\theta=\int_0^{2\pi}\mathrm{d}\theta\int_0^{\varphi(\theta)}f(\rho\cos\theta,\rho\sin\theta)\rho\mathrm{d}\rho.$$

由二重积分的性质 3，闭区域 D 的面积 $\sigma=\iint_D\mathrm{d}\sigma$. 在极坐标系中面积元素 $\mathrm{d}\sigma=\rho\mathrm{d}\rho\mathrm{d}\theta$，于是，闭区域 D 的面积 $\sigma=\iint_D\rho\mathrm{d}\rho\mathrm{d}\theta$.

如果闭区域 D 如图 9-16(a) 所示，那么由式(4)，有

$$\sigma=\iint_D\rho\mathrm{d}\rho\mathrm{d}\theta=\int_\alpha^\beta\mathrm{d}\theta\int_{\varphi_1(\theta)}^{\varphi_2(\theta)}\rho\mathrm{d}\rho=\frac{1}{2}\int_\alpha^\beta[\varphi_2^2(\theta)-\varphi_1^2(\theta)]\mathrm{d}\theta.$$

特别地，如果闭区域 D 如图 9-18 所示，那么

$$\sigma=\frac{1}{2}\int_\alpha^\beta\varphi^2(\theta)\mathrm{d}\theta.$$

例 7 计算$\iint\limits_D \sqrt{x^2+y^2}\,\mathrm{d}\sigma$,其中 D 是由圆周 $x^2+y^2=1$ 与 $x^2+y^2=4$ 所围成的闭圆环形区域.

解 首先,将这个二重积分写成极坐标系中的表达式:

$$\iint\limits_D \sqrt{x^2+y^2}\,\mathrm{d}\sigma=\iint\limits_D \rho^2\,\mathrm{d}\rho\mathrm{d}\theta.$$

在极坐标系中,积分区域 D 可表示为 $D=\{(\rho,\theta)\mid 1\leqslant\rho\leqslant 2,\ 0\leqslant\theta\leqslant 2\pi\}$,于是,由公式(4),有

$$\iint\limits_D \sqrt{x^2+y^2}\,\mathrm{d}\sigma=\iint\limits_D \rho^2\,\mathrm{d}\rho\mathrm{d}\theta=\int_0^{2\pi}\mathrm{d}\theta\int_1^2\rho^2\,\mathrm{d}\rho$$

$$=\int_0^{2\pi}\frac{7}{3}\mathrm{d}\theta=\frac{14}{3}\pi.$$

本题如果利用直角坐标来计算的话,将是极其麻烦的.

例 8 求球体 $x^2+y^2+z^2\leqslant 4a^2$ 被圆柱面 $x^2+y^2=2ax\,(a>0)$ 所截得的(含在圆柱面内的部分)立体的体积.

解 由于立体关于 xOy 面与 zOx 面对称,故立体的体积 V 是图 9-20(a) 中所示的其位于第一卦限内那部分立体体积 V_1 的 4 倍,而那一部分立体是以图 9-20(b) 中所示闭区域 D 为底,上半球面 $z=\sqrt{4a^2-x^2-y^2}$ 为顶的曲顶柱体.由半圆周 $y=\sqrt{2ax-x^2}$ 及 x 轴所围成的 D 在极坐标系中可表示为 $D=\left\{(\rho,\theta)\,\middle|\,0\leqslant\rho\leqslant 2a\cos\theta,0\leqslant\theta\leqslant\frac{\pi}{2}\right\}$. 从而有

$$V=4V_1=4\iint\limits_D \sqrt{4a^2-x^2-y^2}\,\mathrm{d}x\mathrm{d}y=4\iint\limits_D \sqrt{4a^2-\rho^2}\,\rho\mathrm{d}\rho\mathrm{d}\theta$$

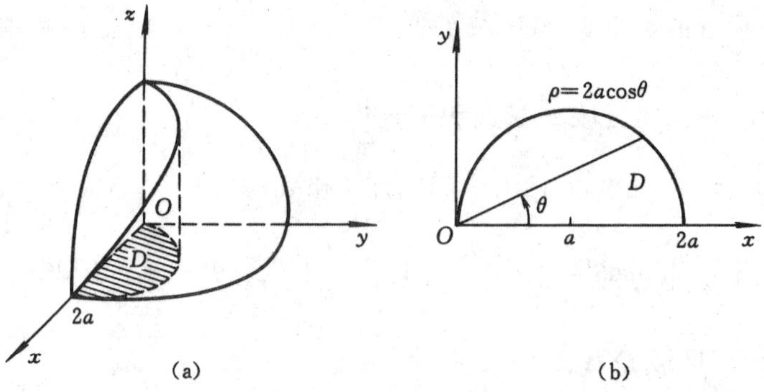

图 9-20

$$= 4\int_0^{\frac{\pi}{2}} d\theta \int_0^{2a\cos\theta} \sqrt{4a^2 - \rho^2}\, \rho d\rho$$

$$= 4\int_0^{\frac{\pi}{2}} \left[-\frac{1}{3}(4a^2 - \rho^2)^{3/2} \right]_0^{2a\cos\theta} d\theta$$

$$= \frac{32}{3}a^3 \int_0^{\frac{\pi}{2}} (1 - \sin^3\theta) d\theta = \frac{32}{3}a^3 \left(\frac{\pi}{2} - \frac{2}{3} \right).$$

习　题　9-2

(A)

1. 画出下列积分区域的图形,并且计算这些二重积分:

(1) $\iint\limits_D (x^2 + y^3) d\sigma$,其中 $D = \{(x,y) \mid 0 \leqslant x \leqslant 1, 0 \leqslant y \leqslant 2\}$;

(2) $\iint\limits_D (3x + 2y) d\sigma$,其中 D 是由两坐标轴与直线 $x + y = 2$ 所围成的闭区域;

(3) $\iint\limits_D \sqrt{x + y}\, d\sigma$,其中 $D = \{(x,y) \mid 0 \leqslant x \leqslant 1, 0 \leqslant y \leqslant 1\}$;

(4) $\iint\limits_D \cos(x + y) d\sigma$,其中 D 是由直线 $x = 0, y = \pi$ 及 $y = x$ 所围成的闭区域;

(5) $\iint\limits_D x^2 y d\sigma$,其中 $D = \{(x,y) \mid x^2 + y^2 \leqslant 4, y \geqslant 0\}$;

(6) $\iint\limits_D x\sqrt{y}\, d\sigma$,其中 D 是由两条抛物线 $y = \sqrt{x}$ 与 $y = x^2$ 所围成的闭区域;

(7) $\iint\limits_D (x^2 + y^2 - x) d\sigma$,其中 D 是由直线 $y = 2, y = x$ 及 $y = 2x$ 所围成的闭区域;

(8) $\iint\limits_D (1 - y) d\sigma$,其中 D 是由抛物线 $y^2 = x$ 与直线 $x + y = 2$ 所围成的闭区域;

(9) $\iint\limits_D xy d\sigma$,其中 D 是由抛物线 $y = x^2$、直线 $x + 2y - 3 = 0$ 与 x 轴所围成的闭区域;

(10) $\iint\limits_D \frac{x}{y} d\sigma$,其中 D 是由双曲线 $xy = 1$ 与直线 $y = x, y = 2$ 所围成的闭区域.

2. 设二重积分 $\iint\limits_D f(x,y) dx dy$ 的被积函数 $f(x,y)$ 是两个函数 $f_1(x)$ 与 $f_2(y)$ 的乘积,即 $f(x,y) = f_1(x) f_2(y)$,积分区域 $D = \{(x,y) \mid a \leqslant x \leqslant b, c \leqslant y \leqslant d\}$,证明这个二重积分等于两个单积分的乘积:

$$\iint\limits_D f_1(x) f_2(y) dx dy = \left[\int_a^b f_1(x) dx \right] \left[\int_c^d f_2(y) dy \right].$$

3. 化二重积分 $I = \iint\limits_D f(x,y) d\sigma$ 为二次积分(分别列出对两个变量先后次序不同的两个二次积分),其中 $f(x,y)$ 在 D 上连续,积分区域 D 是:

(1) 由直线 $y = x$ 与抛物线 $y^2 = 4x$ 所围成的闭区域；

(2) 由上半圆周 $y = \sqrt{a^2 - x^2}$ 与 x 轴所围成的闭区域($a > 0$)；

(3) 由抛物线 $y = x^2$ 与圆周 $x^2 + y^2 = 2$ 所围成的位于 x 轴上方的闭区域；

(4) 由直线 $y = -x, y = x$ 及 $y = 1$ 所围成的闭区域.

4. 改换下列二次积分的积分次序：

(1) $\int_0^1 dy \int_0^y f(x,y)dx$；　　(2) $\int_0^2 dy \int_{y^2}^{2y} f(x,y)dx$；

(3) $\int_1^e dx \int_0^{\ln x} f(x,y)dy$；　　(4) $\int_1^2 dx \int_{2-x}^{\sqrt{2x-x^2}} f(x,y)dy$；

(5) $\int_0^1 dy \int_{\frac{\sqrt{y}}{2}}^{\sqrt{y}} f(x,y)dx$；　　(6) $\int_0^2 dx \int_{\frac{x}{2}}^{3-x} f(x,y)dy$.

5. 设平面薄片占据的闭区域 D 由直线 $x + y = 3, y = x - 1$ 与 x 轴所围成，它的面密度 $\mu(x,y) = x^2 + y^2$，求该薄片的质量.

6. 计算下列立体的体积：

(1) 由四个平面 $x = 0, y = 0, x = 1, y = 1$ 所围成的柱体被平面 $z = 0$ 及 $2x + 3y + z = 6$ 截得的立体；

(2) 由平面 $x = 0, y = 0, x + y = 1$ 所围成的柱体被平面 $z = 0$ 及抛物面 $x^2 + y^2 = 6 - z$ 截得的立体.

7. 画出积分区域的图形，把二重积分 $\iint\limits_D f(x,y)dxdy$ 表示为极坐标系中的二次积分，其中积分区域 D 是：

(1) $\{(x,y) \mid x^2 + y^2 \leqslant a^2, x \geqslant 0,\ y \leqslant 0\}$　($a > 0$)；

(2) $\{(x,y) \mid x^2 + y^2 \leqslant 2x, y \geqslant 0\}$；

(3) $\left\{(x,y) \mid a^2 \leqslant x^2 + y^2 \leqslant b^2, x \leqslant y \leqslant \sqrt{3}x, x \geqslant 0\right\}$　($0 < a < b$)；

(4) $\{(x,y) \mid 0 \leqslant y \leqslant 1 - x,\ 0 \leqslant x \leqslant 1\}$.

8. 化下列二次积分为极坐标系中的二次积分：

(1) $\int_0^2 dx \int_x^{\sqrt{3}x} f(x,y)dy$；　　(2) $\int_0^1 dy \int_y^{\sqrt{2y-y^2}} f(x,y)dx$.

9. 把下列二次积分化为极坐标系中的二次积分，并且计算积分值：

(1) $\int_0^2 dx \int_0^{\sqrt{2x-x^2}} (x^2 + y^2)dy$；　　(2) $\int_0^1 dx \int_{x^2}^x \sqrt{x^2 + y^2}\,dy$.

10. 利用极坐标计算下列二重积分：

(1) $\iint\limits_D e^{x^2+y^2} d\sigma$，其中 $D = \{(x,y) \mid x^2 + y^2 \leqslant 4\}$；

(2) $\iint\limits_D \sqrt{x^2 + y^2}\, d\sigma$，其中 D 是由圆周 $x^2 + y^2 = 2y$ 与 y 轴所围成的位于第一象限内的闭区域；

(3) $\iint\limits_D \ln(1+x^2+y^2)\mathrm{d}\sigma$,其中 D 是由圆周 $x^2+y^2=1$ 与两坐标轴所围成的位于第一象限内的闭区域;

(4) $\iint\limits_D \arctan\frac{y}{x}\mathrm{d}\sigma$,其中 D 是由圆周 $x^2+y^2=2$ 与直线 $y=x$ 及 y 轴所围成的位于第一象限内的闭区域.

11. 选用适当的坐标计算下列二重积分:

(1) $\iint\limits_D \frac{x^2}{y^2}\mathrm{d}\sigma$,其中 D 是由直线 $x=2, y=x$ 与双曲线 $xy=1$ 所围成的闭区域;

(2) $\iint\limits_D xy\mathrm{d}\sigma$,其中 $D=\{(x,y)\mid x^2+y^2\leqslant 1, x+y\geqslant 1\}$;

(3) $\iint\limits_D \sqrt{\frac{1-x^2-y^2}{1+x^2+y^2}}\mathrm{d}\sigma$,其中 $D=\{(x,y)\mid x^2+y^2\leqslant 1, x\geqslant 0, y\geqslant 0\}$;

(4) $\iint\limits_D (x^2+y^2)\mathrm{d}\sigma$,其中 D 是由直线 $y=x, y=x+2, y=2$ 及 $y=6$ 所围成的闭区域.

12. 设平面薄片占据的闭区域 D 是由螺线 $\rho=2\theta$ 的一段弧($0\leqslant\theta\leqslant\frac{\pi}{2}$)与射线 $\theta=\frac{\pi}{2}$ 所围成,它的面密度 $\mu(x,y)=\sqrt{x^2+y^2}$,求该薄片的质量.

13. 计算下列平面图形的面积:

(1) 心形线 $\rho=1+\cos\theta$ 所围成的平面图形;

(2) 由心形线 $\rho=1+\cos\theta$ 与圆周 $\rho=3\cos\theta$ 所围成的位于心形线外的那部分平面图形.

(B)

1. 计算下列二重积分:

(1) $\iint\limits_D \mathrm{e}^{x+y}\mathrm{d}\sigma$,其中 $D=\{(x,y)\mid |x|+|y|\leqslant 1\}$;

(2) $\iint\limits_D x^2y\mathrm{d}\sigma$,其中 D 是由直线 $y=0, y=1$ 与双曲线 $x^2-y^2=1$ 所围成的闭区域;

(3) $\iint\limits_D xy^2\mathrm{d}\sigma$,其中 D 是由直线 $y=\frac{1}{2}x, y=2x$ 与双曲线 $xy=1, xy=2$ 所围成的位于第一象限内的闭区域;

(4) $\iint\limits_D \frac{\mathrm{d}\sigma}{\sqrt{4-x^2-y^2}}$,其中 $D=\{(x,y)\mid x^2+y^2\leqslant 2x\}$;

(5) $\iint\limits_D (x+2)\mathrm{d}\sigma$,其中 D 是由圆周 $x^2+y^2=4, x^2+y^2=2x$ 与 y 轴所围成的位于第一象限内的闭区域;

(6) $\iint\limits_D |x^2+y^2-2|\mathrm{d}\sigma$,其中 $D=\{(x,y)\mid x^2+y^2\leqslant 9\}$;

(7) $\iint\limits_D |\sin(x+y)|\mathrm{d}\sigma$,其中 $D=\{(x,y)\mid 0\leqslant x\leqslant\pi, 0\leqslant y\leqslant\pi\}$;

(8) $\iint\limits_D |x^2-y|\mathrm{d}\sigma$,其中 $D=\{(x,y)\mid -1\leqslant x\leqslant 1, 0\leqslant y\leqslant 1\}$.

2. 改换$\int_0^1 dx\int_{\sqrt{x}}^{1+\sqrt{1-x^2}} f(x,y)dy$的积分次序.

3. 设函数 $f(x)$ 在闭区间$[0,1]$上连续,证明:$\int_0^1 dy\int_0^y f(x)dx = \int_0^1 (1-x)f(x)dx$.

第三节　二重积分的应用

我们已经知道,曲顶柱体的体积、平面薄片的质量可以用二重积分来计算.在本节中,我们将把定积分应用中的元素法推广到二重积分的应用中,利用二重积分的元素法来讨论二重积分在几何、物理方面的其他一些应用.

如果所要计算的某个量 U 对于闭区域 D 具有可加性(即当闭区域 D 被分为若干部分区域时,所求的量 U 也相应地分为若干部分量,而 U 等于这些部分量之和),并且在闭区域 D 内任意取定一个直径很小的闭区域 $d\sigma$(它的面积也记为 $d\sigma$) 时,相应的部分量可以近似地表示为 $f(x,y)d\sigma$ 的形式,其中点(x,y) 在 $d\sigma$ 内,而 $f(x,y)$ 在 D 上连续,①那么,$f(x,y)d\sigma$ 称为所求量 U 的元素,而记为 dU.以它为被积表达式,在闭区域 D 上的二重积分$\iint\limits_D f(x,y)d\sigma$ 就是所求的量 U,即

$$U = \iint\limits_D f(x,y)d\sigma.$$

一、曲面的面积

设曲面 S 由方程 $z = f(x,y)$ 给出,闭区域 D 为曲面 S 在 xOy 面上的投影区域,函数 $f(x,y)$ 在 D 上具有连续偏导数 $f_x(x,y)$, $f_y(x,y)$. 现在要计算曲面 S 的面积 A.

在闭区域 D 上任取一直径很小的闭区域 $d\sigma$(其面积也记为 $d\sigma$). 在 $d\sigma$ 上取一点 $P(x,y)$, 对应地在曲面上有点 $M(x,y,f(x,y))$,点 M 在 xOy 面上的投影为点 P.点 M 处曲面 S 的切平面为 T(图 9-21). 以小闭区域 $d\sigma$ 的边界为准线作母线平行于 z 轴的柱面,这柱面在曲面 S 上截下一小片曲面,在切平面 T 上截下一小片平面. 由于 $d\sigma$ 的直径很小,切平面 T 上所截下的那小片平

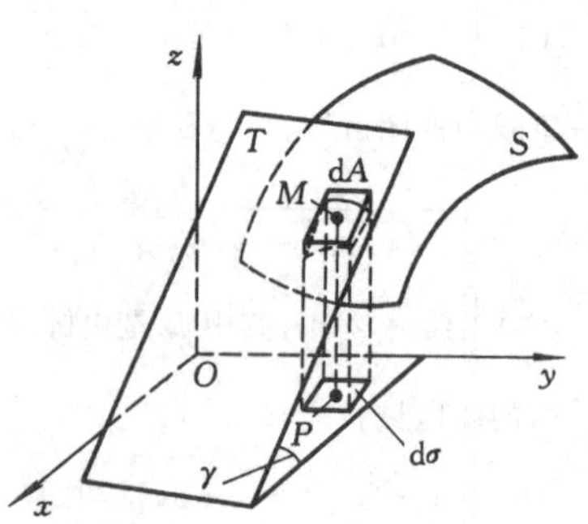

图 9-21

---

① 此时,$f(x,y)d\sigma$ 与相应的部分量之差当 $d\sigma$ 的直径趋于零时,必是比 $d\sigma$ 的面积高阶的无穷小.

面的面积 $\mathrm{d}A$ 可以近似地代替曲面 S 上所截下的那小片曲面的面积. 设点 M 处曲面 S 的指向朝上的法向量与 z 轴所成的角为 γ, 则切平面与 xOy 面所成的二面角也为 γ, 于是

$$\mathrm{d}A=\frac{\mathrm{d}\sigma}{\cos\gamma}.$$

因为点 M 处曲面 S 的指向朝上的法向量为

$$\boldsymbol{n}=\{-f_x(x,y),-f_y(x,y),1\},$$

从而

$$\cos\gamma=\frac{1}{\sqrt{1+f_x^2(x,y)+f_y^2(x,y)}},$$

所以

$$\mathrm{d}A=\sqrt{1+f_x^2(x,y)+f_y^2(x,y)}\,\mathrm{d}\sigma,$$

这就是曲面 S 的面积元素. 以它为被积表达式在闭区域 D 上积分, 得

$$A=\iint_D\sqrt{1+f_x^2(x,y)+f_y^2(x,y)}\,\mathrm{d}\sigma.$$

此式也可以写成

$$A=\iint_D\sqrt{1+\left(\frac{\partial z}{\partial x}\right)^2+\left(\frac{\partial z}{\partial y}\right)^2}\,\mathrm{d}x\mathrm{d}y,$$

这就是计算曲面 S 的面积的公式.

如果曲面的方程为 $x=g(y,z)$ 或 $y=h(z,x)$, 那么可以把曲面投影到 yOz 面上(其投影区域记为 D_{yz}) 或投影到 zOx 面上(其投影区域记为 D_{zx}), 类似地, 可得曲面的面积

$$A=\iint_{D_{yz}}\sqrt{1+\left(\frac{\partial x}{\partial y}\right)^2+\left(\frac{\partial x}{\partial z}\right)^2}\,\mathrm{d}y\mathrm{d}z$$

或

$$A=\iint_{D_{zx}}\sqrt{1+\left(\frac{\partial y}{\partial z}\right)^2+\left(\frac{\partial y}{\partial x}\right)^2}\,\mathrm{d}z\mathrm{d}x.$$

例 1 求旋转抛物面 $z=x^2+y^2$ 位于 $0\leqslant z\leqslant 2$ 之间的那部分曲面的面积.

解 该部分曲面在 xOy 面上的投影区域为

$$D=\{(x,y)\mid x^2+y^2\leqslant 2\},$$

又有 $\frac{\partial z}{\partial x}=2x$, $\frac{\partial z}{\partial y}=2y$, 于是, 根据曲面面积的计算公式, 该部分曲面的面积为

$$A=\iint_D\sqrt{1+(2x)^2+(2y)^2}\,\mathrm{d}x\mathrm{d}y.$$

利用极坐标来计算，得

$$A=\iint_D\sqrt{1+4\rho^2}\,\rho\mathrm{d}\rho\mathrm{d}\theta=\int_0^{2\pi}\mathrm{d}\theta\int_0^{\sqrt{2}}\sqrt{1+4\rho^2}\,\rho\mathrm{d}\rho$$

$$=2\pi\left[\frac{1}{12}(1+4\rho^2)^{3/2}\right]_0^{\sqrt{2}}=\frac{13}{3}\pi.$$

例 2 求半径为 a 的球的表面积.

解 设球面方程为 $x^2+y^2+z^2=a^2$. 我们先计算上半球面的面积. 上半球面的方程为 $z=\sqrt{a^2-x^2-y^2}$，它在 xOy 面上的投影区域为

$$D=\{(x,y)\mid x^2+y^2\leqslant a^2\}.$$

由

$$\frac{\partial z}{\partial x}=\frac{-x}{\sqrt{a^2-x^2-y^2}},\ \frac{\partial z}{\partial y}=\frac{-y}{\sqrt{a^2-x^2-y^2}},$$

得

$$\sqrt{1+\left(\frac{\partial z}{\partial x}\right)^2+\left(\frac{\partial z}{\partial y}\right)^2}=\frac{a}{\sqrt{a^2-x^2-y^2}},$$

所以，上半球面的面积为

$$\iint_D\frac{a}{\sqrt{a^2-x^2-y^2}}\mathrm{d}x\mathrm{d}y=\iint_D\frac{a}{\sqrt{a^2-\rho^2}}\rho\mathrm{d}\rho\mathrm{d}\theta=a\int_0^{2\pi}\mathrm{d}\theta\int_0^a\frac{\rho}{\sqrt{a^2-\rho^2}}\mathrm{d}\rho$$

$$=2\pi a\left[-(a^2-\rho^2)^{1/2}\right]_0^a=2\pi a^2,\text{①}$$

于是整个球面的面积为 $A=4\pi a^2$.

二、平面薄片的质心与转动惯量

设在 xOy 面上有 n 个质点，它们分别位于点 $(x_1,y_1),(x_2,y_2),\cdots,(x_n,y_n)$ 处，质量分别为 $m_1,m_2,\cdots,m_n$. 由力学知道，该质点系的质心坐标 $(\bar{x},\bar{y})$ 为

$$\bar{x}=\frac{M_y}{M}=\frac{\sum\limits_{i=1}^n m_ix_i}{\sum\limits_{i=1}^n m_i},\quad \bar{y}=\frac{M_x}{M}=\frac{\sum\limits_{i=1}^n m_iy_i}{\sum\limits_{i=1}^n m_i},$$

其中，$M=\sum\limits_{i=1}^n m_i$ 为该质点系的总质量，而 $M_x=\sum\limits_{i=1}^n m_iy_i$，$M_y=\sum\limits_{i=1}^n m_ix_i$ 分别为

---

① 由于被积函数 $\frac{a}{\sqrt{a^2-x^2-y^2}}$ 在闭区域 D 上无界，所以，这里的 $\iint_D\frac{a}{\sqrt{a^2-x^2-y^2}}\mathrm{d}x\mathrm{d}y$ 事实上是所谓的广义二重积分. 但是，现在可以把它当作通常的二重积分来计算，与严格地按广义二重积分的概念来讨论所得出的结果是一致的.

该质点系对 x 轴、对 y 轴的静矩.

设有一平面薄片，占有 xOy 面上的闭区域 D，在点 (x,y) 处的面密度为 $\mu(x,y)$. 假定 $\mu(x,y)$ 在 D 上连续，我们来确定该平面薄片质心的坐标.

在闭区域 D 上任取一直径很小的闭区域 $\mathrm{d}\sigma$（其面积也记为 $\mathrm{d}\sigma$），点 (x,y) 属于 $\mathrm{d}\sigma$. 由于 $\mathrm{d}\sigma$ 的直径很小，且 $\mu(x,y)$ 在 D 上连续，所以，薄片中相应于 $\mathrm{d}\sigma$ 的这部分的质量近似等于 $\mu(x,y)\mathrm{d}\sigma$，并且这部分质量可以近似地看作集中在点 (x,y) 上，于是可以写出静矩元素 $\mathrm{d}M_y$ 及 $\mathrm{d}M_x$ 分别为

$$\mathrm{d}M_y = x\mu(x,y)\mathrm{d}\sigma, \quad \mathrm{d}M_x = y\mu(x,y)\mathrm{d}\sigma.$$

以这些元素为被积表达式在闭区域 D 上积分，便得静矩

$$M_y = \iint_D x\mu(x,y)\mathrm{d}\sigma, \quad M_x = \iint_D y\mu(x,y)\mathrm{d}\sigma.$$

又由第一节知道，该平面薄片的质量为 $M = \iint_D \mu(x,y)\mathrm{d}\sigma$，于是就得到该平面薄片的质心坐标 $(\bar{x},\bar{y})$ 为

$$\bar{x} = \frac{M_y}{M} = \frac{\iint_D x\mu(x,y)\mathrm{d}\sigma}{\iint_D \mu(x,y)\mathrm{d}\sigma}, \quad \bar{y} = \frac{M_x}{M} = \frac{\iint_D y\mu(x,y)\mathrm{d}\sigma}{\iint_D \mu(x,y)\mathrm{d}\sigma}.$$

如果薄片是均匀的，即面密度为常量，那么，在上式中可以把常量 μ 提到积分号的外面，且从分子、分母中约去它们，这样就得到均匀薄片的质心坐标 $(\bar{x},\bar{y})$ 为

$$\bar{x} = \frac{1}{A}\iint_D x\,\mathrm{d}\sigma, \quad \bar{y} = \frac{1}{A}\iint_D y\,\mathrm{d}\sigma,$$

其中，$A = \iint_D \mathrm{d}\sigma$ 为闭区域 D 的面积. 这时，薄片的质心完全由它所占据的闭区域 D 的形状所确定. 我们称均匀薄片的质心为这平面薄片所占据的平面图形的形心.

设在 xOy 面上分布有本目开始时给出的质点系，又设 l 是 xOy 面上的一条定直线，记点 (x_i,y_i) 到直线 l 的距离为 $d_i(i=1,2,\cdots,n)$，则由力学知道，该质点系对于直线 l 的转动惯量为

$$I_l = \sum_{i=1}^{n} d_i^2 m_i.$$

对于占据 xOy 面上的闭区域 D、在点 (x,y) 处的面密度为 $\mu(x,y)$（假定 $\mu(x,y)$ 在 D 上连续）的平面薄片，应用元素法，经过类似的分析，可以得到它对

于 xOy 面上的定直线 l 的转动惯量为

$$I_l = \iint_D d^2(x,y)\mu(x,y)\mathrm{d}\sigma,$$

其中 $d(x,y)$ 为属于 D 的点 (x,y) 到直线 l 的距离(它显然是 D 上的连续函数).特别地,如果定直线 l 分别为 x 轴及 y 轴,那么就得到该平面薄片对于 x 轴及对于 y 轴的转动惯量依次为

$$I_x = \iint_D y^2\mu(x,y)\mathrm{d}\sigma,\quad I_y = \iint_D x^2\mu(x,y)\mathrm{d}\sigma.$$

例 3 求位于两圆 $\rho = 2\sin\theta$ 与 $\rho = 4\sin\theta$ 之间的均匀薄片(面密度为常量 μ)的质心及它分别对于 x 轴、y 轴的转动惯量(图 9-22).

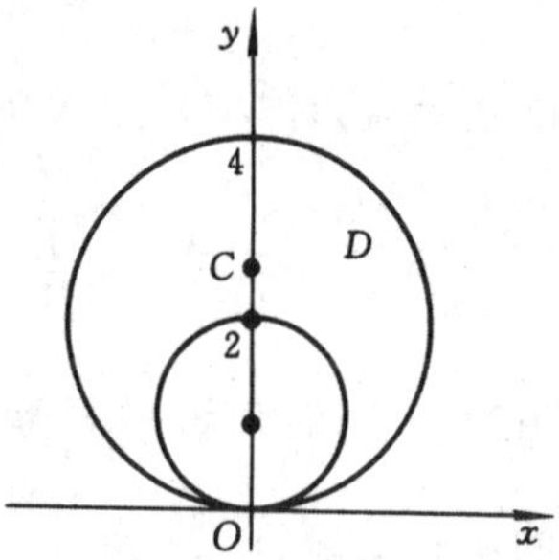

图 9-22

解 记两圆所围成的区域为 D.因为 D 关于 y 轴对称,又由于占据 D 的平面薄片是均匀的,所以薄片的质心 $C(\bar{x},\bar{y})$ 必位于 y 轴上,于是 $\bar{x} = 0$.

显然,D 的面积 A 为两圆面积之差,故 $A = 3\pi$.再利用极坐标来计算二重积分 $\iint_D y\,\mathrm{d}\sigma$,有

$$\begin{aligned}\iint_D y\,\mathrm{d}\sigma &= \iint_D \rho\sin\theta\rho\,\mathrm{d}\rho\mathrm{d}\theta = \int_0^\pi \sin\theta\mathrm{d}\theta\int_{2\sin\theta}^{4\sin\theta}\rho^2\,\mathrm{d}\rho\\ &= \frac{56}{3}\int_0^\pi \sin^4\theta\mathrm{d}\theta = \frac{112}{3}\int_0^{\frac{\pi}{2}}\sin^4\theta\mathrm{d}\theta\\ &= \frac{112}{3}\times\frac{3}{4}\times\frac{1}{2}\times\frac{\pi}{2} = 7\pi.\end{aligned}$$

因此

$$\bar{y} = \frac{1}{A}\iint_D y\,\mathrm{d}\sigma = \frac{7\pi}{3\pi} = \frac{7}{3},$$

即得所求质心为 $C\left(0,\frac{7}{3}\right)$.

该均匀薄片对于 x 轴及 y 轴的转动惯量依次为

$$\begin{aligned}I_x &= \iint_D y^2\mu\mathrm{d}\sigma = \mu\iint_D \rho^2\sin^2\theta\rho\,\mathrm{d}\rho\mathrm{d}\theta\\ &= \mu\int_0^\pi \sin^2\theta\mathrm{d}\theta\int_{2\sin\theta}^{4\sin\theta}\rho^3\,\mathrm{d}\rho = 60\mu\int_0^\pi \sin^6\theta\mathrm{d}\theta\\ &= 120\mu\int_0^{\frac{\pi}{2}}\sin^6\theta\mathrm{d}\theta = \frac{75}{4}\pi\mu = \frac{25}{4}M;\end{aligned}$$

$$I_y = \iint_D x^2 \mu \mathrm{d}\sigma = \mu \iint_D \rho^2 \cos^2 \theta \rho \mathrm{d}\rho \mathrm{d}\theta$$

$$= \mu \int_0^{\pi} \cos^2 \theta \mathrm{d}\theta \int_{2\sin\theta}^{4\sin\theta} \rho^3 \mathrm{d}\rho = 60\mu \int_0^{\pi} \cos^2 \theta \sin^4 \theta \mathrm{d}\theta$$

$$= 120\mu \int_0^{\frac{\pi}{2}} (1 - \sin^2 \theta) \sin^4 \theta \mathrm{d}\theta$$

$$= 120\mu \left(\int_0^{\frac{\pi}{2}} \sin^4 \theta \mathrm{d}\theta - \int_0^{\frac{\pi}{2}} \sin^6 \theta \mathrm{d}\theta \right) = \frac{15}{4}\pi\mu = \frac{5}{4}M,$$

其中，$M = 3\pi\mu$ 为均匀薄片的质量.

例 4 设均匀半圆薄片(面密度为常量 μ)占据 xOy 面上的闭区域 $D = \{(x,y) \mid x^2 + y^2 \leqslant a^2, y \geqslant 0\}(a > 0)$，直线 l 过原点 O 且倾角为 α，求薄片对于直线 l 的转动惯量(图 9-23).

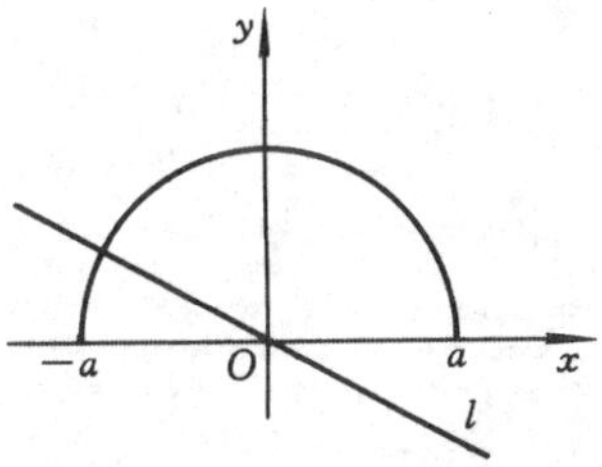

图 9-23

解 当倾角 $\alpha = \frac{\pi}{2}$ 时，所求的转动惯量为薄片对于 y 轴的转动惯量 I_y：

$$I_y = \iint_D x^2 \mu \mathrm{d}\sigma = \mu \iint_D \rho^2 \cos^2 \theta \rho \mathrm{d}\rho \mathrm{d}\theta = \mu \int_0^{\pi} \cos^2 \theta \mathrm{d}\theta \int_0^a \rho^3 \mathrm{d}\rho$$

$$= \mu \int_0^{\pi} \frac{1 + \cos 2\theta}{2} \mathrm{d}\theta \int_0^a \rho^3 \mathrm{d}\rho$$

$$= \mu \cdot \frac{\pi}{2} \cdot \frac{a^4}{4} = \frac{1}{4} M a^2,$$

其中，$M = \frac{1}{2}\pi a^2 \mu$ 为半圆薄片的质量.

当倾角 $\alpha \neq \frac{\pi}{2}$ 时，直线 l 的方程为 $y = x\tan\alpha$，点 (x,y) 到直线 l 的距离为

$$d(x,y) = \frac{|x\tan\alpha - y|}{\sqrt{1 + \tan^2 \alpha}},$$

所以所求的转动惯量为

$$I_l = \iint_D d^2(x,y) \mu \mathrm{d}\sigma = \frac{\mu}{1 + \tan^2 \alpha} \iint_D (x^2 \tan^2 \alpha - 2xy\tan\alpha + y^2) \mathrm{d}\sigma$$

$$= \mu \sin^2 \alpha \iint_D x^2 \mathrm{d}\sigma - \mu \sin 2\alpha \iint_D xy \mathrm{d}\sigma + \mu \cos^2 \alpha \iint_D y^2 \mathrm{d}\sigma.$$

因为上面已经计算得 $\mu\iint\limits_D x^2 d\sigma = \frac{1}{4}Ma^2$，又有

$$\mu\iint\limits_D y^2 d\sigma = \mu\iint\limits_D \rho^2\sin^2\theta\rho d\rho d\theta = \mu\int_0^\pi \sin^2\theta d\theta\int_0^a \rho^3 d\rho$$

$$= \mu\int_0^\pi \frac{1-\cos 2\theta}{2} d\theta\int_0^a \rho^3 d\rho$$

$$= \mu\cdot\frac{\pi}{2}\cdot\frac{a^4}{4} = \frac{1}{4}Ma^2,$$

$$\iint\limits_D xy d\sigma = \iint\limits_D \rho^2\sin\theta\cos\theta\rho d\rho d\theta$$

$$= \int_0^\pi \sin\theta\cos\theta d\theta\int_0^a \rho^3 d\rho$$

$$= \frac{a^4}{4}\int_0^\pi \frac{1}{2}\sin 2\theta d\theta = 0,$$

所以最后得到

$$I_l = \frac{1}{4}Ma^2(\sin^2\alpha + \cos^2\alpha) = \frac{1}{4}Ma^2,$$

其中，$M = \frac{1}{2}\pi a^2\mu$ 为半圆薄片的质量.

习　题　9-3

(A)

1. 求上半球面 $z = \sqrt{a^2 - x^2 - y^2}$ 含在圆柱面 $x^2 + y^2 = ax$ 内部的那部分曲面的面积.

2. 求圆锥面 $z = \sqrt{x^2 + y^2}$ 被柱面 $z^2 = 2x$ 所割下的那部分曲面的面积.

3. 求抛物柱面 $z = \frac{1}{2}x^2$ 含在由平面 $x = 1, y = 0$ 及 $y = x$ 所围成的柱体内部的那部分曲面的面积.

4. 求下列平面图形 D 的形心：

(1) D 由抛物线 $y = \sqrt{2x}$ 与直线 $x = 1, y = 0$ 所围成；

(2) D 由心形线 $\rho = 1 + \cos\theta$ 所围成；

(3) D 由右半椭圆 $\frac{x^2}{a^2} + \frac{y^2}{b^2} = 1 (x \geqslant 0)$ 与 y 轴所围成.

5. 圆盘 $x^2 + y^2 \leqslant 2ax (a > 0)$ 内各点处的面密度 $\mu(x,y) = \sqrt{x^2 + y^2}$，求此圆盘的质心.

6. 设有一等腰直角三角形薄片，腰长为 a，各点处的面密度等于该点到直角顶点的距离的平方，求此薄片的质心.

7. 设有顶角为 2α、半径为 R 的扇形薄片，各点处的面密度等于该点到扇形顶点的距离的平方，求此薄片的质心.

8. 设均匀薄片（面密度为常量 μ）占据的闭区域 D 如下，求指定的转动惯量：

(1) $D=\left\{(x,y)\,\middle|\,\dfrac{x^2}{a^2}+\dfrac{y^2}{b^2}\leqslant 1\right\}$，求 I_y 及 I_l，其中 l 是过原点且倾角为 α 的直线；

(2) $D=\{(x,y)\mid 0\leqslant x\leqslant a,0\leqslant y\leqslant b\}$，求 I_x，I_y 及 I_l，其中 l 是过原点与点 (a,b) 的对角线.

(B)

1. 求底圆半径相等的两个直交圆柱面 $x^2+y^2=R^2$ 与 $x^2+z^2=R^2$ 所围成的立体的表面积（立体的图形参见图 9-14）.

2. 求抛物柱面 $z=\dfrac{1}{2}x^2$ 含在由平面 $x=-1$，$x=1$，$y=0$ 及 $y=1$ 所围成的柱体内部的那部分曲面的面积.

3. 设均匀平面薄片占据的闭区域为 $D=\left\{(x,y)\mid x^2+y^2\leqslant x,x^2+y^2\geqslant \dfrac{x}{2},y\geqslant x\right\}$，求此薄片的质心.

4. 在半径为 a 的均匀半圆形薄片的直径上，要接上一个一边与直径等长的同样材料的均匀矩形薄片，为使整个均匀薄片的质心恰在圆心上，问接上去的矩形均匀薄片的另一边的长度应是多少？

5. 面密度为常量 μ 的均匀薄片占据 xOy 面上双纽线 $(x^2+y^2)^2=x^2-y^2$ 右叶所围成的闭区域，求此薄片对于 x 轴及 y 轴的转动惯量.

6. 设均匀平面薄片（面密度为常量 μ）占据闭区域 $D=\{(x,y)\mid x^2+y^2\leqslant 1,x\geqslant 0,y\geqslant 0\}$，直线 l 的方程为 $x\sin\varphi-y\cos\varphi=0$，求此薄片对于直线 l 的转动惯量.

第四节　三重积分

一、三重积分的概念与性质

可以很自然地得到三重积分的定义如下：

定义　**设 $f(x,y,z)$ 是空间有界闭区域 Ω 上的有界函数. 将 Ω 任意划分为 n 个小闭区域**

$$\Delta v_1,\Delta v_2,\cdots,\Delta v_n,$$

其中 Δv_i 既表示第 i 个小闭区域，也表示它的体积. 在每个 Δv_i 上任取一点 (ξ_i,η_i,ζ_i)，作乘积 $f(\xi_i,\eta_i,\zeta_i)\Delta v_i\ (i=1,2,\cdots,n)$，并作和 $\sum\limits_{i=1}^{n}f(\xi_i,\eta_i,\zeta_i)\Delta v_i$. 如果当各小闭区域的直径中的最大值 λ 趋于零时，这个和的极限存在，那么称此极限为函数 $f(x,y,z)$ 在闭区域 Ω 上的三重积分，记为 $\iiint\limits_{\Omega}f(x,y,z)\mathrm{d}v$，即

$$\iiint_{\Omega} f(x,y,z)\mathrm{d}v = \lim_{\lambda \to 0} \sum_{i=1}^{n} f(\xi_i,\eta_i,\zeta_i)\Delta v_i, \tag{1}$$

其中，$\mathrm{d}v$ 称为体积元素.

二重积分定义中的其他一些术语，如被积函数、积分区域等，都可以相应地沿用到三重积分上. 三重积分定义中“这个和的极限存在”的含义亦与二重积分定义中同一语的含义相同.

在直角坐标系中，如果用平行于坐标面的平面来划分 Ω，那么，除了包含 Ω 的边界点的一些不规则的小闭区域外，得到的小闭区域 Δv_i 为长方体. 设长方体小闭区域 Δv_i 的边长为 $\Delta x,\Delta y,\Delta z$，则 $\Delta v_i = \Delta x\Delta y\Delta z$. 因此，在直角坐标系中，有时也把体积元素 $\mathrm{d}v$ 记为 $\mathrm{d}x\mathrm{d}y\mathrm{d}z$，而把三重积分记为

$$\iiint_{\Omega} f(x,y,z)\mathrm{d}x\mathrm{d}y\mathrm{d}z,$$

其中，$\mathrm{d}x\mathrm{d}y\mathrm{d}z$ 称为直角坐标系中的体积元素.

当函数 $f(x,y,z)$ 在闭区域 Ω 上连续时，式(1) 右端的和的极限必定存在，即函数 $f(x,y,z)$ 在闭区域 Ω 上的三重积分必定存在. 以后我们总是假定函数 $f(x,y,z)$ 在闭区域 Ω 上连续. 此外，三重积分的性质也与第一节第二目中所叙述的二重积分的性质类似，这里就不再重复了.

如果 $\mu(x,y,z)$ 表示占据空间闭区域 Ω 的物体在点 (x,y,z) 处的密度，且 $\mu(x,y,z)$ 在 Ω 上 连续，那么，类似于对平面薄片质量的讨论，我们可以得到该物体的质量为

$$M = \iiint_{\Omega} \mu(x,y,z)\mathrm{d}v.$$

另外，由三重积分的定义不难看出闭区域 Ω 的体积为

$$V = \iiint_{\Omega} \mathrm{d}v,$$

这里，$\iiint\limits_{\Omega}\mathrm{d}v$ 是被积函数 $f(x,y,z) \equiv 1$ 时三重积分 $\iiint\limits_{\Omega} 1\mathrm{d}v$ 的常用简便记号.

二、三重积分的计算法

计算三重积分的基本方法是把三重积分化为三次积分来计算. 现在依次给出在不同的坐标系中化三重积分为三次积分的方法.

1. 利用直角坐标计算三重积分

我们先考虑有如下几何特征的闭区域 Ω：平行于 z 轴且穿过 Ω 内部的直线与

Ω 的边界曲面 S 之交点为两个. 把这种闭区域 Ω 投影到 xOy 面上,得到一个平面闭区域 D_{xy}. 以 D_{xy} 的边界为准线作母线平行于 z 轴的柱面,这柱面与曲面 S 的交线就从 S 中分出上、下两部分曲面来,它们的方程分别为

$$S_1:\quad z=z_1(x,y),\quad S_2:\quad z=z_2(x,y).$$

假定 $z_1(x,y),z_2(x,y)$ 都是 D_{xy} 上的连续函数,且不妨设 $z_1(x,y)\leqslant z_2(x,y)$. 这时候,对于 D_{xy} 内的任一点 (x,y),过该点且平行于 z 轴的直线必然通过曲面 S_1 穿入 Ω 的内部,然后又通过曲面 S_2 而穿出 Ω 的内部,穿入、穿出的点的竖坐标分别是 $z_1(x,y),z_2(x,y)$(图 9-24). 这样,积分区域 Ω 可以表示为

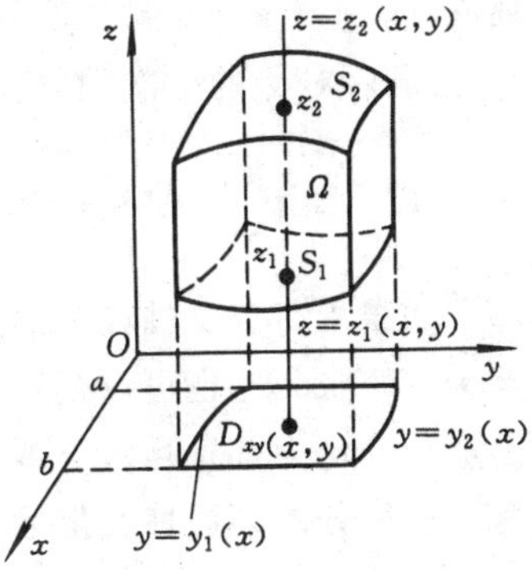

图 9-24

$$\Omega=\{(x,y,z)\mid z_1(x,y)\leqslant z\leqslant z_2(x,y),(x,y)\in D_{xy}\}.$$

我们先把 x,y 看作定值,将 $f(x,y,z)$ 看作只是 z 的函数,在区间 $[z_1(x,y),z_2(x,y)]$ 上对 z 作定积分,积分的结果事实上成为 D_{xy} 上 x,y 的函数,记为 $F(x,y)$,即

$$F(x,y)=\int_{z_1(x,y)}^{z_2(x,y)}f(x,y,z)\mathrm{d}z.$$

然后计算 $F(x,y)$ 在 D_{xy} 上的二重积分,其结果就是三重积分 $\iiint\limits_{\Omega}f(x,y,z)\mathrm{d}v$,即

$$\iiint\limits_{\Omega}f(x,y,z)\mathrm{d}v=\iint\limits_{D_{xy}}F(x,y)\mathrm{d}x\mathrm{d}y=\iint\limits_{D_{xy}}\left[\int_{z_1(x,y)}^{z_2(x,y)}f(x,y,z)\mathrm{d}z\right]\mathrm{d}x\mathrm{d}y,$$

此式右端这个先对 z 的单积分、后对 x 与 y 的二重积分也常记为

$$\iint\limits_{D_{xy}}\mathrm{d}x\mathrm{d}y\int_{z_1(x,y)}^{z_2(x,y)}f(x,y,z)\mathrm{d}z.$$

因此,上式也可写成

$$\iiint\limits_{\Omega}f(x,y,z)\mathrm{d}v=\iint\limits_{D_{xy}}\mathrm{d}x\mathrm{d}y\int_{z_1(x,y)}^{z_2(x,y)}f(x,y,z)\mathrm{d}z.$$

在当前的条件下,将三重积分化为先对变量 z 的单积分、后对 x 与 y 的二重积分,是计算三重积分的关键一步. 如果闭区域 D_{xy} 又可以表示为

$$D_{xy}=\{(x,y)\mid y_1(x)\leqslant y\leqslant y_2(x),a\leqslant x\leqslant b\},$$

那么，再把对 x 与 y 的二重积分化为二次积分，最终得到三重积分化为先对 z、次对 y、最后对 x 的三次积分的一个计算公式如下：

$$\iiint_{\Omega} f(x,y,z)\mathrm{d}v = \int_a^b \mathrm{d}x \int_{y_1(x)}^{y_2(x)} \mathrm{d}y \int_{z_1(x,y)}^{z_2(x,y)} f(x,y,z)\mathrm{d}z. \tag{2}$$

如果平行于 x 轴或 y 轴且穿过闭区域 Ω 内部的直线与 Ω 的边界曲面 S 之交点为两个，那么，也可以把 Ω 投影到 yOz 面或 zOx 面上，这样，完全类似地可以把三重积分化为首先是对 x 或对 y 的按其他顺序的三次积分. 现在讨论的这种计算三重积分的方法称为坐标面投影法或先一后二法.

如果平行于坐标轴且穿过闭区域 Ω 内部的直线与 Ω 的边界曲面 S 的交点多于两个，那么，也可以像处理二重积分那样，把 Ω 分为若干部分，使每一部分上可以使用上述方法来计算该部分上的三重积分，而 Ω 上的三重积分便是各部分上三重积分之和.

例 1 计算三重积分 $\iiint_{\Omega} x\,\mathrm{d}x\mathrm{d}y\mathrm{d}z$，其中 Ω 为三个坐标面及平面 $x+2y+z=1$ 所围成的闭区域.

解 作出闭区域 Ω 的图形如图 9-25 所示.

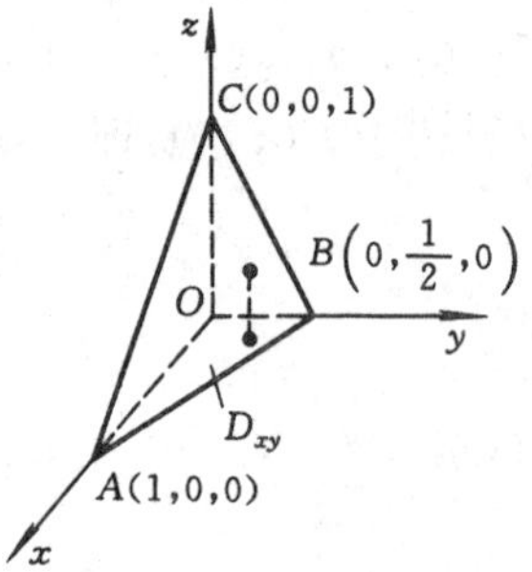

图 9-25

将 Ω 投影到 xOy 面上，所得投影区域 D_{xy} 为三角形闭区域 OAB. 直线 OA，OB 及 AB 的方程依次为 $y=0$，$x=0$ 及 $x+2y=1$，所以

$$D_{xy} = \{(x,y) \mid 0 \leqslant y \leqslant \frac{1}{2}(1-x), 0 \leqslant x \leqslant 1\}.$$

在 D_{xy} 内任取一点 (x,y)，过该点作平行于 z 轴的直线，该直线通过平面 $z=0$ 穿入 Ω 内部，然后通过平面 $z=1-x-2y$ 穿出 Ω 外，即 Ω 可表示为

$$\Omega = \{(x,y,z) \mid 0 \leqslant z \leqslant 1-x-2y, (x,y) \in D_{xy}\}.$$

于是，由公式(2) 得

$$\begin{aligned}\iiint_{\Omega} x\,\mathrm{d}x\mathrm{d}y\mathrm{d}z &= \int_0^1 \mathrm{d}x \int_0^{\frac{1}{2}(1-x)} \mathrm{d}y \int_0^{(1-x-2y)} x\,\mathrm{d}z \\ &= \int_0^1 x\,\mathrm{d}x \int_0^{\frac{1}{2}(1-x)} (1-x-2y)\mathrm{d}y \\ &= \frac{1}{4}\int_0^1 x(1-x)^2\mathrm{d}x = \frac{1}{48}.\end{aligned}$$

有时候，还可以把三重积分化为先对某两个变量的二重积分、后对第三个变

量的定积分.例如,设闭区域Ω恰介于平面$z=c_1$与$z=c_2$之间$(c_1<c_2)$,对于任意取定的$z, c_1\leqslant z\leqslant c_2$,过点$(0,0,z)$且平行于$xOy$面的平面截$\Omega$,得到一个平面闭区域$D_z$(图9-26),其中的点的竖坐标都同为$z$.这样,$\Omega$也可以表示为

$$\Omega=\{(x,y,z)\mid(x,y)\in D_z, c_1\leqslant z\leqslant c_2\},$$

而对于三重积分$\iiint\limits_{\Omega}f(x,y,z)\mathrm{d}v$,则有

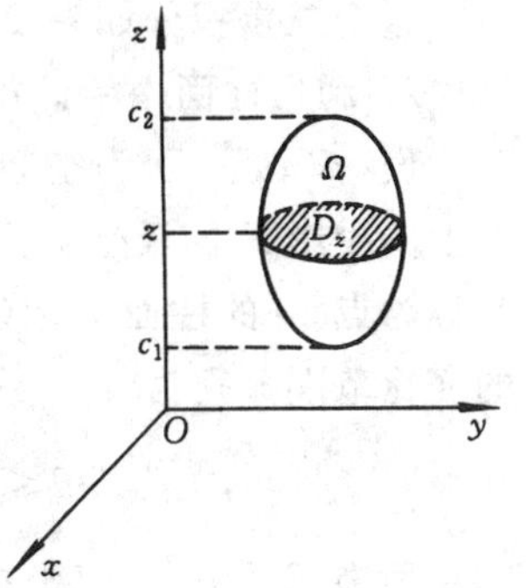

图 9-26

$$\begin{aligned}\iiint\limits_{\Omega}f(x,y,z)\mathrm{d}v&=\int_{c_1}^{c_2}\left[\iint\limits_{D_z}f(x,y,z)\mathrm{d}x\mathrm{d}y\right]\mathrm{d}z\\&=\int_{c_1}^{c_2}\mathrm{d}z\iint\limits_{D_z}f(x,y,z)\mathrm{d}x\mathrm{d}y.\end{aligned}\tag{3}$$

这种计算三重积分的方法称为截面法或先二后一法.

例 2 计算三重积分$\iiint\limits_{\Omega}z^2\mathrm{d}x\mathrm{d}y\mathrm{d}z$,其中$\Omega$是由椭球面$\dfrac{x^2}{a^2}+\dfrac{y^2}{b^2}+\dfrac{z^2}{c^2}=1$所围成的空间闭区域.

解 通过z轴上介于点$(0,0,-c)$与$(0,0,c)$之间的任意一点$(0,0,z_0)$而平行于xOy面的平面截椭球面得一椭圆$\begin{cases}\dfrac{x^2}{a^2}+\dfrac{y^2}{b^2}=1-\dfrac{z_0^2}{c^2},\\ z=z_0,\end{cases}$故截$\Omega$所得的平面闭区域为$D_{z_0}=\left\{(x,y)\,\middle|\,\dfrac{x^2}{a^2}+\dfrac{y^2}{b^2}\leqslant1-\dfrac{z_0^2}{c^2}\right\}$.因此,$\Omega$可表示为

$$\Omega=\left\{(x,y,z)\,\middle|\,\frac{x^2}{a^2}+\frac{y^2}{b^2}\leqslant1-\frac{z^2}{c^2},-c\leqslant z\leqslant c\right\},$$

如图9-27所示.

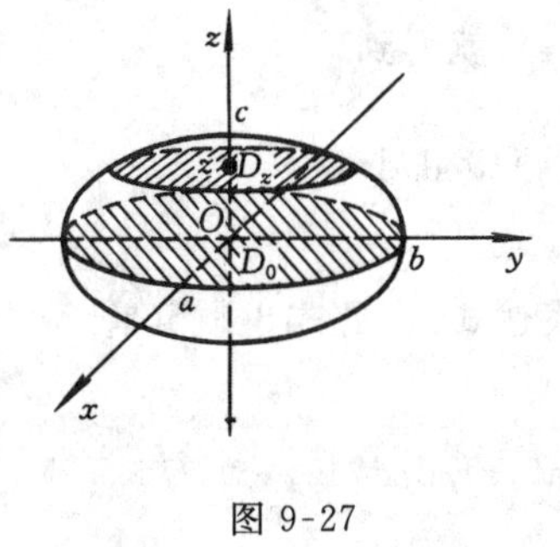

图 9-27

注意到$\iint\limits_{D_z}\mathrm{d}x\mathrm{d}y=D_z$的面积$=\pi ab\left(1-\dfrac{z^2}{c^2}\right)$,由公式(3)即得

$$\begin{aligned}\iiint\limits_{\Omega}z^2\mathrm{d}x\mathrm{d}y\mathrm{d}z&=\int_{-c}^{c}z^2\mathrm{d}z\iint\limits_{D_z}\mathrm{d}x\mathrm{d}y\\&=\pi ab\int_{-c}^{c}\left(1-\frac{z^2}{c^2}\right)z^2\mathrm{d}z=\frac{4}{15}\pi abc^3.\end{aligned}$$

这个三重积分如果要用投影法来计算，那将是极为麻烦的.

2. 利用柱面坐标计算三重积分

设 $M(x,y,z)$ 为空间内一点，并设点 M 在 xOy 面上的投影 P 的极坐标为 ρ,θ，则这样三个数 ρ,θ,z 就称为点 M 的柱面坐标(图 9-28)，这里规定 ρ,θ,z 的变化范围分别为

$$0 \leqslant \rho < +\infty, \quad 0 \leqslant \theta \leqslant 2\pi, \quad -\infty < z < +\infty.$$

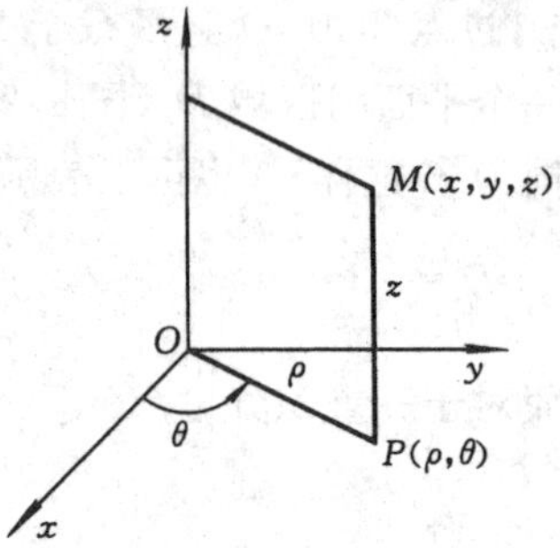

图 9-28

在柱面坐标系中，三组坐标面分别为

$\rho =$ 常数，即以 z 轴为轴的圆柱面；

$\theta =$ 常数，即过 z 轴的半平面；

$z =$ 常数，即平行于 xOy 面的平面.

显然，点 M 的直角坐标与柱面坐标间的关系为

$$\begin{cases} x = \rho\cos\theta, \\ y = \rho\sin\theta, \\ z = z. \end{cases} \tag{4}$$

现在要得到三重积分 $\iiint\limits_{\Omega} f(x,y,z)\mathrm{d}v$ 在柱面坐标系中的表达式. 为此，我们用柱面坐标系中的三组坐标面来划分积分区域 Ω. 划分所得的小闭区域中除了含 Ω 的边界点的一些不规则的小闭区域外，都是柱体. 今考虑由 ρ,θ,z 各自取得微小增量 $\mathrm{d}\rho,\mathrm{d}\theta,\mathrm{d}z$ 之后所成的小柱体(图 9-29)的体积. 小柱体的高为 $\mathrm{d}z$，底的面积在不计高阶无穷小时为 $\rho\mathrm{d}\rho\mathrm{d}\theta$(即极坐标系中的面积元素)，故得

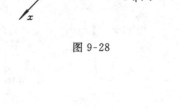

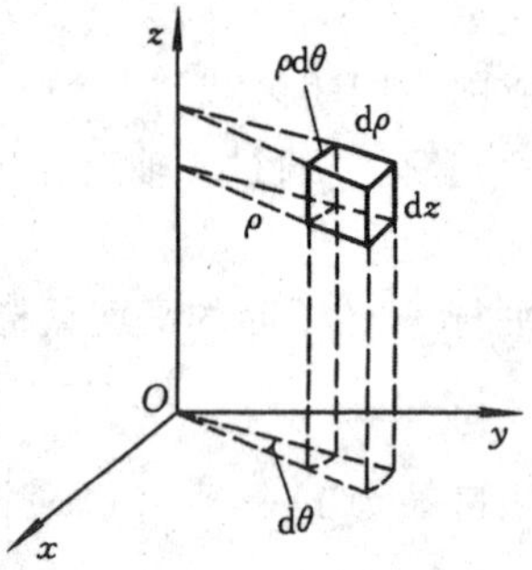

图 9-29

$$\mathrm{d}v = \rho\mathrm{d}\rho\mathrm{d}\theta\mathrm{d}z,$$

这就是柱面坐标系中的体积元素. 再注意到关系式(4)，就得到

$$\iiint\limits_{\Omega} f(x,y,z)\mathrm{d}v = \iiint\limits_{\Omega} f(\rho\cos\theta,\rho\sin\theta,z)\rho\mathrm{d}\rho\mathrm{d}\theta\mathrm{d}z,$$

这就是三重积分 $\iiint\limits_{\Omega} f(x,y,z)\mathrm{d}v$ 在柱面坐标系中的表达式. 由此式也就又有

$$\iiint\limits_{\Omega} f(x,y,z)\mathrm{d}x\mathrm{d}y\mathrm{d}z = \iiint\limits_{\Omega} f(\rho\cos\theta,\rho\sin\theta,z)\rho\mathrm{d}\rho\mathrm{d}\theta\mathrm{d}z,$$

这就是把三重积分的变量从直角坐标变换为柱面坐标的公式.

变量转变为柱面坐标后的三重积分仍然是化为三次积分来计算的. 化为三次积分时,积分限根据 ρ,θ,z 在积分区域 Ω 中的变动范围来确定. 至于是否需要利用柱面坐标来计算三重积分,主要取决于积分区域 Ω 的特征(也要兼顾被积函数的特征). 下面通过例子来说明.

例 3 利用柱面坐标计算三重积分 $\iiint\limits_{\Omega} z\,\mathrm{d}x\mathrm{d}y\mathrm{d}z$, 其中 Ω 是由上半球面 $z=\sqrt{1-x^2-y^2}$ 与平面 $z=0$ 所围成的闭区域.

解 把闭区域 Ω 投影到 xOy 面上,得到圆心在原点 O、半径为 1 的圆形闭区域 $D_{xy}=\{(\rho,\theta)\mid 0\leqslant\rho\leqslant 1,0\leqslant\theta\leqslant 2\pi\}$. 在 D_{xy} 内任取一点 (ρ,θ), 过此点作平行于 z 轴的直线, 此直线通过平面 $z=0$ 穿入 Ω 内, 然后通过上半球面 $z=\sqrt{1-\rho^2}$ 穿出 Ω 外. 因此, Ω 可以简单地表示为

$$\Omega=\left\{(\rho,\theta,z)\,\middle|\,0\leqslant z\leqslant\sqrt{1-\rho^2},0\leqslant\rho\leqslant 1,0\leqslant\theta\leqslant 2\pi\right\}.$$

于是有

$$\begin{aligned}\iiint\limits_{\Omega} z\,\mathrm{d}x\mathrm{d}y\mathrm{d}z&=\iiint\limits_{\Omega} z\rho\,\mathrm{d}\rho\mathrm{d}\theta\mathrm{d}z=\int_0^{2\pi}\mathrm{d}\theta\int_0^1\rho\mathrm{d}\rho\int_0^{\sqrt{1-\rho^2}}z\mathrm{d}z\\&=\frac{1}{2}\int_0^{2\pi}\mathrm{d}\theta\int_0^1\rho(1-\rho^2)\mathrm{d}\rho=\pi\left[\frac{1}{2}\rho^2-\frac{1}{4}\rho^4\right]_0^1\\&=\frac{\pi}{4}.\end{aligned}$$

三、三重积分的应用

在三重积分的应用中,也可以采用元素法.

设物体占据空间闭区域 Ω, 在点 (x,y,z) 处物体的密度为 $\mu(x,y,z)$, 且假定函数 $\mu(x,y,z)$ 在 Ω 上连续. 又设 l 是空间内一条定直线, 点 (x,y,z) 到直线 l 的距离记为 $d(x,y,z)$. 完全类似于上一节中对于平面薄片的质心与转动惯量问题的讨论, 可以得到物体的质心坐标 $(\bar{x},\bar{y},\bar{z})$ 为

$$\bar{x}=\frac{1}{M}\iiint\limits_{\Omega}x\mu(x,y,z)\mathrm{d}v,\quad \bar{y}=\frac{1}{M}\iiint\limits_{\Omega}y\mu(x,y,z)\mathrm{d}v,\quad \bar{z}=\frac{1}{M}\iiint\limits_{\Omega}z\mu(x,y,z)\mathrm{d}v,$$

其中, $M=\iiint\limits_{\Omega}\mu(x,y,z)\mathrm{d}v$ 为物体的质量; 而物体对于定直线 l 的转动惯量为

$$I_l=\iiint\limits_{\Omega}d^2(x,y,z)\mu(x,y,z)\mathrm{d}v.$$

特别地，如果定直线 l 分别为 x 轴、y 轴、z 轴，那么，物体对于 x 轴、y 轴、z 轴的转动惯量分别为

$$I_x = \iiint_{\Omega} (y^2 + z^2)\mu(x,y,z)\mathrm{d}v,$$

$$I_y = \iiint_{\Omega} (z^2 + x^2)\mu(x,y,z)\mathrm{d}v,$$

$$I_z = \iiint_{\Omega} (x^2 + y^2)\mu(x,y,z)\mathrm{d}v.$$

例 4 设有均匀的圆锥体（密度为常量 μ），底面半径为 a，高为 h，求其质心位置及对于对称轴的转动惯量.

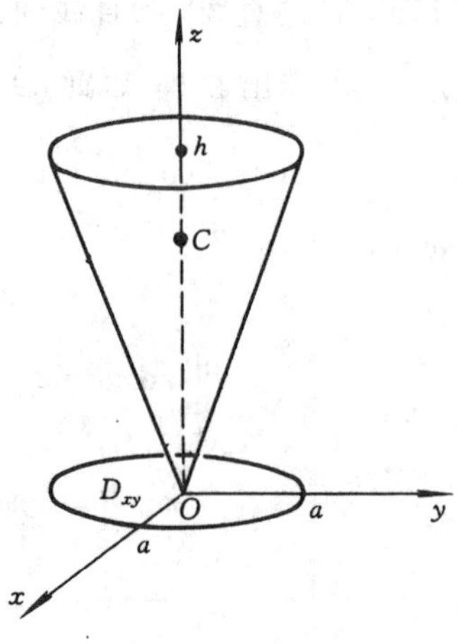

图 9-30

解 取圆锥的顶点为坐标原点 O，对称轴为 z 轴，如图 9-30 所示，则圆锥所占据的空间闭区域 Ω 由圆锥面 $z = \dfrac{h}{a}\sqrt{x^2 + y^2}$ 与平面 $z = h$ 所围成. Ω 在 xOy 面上的投影区域 D_{xy} 是以原点 O 为中心、半径为 a 的圆形闭区域，故

$$D_{xy} = \{(\rho,\theta) \mid 0 \leqslant \rho \leqslant a, 0 \leqslant \theta \leqslant 2\pi\}.$$

在 D_{xy} 内任取一点 (ρ,θ)，过此点作平行于 z 轴的直线，此直线通过圆锥面 $z = \dfrac{h}{a}\rho$ 穿入 Ω 内，然后通过平面 $z = h$ 穿出 Ω 外. 因此，闭区域 Ω 可以简单地表示为

$$\Omega = \left\{(\rho,\theta,z) \,\middle|\, \frac{h}{a}\rho \leqslant z \leqslant h, 0 \leqslant \rho \leqslant a, 0 \leqslant \theta \leqslant 2\pi\right\}.$$

显然，圆锥体的质心 $C(\bar{x},\bar{y},\bar{z})$ 应在其对称轴上，故 $\bar{x} = \bar{y} = 0$，而

$$\bar{z} = \frac{1}{M}\iiint_{\Omega} z\mu\,\mathrm{d}v = \frac{1}{V}\iiint_{\Omega} z\,\mathrm{d}v,$$

其中，$V = \dfrac{1}{3}\pi a^2 h$ 为该圆锥体的体积.

$$\begin{aligned}\iiint_{\Omega} z\,\mathrm{d}v &= \iiint_{\Omega} z\rho\,\mathrm{d}\rho\mathrm{d}\theta\mathrm{d}z = \int_0^{2\pi}\mathrm{d}\theta\int_0^a \rho\,\mathrm{d}\rho\int_{\frac{h}{a}\rho}^{h} z\,\mathrm{d}z \\ &= 2\pi\int_0^a \frac{1}{2}\rho\left(h^2 - \frac{h^2}{a^2}\rho^2\right)\mathrm{d}\rho = \frac{1}{4}\pi a^2 h^2.\end{aligned}$$

因此，$\bar{z}=\frac{3}{4}h$，即质心为 $C\left(0,0,\frac{3}{4}h\right)$.

所求的转动惯量即为圆锥体对于 z 轴的转动惯量 I_z.

$$\begin{aligned}I_z &= \iiint_\Omega (x^2+y^2)\mu\mathrm{d}v = \mu\iiint_\Omega \rho^3\,\mathrm{d}\rho\mathrm{d}\theta\mathrm{d}z \\ &= \mu\int_0^{2\pi}\mathrm{d}\theta\int_0^a\rho^3\,\mathrm{d}\rho\int_{\frac{h}{a}\rho}^h\mathrm{d}z = 2\pi\mu\int_0^a\rho^3\left(h-\frac{h}{a}\rho\right)\mathrm{d}\rho \\ &= \frac{1}{10}\mu\pi a^4 h = \frac{3}{10}a^2 M,\end{aligned}$$

其中，$M=\frac{1}{3}\pi a^2 h\mu$ 为圆锥体的质量.

习　题　9-4

(A)

1. 化三重积分 $I=\iiint_\Omega f(x,y,z)\mathrm{d}v$ 为三次积分（只需先对 z、次对 y、后对 x 一种次序），其中积分区域 Ω 分别是：

(1) 由三个坐标面与平面 $6x+3y+2z-6=0$ 所围成；

(2) 由旋转抛物面 $z=x^2+y^2$ 与平面 $z=1$ 所围成；

(3) 由圆锥面 $z=\sqrt{x^2+y^2}$ 与上半球面 $z=\sqrt{2-x^2-y^2}$ 所围成；

(4) 由双曲抛物面 $z=xy$ 与平面 $x+y=1$、$z=0$ 所围成.

2. 设有一物体，点据空间闭区域 $\Omega=\{(x,y,z)\mid 0\leqslant x\leqslant 1,0\leqslant y\leqslant 1,0\leqslant z\leqslant 1\}$，在点 (x,y,z) 处的密度为 $\mu(x,y,z)=x+y+z$，计算该物体的质量.

3. 计算下列三重积分：

(1) $\iiint_\Omega xy\mathrm{d}v$ 其中 Ω 是由三个坐标面与平面 $x+\frac{y}{2}+\frac{z}{3}=1$ 所围成的闭区域；

(2) $\iiint_\Omega x^2y^2z\mathrm{d}v$，其中 Ω 是由平面 $x=1,y=x,y=-x,z=0$ 及 $z=x$ 所围成的闭区域；

(3) $\iiint_\Omega xyz\mathrm{d}v$，其中 Ω 是由双曲抛物面 $z=xy$ 与平面 $y=x,x=1$ 及 $z=0$ 所围成的闭区域；

(4) $\iiint_\Omega z^2\mathrm{d}v$，其中 Ω 是由上半球面 $z=\sqrt{1-x^2-y^2}$ 与平面 $z=0$ 所围成的闭区域；

(5) $\iiint_\Omega z^2\mathrm{d}v$，其中 Ω 是由球面 $x^2+y^2+z^2=2z$ 所围成的闭区域.

4. 利用柱面坐标计算下列三重积分：

(1) $\iiint_\Omega z\mathrm{d}v$，其中 Ω 是由上半球面 $z=\sqrt{2-x^2-y^2}$ 与旋转抛物面 $z=x^2+y^2$ 所围成的

闭区域；

(2) $\iiint\limits_{\Omega} z\sqrt{x^2+y^2}\,\mathrm{d}v$，其中 Ω 是由旋转抛物面 $z=x^2+y^2$ 与平面 $z=1$ 所围成的闭区域.

5. 设密度为常量 μ 的匀质物体占据由抛物面 $z=3-x^2-y^2$ 与平面 $|x|=1$，$|y|=1$，$z=0$ 所围成的闭区域 Ω，试求：

(1) 物体的质量；

(2) 物体的质心；

(3) 物体对于 z 轴的转动惯量.

6. 设密度为常量 1 的匀质物体占据由上半球面 $z=\sqrt{2-x^2-y^2}$ 与圆锥面 $z=\sqrt{x^2+y^2}$ 所围成的闭区域 Ω，试求：

(1) 物体的质量；

(2) 物体的质心；

(3) 物体对于 z 轴的转动惯量.

(B)

1. 计算三重积分 $\iiint\limits_{\Omega} y\cos(x+z)\,\mathrm{d}v$，其中 Ω 是由抛物柱面 $y=\sqrt{x}$ 与平面 $y=0$，$z=0$ 及 $x+z=\frac{\pi}{2}$ 所围成的闭区域.

2. 计算三重积分 $\iiint\limits_{\Omega} z\,\mathrm{d}v$，其中 Ω 是由球面 $x^2+y^2+z^2=1$ 与 $x^2+y^2+z^2=2z$ 所围成的闭区域.

第五节　曲线积分

在前面几节中，已经对积分概念作了一种推广，即从积分范围是数轴上的闭区间的情形推广到积分范围是平面或空间内的闭区域的情形. 在本节中我们将对积分概念作另一种推广，即推广到积分范围是一段曲线弧①的情形. 这样推广后的积分称为曲线积分.

一、对弧长的曲线积分

1. 对弧长的曲线积分的概念

曲线形构件的质量　在设计曲线形构件时，为了合理使用材料，应该根据构件各部分受力的情况，把构件上各点处的粗细程度设计得不完全一致. 因此，可以认为这构件的线密度（单位长度的质量）是变量. 假设这构件放置到 xOy 面上，占据的位置是该平面上的一段曲线弧 L，L 的端点是 A，B，在 L 上点 (x,y) 处

① 我们将讨论的都是具有有限长度的曲线弧.

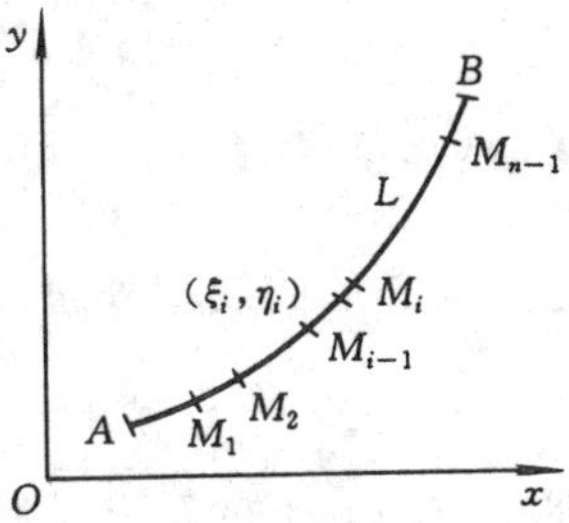

图 9-31

构件的线密度是 $\mu(x,y)$，且假定 $\mu(x,y)$ 在 L 上连续. 现在要计算这构件的质量(图 9-31).

如果构件的线密度为常量，那么，该构件的质量就等于它的线密度与长度的乘积. 但是现在构件的线密度为变量，就不能直接用上述方法计算其质量. 然而在解决平面薄片的质量计算等问题中屡试不爽的方法也可以用来克服当前的困难.

用 L 上的点 $M_1, M_2, \cdots, M_{n-1}$ 把 L 分为 n 个小段(如图 9-31 所示，且记点 A 为 M_0，点 B 为 M_n). 对于每一小段构件 $\widehat{M_{i-1}M_i}$，由于线密度连续变化，所以只要其长度很短，就可以用这小段上任一点 (ξ_i,η_i) 处的线密度代替这小段上其他各点处的线密度，从而得到这小段构件的质量的近似值为 $\mu(\xi_i,\eta_i)\Delta s_i$，其中 Δs_i 表示 $\widehat{M_{i-1}M_i}$ 的长度 $(i=1, 2,\cdots,n)$. 于是，整个曲线形构件的质量为

$$M \approx \sum_{i=1}^{n} \mu(\xi_i,\eta_i)\Delta s_i .$$

用 λ 表示 n 个小弧段的长度的最大值. 令 $\lambda \to 0$，取上式右端和的极限，就得到这构件质量的精确值：

$$M = \lim_{\lambda \to 0} \sum_{i=1}^{n} \mu(\xi_i,\eta_i)\Delta s_i .$$

这种和的极限在研究其他问题时也会遇到. 现在引进下面的定义：

定义 1　设 L 为 xOy 面上的一条光滑曲线弧，函数 $f(x,y)$ 在 L 上有界. 在 L 上任意插入一列点 $M_1, M_2, \cdots, M_{n-1}$，把 L 分为 n 个小弧段. 设第 i 个小段的长度为 Δs_i，又在第 i 小段上任意取定一点 (ξ_i,η_i)，作乘积 $f(\xi_i,\eta_i)\Delta s_i$ $(i=1,2,\cdots, n)$，并作和 $\sum\limits_{i=1}^{n} f(\xi_i,\eta_i)\Delta s_i$. 如果当各小弧段的长度的最大值 $\lambda \to 0$ 时，这和的极限总存在，那么，称此极限为函数 $f(x,y)$ 在曲线弧 L 上对弧长的曲线积分或第一类曲线积分，记为 $\int_L f(x,y)\mathrm{d}s$，即

$$\int_L f(x,y)\mathrm{d}s = \lim_{\lambda \to 0} \sum_{i=1}^{n} f(\xi_i,\eta_i)\Delta s_i ,$$

其中，$f(x,y)$ 称为被积函数，L 称为积分弧段.

如果曲线弧 L 是分段光滑的，[①]那么就规定函数在 L 上对弧长的曲线积分等于函数在各光滑弧段上对弧长的曲线积分之和. 例如，设 L 可分成两段光滑的曲

---

① 即 L 可以分为有限段，而每一段都是光滑的. 以后总假定 L 是光滑的或分段光滑的.

线弧 L_1 与 L_2（记为 $L=L_1+L_2$），则就规定

$$\int_{L_1+L_2} f(x,y)\mathrm{d}s=\int_{L_1} f(x,y)\mathrm{d}s+\int_{L_2} f(x,y)\mathrm{d}s.$$

如果 L 是闭曲线，那么，函数 $f(x,y)$ 在闭曲线 L 上对弧长的曲线积分通常会记为 $\oint_L f(x,y)\mathrm{d}s$.

可以证明：如果函数 $f(x,y)$ 在曲线弧 L 上连续，那么，$f(x,y)$ 在 L 上对弧长的曲线积分 $\int_L f(x,y)\mathrm{d}s$ 就存在. 以后我们总假定 $f(x,y)$ 在 L 上连续.

根据定义与存在条件，上述曲线形构件的质量 M 就等于线密度函数对弧长的曲线积分，即

$$M=\int_L \mu(x,y)\mathrm{d}s.$$

2. 对弧长的曲线积分的性质

我们将对弧长的曲线积分的定义与定积分、重积分的定义加以比较，可以断言，对弧长的曲线积分与定积分、重积分有完全类似的性质. 以下只叙述一下对于计算起到重要作用的两个性质，其余的就不再赘述了.

性质 1（线性性质）　设 α,β 为常数，则有

$$\int_L [\alpha f(x,y)+\beta g(x,y)]\mathrm{d}s=\alpha\int_L f(x,y)\mathrm{d}s+\beta\int_L g(x,y)\mathrm{d}s.$$

性质 2（对积分弧段的可加性质）　设 $L=L_1+L_2$，即 L 可由 L_1 与 L_2 组成，则有

$$\int_L f(x,y)\mathrm{d}s=\int_{L_1} f(x,y)\mathrm{d}s+\int_{L_2} f(x,y)\mathrm{d}s.$$

3. 对弧长的曲线积分的计算法

对弧长的曲线积分可以化为定积分来计算. 具体方法可由下述定理给出：

定理 1　设函数 $f(x,y)$ 在曲线弧 L 上有定义且连续，L 的参数方程为

$$\begin{cases} x=\varphi(t), \\ y=\psi(t), \end{cases} \quad \alpha\leqslant t\leqslant\beta,$$

其中，$\varphi(t)$，$\psi(t)$ 在 $[\alpha,\beta]$ 上有连续导数，且 $\varphi'^2(t)+\psi'^2(t)\neq 0$，$t\in[\alpha,\beta]$，则有

$$\int_L f(x,y)\mathrm{d}s=\int_\alpha^\beta f[\varphi(t),\psi(t)]\sqrt{\varphi'^2(t)+\psi'^2(t)}\,\mathrm{d}t \quad (\alpha<\beta). \tag{1}$$

定理的证明从略. 式(1) 表明，计算对弧长的曲线积分 $\int_L f(x,y)\mathrm{d}s$ 时，只要

把 $x,y,\mathrm{d}s$ 依次换为 $\varphi(t),\psi(t)$，$\sqrt{\varphi'^2(t)+\psi'^2(t)}\,\mathrm{d}t$，然后从 α 到 β 作定积分即可. 必须注意的是**积分下限 α 一定要小于积分上限 β**.

如果曲线 L 由方程 $y=\psi(x)$，$a\leqslant x\leqslant b$ 给出，其中函数 $\psi(x)$ 在 $[a,b]$ 上有连续导数，那么，L 有特殊的参数方程：

$$\begin{cases}x=x,\\ y=\psi(x),\end{cases}\quad a\leqslant x\leqslant b,$$

从而由式(1) 得到

$$\int_L f(x,y)\mathrm{d}s=\int_a^b f[x,\psi(x)]\sqrt{1+\psi'^2(x)}\,\mathrm{d}x\quad(a<b).\tag{1'}$$

类似地，如果曲线 L 由方程 $x=\varphi(y)$，$c\leqslant y\leqslant d$ 给出，其中函数 $\varphi(y)$ 在 $[c,d]$ 上有连续导数，那么有

$$\int_L f(x,y)\mathrm{d}s=\int_c^d f[\varphi(y),y]\sqrt{1+\varphi'^2(y)}\,\mathrm{d}y\quad(c<d).$$

例 1 计算 $\int_L\sqrt{y}\,\mathrm{d}s$，其中 L 是抛物线 $y=x^2$ 上点 $O(0,0)$ 与点 $B(1,1)$ 之间的一段弧(图 9-32).

解 由于 L 由方程 $y=x^2$，$0\leqslant x\leqslant 1$ 给出，故有

$$\int_L\sqrt{y}\,\mathrm{d}s=\int_0^1\sqrt{x^2}\sqrt{1+[(x^2)']^2}\,\mathrm{d}x=\int_0^1 x\sqrt{1+4x^2}\,\mathrm{d}x$$

$$=\left[\frac{1}{12}(1+4x^2)^{\frac{3}{2}}\right]_0^1=\frac{1}{12}(5\sqrt{5}-1).$$

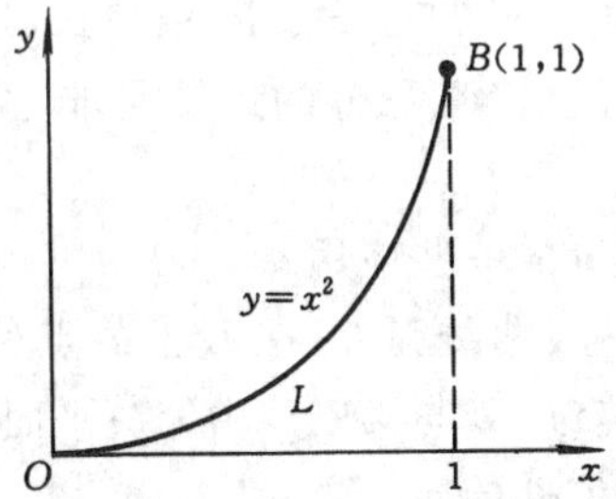

图 9-32

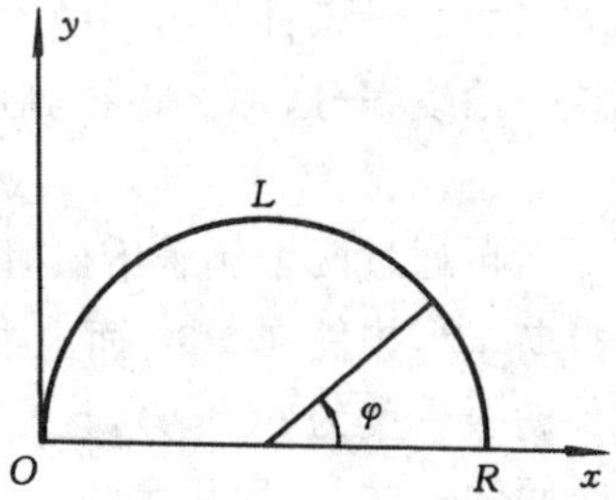

图 9-33

例 2 计算 $\int_L\sqrt{R^2-x^2-y^2}\,\mathrm{d}s$，其中 L 是上半圆弧 $x^2+y^2=Rx$，$y\geqslant 0$ (图 9-33).

解法 1 L 的极坐标方程为 $\rho = R\cos\theta, 0 \leqslant \theta \leqslant \frac{\pi}{2}$. 取极角 θ 为参数，借助于直角坐标与极坐标间的关系，则 L 有参数方程:

$$\begin{cases} x = R\cos^2\theta, \\ y = R\cos\theta\sin\theta, \end{cases} \quad 0 \leqslant \theta \leqslant \frac{\pi}{2}.$$

于是由式(1)，有

$$\int_L \sqrt{R^2 - x^2 - y^2}\, ds = \int_0^{\frac{\pi}{2}} \sqrt{R^2 - R^2\cos^2\theta}\ \sqrt{(R\cos^2\theta)'^2 + (R\cos\theta\sin\theta)'^2}\, d\theta$$

$$= \int_0^{\frac{\pi}{2}} R^2 \sin\theta d\theta = R^2.$$

解法 2 取图 9-33 中所示的转角 φ 为参数，则 L 有参数方程:

$$\begin{cases} x = \dfrac{R}{2} + \dfrac{R}{2}\cos\varphi, \\ y = \dfrac{R}{2}\sin\varphi, \end{cases} \quad 0 \leqslant \varphi \leqslant \pi.$$

于是由式(1)，有

$$\int_L \sqrt{R^2 - x^2 - y^2}\, ds = \int_0^{\pi} \sqrt{R^2 - \frac{R^2}{2}(1 + \cos\varphi)}\ \sqrt{\left(\frac{R}{2} + \frac{R}{2}\cos\varphi\right)'^2 + \left(\frac{R}{2}\sin\varphi\right)'^2}\, d\varphi$$

$$= \frac{1}{2}\int_0^{\pi} R^2 \sin\frac{\varphi}{2} d\varphi = R^2.$$

如果由假设条件得出 L 的方程为 $y = \sqrt{Rx - x^2}, 0 \leqslant x \leqslant R$，由公式(1′)来计算这个曲线积分，那么将得到的是广义积分，且广义积分的计算是非常麻烦的.

下面再通过两个例子给出对弧长的曲线积分的一些应用.

设曲线形构件在 xOy 面上占据的位置是一段曲线弧 L，在 L 上的点 (x, y) 处构件的线密度为 $\mu(x, y)$，且 $\mu(x, y)$ 在 L 上连续，则与第三节中解决平面薄片的同类问题一样，应用元素法，可以得到曲线形构件的质心坐标 $(\bar{x}, \bar{y})$ 为

$$\bar{x} = \frac{1}{M}\int_L x\mu(x, y)\, ds, \quad \bar{y} = \frac{1}{M}\int_L y\mu(x, y)\, ds,$$

其中，$M = \int_L \mu(x, y)\, ds$ 为曲线形构件的质量；而曲线形构件对于 xOy 面上的定直线 l 的转动惯量 I_l 为

$$I_l = \int_L d^2(x,y)\mu(x,y)\mathrm{d}s,$$

其中,$d(x,y)$ 表示 L 上的点(x,y) 到定直线 l 的距离.

例 3 计算半径为 R、中心角为 2α 的匀质圆弧 L 对于它的对称轴的转动惯量(设线密度 $\mu=1$).

解 取坐标系如图 9-34 所示,则所要计算的转动惯量即为 $I_x = \int_L y^2\mathrm{d}s$. 为了便于计算,利用 L 的参数方程 $\begin{cases} x = R\cos\theta, \\ y = R\sin\theta, \end{cases}$ $-\alpha \leqslant \theta \leqslant \alpha$,于是

$$\begin{aligned} I_x &= \int_L y^2\mathrm{d}s = \int_{-\alpha}^{\alpha} R^2\sin^2\theta\sqrt{(R\cos\theta)'^2 + (R\sin\theta)'^2}\,\mathrm{d}\theta \\ &= R^3\int_{-\alpha}^{\alpha}\sin^2\theta\mathrm{d}\theta = \frac{1}{2}R^3\int_{-\alpha}^{\alpha}(1-\cos2\theta)\,\mathrm{d}\theta \\ &= \frac{1}{2}R^3(2\alpha - \sin2\alpha). \end{aligned}$$

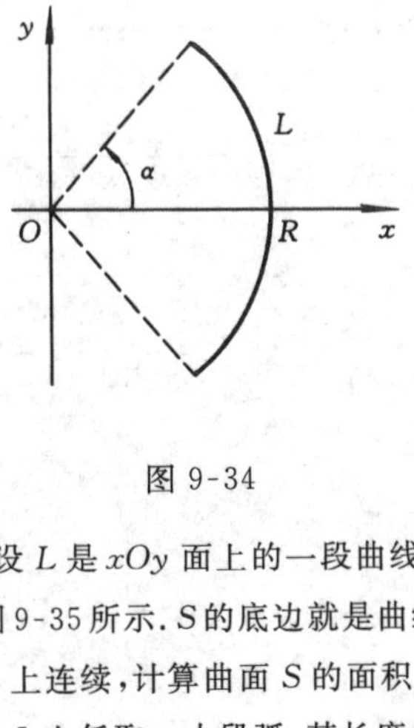

图 9-34

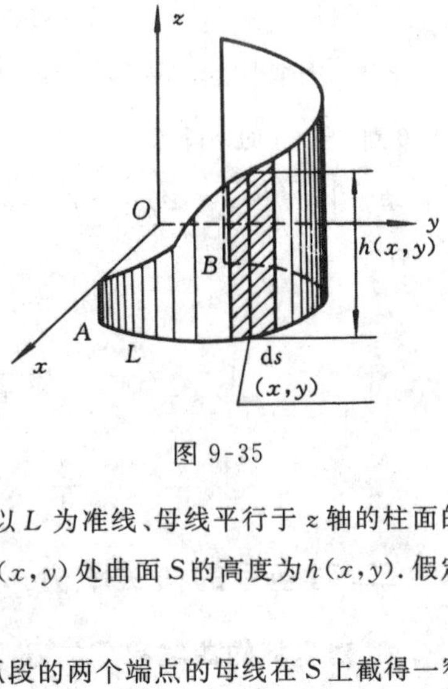

图 9-35

例 4 设 L 是 xOy 面上的一段曲线弧,曲面 S 是以 L 为准线、母线平行于 z 轴的柱面的一部分,如图 9-35 所示. S 的底边就是曲线弧 L,L 上点(x,y) 处曲面 S 的高度为 $h(x,y)$. 假定 $h(x,y)$ 在 L 上连续,计算曲面 S 的面积.

解 在 L 上任取一小段弧,其长度为 $\mathrm{d}s$. 过这小弧段的两个端点的母线在 S 上截得一窄柱面. 点(x,y) 是该小弧段上的一点. 由于小弧段的长度很短,并且 $h(x,y)$ 在 L 上连续,故这窄柱面的面积近似等于 $h(x,y)\mathrm{d}s$,于是得到曲面 S 的面积 A 的元素:

$$\mathrm{d}A = h(x,y)\mathrm{d}s.$$

以 $\mathrm{d}A$ 为被积表达式,在 L 上作对弧长的曲线积分,就得到曲面 S 的面积:

$$A = \int_L h(x,y)\mathrm{d}s.$$

本例中所得到的结果可以作为平面曲线弧上的对弧长的曲线积分的一种几何解释.

*4. 空间曲线弧上的对弧长的曲线积分

对于定义在空间光滑或分段光滑（且具有有限长度）的曲线弧 Γ 上的有界函数 $f(x,y,z)$，可以类似地定义函数 $f(x,y,z)$ 在曲线弧 Γ 上对弧长的曲线积分 $\int_\Gamma f(x,y,z)\mathrm{d}s$. 当 $f(x,y,z)$ 在 Γ 上连续时，对弧长的曲线积分 $\int_\Gamma f(x,y,z)\mathrm{d}s$ 必定存在，并且 $\int_\Gamma f(x,y,z)\mathrm{d}s$ 与 $\int_\Gamma f(x,y)\mathrm{d}s$ 有完全相同的性质. 特别地，公式(1) 可以推广. 对于空间曲线弧的对弧长的曲线积分，有下述计算法：

设函数 $f(x,y,z)$ 在曲线弧 Γ 上有定义且连续，Γ 的参数方程为

$$\begin{cases} x=\varphi(t), \\ y=\psi(t), \quad\quad \alpha\leqslant t\leqslant\beta, \\ z=\omega(t), \end{cases}$$

其中函数 $\varphi(t),\psi(t),\omega(t)$ 都在 $[\alpha,\beta]$ 上有连续导数，且 $\varphi'^2(t)+\psi'^2(t)+\omega'^2(t)\neq 0, t\in[\alpha,\beta]$，则有

$$\int_\Gamma f(x,y,z)\mathrm{d}s=\int_\alpha^\beta f[\varphi(t),\psi(t),\omega(t)]\sqrt{\varphi'^2(t)+\psi'^2(t)+\omega'^2(t)}\,\mathrm{d}t \quad (\alpha<\beta).$$

例 5 计算 $\int_\Gamma (x^2+y^2+z^2)\mathrm{d}s$，其中 Γ 是螺旋线 $x=a\cos t, y=a\sin t, z=kt$ 上相应于 $t=0$ 到 $t=2\pi$ 的一段弧.

解

$$\begin{aligned}\int_\Gamma (x^2+y^2+z^2)\mathrm{d}s &= \int_0^{2\pi}[(a\cos t)^2+(a\sin t)^2+(kt)^2]\sqrt{(a\cos t)'^2+(a\sin t)'^2+(kt)'^2}\,\mathrm{d}t \\ &= \int_0^{2\pi}(a^2+k^2t^2)\sqrt{a^2+k^2}\,\mathrm{d}t \\ &= \sqrt{a^2+k^2}\left[a^2t+\frac{1}{3}k^2t^3\right]_0^{2\pi} \\ &= \frac{2}{3}\pi\sqrt{a^2+k^2}(3a^2+4\pi^2k^2).\end{aligned}$$

二、对坐标的曲线积分

1. 对坐标的曲线积分的概念

变力沿曲线所作的功 如果质点在常力 $\boldsymbol{F}$ 的作用下从点 A 沿直线移动到点 B，那么，常力 $\boldsymbol{F}$ 所作的功 W 等于向量 $\boldsymbol{F}$ 与向量 $\overrightarrow{AB}$ 的数量积，即

$$W=\boldsymbol{F}\cdot\overrightarrow{AB}.$$

现在假设质点在 xOy 面内从点 A 沿光滑曲线弧 L 移动到点 B. 在移动过程中质点受到力

$$\boldsymbol{F}(x,y)=P(x,y)\boldsymbol{i}+Q(x,y)\boldsymbol{j}$$

的作用，其中函数 $P(x,y)$，$Q(x,y)$ 在 L 上连续. 我们要计算在此移动过程中变力 $\boldsymbol{F}(x,y)$ 所作的功(图 9-36).

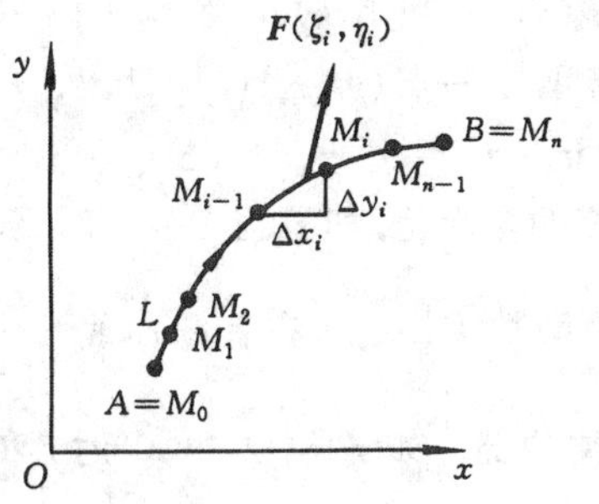

图 9-36

因为力 $\boldsymbol{F}(x,y)$ 是变力，且质点又是沿曲线弧 L 移动，所以不能直接用上述公式来作计算. 我们又将如何计算上述移动过程中变力 $\boldsymbol{F}(x,y)$ 所作的功呢？上一目中用来处理曲线形构件质量计算问题的方法原则上还可以适用于目前的问题.

如图 9-36 中所示，在曲线弧 L 上自点 A 至点 B 依次取分点

$$A=M_0, M_1, M_2, \cdots, M_{n-1}, M_n=B,$$

把 L 分为 n 个小弧段. 设分点 M_i 的坐标为 $(x_i, y_i)(i=0,1,2,\cdots,n)$. 取其中一个有向的小弧段 $\overset{\frown}{M_{i-1}M_i}$ 来分析：由于 $\overset{\frown}{M_{i-1}M_i}$ 光滑且很短，故可用有向线段

$$\overrightarrow{M_{i-1}M_i}=(\Delta x_i)\boldsymbol{i}+(\Delta y_i)\boldsymbol{j}$$

来近似代替它，其中 $\Delta x_i=x_i-x_{i-1}$，$\Delta y_i=y_i-y_{i-1}$. 又由于函数 $P(x,y)$，$Q(x,y)$ 在 L 上连续，故可用 $\overset{\frown}{M_{i-1}M_i}$ 上任意取定的一点 (ξ_i, η_i) 处的力

$$\boldsymbol{F}(\xi_i,\eta_i)=P(\xi_i,\eta_i)\boldsymbol{i}+Q(\xi_i,\eta_i)\boldsymbol{j}$$

来近似代替这小弧段上各点处的力. 这样，变力 $\boldsymbol{F}(x,y)$ 沿有向小弧段 $\overset{\frown}{M_{i-1}M_i}$ 所作的功 ΔW_i 可以认为近似地等于常力 $\boldsymbol{F}(\xi_i,\eta_i)$ 沿 $\overrightarrow{M_{i-1}M_i}$ 所作的功：

$$\Delta W_i \approx \boldsymbol{F}(\xi_i,\eta_i)\cdot\overrightarrow{M_{i-1}M_i}=P(\xi_i,\eta_i)\Delta x_i+Q(\xi_i,\eta_i)\Delta y_i.$$

于是

$$W=\sum_{i=1}^{n}\Delta W_i \approx \sum_{i=1}^{n}[P(\xi_i,\eta_i)\Delta x_i+Q(\xi_i,\eta_i)\Delta y_i].$$

用 λ 表示 n 个小弧段的长度的最大值. 令 $\lambda\to 0$，取上式右端和的极限，所得极限可自然地认为是变力 $\boldsymbol{F}(x,y)$ 沿着从点 A 到点 B 的整个有向曲线弧 L 所作的功，即

$$W=\lim_{\lambda\to 0}\sum_{i=1}^{n}[P(\xi_i,\eta_i)\Delta x_i+Q(\xi_i,\eta_i)\Delta y_i].$$

这种和的极限在研究其他问题时也会遇到. 现在引进下面的定义：

定义 2　设 L 为 xOy 面内从点 A 到点 B 的一条有向光滑曲线弧，函数 $P(x,y)$，$Q(x,y)$ 在 L 上有界. 在 L 上沿着它的方向任意插入一列点 $M_1, M_2, \cdots$，

M_{n-1}（并记点 A 为 M_0，记点 B 为 M_n）把 L 分为 n 个有向小弧段 $\overset{\frown}{M_{i-1}M_i}$ $(i=1,2,\cdots,n)$，又在每个小弧段 $\overset{\frown}{M_{i-1}M_i}$ 上任意取定一点 $(\xi_i,\eta_i)(i=1,2,\cdots,n)$. 设点 M_i 的坐标为 $(x_i,y_i)(i=0,1,2,\cdots,n)$，记 $\Delta x_i=x_i-x_{i-1}$，$\Delta y_i=y_i-y_{i-1}$ $(i=1,2,\cdots,n)$，再记 λ 为 n 个小弧段的长度的最大值. 如果当 $\lambda\to0$ 时，和 $\sum\limits_{i=1}^{n}P(\xi_i,\eta_i)\Delta x_i$ 的极限总存在，那么，称此极限为函数 $P(x,y)$ 在有向曲线弧 L 上对坐标 x 的曲线积分，记为 $\int_L P(x,y)\mathrm{d}x$. 类似地，如果当 $\lambda\to0$ 时，和 $\sum\limits_{i=1}^{n}Q(\xi_i,\eta_i)\Delta y_i$ 的极限总存在，那么，称此极限为函数 $Q(x,y)$ 在有向曲线弧 L 上对坐标 y 的曲线积分，记为 $\int_L Q(x,y)\mathrm{d}y$，即

$$\int_L P(x,y)\mathrm{d}x=\lim_{\lambda\to0}\sum_{i=1}^{n}P(\xi_i,\eta_i)\Delta x_i,\quad \int_L Q(x,y)\mathrm{d}y=\lim_{\lambda\to0}\sum_{i=1}^{n}Q(\xi_i,\eta_i)\Delta y_i,$$

其中，$P(x,y)$，$Q(x,y)$ 称为被积函数，L 称为有向积分弧段或有向积分路径.

以上两个积分也称为第二类曲线积分.

如果 L 是分段光滑的有向曲线弧，那么，规定函数在 L 上对坐标的曲线积分等于该函数在 L 的各光滑弧段上对坐标的曲线积分之和. 此后，我们总是假定有向积分弧段是光滑或分段光滑的. 如果 L 是闭的有向曲线，即 L 的起点与终点重合，那么，函数在 L 上对坐标的曲线积分的记号中的积分号 $\int$ 通常会换为 $\oint$.

可以证明：如果函数在有向曲线弧 L 上连续，那么函数在 L 上对坐标的曲线积分就存在. 以后我们总是假定被积函数在 L 上连续.

在应用中经常出现的是

$$\int_L P(x,y)\mathrm{d}x+\int_L Q(x,y)\mathrm{d}y$$

这种合并起来的形式. 为简便计，上式就写成

$$\int_L P(x,y)\mathrm{d}x+Q(x,y)\mathrm{d}y,$$

也可以写成向量形式：

$$\int_L \boldsymbol{A}(x,y)\cdot\mathrm{d}\boldsymbol{r},$$

其中，$\boldsymbol{A}(x,y)=P(x,y)\boldsymbol{i}+Q(x,y)\boldsymbol{j}$ 为向量值函数，$\mathrm{d}\boldsymbol{r}=\mathrm{d}x\boldsymbol{i}+\mathrm{d}y\boldsymbol{j}$ 为有向曲线弧元素.

根据定义与存在条件，上述变力沿曲线所作的功 W 就可以表示为

$$W=\int_L P(x,y)\mathrm{d}x+Q(x,y)\mathrm{d}y=\int_L \boldsymbol{F}(x,y)\cdot \mathrm{d}\boldsymbol{r}.$$

2. 对坐标的曲线积分的性质

对坐标的曲线积分也具有对于计算起到重要作用的线性性质与对积分弧段的可加性质. 借助于向量形式,这两个性质可以简洁地表示如下(假定其中的向量值函数在有向曲线弧 L 上连续①):

性质 1(线性性质)　设 α,β 为常数,则有

$$\int_L[\alpha\boldsymbol{A}_1(x,y)+\beta\boldsymbol{A}_2(x,y)]\cdot \mathrm{d}\boldsymbol{r}=\alpha\int_L\boldsymbol{A}_1(x,y)\cdot \mathrm{d}\boldsymbol{r}+\beta\int_L\boldsymbol{A}_2(x,y)\cdot \mathrm{d}\boldsymbol{r}.$$

性质 2(对积分弧段的可加性质)　当有向曲线弧 L 被分为两段有向曲线弧 L_1 与 L_2 时,有

$$\int_L\boldsymbol{A}(x,y)\cdot \mathrm{d}\boldsymbol{r}=\int_{L_1}\boldsymbol{A}(x,y)\cdot \mathrm{d}\boldsymbol{r}+\int_{L_2}\boldsymbol{A}(x,y)\cdot \mathrm{d}\boldsymbol{r}.$$

对坐标的曲线积分还有一个特有的性质如下:

性质 3　设 L 是有向曲线弧,L^- 是 L 的反向曲线弧,则有

$$\int_{L^-}\boldsymbol{A}(x,y)\cdot \mathrm{d}\boldsymbol{r}=-\int_L\boldsymbol{A}(x,y)\cdot \mathrm{d}\boldsymbol{r}.$$

根据对坐标的曲线积分的定义,容易证明这个性质. 这个性质表示,当积分弧段的方向改变时,对坐标的曲线积分要改变符号. 因此,对于对坐标的曲线积分,必须注意积分弧段的方向.

3. 对坐标的曲线积分的计算法

对坐标的曲线积分也是化为定积分来计算的. 下面的定理给出了具体的方法.

定理 2　设函数 $P(x,y),Q(x,y)$ 在有向曲线弧 L 上有定义且连续,L 的参数方程为 $x=\varphi(t),y=\psi(t)$,当参数 t 单调地由 α 变到 β 时,相应的点 $M(x,y)$ 从起点 A 沿 L 运动到终点 B,$\varphi(t),\psi(t)$ 在以 α,β 为端点的闭区间上有连续导数,且总有 $\varphi'^2(t)+\psi'^2(t)\neq 0$,则有

$$\int_L P(x,y)\,\mathrm{d}x+Q(x,y)\mathrm{d}y$$

$$=\int_\alpha^\beta\{P[\varphi(t),\psi(t)]\varphi'(t)+Q[\varphi(t),\psi(t)]\psi'(t)\}\mathrm{d}t. \qquad (2)$$

定理的证明从略. 式(2) 表明,计算对坐标的曲线积分

---

① 当且仅当分量函数 $P(x,y),Q(x,y)$ 都连续时,称向量值函数 $\boldsymbol{A}(x,y)=P(x,y)\boldsymbol{i}+Q(x,y)\boldsymbol{j}$ 连续.

$$\int_L P(x,y)\mathrm{d}x+Q(x,y)\mathrm{d}y$$

时，只要把 $x,y,\mathrm{d}x,\mathrm{d}y$ 依次换为 $\varphi(t),\psi(t),\varphi'(t)\mathrm{d}t,\psi'(t)\mathrm{d}t$，然后从 L 的起点所对应的参数值 α 到 L 的终点所对应的参数值 β 作定积分即可. 必须注意的是：**积分下限 α 一定要对应于 L 的起点，而积分上限 β 一定要对应于 L 的终点，α 不一定小于 β.**

当曲线 L 由方程 $y=\psi(x)$ 或 $x=\varphi(y)$（$\psi(x),\psi(y)$ 有连续导数）给出时，可以看作参数方程的特殊情形. 例如，当 L 由 $y=\psi(x)$ 给出时，公式(2) 就成为

$$\int_L P(x,y)\mathrm{d}x+Q(x,y)\mathrm{d}y=\int_a^b\{P[x,\psi(x)]+Q[x,\psi(x)]\psi'(x)\}\mathrm{d}x,$$

这里，积分下限 a 必须对应 L 的起点，积分上限 b 必须对应 L 的终点.

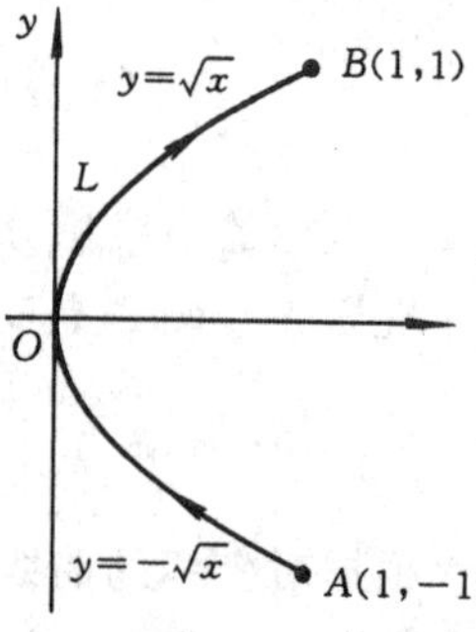

图 9-37

例 6 计算 $\int_L xy\mathrm{d}x$，其中 L 为抛物线 $y^2=x$ 上从点 $A(1,-1)$ 到点 $B(1,1)$ 的一段有向弧（图 9-37).

解法 1 将曲线积分化为对 x 的定积分来计算. 为此，要把 L 分为有向弧 $\overset{\frown}{AO}$ 与 $\overset{\frown}{OB}$ 两部分. $\overset{\frown}{AO}$ 的方程为 $y=-\sqrt{x}$，当 x 从 1 变到 0 时，相应的点沿 $\overset{\frown}{AO}$ 从点 A 运动到点 O；$\overset{\frown}{OB}$ 的方程为 $y=\sqrt{x}$，当 x 从 0 变到 1 时，相应的点沿 $\overset{\frown}{OB}$ 从点 O 运动到点 B. 于是

$$\begin{aligned}\int_L xy\mathrm{d}x&=\int_{\overset{\frown}{AO}}xy\mathrm{d}x+\int_{\overset{\frown}{OB}}xy\mathrm{d}x\\&=\int_1^0 x(-\sqrt{x})\mathrm{d}x+\int_0^1 x\sqrt{x}\,\mathrm{d}x\\&=2\int_0^1 x^{\frac{3}{2}}\mathrm{d}x=\frac{4}{5}.\end{aligned}$$

解法 2 将曲线积分化为对 y 的定积分来计算. L 的方程为 $x=y^2$，当 y 从 -1 变到 1 时，相应的点沿 L 从起点 A 运动到终点 B. 于是

$$\begin{aligned}\int_L xy\mathrm{d}x&=\int_{-1}^1 y^2y(y^2)'\mathrm{d}y=2\int_{-1}^1 y^4\mathrm{d}y\\&=4\int_0^1 y^4\mathrm{d}y=\frac{4}{5}.\end{aligned}$$

显然，解法 2 较为简便.

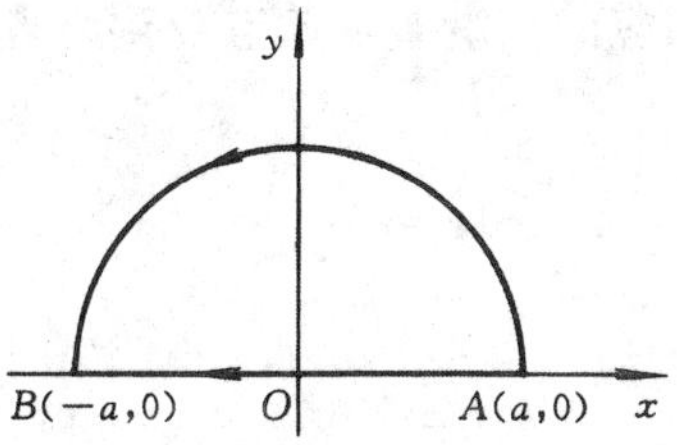

图 9-38

例 7 计算$\int_L x\mathrm{d}y-y\mathrm{d}x$，其中$L$分别为(图 9-38)：

(1) 圆心为原点、半径为a、按逆时针方向绕行的上半圆周；

(2) 从点$A(a,0)$沿x轴到点$B(-a,0)$的直线段.

解 (1) L的参数方程为$x=a\cos\theta, y=a\sin\theta$，当$\theta$从0变到$\pi$时，相应的点沿$L$从起点$A$到终点$B$. 因此

$$\int_L x\mathrm{d}y-y\mathrm{d}x=\int_0^{\pi}[a\cos\theta(a\sin\theta)'-a\sin\theta(a\cos\theta)']\mathrm{d}\theta$$

$$=a^2\int_0^{\pi}\mathrm{d}\theta=\pi a^2.$$

(2) L的方程为$y=y(x)=0$，当x从a变到$-a$时，相应的点沿L从起点A到终点B. 因此

$$\int_L x\mathrm{d}y-y\mathrm{d}x=\int_a^{-a}[x(0)'-0]\mathrm{d}x=\int_a^{-a}0\mathrm{d}x=0.$$

从例 7 看到，虽然两个曲线积分的被积函数相同，起点、终点相同，但沿不同路径得出的曲线积分的值并不相等.

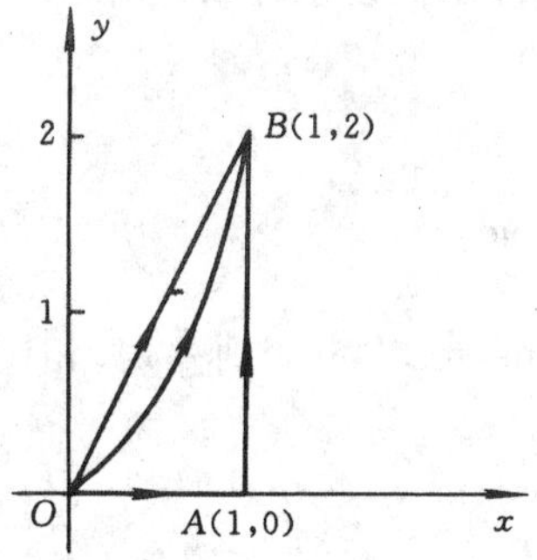

图 9-39

例 8 计算$\int_L x\mathrm{d}y+y\mathrm{d}x$，其中$L$分别为(图 9-39)：

(1) 抛物线$y=2x^2$上从点$O(0,0)$到点$B(1,2)$的一段弧；

(2) 直线$y=2x$上从点$O(0,0)$到点$B(1,2)$的直线段；

(3) 从点$O(0,0)$到点$A(1,0)$，然后从点$A(1,0)$到点$B(1,2)$的有向折线.

解 (1) L的方程为$y=2x^2$，当x从0变到1时，相应的点沿L从起点O到终点B. 因此

$$\int_L x\mathrm{d}y+y\mathrm{d}x=\int_0^1[x(2x^2)'+2x^2]\mathrm{d}x$$

$$=6\int_0^1 x^2\mathrm{d}x=2.$$

(2) L 的方程为 $y=2x$，当 x 从 0 变到 1 时，相应的点沿 L 从起点 O 到终点 B. 因此

$$\int_L x\mathrm{d}y+y\mathrm{d}x=\int_0^1[x(2x)'+2x]\mathrm{d}x=4\int_0^1 x\mathrm{d}x=2.$$

(3) 在有向直线段 $\overline{OA}$ 上，$y=0$，x 从 0 变到 1，故

$$\int_{\overline{OA}} x\mathrm{d}y+y\mathrm{d}x=\int_0^1[x(0)'+0]\mathrm{d}x=\int_0^1 0\mathrm{d}x=0,$$

在有向直线段 $\overline{AB}$ 上，$x=1$，y 从 0 变到 2，故

$$\int_{\overline{AB}} x\mathrm{d}y+y\mathrm{d}x=\int_0^2[1+y(1)']\mathrm{d}y=\int_0^2\mathrm{d}y=2.$$

因此

$$\int_L x\mathrm{d}y+y\mathrm{d}x=\int_{\overline{OA}} x\mathrm{d}y+y\mathrm{d}x+\int_{\overline{AB}} x\mathrm{d}y+y\mathrm{d}x=0+2=2.$$

从例 8 看到，曲线积分的被积函数相同，起点、终点相同，虽然路径不同，但是得出的曲线积分的值可以相等.

例 9 设质点在点 $M(x,y)$ 处受到力 $\boldsymbol{F}$ 的作用，力 $\boldsymbol{F}$ 的大小与点 M 到原点 O 的距离成正比，$\boldsymbol{F}$ 的方向总是指向原点. 此质点由点 $A(a,0)$ 沿椭圆 $\frac{x^2}{a^2}+\frac{y^2}{b^2}=1$ 按逆时针方向移动的点 $B(0,b)$，求力 $\boldsymbol{F}$ 所作的功 W.

解 由于 $\overrightarrow{OM}=x\boldsymbol{i}+y\boldsymbol{j}$，$|\overrightarrow{OM}|=\sqrt{x^2+y^2}$，故由假设条件知

$$\boldsymbol{F}=\boldsymbol{F}(x,y)=-k(x\boldsymbol{i}+y\boldsymbol{j}),$$

其中 $k>0$，是比例常数. 于是

$$W=\int_{\widehat{AB}}\boldsymbol{F}\cdot\mathrm{d}\boldsymbol{r}=-k\int_{\widehat{AB}} x\mathrm{d}x+y\mathrm{d}y.$$

有向曲线弧 $\widehat{AB}$ 的参数方程是 $x=a\cos t$，$y=b\sin t$，当 t 从 0 变到 $\frac{\pi}{2}$ 时，相应的质点沿 $\widehat{AB}$ 从起点 A 移动到终点 B. 因此

$$\begin{aligned}W&=-k\int_{\widehat{AB}} x\mathrm{d}x+y\mathrm{d}y=-k\int_0^{\frac{\pi}{2}}[a\cos t(a\cos t)'+b\sin t(b\sin t)']\mathrm{d}t\\&=k(a^2-b^2)\int_0^{\frac{\pi}{2}}\sin t\cos t\mathrm{d}t=\frac{1}{2}k(a^2-b^2).\end{aligned}$$

*4. 空间有向曲线弧上的对坐标的曲线积分

定义 2 可以类似地推广到积分弧段为空间有向曲线弧 Γ（总假定 Γ 光滑且具有有限长度）的情形：

$$\int_\Gamma P(x,y,z)\mathrm{d}x=\lim_{\lambda\to 0}\sum_{i=1}^n P(\xi_i,\eta_i,\zeta_i)\Delta x_i,$$

$$\int_{\Gamma} Q(x,y,z)\mathrm{d}y = \lim_{\lambda\to 0}\sum_{i=1}^{n} Q(\xi_i,\eta_i,\zeta_i)\Delta y_i,$$

$$\int_{\Gamma} R(x,y,z)\mathrm{d}z = \lim_{\lambda\to 0}\sum_{i=1}^{n} R(\xi_i,\eta_i,\zeta_i)\Delta z_i,$$

积分存在的条件、性质、Γ扩充到分段光滑等都可以类似地推广到当前的情形.同样,应用中经常出现的也是

$$\int_{\Gamma} P(x,y,z)\mathrm{d}x + \int_{\Gamma} Q(x,y,z)\mathrm{d}y + \int_{\Gamma} R(x,y,z)\mathrm{d}z$$

这种合并起来的形式,故也可简便地把上式写成

$$\int_{\Gamma} P(x,y,z)\mathrm{d}x + Q(x,y,z)\mathrm{d}y + R(x,y,z)\mathrm{d}z,$$

或更简便地写成向量的形式:

$$\int_{\Gamma} \boldsymbol{A}(x,y,z)\cdot\mathrm{d}\boldsymbol{r},$$

其中,$\boldsymbol{A}(x,y,z) = P(x,y,z)\boldsymbol{i} + Q(x,y,z)\boldsymbol{j} + R(x,y,z)\boldsymbol{k}$, $\mathrm{d}\boldsymbol{r} = \mathrm{d}x\boldsymbol{i} + \mathrm{d}y\boldsymbol{j} + \mathrm{d}z\boldsymbol{k}$.

公式(2)也可以推广到当前的情形.如果空间有向曲线弧Γ由参数方程$x = \varphi(t)$, $y = \psi(t)$, $z = \omega(t)$给出,那么,在类似的条件下,有

$$\int_{\Gamma} P(x,y,z)\mathrm{d}x + Q(x,y,z)\mathrm{d}y + R(x,y,z)\mathrm{d}z$$

$$= \int_{\alpha}^{\beta}\{P[\varphi(t),\psi(t),\omega(t)]\varphi'(t) + Q[\varphi(t),\psi(t),\omega(t)]\psi'(t) + R[\varphi(t),\psi(t),\omega(t)]\omega'(t)\}\mathrm{d}t,$$

这里必须注意的也是:积分下限α一定要对应于Γ的起点,积分上限β一定要对应于Γ的终点.

例 10 计算$\int_{\Gamma} x^3\mathrm{d}x + 3y^2z\mathrm{d}y - x^2y\mathrm{d}z$,其中$\Gamma$是从点$A(3,2,1)$到原点$O(0,0,0)$的直线段$\overline{AO}$.

解 直线AO的方程为$\dfrac{x}{3} = \dfrac{y}{2} = \dfrac{z}{1}$.由此可得有向直线段$\overline{AO}$的参数方程为$x = 3t$, $y = 2t$, $z = t$,当t从1变到0时,相应的点沿$\overline{AO}$从起点A到终点O.所以

$$\int_{\Gamma} x^3\mathrm{d}x + 3y^3z\mathrm{d}y - x^2y\mathrm{d}z$$

$$= \int_{1}^{0}[(3t)^3(3t)' + 3(2t)^2t(2t)' - (3t)^2(2t)(t)']\mathrm{d}t$$

$$= 87\int_{1}^{0} t^3\mathrm{d}t = -\frac{87}{4}.$$

*三、两类曲线积分之间的联系

虽然上面讨论的两类曲线积分有着不同的物理背景及不同的特征,但是在一定的条件下,它们之间是有联系的.

现在来揭示平面情形中这两类曲线积分之间的联系.设L是xOy面内从点A到点B的有向曲线弧.L的参数方程为$x = \varphi(t)$, $y = \psi(t)$,当参数t单调地从α变到β时,相应的点$M(x,y)$从

起点 A 沿 L 运动到终点 B. 我们不妨设 $\alpha < \beta$(若 $\alpha > \beta$,则令 $s = -t$,改用参数 s,L 的参数方程便为 $x = \varphi(-s)$,$y = \psi(-s)$,当参数 s 单调地从 $-\alpha$ 变到 $-\beta$ 时,相应的点 $M(x,y)$ 从起点 A 沿 L 运动到终点 B,且 $-\alpha < -\beta$. 下面的讨论对参数 s 进行即可),并设 $\varphi(t)$,$\psi(t)$ 在$[\alpha,\beta]$上具有连续导数,且 $\varphi'^2(t) + \psi'^2(t) \neq 0$,又设 $P(x,y)$,$Q(x,y)$ 在 L 上连续,则由公式(2),有

$$\int_L P(x,y)\mathrm{d}x + Q(x,y)\mathrm{d}y = \int_\alpha^\beta \{P[\varphi(t),\psi(t)]\varphi'(t) + Q[\varphi(t),\psi(t)]\psi'(t)\}\mathrm{d}t.$$

由第八章第六节可知向量 $\boldsymbol{\tau} = \{\varphi'(t),\psi'(t)\}$ 是曲线 L 在点 $M(\varphi(t),\psi(t))$ 处的一个切向量,它的指向与参数 t 增大时点 M 运动的走向一致. 当 $\alpha < \beta$ 时,这个走向就是有向曲线弧 L 的走向. 我们称这种指向与有向曲线弧 L 的走向一致的切向量为有向曲线弧的切向量. 于是,现在的有向曲线弧 L 的切向量就是 $\boldsymbol{\tau} = \{\varphi(t),\psi(t)\}$,它的方向余弦为

$$\cos\alpha = \frac{\varphi'(t)}{\sqrt{\varphi'^2(t) + \psi'^2(t)}}, \quad \cos\beta = \frac{\psi'(t)}{\sqrt{\varphi'^2(t) + \psi'^2(t)}}.$$

由公式(1),有

$$\int_L [P(x,y)\cos\alpha + Q(x,y)\cos\beta]\mathrm{d}s$$

$$= \int_\alpha^\beta \left\{P[\varphi(t),\psi(t)]\frac{\varphi'(t)}{\sqrt{\varphi'^2(t) + \psi'^2(t)}} + Q[\varphi(t),\psi(t)]\frac{\psi'(t)}{\sqrt{\varphi'^2(t) + \psi'^2(t)}}\right\}\sqrt{\varphi'^2(t) + \psi'^2(t)}\,\mathrm{d}t$$

$$= \int_\alpha^\beta \{P[\varphi(t),\psi(t)]\varphi'(t) + Q[\varphi(t),\psi(t)]\psi'(t)\}\mathrm{d}t.$$

由此可见,平面曲线弧 L 上的两类曲线积分之间有如下联系:

$$\int_L P\mathrm{d}x + Q\mathrm{d}y = \int_L (P\cos\alpha + Q\cos\beta)\mathrm{d}s,$$

其中,$\alpha = \alpha(x,y)$,$\beta = \beta(x,y)$ 为有向曲线弧 L 上点 $M(x,y)$ 处的切向量的方向角.

类似地可知,空间曲线弧 Γ 上的两类曲线积分之间有如下联系:

$$\int_\Gamma P\mathrm{d}x + Q\mathrm{d}y + R\mathrm{d}z = \int_\Gamma (P\cos\alpha + Q\cos\beta + R\cos\gamma)\mathrm{d}s,$$

其中,$\alpha = \alpha(x,y,z)$,$\beta = \beta(x,y,z)$,$\gamma = \gamma(x,y,z)$ 为有向曲线弧 Γ 上点 $M(x,y,z)$ 处的切向量的方向角.

习　题　9-5

(A)

1. 计算下列对弧长的曲线积分:

(1) $\oint_L (x^2 + y^2)^n \mathrm{d}s$,其中 L 为圆周 $x^2 + y^2 = a^2$;

(2) $\int_L x\sin y\,\mathrm{d}s$,其中 L 为连接点(0,0)与$(3\pi,\pi)$的直线段;

(3) $\int_L y\,\mathrm{d}s$,其中 L 为抛物线 $y^2 = 4x$ 上点(0,0)与(1,2)间的一段弧;

(4) $\int_L (x+y)\mathrm{d}s$，其中 L 为连接点 $(1,0)$ 与 $(0,1)$ 的直线段；

(5) $\oint_L x\mathrm{d}s$，其中 L 为由直线 $y=x$ 与抛物线 $y=x^2$ 所围成的区域的整个边界；

(6) $\oint_L |y|\mathrm{d}s$，其中 L 为圆周 $x^2+y^2=1$；

(7) $\oint_L \mathrm{e}^{\sqrt{x^2+y^2}}\mathrm{d}s$，其中，$L$ 为圆周 $x^2+y^2=4$、直线 $y=x$ 及 x 轴在第一象限内所围成的扇形区域的整个边界；

(8) $\oint_L xy\mathrm{d}s$，其中 L 为由直线 $x=0, y=0, x=4$ 及 $y=2$ 所围成的矩形区域的整个边界；

(9) $\int_L y^2\mathrm{d}s$，其中 L 为摆线的一拱 $x=a(t-\sin t), y=a(1-\cos t)$ $(0\leqslant t\leqslant 2\pi)$；

(10) $\oint_L \sqrt{x^2+y^2}\mathrm{d}s$，其中 L 为上半圆周 $x^2+y^2=2x$ $(y\geqslant 0)$ 与 x 轴所围成的区域的整个边界.

2. 求半径为 R、中心角为 2α 的匀质圆弧的质心.

3. 计算下列对坐标的曲线积分：

(1) $\int_L (x^2-y^2)\mathrm{d}x$，其中 L 是抛物线 $y=x^2$ 上从点 $O(0,0)$ 到点 $A(2,4)$ 的一段弧；

(2) $\oint_L y\mathrm{d}x$，其中 L 是由直线 $x=0, y=0, x=4$ 及 $y=2$ 围成的矩形区域的整个边界(按逆时针方向绕行)；

(3) $\int_L y\mathrm{d}x+x\mathrm{d}y$，其中 L 为圆周 $x=R\cos t, y=R\sin t$ 上对应于 t 从 0 到 $\frac{\pi}{2}$ 的一段弧；

(4) $\oint_L \frac{(x+y)\mathrm{d}x+(y-x)\mathrm{d}y}{x^2+y^2}$，其中 L 为圆周 $x^2+y^2=a^2$(按逆时针方向绕行)；

(5) $\int_L (x+y)\mathrm{d}x+xy\mathrm{d}y$，其中 L 为折线段 $y=1-|1-x|$ 上从点 $(0,0)$ 到点 $(2,0)$ 的一段；

(6) $\int_L (2a-y)\mathrm{d}x-(a-y)\mathrm{d}y$，其中 L 为摆线 $x=a(t-\sin t), y=a(1-\cos t)$ 上从点 $(0,0)$ 到点 $(2\pi a,0)$ 的一段弧.

4. 计算 $\int_L (x+y)\mathrm{d}x+(y-x)\mathrm{d}y$，其中 L 分别为

(1) 抛物线 $y^2=x$ 上从点 $(1,1)$ 到点 $(4,2)$ 的一段弧；

(2) 从点 $(1,1)$ 到点 $(4,2)$ 的直线段.

5. 计算 $\int_L (2x+y)\mathrm{d}x+(x+2y)\mathrm{d}y$，其中 L 分别为

(1) 抛物线 $y=x^2$ 上从点 $(0,0)$ 到点 $(1,1)$ 的一段弧；

(2) 立方抛物线 $y=x^3$ 上从点 $(0,0)$ 到点 $(1,1)$ 的一段弧；

(3) 从点 $(0,0)$ 到点 $(1,0)$、再从点 $(1,0)$ 到点 $(1,1)$ 的有向折线段.

6. 一力场由沿 x 轴正向的常力 $\boldsymbol{F}$ 所构成. 试求当一质量为 m 的质点沿圆周 $x^2+y^2=R^2$ 按逆时针方向移过位于第一象限的那段弧时场力所作的功.

(B)

1. 求匀质的心形线 $\rho = 1 + \cos\theta$ 的上半部分弧($0 \leqslant \theta \leqslant \pi$)的质心.

*2. 计算下列对弧长的曲线积分:

(1) $\int_\Gamma \frac{ds}{x^2 + y^2 + z^2}$,其中 Γ 为曲线 $x = e^t\cos t, y = e^t\sin t, z = e^t$ 上相应于 t 从 0 变到 2 的一段弧;

(2) $\int_\Gamma xyz\,ds$,其中 Γ 为有向折线段 OAB,点 O,A,B 的坐标依次为 $(0,0,0),(1,2,3),(1,4,3)$.

*3. 设螺旋形弹簧一圈的方程为 $x = a\cos t, y = a\sin t, z = kt$ $(0 \leqslant t \leqslant 2\pi)$,它的线密度 $\mu(x,y,z) = x^2 + y^2 + z^2$,求它对于 z 轴的转动惯量.

*4. 计算下列对坐标的曲线积分:

(1) $\int_\Gamma x\,dx + y\,dy + z\,dz$,其中 Γ 是从点 $(1,1,1)$ 到点 $(2,3,4)$ 的直线段;

(2) $\int_\Gamma y\,dx + z\,dy + x\,dz$,其中 Γ 为螺旋线 $x = a\cos t, y = a\sin t, z = kt$ 上相应于 t 从 0 变到 2π 的一段弧.

*5. 设 z 轴与重力的方向一致,求质量为 m 的质点从位置 (x_1, y_1, z_1) 沿直线运动到 (x_2, y_2, z_2) 时重力所作的功.

*6. 把对坐标的曲线积分 $\int_L P(x,y)dx + Q(x,y)dy$ 化为对弧长的曲线积分,其中 L 分别为

(1) xOy 面内从点 $(0,0)$ 到点 $(3,4)$ 的直线段;

(2) 抛物线 $y = x^2$ 上从点 $(0,0)$ 到点 $(2,4)$ 的曲线弧.

*7. 把对坐标的曲线积分 $\int_\Gamma P(x,y,z)dx + Q(x,y,z)dy + R(x,y,z)dz$ 化为对弧长的曲线积分,其中 Γ 为从点 $(0,0,0)$ 到点 $(1,-2,2)$ 的直线段.

第六节　格林公式及其应用

本节将要研究平面内的二重积分与曲线积分之间的关系及其物理意义与应用.

先要了解一些与平面区域相关的概念. 设 D 为平面区域,如果 D 内任一闭曲线所围的部分都属于 D,那么称 D 为平面单连通区域,否则称 D 为平面复连通区域. 单连通区域 D 也可以这样描述:D 内任一条闭曲线都可以不经过 D 外的点而连续地收缩于 D 内某一点,或者通俗地说,单连通区域是没有"洞"(包括"点洞")的区域. 例如,平面上的圆盘 $\{(x,y) \mid x^2 + y^2 < 4\}$、上半平面 $\{(x,y) \mid y > 0\}$ 都是单连通区域,而平面上的圆环域 $\{(x,y) \mid 1 < x^2 + y^2 < 4\}$、去心圆盘 $\{(x,y) \mid 0 < x^2 + y^2 < 4\}$ 都是复连通区域.

设 D 是平面区域,L 是它的边界曲线,规定 L 关于 D 的正向为:当观察者沿 L 的这一方向行走时,D 内在他邻近处的部分总在它的左侧. 例如,对于区域

$\{(x,y) \mid x^2+y^2<4\}$，逆时针方向的圆周 $x^2+y^2=4$ 是它的正向边界，对于区域 $\{(x,y) \mid x^2+y^2>1\}$，顺时针方向的圆周 $x^2+y^2=1$ 是它的正向边界，而对于区域 $\{(x,y) \mid 1<x^2+y^2<4\}$，逆时针方向的圆周 $x^2+y^2=4$ 与顺时针方向的圆周 $x^2+y^2=1$ 共同组成了它的正向边界.

一、格林公式

定理 1　设闭区域 D 由光滑或分段光滑的曲线 L 围成，函数 $P(x,y)$，$Q(x,y)$ 在 D 上具有连续偏导数，则有

$$\iint_D \left(\frac{\partial Q}{\partial x}-\frac{\partial P}{\partial y}\right)\mathrm{d}x\mathrm{d}y=\oint_L P\,\mathrm{d}x+Q\mathrm{d}y, \tag{1}$$

其中，L 是 D 的正向边界曲线.

公式(1) 称为格林(Green) 公式，它告诉我们平面闭区域 D 上的二重积分可以通过沿闭区域 D 的边界曲线 L 的曲线积分来表达.

证　先假设穿过区域 D 内部且平行于坐标轴的直线与 D 的边界曲线 L 之交点恰为两个，即闭区域 D 既是 X- 型区域又是 Y- 型区域的情形(图 9-40(a)). 由于 D 是 X- 型区域，故 D 可表示为

$$D=\{(x,y) \mid \varphi_1(x)\leqslant y\leqslant \varphi_2(x), a\leqslant x\leqslant b\}.$$

因为$\dfrac{\partial P}{\partial y}$ 在 D 上连续，所以由二重积分的计算法，有

$$\begin{aligned}\iint_D \frac{\partial P}{\partial y}\mathrm{d}x\mathrm{d}y&=\int_a^b \mathrm{d}x\int_{\varphi_1(x)}^{\varphi_2(x)}\frac{\partial P}{\partial y}\mathrm{d}y\\&=\int_a^b\{P[x,\varphi_2(x)]-P[x,\varphi_1(x)]\}\mathrm{d}x.\end{aligned}$$

另一方面，由对坐标的曲线积分的性质与计算法，有

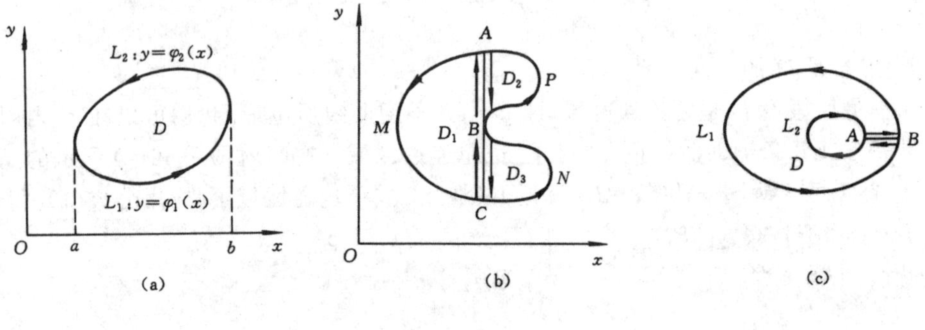

图 9-40

$$\oint_L P\mathrm{d}x = \int_{L_1} P\mathrm{d}x + \int_{L_2} P\mathrm{d}x = \int_a^b P[x,\varphi_1(x)]\mathrm{d}x + \int_b^a P[x,\varphi_2(x)]\mathrm{d}x$$
$$= \int_a^b \{P[x,\varphi_1(x)] - P[x,\varphi_2(x)]\}\mathrm{d}x.$$

因此得到
$$-\iint_D \frac{\partial P}{\partial y}\mathrm{d}x\mathrm{d}y = \oint_L P\mathrm{d}x. \tag{2}$$

类似地由 D 是 Y- 型区域，可以证得有
$$\iint_D \frac{\partial Q}{\partial x}\mathrm{d}x\mathrm{d}y = \oint_L Q\mathrm{d}y. \tag{3}$$

由于 D 既是 X- 型区域，又是 Y- 型区域，故式(2)、式(3) 同时成立，此两式合并后，即得(1) 式成立.

其次假设 D 是一般的单连通区域，即 D 由一条光滑或分段光滑的闭曲线所围成. 如果闭区域 D 不满足以上条件，那么，可以在 D 内引进一条或几条辅助曲线把 D 分成有限个部分闭区域，使每个部分闭区域都满足以上条件. 例如，就图 9-40(b) 所示的闭区域 D 而言，它的边界曲线 L 为$\overset{\frown}{MNPM}$，引进一条辅助线 ABC，把 D 分成 D_1, D_2, D_3 三部分. 应用公式(1) 于每个部分，得
$$\iint_{D_1}\left(\frac{\partial Q}{\partial x} - \frac{\partial P}{\partial y}\right)\mathrm{d}x\mathrm{d}y = \oint_{\overset{\frown}{MCBAM}} P\mathrm{d}x + Q\mathrm{d}y,$$
$$\iint_{D_2}\left(\frac{\partial Q}{\partial x} - \frac{\partial P}{\partial y}\right)\mathrm{d}x\mathrm{d}y = \oint_{\overset{\frown}{ABPA}} P\mathrm{d}x + Q\mathrm{d}y,$$
$$\iint_{D_3}\left(\frac{\partial Q}{\partial x} - \frac{\partial P}{\partial y}\right)\mathrm{d}x\mathrm{d}y = \oint_{\overset{\frown}{BCNB}} P\mathrm{d}x + Q\mathrm{d}y.$$

把这三个等式相加，注意到相加时沿辅助曲线来回的曲线积分相互抵消，便得
$$\iint_D\left(\frac{\partial Q}{\partial x} - \frac{\partial P}{\partial y}\right)\mathrm{d}x\mathrm{d}y = \oint_L P\mathrm{d}x + Q\mathrm{d}y,$$
其中，L 是 D 的正向边界.

最后假设 D 是复连通区域，即 D 由几条闭曲线所围成. 我们可以在 D 内引进一条或几条辅助曲线把 D"割开" 成单连通区域. 例如，就图 9-40(c) 所示的闭区域 D 而言，引进辅助线 AB，就把 D"割开" 成单连通区域了. 应用公式(1)，得
$$\iint_D\left(\frac{\partial Q}{\partial x} - \frac{\partial P}{\partial y}\right)\mathrm{d}x\mathrm{d}y = \oint_{L_1+\overline{BA}+L_2+\overline{AB}} P\mathrm{d}x + Q\mathrm{d}y$$
$$= \oint_{L_1+L_2} P\mathrm{d}x + Q\mathrm{d}y = \oint_L P\mathrm{d}x + Q\mathrm{d}y.$$

至此,定理 1 证毕.

特别要注意的是,对于复连通区域 D,格林公式(1) 的右端应包含 D 的全部边界上的曲线积分,且边界的方向对于区域 D 是正向.

在式(1) 中取 $P=-y$, $Q=x$,即得

$$2\iint_D \mathrm{d}x\mathrm{d}y=\oint_L x\mathrm{d}y-y\mathrm{d}x,$$

此式左端是闭区域 D 面积 A 的两倍,故有

$$A=\frac{1}{2}\oint_L x\mathrm{d}y-y\mathrm{d}x, \tag{4}$$

这是式(1) 的一个简单应用.

例 1 求椭圆 $x=a\cos t$, $y=b\sin t$ 所围成的图形的面积 A.

解 根据公式(4),有

$$A=\frac{1}{2}\oint_L x\mathrm{d}y-y\mathrm{d}x=\frac{1}{2}\int_0^{2\pi}(ab\cos^2 t+ab\sin^2 t)\mathrm{d}t$$

$$=\frac{1}{2}ab\int_0^{2\pi}\mathrm{d}t=\pi ab.$$

例 2 计算$\oint_L x^4\mathrm{d}x+xy\mathrm{d}y$,其中 L 是以 $O(0,0)$,$A(1,1)$,$B(0,1)$ 为顶点的三角形闭区域 D 的正向边界(图 9-41).

解 令 $P=x^4$, $Q=xy$,则 P,Q 在闭区域 D 上具有连续偏导数,且$\frac{\partial Q}{\partial x}-\frac{\partial P}{\partial y}=y$,故由式(1),有

$$\oint_L x^4\mathrm{d}x+xy\mathrm{d}y=\iint_D y\mathrm{d}x\mathrm{d}y=\int_0^1\mathrm{d}y\int_0^y y\mathrm{d}x=\int_0^1 y^2\mathrm{d}y=\frac{1}{3}.$$

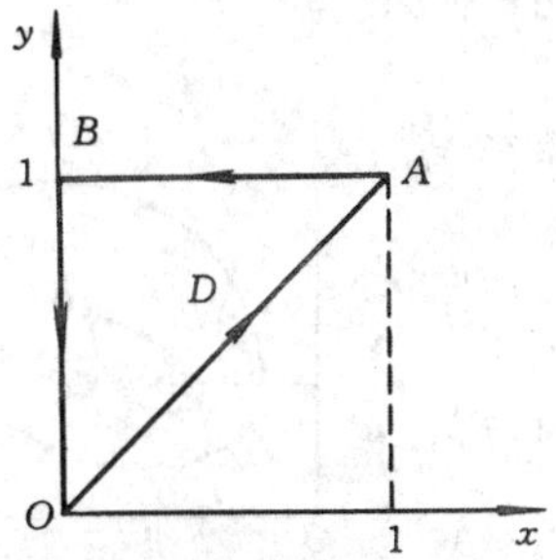

图 9-41

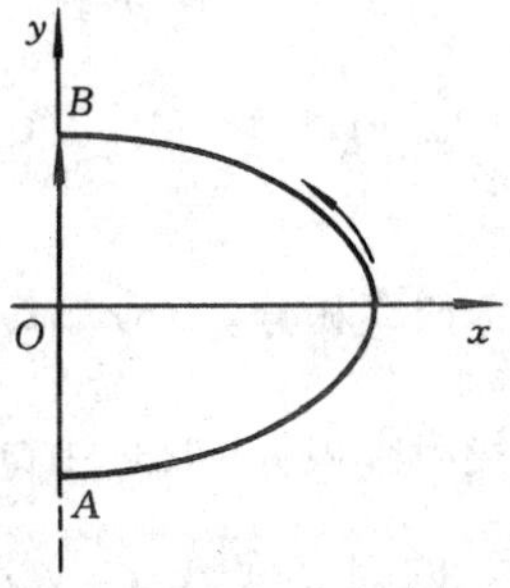

图 9-42

例 3 计算$\int_L (y^2-2xy\sin x^2)\mathrm{d}x+\cos x^2\mathrm{d}y$,其中 L 为椭圆$\frac{x^2}{a^2}+\frac{y^2}{b^2}=1$的右半部分,取逆时针方向(图 9-42).

解 设 L_1 是从点 $A(0,-b)$ 到点 $B(0,b)$ 的有向直线段,由 L_1 与 L 所围成的闭区域为 D,则由 L 与 L_1^- 组成的有向闭曲线是 D 的正向边界曲线. 又令 $P=y^2-2xy\sin x^2$, $Q=\cos x^2$,则 P,Q 在 D 上具有连续偏导数,且$\frac{\partial Q}{\partial x}-\frac{\partial P}{\partial y}=-2y$,故由公式(1),有

$$\oint_{L+L_1^-}(y^2-2xy\sin x^2)\mathrm{d}x+\cos x^2\mathrm{d}y=-2\iint_D y\,\mathrm{d}x\mathrm{d}y$$

$$=-2\int_{-b}^{b}y\,\mathrm{d}y\int_0^{a\sqrt{1-\frac{y^2}{b^2}}}\mathrm{d}x=-2a\int_{-b}^{b}y\sqrt{1-\frac{y^2}{b^2}}\,\mathrm{d}y=0.$$

于是,根据积分的性质,有

$$\int_L(y^2-2xy\sin x^2)\mathrm{d}x+\cos x^2\mathrm{d}y=\int_{L_1}(y^2-2xy\sin x^2)\mathrm{d}x+\cos x^2\mathrm{d}y$$

$$=\int_{L_1}\cos x^2\mathrm{d}y=\int_{-b}^{b}\mathrm{d}y=2b.$$

二、平面上曲线积分与路径无关的条件

在研究平面力场的问题时,我们要考察场力所作的功是否与路径无关,这在数学上就是要考察曲线积分是否与路径无关. 为此,首先来明确什么叫做曲线积分$\int_L P\mathrm{d}x+Q\mathrm{d}y$与路径无关.

设函数 $P(x,y)$, $Q(x,y)$ 在区域 G 内具有连续偏导数,如果对于 G 内任意指定的两点 A,B 及 G 内从点 A 到点 B 的任意两条曲线 L_1, L_2(图 9-43),下列等式成立:

$$\int_{L_1}P\mathrm{d}x+Q\mathrm{d}y=\int_{L_2}P\mathrm{d}x+Q\mathrm{d}y,$$

那么就称曲线积分$\int_L P\mathrm{d}x+Q\mathrm{d}y$在区域$G$内与路径无关,否则便称曲线积分$\int_L P\mathrm{d}x+Q\mathrm{d}y$在区域 G 内与路径有关. 如果曲线积分$\int_L P\mathrm{d}x+Q\mathrm{d}y$在区域 G 内与路径无关,而 L 的起点为 $A(x_1,y_1)$,终点为 $B(x_2,y_2)$,那么曲线积分便可以记为$\int_{(x_1,y_1)}^{(x_2,y_2)}P\mathrm{d}x+Q\mathrm{d}y$.

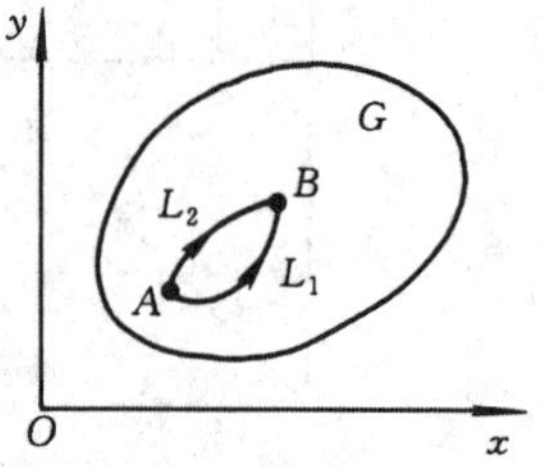

图 9-43

从上面的叙述可见，如果曲线积分在区域 G 内与路径无关，那么

$$\int_{L_1} P\mathrm{d}x + Q\mathrm{d}y = \int_{L_2} P\mathrm{d}x + Q\mathrm{d}y$$

（图 9-43）. 由于$\int_{L_2} P\mathrm{d}x + Q\mathrm{d}y = -\int_{L_2^-} P\mathrm{d}x + Q\mathrm{d}y$，故有

$$\oint_{L_1+L_2^-} P\mathrm{d}x + Q\mathrm{d}y = \int_{L_1} P\mathrm{d}x + Q\mathrm{d}y + \int_{L_2^-} P\mathrm{d}x + Q\mathrm{d}y = 0.$$

由于点 A,B 的任意性，L_1,L_2 的任意性，故这里的 $L_1+L_2^-$ 可以表示 G 内任意一条有向闭曲线. 由此可见，如果曲线积分在 G 内与路径无关，那么，在 G 内沿任何一条闭曲线的曲线积分为零. 反过来，如果在 G 内沿任何一条闭曲线的曲线积分为零，也可以推得在 G 内曲线积分与路径无关. 总而言之，曲线积分$\int_L P\mathrm{d}x+Q\mathrm{d}y$ 在 G 内与路径无关相当于沿 G 内的任何闭曲线 C 的曲线积分$\oint_C P\mathrm{d}x + Q\mathrm{d}y = 0$.

对于区域 G 内的曲线积分$\int_L P\mathrm{d}x+Q\mathrm{d}y$，还有这样一个问题：是否在 G 内存在可微函数 $u(x,y)$，使得在 G 内有$\dfrac{\partial u}{\partial x} = P(x,y)$，$\dfrac{\partial u}{\partial y} = Q(x,y)$，即使得被积表达式 $P(x,y)\mathrm{d}x + Q(x,y)\mathrm{d}y$ 是函数 $u(x,y)$ 的全微分. 这个问题的一个物理背景是：力场 $\boldsymbol{F}(x,y) = P(x,y)\boldsymbol{i} + Q(x,y)\boldsymbol{j}$ 是否为势场（势场的概念参见第八章第七节）.

关于上述这两个问题间的联系以及如何便捷地判断这两个问题，有下面的定理.

定理 2　设 G 是平面内的一个单连通区域，函数 $P(x,y)$，$Q(x,y)$ 在 G 内具有连续偏导数，则以下三个命题相互等价：

(1) 曲线积分$\int_L P(x,y)\mathrm{d}x + Q(x,y)\mathrm{d}y$ 在 G 内与路径无关；

(2) 表达式 $P(x,y)\mathrm{d}x + Q(x,y)\mathrm{d}y$ 在 G 内是某个函数 $u(x,y)$ 的全微分；

(3) 在 G 内恒有$\dfrac{\partial Q}{\partial x} = \dfrac{\partial P}{\partial y}$.

证　我们证明(1)⇒(2)⇒(3)⇒(1)，以此来获得这三个命题等价的结论.

(1)⇒(2)：设点 $M_0(x_0,y_0)$，$M(x,y)$ 是 G 内两点，由于在 G 内曲线积分与路径无关，故路径起点为 M_0，终点为 M 的曲线积分可写成

$$\int_{(x_0,y_0)}^{(x,y)} P(x,y)\mathrm{d}x + Q(x,y)\mathrm{d}y.$$ ①

① 如果要区别点 M 的坐标与积分变量，此式可写成$\int_{(x_0,y_0)}^{(x,y)} P(\xi,\eta)\mathrm{d}\xi + Q(\xi,\eta)\mathrm{d}\eta$.

当起点 $M_0(x_0,y_0)$ 固定时，积分的值取决于终点 $M(x,y)$. 因此它是 x,y 的函数，把这个函数记为 $u(x,y)$，即

$$u(x,y)=\int_{(x_0,y_0)}^{(x,y)}P(x,y)\mathrm{d}x+Q(x,y)\mathrm{d}y. \tag{5}$$

下面来证明这个函数的全微分就是 $P(x,y)\mathrm{d}x+Q(x,y)\mathrm{d}y$. 由于 $P(x,y)$，$Q(x,y)$ 的偏导数在 G 内连续，故 $P(x,y)$，$Q(x,y)$ 在 G 内也是连续的，因此，由全微分存在的充分条件，只需证明

$$\frac{\partial u}{\partial x}=P(x,y),\quad \frac{\partial u}{\partial y}=Q(x,y).$$

由式(5)，有

$$u(x+\Delta x,y)=\int_{(x_0,y_0)}^{(x+\Delta x,y)}P(x,y)\mathrm{d}x+Q(x,y)\mathrm{d}y.$$

由于曲线积分与路径无关，故可取上式右端曲线积分的路径为先从点 $M_0(x_0,y_0)$ 到点 $M(x,y)$，然后沿平行于 x 轴的直线从点 $M(x,y)$ 到点 $N(x+\Delta x,y)$ 的路径（图 9-44），于是有

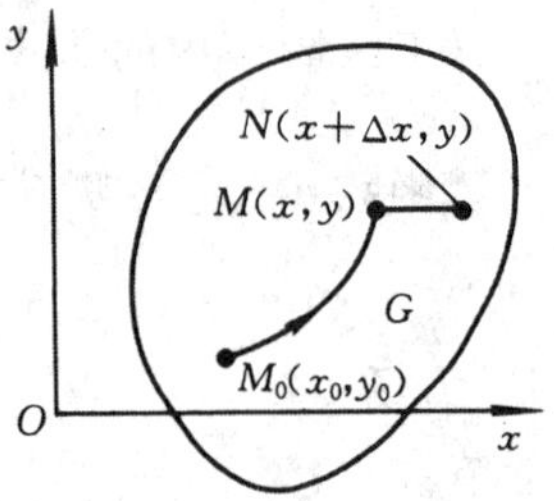

图 9-44

$$u(x+\Delta x,y)=u(x,y)+\int_{(x,y)}^{(x+\Delta x,y)}P(x,y)\mathrm{d}x+Q(x,y)\mathrm{d}y,$$

从而又由对坐标的曲线积分的计算法，有

$$\begin{aligned}u(x+\Delta x,y)-u(x,y)&=\int_{(x,y)}^{(x+\Delta x,y)}P(x,y)\mathrm{d}x+Q(x,y)\mathrm{d}y\\&=\int_{x}^{x+\Delta x}P(x,y)\mathrm{d}x,\end{aligned}$$

再应用定积分的中值定理，得

$$u(x+\Delta x,y)-u(x,y)=P(x+\theta\Delta x,y)\Delta x\quad (0\leqslant\theta\leqslant 1).$$

上式两端除以 Δx，并令 $\Delta x\to 0$ 取极限，由 $P(x,y)$ 的连续性，最终得

$$\lim_{\Delta x\to 0}\frac{u(x+\Delta x,y)-u(x,y)}{\Delta x}=P(x,y),$$

即

$$\frac{\partial u}{\partial x}=P(x,y).$$

同理可证 $\dfrac{\partial u}{\partial y}=Q(x,y)$. 这就证明了命题(2) 成立.

(2)⇒(3)：设 $P(x,y)\mathrm{d}x+Q(x,y)\mathrm{d}y$ 在 G 内是某个函数 $u(x,y)$ 的全微分，即在 G 内有

$$\frac{\partial u}{\partial x}=P(x,y),\quad \frac{\partial u}{\partial y}=Q(x,y),$$

从而有

$$\frac{\partial^2 u}{\partial x\partial y}=\frac{\partial P}{\partial y},\quad \frac{\partial^2 u}{\partial y\partial x}=\frac{\partial Q}{\partial x}.$$

由于 $P(x,y)$,$Q(x,y)$ 在 G 内具有连续偏导数，即 $\frac{\partial^2 u}{\partial x\partial y}$,$\frac{\partial^2 u}{\partial y\partial x}$ 都在 G 内连续，故在 G 内恒有 $\frac{\partial^2 u}{\partial x\partial y}=\frac{\partial^2 u}{\partial y\partial x}$,这就是在 G 内恒有 $\frac{\partial Q}{\partial x}=\frac{\partial P}{\partial y}$,命题(3) 成立.

(3)⇒(1)：设 C 是 G 内任意一条闭曲线，由于 G 是单连通区域，故 C 所围成的闭区域 $D\subset G$,从而在闭区域 D 上，函数 $P(x,y)$,$Q(x,y)$ 具有连续偏导数，且 $\frac{\partial Q}{\partial x}=\frac{\partial P}{\partial y}$ 恒成立，应用格林公式，即得

$$\oint_C P\,\mathrm{d}x+Q\,\mathrm{d}y=\pm\iint_D\left(\frac{\partial Q}{\partial x}-\frac{\partial P}{\partial y}\right)\mathrm{d}x\mathrm{d}y=0.$$

我们已经说明曲线积分在 G 内与路径无关相当于沿 G 内任何闭曲线的曲线积分为零，因此，证得命题(1) 成立.

至此，定理 2 证毕.

现在看来，上一节例 8 中起点、终点相同的三个曲线积分 $\int_L x\,\mathrm{d}y+y\,\mathrm{d}x$ 相等并非偶然. 这是因为该曲线积分的被积函数 $P(x,y)=y$,$Q(x,y)=x$ 在整个 xOy 面(这是单连通区域) 内具有连续偏导数，且恒有 $\frac{\partial Q}{\partial x}=\frac{\partial P}{\partial y}=1$.

在定理 2 中，要求区域 G 是单连通区域，且函数 $P(x,y)$,$Q(x,y)$ 在 G 内具有连续偏导数. 如果这两个条件之一得不到满足，那么，定理的结论也就不能保证成立. 例如，我们来考察在区域

$$D=\{(x,y)\mid x^2+y^2>0\}$$

内曲线积分 $\int_L \frac{y\,\mathrm{d}x-x\,\mathrm{d}y}{x^2+y^2}$ 是否与路径无关. 现在，$P=\frac{y}{x^2+y^2}$,$Q=\frac{-x}{x^2+y^2}$,有 $\frac{\partial Q}{\partial x}=\frac{\partial P}{\partial y}=\frac{x^2-y^2}{(x^2+y^2)^2}$ 在 D 内恒成立. 然而，由于 D 非单连通区域，不能应用定理 2,不可贸然认为在 D 内该曲线积分与路径无关. 事实上，若取 $A(-1,0)$ 为起点，$B(1,0)$ 为终点，L_1,L_2 分别为上半圆周、下半圆周(图 9-45),则

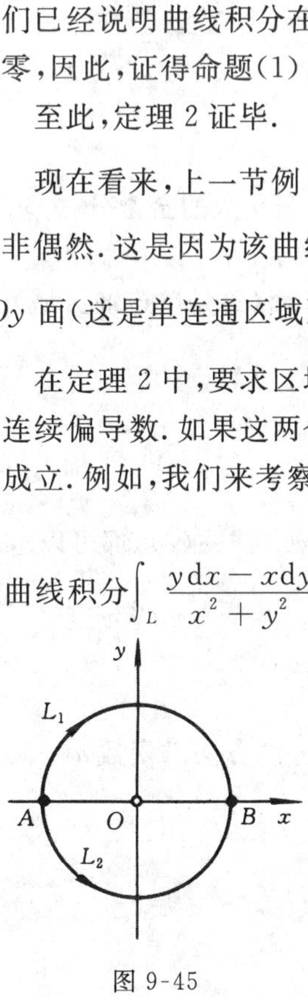

图 9-45

$$\int_{L_1} \frac{y\mathrm{d}x - x\mathrm{d}y}{x^2 + y^2} = \int_{\pi}^{0} (-\sin^2\theta - \cos^2\theta)\mathrm{d}\theta = \pi,$$

$$\int_{L_2} \frac{y\mathrm{d}x - x\mathrm{d}y}{x^2 + y^2} = \int_{\pi}^{2\pi} (-\sin^2\theta - \cos^2\theta)\mathrm{d}\theta = -\pi.$$

由此可见，该曲线积分在 D 内与路径有关.

当 $P(x,y)$，$Q(x,y)$ 在单连通区域 G 内具有连续偏导数，且 $P\mathrm{d}x + Q\mathrm{d}y$ 确是某个函数的全微分时，可以用式(5)来求出这个函数. 又由于曲线积分在 G 内与路径无关，所以可以取平行于坐标轴的直线段连成的折线 M_0RM 或 M_0SM 作为积分路径，只要它们完全包含在 G 内(图 9-46).

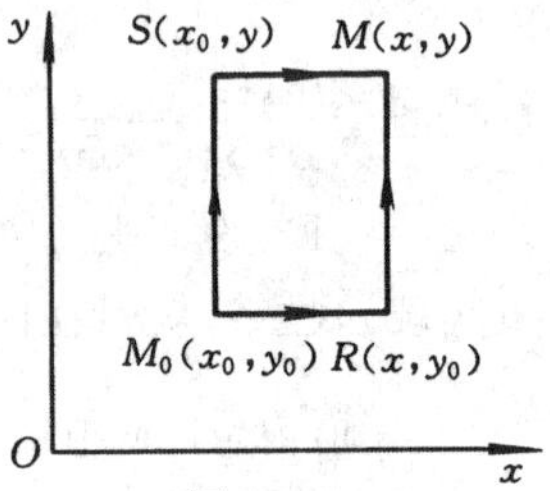

图 9-46

当取 M_0RM 为积分路径时，有

$$u(x,y) = \int_{x_0}^{x} P(x,y_0)\mathrm{d}x + \int_{y_0}^{y} Q(x,y)\mathrm{d}y; \tag{6}$$

当取 M_0SM 为积分路径时，有

$$u(x,y) = \int_{y_0}^{y} Q(x_0,y)\mathrm{d}y + \int_{x_0}^{x} P(x,y)\mathrm{d}x. \tag{7}$$

例 4　验证：在整个 xOy 面内，$xy^2\mathrm{d}x + x^2y\mathrm{d}y$ 是某个函数的全微分，并求出一个这样的函数.

解　现设 $P = xy^2$，$Q = x^2y$，则 P,Q 在整个 xOy 面(这是单连通区域)内具有连续偏导数，且恒有

$$\frac{\partial Q}{\partial x} = \frac{\partial P}{\partial y} = 2xy,$$

故在整个 xOy 面内，$xy^2\mathrm{d}x + x^2y\mathrm{d}y$ 是某个函数的全微分.

取起点 M_0 为原点 $O(0,0)$，利用源自于式(5)的式(6)或式(7)，都可以求出一个这样的函数. 例如就用式(6)，得这样一个函数为

$$u(x,y) = \int_0^x x \cdot 0^2 \mathrm{d}x + \int_0^y x^2 y\mathrm{d}y = \frac{1}{2}x^2y^2.$$

除了利用式(5)的方法之外，还可以利用所谓偏积分的方法求函数 $u(x,y)$. 求解过程如下：

因为函数 $u(x,y)$ 要满足 $\dfrac{\partial u}{\partial x} = xy^2$，故

$$u = \int xy^2 \mathrm{d}x = \frac{1}{2}x^2y^2 + \varphi(y),$$

这里，$\varphi(y)$ 是 y 的待定函数. 由此式可得

$$\frac{\partial u}{\partial y} = x^2 y + \varphi'(y).$$

又由于函数 $u(x,y)$ 亦要满足$\frac{\partial u}{\partial y} = x^2 y$，故有 $x^2 y + \varphi'(y) = x^2 y$，即得 $\varphi'(y) = 0$，从而 $\varphi(y) = C$(常数)，因此得所求的函数为

$$u(x,y) = \frac{1}{2}x^2 y^2 + C.$$

习　题　9-6

(A)

1. 计算下列曲线积分，并验证格林公式的正确性：

(1) $\oint_L (x^2+y)\mathrm{d}x - (x-y^2)\mathrm{d}y$，其中 L 是椭圆$\frac{x^2}{a^2}+\frac{y^2}{b^2}=1$(按逆时针方向绕行)；

(2) $\oint_L (x+y)^2\mathrm{d}x - (x^2+y^2)\mathrm{d}y$，其中 L 是以点 $(0,0)$，$(1,0)$，$(0,1)$ 为顶点的三角形区域的正向边界.

2. 利用曲线积分，求星形线 $x=a\cos^3 t$，$y=a\sin^3 t$ 所围成的图形的面积.

3. 利用格林公式，计算下列曲线积分：

(1) $\oint_L (2x-y+4)\mathrm{d}x + (3x+5y-6)\mathrm{d}y$，其中 L 是以点 $(0,0)$，$(3,0)$，$(3,2)$ 为顶点的三角形区域的正向边界；

(2) $\oint_L (2xy+3xe^x)\mathrm{d}x + (x^2-y\cos y)\mathrm{d}y$，其中 L 是按逆时针方向绕行的椭圆$\frac{x^2}{a^2}+\frac{y^2}{b^2}=1$；

(3) $\int_L (y+xe^{2y})\mathrm{d}x + (x^2e^{2y}+1)\mathrm{d}y$，其中 L 是从点 $(0,0)$ 到点 $(4,0)$ 的上半圆周 $y=\sqrt{4x-x^2}$；

(4) $\int_L (1-\cos y)\mathrm{d}x - x(y-\sin y)\mathrm{d}y$，其中 L 是正弦曲线 $y=\sin x$ 上从点 $(0,0)$ 到点 $(\pi,0)$ 的一段弧；

(5) $\int_L (x^2-y)\mathrm{d}x - (x+\sin^2 y)\mathrm{d}y$，其中 L 是上半圆周 $y=\sqrt{2x-x^2}$ 上从点 $(0,0)$ 到点 $(1,1)$ 的一段弧；

(6) $\int_L (1+ye^x)\mathrm{d}x + (x+e^x)\mathrm{d}y$，其中 L 是从点 $(-a,0)$ 到点 $(a,0)$ 的上半椭圆弧$\frac{x^2}{a^2}+\frac{y^2}{b^2}=1\ (y\geqslant 0)$.

4. 证明下列曲线积分在整个 xOy 面内与路径无关,并计算积分值:

(1) $\int_{(1,1)}^{(2,3)}(x+y)\mathrm{d}x+(x-y)\mathrm{d}y$;

(2) $\int_{(1,0)}^{(2,1)}(2xy-y^4+3)\mathrm{d}x+(x^2-4xy^3)\mathrm{d}y$;

(3) $\int_{(0,0)}^{(\pi,\pi)}(\mathrm{e}^y+\sin x)\mathrm{d}x+(x\mathrm{e}^y-\cos y)\mathrm{d}y$.

5. 验证下列 $P(x,y)\mathrm{d}x+Q(x,y)\mathrm{d}y$ 在整个 xOy 面内是某一函数 $u(x,y)$ 的全微分,并求这样的一个 $u(x,y)$:

(1) $(x+2y)\mathrm{d}x+(2x+y)\mathrm{d}y$;

(2) $(2x+\mathrm{e}^y)\mathrm{d}x+(x\mathrm{e}^y-2y)\mathrm{d}y$;

(3) $2\sin 2x\sin 3y\mathrm{d}x-3\cos 2x\cos 3y\mathrm{d}y$;

(4) $(3x^2y^2+8xy^3)\mathrm{d}x+(2x^3y+12x^2y^2+y\mathrm{e}^y)\mathrm{d}y$.

6. 设在 xOy 面内有力 $\boldsymbol{F}(x,y)=(x+y^2)\boldsymbol{i}+(2xy-1)\boldsymbol{j}$ 构成力场. 证明:在此力场中,场力所作的功与路径无关.

(B)

1. 利用格林公式,计算下列曲线积分:

(1) $\int_L(2xy+3x\sin x)\mathrm{d}x+(x^2-y\mathrm{e}^y)\mathrm{d}y$,其中 L 是摆线 $x=t-\sin t, y=1-\cos t$ 上从点 $(0,0)$ 到点 $(\pi,2)$ 的一段弧;

(2) $\int_L\left(\ln\frac{y}{x}-1\right)\mathrm{d}x+\frac{x}{y}\mathrm{d}y$,其中 L 是从点 $(1,1)$ 到点 $(3,3\mathrm{e})$ 的直线段;

(3) $\int_L(\mathrm{e}^x\sin y-y)\mathrm{d}x+(\mathrm{e}^x\cos y-1)\mathrm{d}y$,其中 L 是从点 $(a,0)$ 到点 $(0,0)$ 的上半圆周 $x^2+y^2=ax(y\geqslant 0)$;

(4) $\int_L(\sin y-y\sin x+2)\mathrm{d}x+(\cos x+x\cos y+x^2)\mathrm{d}y$,其中 L 是正弦曲线 $y=\sin x$ 上从点 $(0,0)$ 到点 $\left(\frac{\pi}{2},1\right)$ 的一段弧.

2. 证明:$\frac{x\mathrm{d}x+y\mathrm{d}y}{x^2+y^2}$ 在 xOy 面除去 y 轴的负半轴及原点 O 后的区域 G 内是某个二元函数的全微分,并求出这样的一个二元函数.

3. 设在半平面 $x>0$ 内有力 $\boldsymbol{F}(x,y)=-\frac{k}{r^3}(x\boldsymbol{i}+y\boldsymbol{j})$ 构成力场,其中 k 为常数, $r=\sqrt{x^2+y^2}$,证明:在此力场中,场力所作的功与路径无关.

第七节　曲面积分

在本节中，将对积分概念再作一种推广，即推广到积分范围是一片曲面的情形.[①]这样推广后的积分称为曲面积分.

一、对面积的曲面积分

1. 对面积的曲面积分的概念与性质

在第五节第一目关于曲线形构件的质量问题的讨论中，把曲线改为曲面，并且相应地把线密度 $\mu(x,y)$ 改为面密度 $\mu(x,y,z)$，把小段曲线的弧长 Δs_i 改为小块曲面的面积 ΔS_i，而把第 i 小段曲线上的一点 (ξ_i,η_i) 改为第 i 小块曲面上的一点 (ξ_i,η_i,ζ_i)，那么，在面密度 $\mu(x,y,z)$ 为连续函数的条件下，曲面形构件的质量 M 就是下列和的极限：

$$M=\lim_{\lambda\to 0}\sum_{i=1}^{n}\mu(\xi_i,\eta_i,\zeta_i)\Delta S_i,$$

其中，λ 表示 n 个小块曲面的直径[②]的最大值.

这样的极限还会在其他问题中遇到. 抽去它们的具体意义，就得出对面积的曲面积分的概念.

定义 1　设曲面 Σ 光滑，[③]函数 $f(x,y,z)$ 在 Σ 上有界. 把 Σ 任意分成 n 个小块 $\Delta S_1,\Delta S_2,\cdots,\Delta S_n$（$\Delta S_i$ 同时也表示第 i 小块曲面的面积），设 (ξ_i,η_i,ζ_i) 是 ΔS_i 上任意取定的一点，作乘积 $f(\xi_i,\eta_i,\zeta_i)\Delta S_i\ (i=1,2,\cdots,n)$，并作和 $\sum\limits_{i=1}^{n}f(\xi_i,\eta_i,\zeta_i)\Delta S_i$. 如果当各小块曲面的直径的最大值 $\lambda\to 0$ 时，这和的极限总存在，那么称此极限为函数 $f(x,y,z)$ 在曲面 Σ 上对面积的曲面积分或第一类曲面积分，记为 $\iint\limits_{\Sigma}f(x,y,z)\mathrm{d}S$，即

$$\iint\limits_{\Sigma}f(x,y,z)\mathrm{d}S=\lim_{\lambda\to 0}\sum_{i=1}^{n}f(\xi_i,\eta_i,\zeta_i)\Delta S_i,$$

其中，$f(x,y,z)$ 称为被积函数，Σ 称为积分曲面.

如果 Σ 是分片光滑的，即 Σ 由有限片光滑曲面组成，[④]那么，规定函数在 Σ 上

---

① 我们将讨论的都是有界且具有有限面积的曲面，曲面的边界曲线是光滑或分段光滑的闭曲线.

② 曲面的直径是指曲面上任意两点间距离的最大值.

③ 所谓曲面是光滑的，即曲面上各点处都具有切平面，且当点在曲面上连续移动时，切平面也连续转动.

④ 以后总假定曲面是光滑或分片光滑的.

对面积的曲面积分等于函数在光滑的各片曲面上对面积的曲面积分之和. 例如，设 Σ 可分成两片光滑曲面 Σ_1 及 Σ_2（记 $\Sigma = \Sigma_1 + \Sigma_2$），就规定

$$\iint_{\Sigma} f(x,y,z)\mathrm{d}S = \iint_{\Sigma_1} f(x,y,z)\mathrm{d}S + \iint_{\Sigma_2} f(x,y,z)\mathrm{d}S.$$

如果 Σ 是闭曲面，那么，函数 $f(x,y,z)$ 在 Σ 上对面积的曲面积分通常会记成 $\oiint_{\Sigma} f(x,y,z)\mathrm{d}S$.

当被积函数 $f(x,y,z) \equiv 1$ 时，它在 Σ 上对面积的曲面积分通常记为 $\iint_{\Sigma} \mathrm{d}S$. 显然，$\iint_{\Sigma} \mathrm{d}S$ 表示 Σ 的面积，其中 $\mathrm{d}S$ 称为积分曲面 Σ 的面积元素.

可以证明，如果函数 $f(x,y,z)$ 在曲面 Σ 上连续，那么，$f(x,y,z)$ 在 Σ 上对面积的曲面积分 $\iint_{\Sigma} f(x,y,z)\mathrm{d}S$ 必定存在. 今后总假定 $f(x,y,z)$ 在 Σ 上连续.

根据定义，面密度为连续函数 $\mu(x,y,z)$ 的光滑或分片光滑的曲面 Σ 的质量 M 可以表示为 $\mu(x,y,z)$ 在 Σ 上对面积的曲面积分：

$$M = \iint_{\Sigma} \mu(x,y,z)\mathrm{d}S.$$

由对面积的曲面积分的定义可知，它具有与对弧长的曲线积分相类似的性质，并且也有与对弧长的曲线积分相类似的一些物理应用，这些都不一一赘述了.

2. 对面积的曲面积分的计算法

对面积的曲面积分可以化为二重积分来计算. 具体方法可由下述定理给出：

定理　设积分曲面 Σ 由方程 $z = z(x,y)$ 给出，Σ 在 xOy 面上的投影区域为 D_{xy}. 如果函数 $z = z(x,y)$ 在 D_{xy} 上具有连续偏导数，被积函数 $f(x,y,z)$ 在 Σ 上连续，那么有

$$\iint_{\Sigma} f(x,y,z)\mathrm{d}S = \iint_{D_{xy}} f[x,y,z(x,y)]\sqrt{1 + z_x^2(x,y) + z_y^2(x,y)}\,\mathrm{d}x\mathrm{d}y. \quad (1)$$

定理的证明从略. 式(1) 表明，在计算对面积的曲面积 $\iint_{\Sigma} f(x,y,z)\mathrm{d}S$ 时，只要把变量 z 换成 $z(x,y)$，积分曲面的面积元素 $\mathrm{d}S$ 换成 $\sqrt{1 + z_x^2 + z_y^2}\,\mathrm{d}x\mathrm{d}y$，积分号下的 Σ 换成它在 xOy 面上的投影区域 D_{xy}，于是就把对面积的曲面积分化成了二重积分.

如果积分曲面 Σ 由方程 $x=x(y,z)$ 或 $y=y(z,x)$ 给出，这时就将 Σ 向 yOz 面或向 zOx 面投影，也可类似地把对面积的曲面积分化为相应的二重积分.

例 1 计算曲面积分 $\iint\limits_{\Sigma}\frac{\mathrm{d}S}{z}$，其中 Σ 是球面 $x^2+y^2+z^2=a^2$ 被平面 $z=h$ $(0<h<a)$ 截出的顶部(图 9-47).

解 Σ 的方程为 $z=\sqrt{a^2-x^2-y^2}$，Σ 在 xOy 面上的投影区域为圆形闭区域 $D_{xy}=\{(x,y)\mid x^2+y^2\leqslant a^2-h^2\}$，又

$$\sqrt{1+z_x^2+z_y^2}=\frac{a}{\sqrt{a^2-x^2-y^2}}.$$

于是由式(1)，有

$$\iint\limits_{\Sigma}\frac{\mathrm{d}S}{z}=\iint\limits_{D_{xy}}\frac{a}{a^2-x^2-y^2}\mathrm{d}x\mathrm{d}y.$$

再利用极坐标来计算二重积分，得

$$\iint\limits_{\Sigma}\frac{\mathrm{d}S}{z}=\iint\limits_{D_{xy}}\frac{a}{a-\rho^2}\rho\mathrm{d}\rho\mathrm{d}\theta=a\int_0^{2\pi}\mathrm{d}\theta\int_0^{\sqrt{a^2-h^2}}\frac{\rho}{a^2-\rho^2}\mathrm{d}\rho$$

$$=2\pi a\left[-\frac{1}{2}\ln(a^2-\rho^2)\right]_0^{\sqrt{a^2-h^2}}=2\pi a\ln\frac{a}{h}.$$

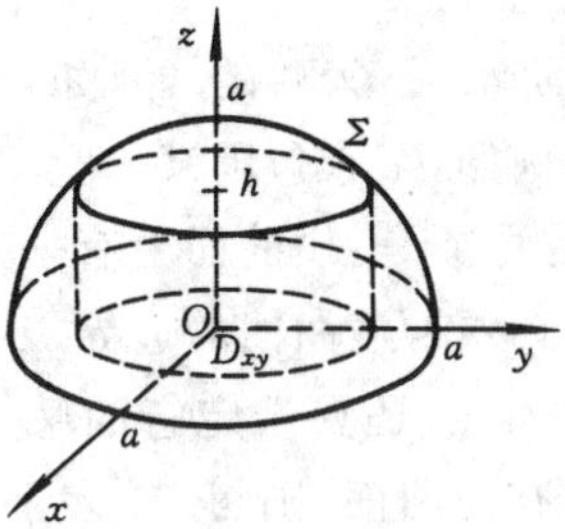

图 9-47

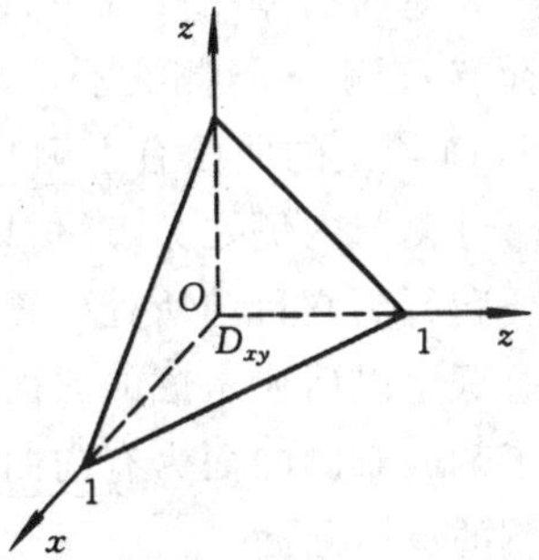

图 9-48

例 2 计算 $\oint\!\!\!\!\iint\limits_{\Sigma}xyz\,\mathrm{d}S$，其中 Σ 是由平面 $x=0$，$y=0$，$z=0$ 及 $x+y+z=1$ 所围成的四面体的整个边界曲面(图 9-48).

解 将整个边界曲面 Σ 在平面 $x=0$，$y=0$，$z=0$ 及 $x+y+z=1$ 上的部分依次记为 Σ_1，Σ_2，Σ_3 及 Σ_4，于是

$$\oint\!\!\!\!\iint\limits_{\Sigma}xyz\,\mathrm{d}S=\sum_{i=1}^{4}\iint\limits_{\Sigma_i}xyz\,\mathrm{d}S.$$

由于在 Σ_1,Σ_2 及 Σ_3 上被积函数 $f(x,y,z)=xyz$ 均恒等于零，故

$$\iint_{\Sigma_i} xyz\,\mathrm{d}S=0,\quad i=1,2,3.$$

Σ_4 的方程可写成 $z=1-x-y$，故 $\sqrt{1+z_x^2+z_y^2}=\sqrt{3}$，$\Sigma_4$ 在 xOy 面上的投影区域 D_{xy} 为由 xOy 面上的直线 $x=0,y=0$ 及 $x+y=1$ 所围成的闭区域，即 $D_{xy}=\{(x,y)\mid 0\leqslant y\leqslant 1-x,0\leqslant x\leqslant 1\}$. 因此

$$\begin{aligned}\oiint_{\Sigma} xyz\,\mathrm{d}S&=\iint_{\Sigma_4} xyz\,\mathrm{d}S=\iint_{D_{xy}} xy(1-x-y)\sqrt{3}\,\mathrm{d}x\mathrm{d}y\\&=\sqrt{3}\int_0^1\mathrm{d}x\int_0^{1-x}xy(1-x-y)\mathrm{d}y\\&=\sqrt{3}\int_0^1 x\left[(1-x)\frac{y^2}{2}-\frac{y^3}{3}\right]_0^{1-x}\mathrm{d}x\\&=\sqrt{3}\int_0^1\frac{1}{6}x(1-x)^3\mathrm{d}x\\&=\frac{\sqrt{3}}{6}\int_0^1(x-3x^2+3x^3-x^4)\mathrm{d}x=\frac{\sqrt{3}}{120}.\end{aligned}$$

二、对坐标的曲面积分

1. 对坐标的曲面积分的概念与性质

首先要对曲面作一些说明，这里假定曲面是光滑的.

曲面有双侧与单侧之分，通常遇到的曲面都是双侧的. 例如，由方程 $z=z(x,y)$ 给出的曲面有上侧与下侧之分；[①]又例如，一张包围某一空间区域的闭曲面有外侧与内侧之分. 通俗地说，双侧曲面的特征是：设曲面上有一只蚂蚁，如果它要爬行到它目前所处位置的背面，那么它必须越过曲面的边界.

并总假定以后所考虑的曲面是双侧的，不仅如此，还要选定它的某一侧. 并称选定了侧的双侧曲面为有向曲面. 若以 Σ 表示有向曲面，则 Σ^- 就表示与 Σ 取相反一侧的有向曲面.

选定曲面的侧与确定该曲面的法向量的指向密切相关. 可以通过确定曲面上法向量的指向来定出曲面的侧，而反之，确定了曲面的侧，也就是定出了曲面上法向量的指向. 例如，对于曲面 $z=z(x,y)$，如果总是取它的法向量 $\boldsymbol{n}$ 的指向朝上，那么就是选定了曲面的上侧. 反之，如果确定了曲面取上侧，那么也就是它的法向量 $\boldsymbol{n}$ 的指向都是朝上的.

设 Σ 是有向曲面，在 Σ 上取一小块曲面 ΔS. 如果 ΔS 上各点处的法向量总是

---

① 这里按惯例，假定 z 轴铅直向上.

朝上的，即法向量的方向余弦 $\cos\gamma$ 总是正的，那么规定 ΔS 在 xOy 面上的投影 $(\Delta S)_{xy}$ 为 $(\Delta\sigma)_{xy}$，其中 $(\Delta\sigma)_{xy}$ 为 ΔS 在 xOy 面上的投影区域的面积；如果 ΔS 上各点处的法向量总是朝下的，即法向量的方向余弦 $\cos\gamma$ 总是负的，那么规定 ΔS 在 xOy 面上的投影 $(\Delta S)_{xy}$ 为 $-(\Delta\sigma)_{xy}$，其中 $(\Delta\sigma)_{xy}$ 还是 ΔS 在 xOy 面上的投影区域的面积；在其他情形，规定 ΔS 在 xOy 面上的投影 $(\Delta S)_{xy}$ 为零.

类似地可以定义小块曲面 ΔS 在 yOz 面及 zOx 面上的投影 $(\Delta S)_{yz}$ 及 $(\Delta S)_{zx}$.

接下来讨论一个例子，然后引进对坐标的曲面积分的概念.

流向曲面一侧的流量　设稳定流动[①]的不可压缩流体(即流体的密度为常量，不妨设密度为 1) 的速度场由

$$\boldsymbol{v}(x,y,z)=P(x,y,z)\boldsymbol{i}+Q(x,y,z)\boldsymbol{j}+R(x,y,z)\boldsymbol{k}$$

给出，Σ 是速度场中的一片有向曲面，函数 $P(x,y,z)$，$Q(x,y,z)$，$R(x,y,z)$ 都在 Σ 上连续. 现在要计算在单位时间内流向 Σ 指定侧的流体的质量，即流量 Φ.

如果流体流过平面上面积为 A 的一个闭区域，且流体在这闭区域各点处的流速为常向量 $\boldsymbol{v}$，又设 $\boldsymbol{n}$ 是该平面的单位法向量(图 9-49(a))，那么，在单位时间内流过这闭区域的流体组成一个底面积为 A、斜高为 $|\boldsymbol{v}|$ 的柱体(图 9-49(b)).

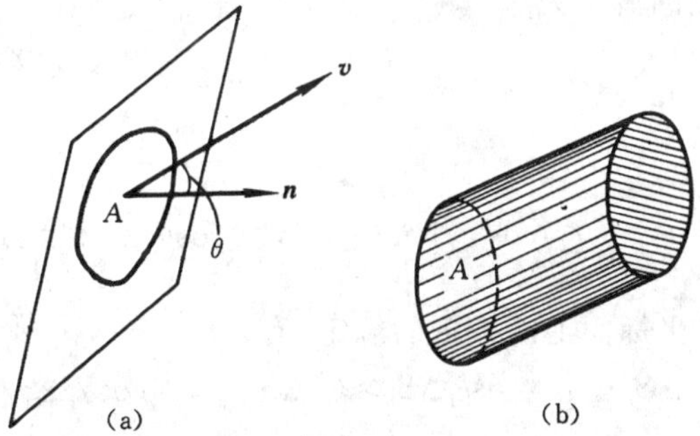

图 9-49

当 $(\widehat{\boldsymbol{v},\boldsymbol{n}})=\theta<\frac{\pi}{2}$ 时，这斜柱体的体积为 $A|\boldsymbol{v}|\cos\theta=A\boldsymbol{v}\cdot\boldsymbol{n}$，这也就是通过闭区域流向 $\boldsymbol{n}$ 所指一侧的流量；当 $(\widehat{\boldsymbol{v},\boldsymbol{n}})=\theta=\frac{\pi}{2}$ 时，显然，流体通过闭区域流向 $\boldsymbol{n}$ 所指一侧的流量为零，而 $A\boldsymbol{v}\cdot\boldsymbol{n}=0$；当 $(\widehat{\boldsymbol{v},\boldsymbol{n}})=\theta>\frac{\pi}{2}$ 时，$A\boldsymbol{v}\cdot\boldsymbol{n}<0$，但此时仍然称 $A\boldsymbol{v}\cdot\boldsymbol{n}$ 为流体通过闭区域流向 $\boldsymbol{n}$ 所指一侧的流量，它表示流体通过闭区域实际上是流向 $-\boldsymbol{n}$ 所指的一侧，且流向这一侧的流量为 $-A\boldsymbol{v}\cdot\boldsymbol{n}$. 因此，不论 $(\widehat{\boldsymbol{v},\boldsymbol{n}})$ 为何值，流体通过闭区域流向 $\boldsymbol{n}$ 所指一侧的流量都等于 $A\boldsymbol{v}\cdot\boldsymbol{n}$.

---

① 所谓稳定流动，即流体内各点处的流速与时间无关，只与点有关.

现在由于所考虑的不是平面闭区域，而是一张曲面，且流速 $\boldsymbol{v}$ 也不是常向量，因此，所求流量不能直接用上述方法计算. 但是，过去在引出各类积分概念的例子中一再使用过的方法，还是可以用来解决目前的问题.

把曲面 Σ 分成 n 小块曲面 $\Delta S_1, \Delta S_2, \cdots, \Delta S_n$（$\Delta S_i$ 同时也表示第 i 小块曲面的面积）. 在 Σ 光滑与 $\boldsymbol{v}$ 连续即 P, Q, R 都连续的前提下，只要 ΔS_i 的直径很小，我们就可以用 ΔS_i 上任意取定的一点 (ξ_i, η_i, ζ_i) 处的流速

$$\begin{aligned}\boldsymbol{v}_i &= \boldsymbol{v}(\xi_i, \eta_i, \zeta_i) \\ &= P(\xi_i, \eta_i, \zeta_i)\boldsymbol{i} + Q(\xi_i, \eta_i, \zeta_i)\boldsymbol{j} + R(\xi_i, \eta_i, \zeta_i)\boldsymbol{k}\end{aligned}$$

代替 ΔS_i 上其他各点处的流速，以该点处曲面 Σ 的单位法向量

$$\boldsymbol{n}_i = \cos\alpha_i \boldsymbol{i} + \cos\beta_i \boldsymbol{j} + \cos\gamma_i \boldsymbol{k}$$

代替 ΔS_i 上其他各点处的单位法向量（图 9-50），从而得到通过 ΔS_i 流向指定一侧的流量的近似值为 $\boldsymbol{v}_i \cdot \boldsymbol{n}_i \Delta S_i \ (i = 1, 2, \cdots, n)$. 于是，通过 Σ 流向指定一侧的流量为

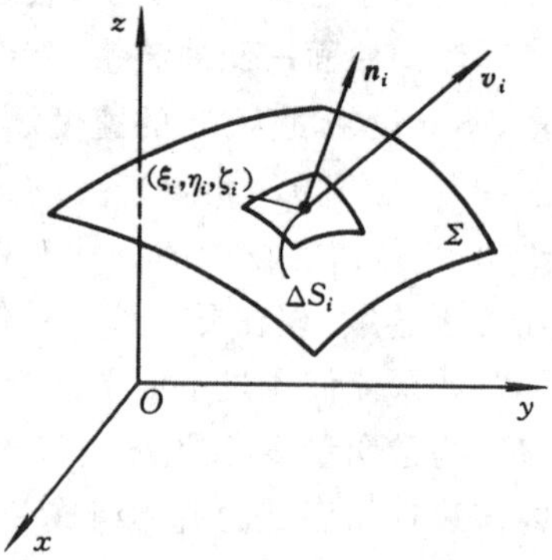

图 9-50

$$\begin{aligned}\Phi &\approx \sum_{i=1}^{n} \boldsymbol{v}_i \cdot \boldsymbol{n}_i \Delta S_i \\ &\approx \sum_{i=1}^{n} [P(\xi_i, \eta_i, \zeta_i)\cos\alpha_i + Q(\xi_i, \eta_i, \zeta_i)\cos\beta_i + R(\xi_i, \eta_i, \zeta_i)\cos\gamma_i]\Delta S_i.\end{aligned}$$

但是依小块曲面在坐标面上的投影的规定，有

$$\cos\alpha_i \Delta S_i \approx (\Delta S_i)_{yz}, \quad \cos\beta_i \Delta S_i \approx (\Delta S_i)_{zx}, \quad \cos\gamma_i \Delta S_i \approx (\Delta S_i)_{xy},$$

故上式又可写成

$$\Phi \approx \sum_{i=1}^{n} [P(\xi_i, \eta_i, \zeta_i)(\Delta S_i)_{yz} + Q(\xi_i, \eta_i, \zeta_i)(\Delta S_i)_{zx} + R(\xi_i, \eta_i, \zeta_i)(\Delta S_i)_{xy}].$$

记 $\Delta S_1, \Delta S_2, \cdots, \Delta S_n$ 的直径的最大值为 λ，且令 $\lambda \to 0$，取上述和的极限，就得到流量 Φ 的精确值.

这样的极限在其他问题中还会遇到. 抽去它们的具体意义，就得出下列对坐标的曲面积分的概念：

定义 2 **设 Σ 为光滑的有向曲面，函数 $R(x, y, z)$ 在 Σ 上有界. 把 Σ 任意分为 n 块小曲面 $\Delta S_1, \Delta S_2, \cdots, \Delta S_n$. 在 ΔS_i 上任意取定一点 (ξ_i, η_i, ζ_i)，作乘积 $R(\xi_i, \eta_i, \zeta_i)(\Delta S_i)_{xy}$，其中 $(\Delta S_i)_{xy}$ 是 ΔS_i 在 xOy 面上的投影 $(i = 1, 2, \cdots, n)$，且作和 $\sum_{i=1}^{n} R(\xi_i, \eta_i, \zeta_i)(\Delta S_i)_{xy}$. 如果当各小块曲面的直径的最大值 $\lambda \to 0$ 时，极限**

$$\lim_{\lambda\to 0}\sum_{i=1}^{n}R(\xi_i,\eta_i,\zeta_i)(\Delta S_i)_{xy}$$

总存在,那么称此极限为函数 $R(x,y,z)$ 在有向曲面 Σ 上对坐标 x,y 的曲面积分,记为 $\iint\limits_{\Sigma}R(x,y,z)\mathrm{d}x\mathrm{d}y$,即

$$\iint\limits_{\Sigma}R(x,y,z)\mathrm{d}x\mathrm{d}y=\lim_{\lambda\to 0}\sum_{i=1}^{n}R(\xi_i,\eta_i,\zeta_i)(\Delta S_i)_{xy},$$

其中,$R(x,y,z)$ 称为被积函数,Σ 称为(有向)积分曲面.

类似地可以定义函数 $P(x,y,z)$ 在有向曲面 Σ 上对坐标 y,z 的曲面积分 $\iint\limits_{\Sigma}P(x,y,z)\mathrm{d}y\mathrm{d}z$ 为

$$\iint\limits_{\Sigma}P(x,y,z)\mathrm{d}y\mathrm{d}z=\lim_{\lambda\to 0}\sum_{i=1}^{n}P(\xi_i,\eta_i,\zeta_i)(\Delta S_i)_{yz};$$

定义函数 $Q(x,y,z)$ 在有向曲面 Σ 上对坐标 z,x 的曲面积分 $\iint\limits_{\Sigma}Q(x,y,z)\mathrm{d}z\mathrm{d}x$ 为

$$\iint\limits_{\Sigma}Q(x,y,z)\mathrm{d}z\mathrm{d}x=\lim_{\lambda\to 0}\sum_{i=1}^{n}Q(\xi_i,\eta_i,\zeta_i)(\Delta S_i)_{zx}.$$

以上三个曲面积分也称为**第二类曲面积分**.

如果 Σ 是分片光滑的有向曲面,那么,规定函数在 Σ 上对坐标的曲面积分等于函数在光滑的各张曲面上对坐标的曲面积分之和.如果 Σ 是闭的有向曲面,那么,在 Σ 上对坐标的曲面积分的记号中,积分号 $\iint$ 通常会换为 $\oiint$.

可以证明,如果函数在有向曲面 Σ 上连续,那么,函数在 Σ 上对坐标的曲面积分就一定存在.以后总假定被积函数在 Σ 上连续.

在应用中出现较多的是

$$\iint\limits_{\Sigma}P(x,y,z)\mathrm{d}y\mathrm{d}z+\iint\limits_{\Sigma}Q(x,y,z)\mathrm{d}z\mathrm{d}x+\iint\limits_{\Sigma}R(x,y,z)\mathrm{d}x\mathrm{d}y$$

这种合并起来的形式.为简便计,上式就记为

$$\iint\limits_{\Sigma}P(x,y,z)\mathrm{d}y\mathrm{d}z+Q(x,y,z)\mathrm{d}z\mathrm{d}x+R(x,y,z)\mathrm{d}x\mathrm{d}y.$$

如果令 $\boldsymbol{A}(x,y,z)=P(x,y,z)\boldsymbol{i}+Q(x,y,z)\boldsymbol{j}+R(x,y,z)\boldsymbol{k}$,$\mathrm{d}\boldsymbol{S}=\mathrm{d}y\mathrm{d}z\boldsymbol{i}+\mathrm{d}z\mathrm{d}x\boldsymbol{j}+\mathrm{d}x\mathrm{d}y\boldsymbol{k}$(称为有向曲面面积元素),那么,上式就可以写成简便的向量形式:

$$\iint\limits_{\Sigma}\boldsymbol{A}(x,y,z)\cdot\mathrm{d}\boldsymbol{S}.$$

根据对坐标的曲面积分的定义、存在条件及以上记法，上面讨论的流体流向曲面 Σ 指定一侧的流量 Φ 可以表示为

$$\begin{aligned}\Phi &= \iint_{\Sigma} P(x,y,z)\mathrm{d}y\mathrm{d}z + Q(x,y,z)\mathrm{d}z\mathrm{d}x + R(x,y,z)\mathrm{d}x\mathrm{d}y \\ &= \iint_{\Sigma} \boldsymbol{A}(x,y,z)\cdot \mathrm{d}\boldsymbol{S}.\end{aligned}$$

对坐标的曲面积分具有对坐标的曲线积分相类似的一些性质. 例如，也有在计算中起重要作用的线性性质与对积分曲面的可加性质. 特别地，也有如下性质：

$$\iint_{\Sigma} \boldsymbol{A}(x,y,z)\cdot \mathrm{d}\boldsymbol{S} = -\iint_{\Sigma^-} \boldsymbol{A}(x,y,z)\cdot \mathrm{d}\boldsymbol{S}.$$

因此，关于对坐标的曲面积分，必须注意积分曲面的侧.

2. 对坐标的曲面积分的计算法

对坐标的曲面积分也是化为二重积分来计算的. 具体方法如下：

设有向曲面 Σ 由方程 $z = z(x,y)$ 给出，Σ 在 xOy 面上的投影区域为 D_{xy}，函数 $z = z(x,y)$ 在 D_{xy} 上具有连续偏导数，$R(x,y,z)$ 在 Σ 上连续，则有

$$\iint_{\Sigma} R(x,y,z)\mathrm{d}x\mathrm{d}y = \pm \iint_{D_{xy}} [R(x,y,z(x,y)]\mathrm{d}x\mathrm{d}y, \tag{2}$$

当 Σ 取上侧，①即 Σ 的法向量的方向余弦中 $\cos\gamma > 0$ 时，等式右端取正号，而当 Σ 取下侧，即 $\cos\gamma < 0$ 时，等式右端取负号.

设有向曲面 Σ 由方程 $x = x(y,z)$ 给出，Σ 在 yOz 面上的投影区域为 D_{yz}，函数 $x = x(y,z)$ 在 D_{yz} 上具有连续偏导数，$P(x,y,z)$ 在 Σ 上连续，则有

$$\iint_{\Sigma} P(x,y,z)\mathrm{d}y\mathrm{d}z = \pm \iint_{D_{yz}} P[x(y,z),y,z]\mathrm{d}y\mathrm{d}z, \tag{3}$$

当 Σ 取前侧，即 Σ 的法向量的方向余弦中 $\cos\alpha > 0$ 时，等式右端取正号，而当 Σ 取后侧，即 $\cos\alpha < 0$ 时，等式右端取负号.

设有向曲面 Σ 由方程 $y = y(z,x)$ 给出，Σ 在 zOx 面上的投影区域为 D_{zx}，函数 $y = y(z,x)$ 在 D_{zx} 上具有连续偏导数，$Q(x,y,z)$ 在 Σ 上连续，则有

$$\iint_{\Sigma} Q(x,y,z)\mathrm{d}z\mathrm{d}x = \pm \iint_{D_{zx}} Q[x,y(z,x),z]\mathrm{d}z\mathrm{d}x, \tag{4}$$

---

① 这里是按惯例来设置空间直角坐标系的，即 z 轴铅直向上，x 轴指向观察者，y 轴指向观察者的右侧方向.

当Σ取右侧，即Σ的法向量的方向余弦中$\cos\beta>0$时，等式右端取正号，而当Σ取左侧，即$\cos\beta<0$时，等式右端取负号.

例 3 计算曲面积分$\displaystyle\oiint_{\Sigma}x^2\mathrm{d}y\mathrm{d}z+y^2\mathrm{d}z\mathrm{d}x+z^2\mathrm{d}x\mathrm{d}y$，其中$\Sigma$是长方体$\Omega=\{(x,y,z)\mid 0\leqslant x\leqslant a,\ 0\leqslant y\leqslant b,\ 0\leqslant z\leqslant c\}$的整个表面的外侧.

解 把有向曲面Σ分为以下六个部分：

$\Sigma_1: z=c(0\leqslant x\leqslant a,\ 0\leqslant y\leqslant b)$的上侧；$\Sigma_2: z=0(0\leqslant x\leqslant a, 0\leqslant y\leqslant b)$的下侧；

$\Sigma_3: x=a(0\leqslant y\leqslant b,\ 0\leqslant z\leqslant c)$的前侧；$\Sigma_4: x=0(0\leqslant y\leqslant b, 0\leqslant z\leqslant c)$的后侧；

$\Sigma_5: y=b(0\leqslant z\leqslant c,\ 0\leqslant x\leqslant a)$的右侧；$\Sigma_6: y=0(0\leqslant z\leqslant c,\ 0\leqslant x\leqslant a)$的左侧.

除Σ_3,Σ_4之外，其他四片曲面在yOz面上的投影均为零，因此

$$\oiint_{\Sigma}x^2\mathrm{d}y\mathrm{d}z=\iint_{\Sigma_3}x^2\mathrm{d}y\mathrm{d}z+\iint_{\Sigma_4}x^2\mathrm{d}y\mathrm{d}z.$$

应用公式(3)，可得

$$\oiint_{\Sigma}x^2\mathrm{d}y\mathrm{d}z=\iint_{D_{yz}}a^2\mathrm{d}y\mathrm{d}z-\iint_{D_{yz}}0^2\mathrm{d}y\mathrm{d}z=a^2bc,$$

其中，$D_{yz}=\{(y,z)\mid 0\leqslant y\leqslant b,\ 0\leqslant z\leqslant c\}$是$\Sigma_3,\Sigma_4$在$yOz$面上的投影区域.

类似可得

$$\oiint_{\Sigma}y^2\mathrm{d}z\mathrm{d}x=ab^2c,\quad \oiint_{\Sigma}z^2\mathrm{d}x\mathrm{d}y=abc^2,$$

故所求的曲面积分为$(a+b+c)abc$.

例 4 计算曲面积分$\displaystyle\iint_{\Sigma}xyz\,\mathrm{d}x\mathrm{d}y$，其中$\Sigma$是球面$x^2+y^2+z^2=1$的外侧在$x\geqslant 0,\ y\geqslant 0$的部分.

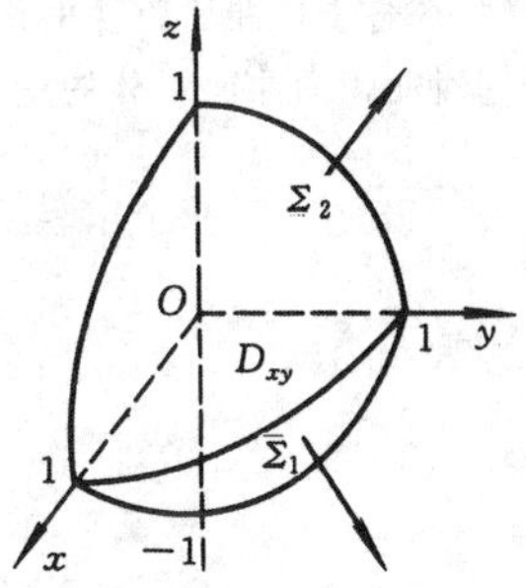

图 9-51

解 把Σ分为Σ_1,Σ_2两部分(图9-51)，这里，Σ_1的方程为$z=-\sqrt{1-x^2-y^2}$，取下侧，Σ_2的方程为$z=\sqrt{1-x^2-y^2}$，取上侧. Σ_1,Σ_2在xOy面上的投影区域都是$D_{xy}=\{(x,y)\mid x^2+y^2\leqslant 1,\ x\geqslant 0, y\geqslant 0\}$. 于是，由积分对积分曲面的可加性与公式(2)，有

$$\iint_{\Sigma}xyz\,\mathrm{d}x\mathrm{d}y=\iint_{\Sigma_1}xyz\,\mathrm{d}x\mathrm{d}y+\iint_{\Sigma_2}xyz\,\mathrm{d}x\mathrm{d}y$$

$$=-\iint_{D_{xy}} xy(-\sqrt{1-x^2-y^2})\,\mathrm{d}x\mathrm{d}y$$

$$+\iint_{D_{xy}} xy\sqrt{1-x^2-y^2}\,\mathrm{d}x\mathrm{d}y$$

$$=2\iint_{D_{xy}} xy\sqrt{1-x^2-y^2}\,\mathrm{d}x\mathrm{d}y.$$

这个二重积分可以利用极坐标计算如下：

$$2\iint_{D_{xy}} xy\sqrt{1-x^2-y^2}\,\mathrm{d}x\mathrm{d}y=2\iint_{D_{xy}} \rho^2\sin\theta\cos\theta\sqrt{1-\rho^2}\,\rho\mathrm{d}\rho\mathrm{d}\theta$$

$$=\int_0^{\frac{\pi}{2}}\sin2\theta\mathrm{d}\theta\int_0^1\rho^3\sqrt{1-\rho^2}\,\mathrm{d}\rho=1\times\frac{2}{15}=\frac{2}{15},$$

从而
$$\iint_{\Sigma} xyz\,\mathrm{d}x\mathrm{d}y=\frac{2}{15}.$$

*三、两类曲面积分之间的联系

在上面引入对坐标的曲面积分的概念时所讨论的实例——流向曲面指定一侧的流量的计算中，我们有这样一个式子：

$$\Phi\approx\sum_{i=1}^{n}\boldsymbol{v}_i\cdot\boldsymbol{n}_i\Delta S_i$$

$$=\sum_{i=1}^{n}[P(\xi_i,\eta_i,\zeta_i)\cos\alpha_i+Q(\xi_i,\eta_i,\zeta_i)\cos\beta_i+R(\xi_i,\eta_i,\zeta_i)\cos\gamma_i]\Delta S_i.$$

当 Σ 为光滑曲面时，Σ 上点 (x,y,z) 处法向量的方向余弦 $\cos\alpha,\cos\beta,\cos\gamma$ 显然是 Σ 上的连续函数. 令各小块曲面直径的最大值 $\lambda\to0$，就对这个和取极限，也能得到流量 Φ 的精确值，并且根据对面积的曲面积分的定义与存在条件，流量 Φ 可表示为

$$\Phi=\iint_{\Sigma}[P(x,y,z)\cos\alpha+Q(x,y,z)\cos\beta+R(x,y,z)\cos\gamma]\mathrm{d}S.$$

于是有

$$\Phi=\iint_{\Sigma}P(x,y,z)\mathrm{d}y\mathrm{d}z+Q(x,y,z)\mathrm{d}z\mathrm{d}x+R(x,y,z)\mathrm{d}x\mathrm{d}y$$

$$=\iint_{\Sigma}[P(x,y,z)\cos\alpha+Q(x,y,z)\cos\beta+R(x,y,z)\cos\gamma]\mathrm{d}S.$$

流量 Φ 有这样两个不同的积分表示式并非偶然。因为事实上，两类曲面积分之间确有如下的联系：

$$\iint_{\Sigma}P\mathrm{d}y\mathrm{d}z+Q\mathrm{d}z\mathrm{d}x+R\mathrm{d}x\mathrm{d}y=\iint_{\Sigma}(P\cos\alpha+Q\cos\beta+R\cos\gamma)\mathrm{d}S,\tag{5}$$

其中，$\cos\alpha,\cos\beta,\cos\gamma$ 是有向曲面 Σ 上点 (x,y,z) 处的法向量的方向余弦.

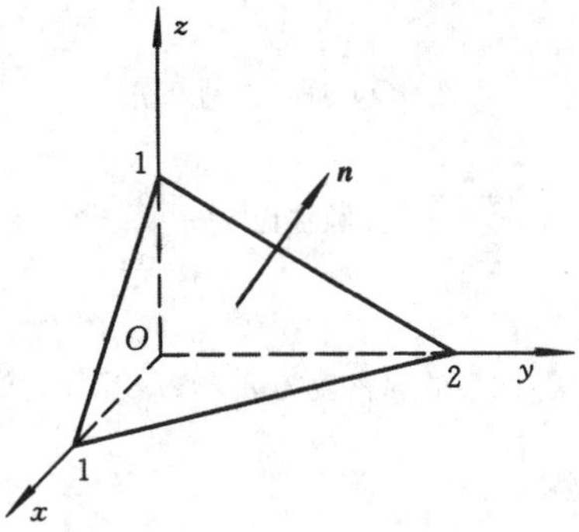

图 9-52

因为 $\boldsymbol{n}=\{\cos\alpha,\cos\beta,\cos\gamma\}$ 就是有向曲面 Σ 在点 (x,y,z) 处的单位法向量，所以两类曲面积分之间的联系也可写成如下的向量形式：

$$\iint_\Sigma \boldsymbol{A}\cdot\mathrm{d}\boldsymbol{S}=\iint_\Sigma \boldsymbol{A}\cdot\boldsymbol{n}\mathrm{d}S=\iint_\Sigma A_n\mathrm{d}S,$$

其中，$\boldsymbol{A}=\{P,Q,R\}$，A_n 为向量 $\boldsymbol{A}$ 在向量 $\boldsymbol{n}$ 上的投影.

例 5 计算曲面积分 $\iint_\Sigma x\mathrm{d}y\mathrm{d}z+y\mathrm{d}z\mathrm{d}x+z\mathrm{d}x\mathrm{d}y$，其中 Σ 是平面 $x+\dfrac{y}{2}+z=1$ 位于第一卦限部分的上侧(图 9-52).

解 有向曲面 Σ 上点 (x,y,z) 处的法向量为 $\left\{1,\dfrac{1}{2},1\right\}$，故单位法向量为 $\boldsymbol{n}=\left\{\dfrac{2}{3},\dfrac{1}{3},\dfrac{2}{3}\right\}$，即其方向余弦为 $\cos\alpha=\dfrac{2}{3}$，$\cos\beta=\dfrac{1}{3}$，$\cos\gamma=\dfrac{2}{3}$. 于是，由两类曲面积分之间的联系式(5)，可得

$$\iint_\Sigma x\mathrm{d}y\mathrm{d}z=\iint_\Sigma x\cos\alpha\mathrm{d}S=\iint_\Sigma x\frac{\cos\alpha}{\cos\gamma}\mathrm{d}x\mathrm{d}y=\iint_\Sigma x\mathrm{d}x\mathrm{d}y,$$

$$\iint_\Sigma y\mathrm{d}z\mathrm{d}x=\iint_\Sigma y\cos\beta\mathrm{d}S=\iint_\Sigma y\frac{\cos\beta}{\cos\gamma}\mathrm{d}x\mathrm{d}y=\iint_\Sigma \frac{y}{2}\mathrm{d}x\mathrm{d}y,$$

故有
$$\iint_\Sigma x\mathrm{d}y\mathrm{d}z+y\mathrm{d}z\mathrm{d}x+z\mathrm{d}x\mathrm{d}y=\iint_\Sigma\left(x+\frac{y}{2}+z\right)\mathrm{d}x\mathrm{d}y.$$

注意到 Σ 可由方程 $z=1-x-\dfrac{y}{2}$ 给出，Σ 在 xOy 面上的投影区域 $D_{xy}=\{(x,y)\mid 0\leqslant y\leqslant 2(1-x),\ 0\leqslant x\leqslant 1\}$，再由公式(2)，有

$$\iint_\Sigma x\mathrm{d}y\mathrm{d}z+y\mathrm{d}z\mathrm{d}x+z\mathrm{d}x\mathrm{d}y=\iint_{D_{xy}}\left(x+\frac{y}{2}+1-x-\frac{y}{2}\right)\mathrm{d}x\mathrm{d}y=\iint_{D_{xy}}\mathrm{d}x\mathrm{d}y=1.$$

习　题　9-7

(A)

1. 计算下列对面积的曲面积分：

(1) $\iint_\Sigma\left(2x+\dfrac{4}{3}y+z\right)\mathrm{d}S$，其中 Σ 为平面 $\dfrac{x}{2}+\dfrac{y}{3}+\dfrac{z}{4}=1$ 在第一卦限的部分；

(2) $\iint_\Sigma z^2\mathrm{d}S$，其中 Σ 是上半球面 $z=\sqrt{1-x^2-y^2}$ 被平面 $z=\dfrac{1}{2}$ 截取的顶部；

(3) $\iint_\Sigma(x^2+y^2+z^2)\mathrm{d}S$，其中 Σ 是圆锥面 $z=\sqrt{x^2+y^2}$ 被平面 $z=1$ 所截取的有限部分；

(4) $\iint\limits_{\Sigma}(2xy-2x^2-x+z)\mathrm{d}S$,其中 Σ 为平面 $2x+2y+z=6$ 在第一卦限的部分；

(5) $\iint\limits_{\Sigma}(x^2+y^2)\mathrm{d}S$,其中 Σ 是旋转抛物面 $z=2-x^2-y^2$ 在 xOy 面上方的部分；

(6) $\iint\limits_{\Sigma}(x^2y^2+y^2z^2+z^2x^2)\mathrm{d}S$,其中 Σ 是圆锥面 $z=\sqrt{x^2+y^2}$ 被圆柱面 $x^2+y^2=2x$ 割下的部分.

2. 求抛物面壳 $z=\frac{1}{2}(x^2+y^2)(0\leqslant z\leqslant 1)$ 的质量,此壳的面密度为 $\mu=z$.

3. 求匀质抛物面壳 $z=x^2+y^2\left(0\leqslant z\leqslant \frac{1}{4}\right)$ 的质心.

4. 设稳定的、不可压缩的流体的速度场为

$$\boldsymbol{v}(x,y,z)=xz\boldsymbol{i}+x^2y\boldsymbol{j}+y^2z\boldsymbol{k},$$

Σ 是圆柱面 $x^2+y^2=1$ 的外侧被平面 $z=0$, $z=1$ 及 $x=0$ 截取的位于第一、四卦限的部分.计算流体流向 Σ 指定一侧的流量 Φ.

5. 计算下列对坐标的曲面积分：

(1) $\iint\limits_{\Sigma}x^2y^2z\mathrm{d}x\mathrm{d}y$,其中 Σ 是球面 $x^2+y^2+z^2=a^2$ 的下半部分的下侧；

(2) $\iint\limits_{\Sigma}(y+1)^2\mathrm{d}y\mathrm{d}z$,其中 Σ 是球面 $x^2+y^2+z^2=1$ 的外侧在 $x\geqslant 0$ 的部分；

(3) $\iint\limits_{\Sigma}z^2\mathrm{d}x\mathrm{d}y$,其中 Σ 是圆锥面 $z=\sqrt{x^2+y^2}$ 被平面 $z=1$ 截取的有限部分的下侧；

(4) $\iint\limits_{\Sigma}x\mathrm{d}y\mathrm{d}z+y\mathrm{d}z\mathrm{d}x+z\mathrm{d}x\mathrm{d}y$,其中 Σ 是圆柱面 $x^2+y^2=1$ 被平面 $z=0$ 及 $z=3$ 截取的在第一卦限的部分的前侧；

(5) $\oint\!\!\!\oint\limits_{\Sigma}(x-y)\mathrm{d}y\mathrm{d}z+(y-z)\mathrm{d}z\mathrm{d}x+(z-x)\mathrm{d}x\mathrm{d}y$,其中 Σ 是 $\Omega=\{(x,y,z)\mid 0\leqslant x\leqslant a, 0\leqslant y\leqslant b, 0\leqslant z\leqslant c\}$ 的整个边界面的外侧；

(6) $\oint\!\!\!\oint\limits_{\Sigma}xy\mathrm{d}y\mathrm{d}z+yz\mathrm{d}z\mathrm{d}x+zx\mathrm{d}x\mathrm{d}y$,其中 Σ 是三坐标面与平面 $x+y+z=1$ 所围成的空间闭区域的整个边界面的外侧.

(B)

*1. 把对坐标的曲面积分

$$\iint\limits_{\Sigma}P(x,y,z)\mathrm{d}y\mathrm{d}z+Q(x,y,z)\mathrm{d}z\mathrm{d}x+R(x,y,z)\mathrm{d}x\mathrm{d}y$$

化为对面积的曲面积分,其中

(1) Σ 是平面 $3x+2y+2\sqrt{3}z=6$ 在第一卦限的部分的上侧；

(2) Σ 是旋转抛物面 $z=x^2+y^2$ 被平面 $z=1$ 截取的有限部分的下侧.

*2. 利用两类曲面积分之间的联系,计算下列曲面积分:

(1) $\iint\limits_{\Sigma} x\mathrm{d}y\mathrm{d}z+y\mathrm{d}z\mathrm{d}x+(z^2-2z)\mathrm{d}x\mathrm{d}y$,其中 Σ 为旋转抛物面 $z=x^2+y^2$ 的外侧被平面 $z=1$ 截取的有限部分;

(2) $\iint\limits_{\Sigma}(x+y)\mathrm{d}y\mathrm{d}z+(y+z)\mathrm{d}z\mathrm{d}x+(z+x)\mathrm{d}x\mathrm{d}y$,其中 Σ 为旋转抛物面 $z=x^2+y^2$ 的内侧被圆柱面 $x^2+y^2=x$ 截取的有限部分.

第八节　高斯公式与斯托克斯公式

一、高斯公式

格林公式表达了平面闭区域上的二重积分与其边界曲线上的曲线积分之间的关系,而高斯(Gauss)公式表达了空间闭区域上的三重积分与其边界曲面上的曲面积分之间的关系.这个关系可陈述如下:

定理 1　设空间闭区域 Ω 由光滑或分片光滑的曲面 Σ 所围成,函数 $P(x,y,z)$,$Q(x,y,z)$,$R(x,y,z)$ 在 Ω 上具有连续偏导数,则有

$$\iiint\limits_{\Omega}\left(\frac{\partial P}{\partial x}+\frac{\partial Q}{\partial y}+\frac{\partial R}{\partial z}\right)\mathrm{d}x\mathrm{d}y\mathrm{d}z=\oint\!\!\!\!\oint\limits_{\Sigma}P\mathrm{d}y\mathrm{d}z+Q\mathrm{d}z\mathrm{d}x+R\mathrm{d}x\mathrm{d}y, \tag{1}$$

其中,Σ 是 Ω 的整个边界曲面的外侧.

公式(1)称为高斯公式.

证　设闭区域 Ω 在 xOy 面上的投影区域为 D_{xy}.假定穿过 Ω 内部且平行于 z 轴的直线与 Ω 的边界曲面 Σ 之交点恰为两个,则一般情形中,Σ 可由 Σ_1,Σ_2 及 Σ_3 三部分组成(图 9-53),其中 Σ_1 与 Σ_2 分别由方程 $z=z_1(x,y)$ 与 $z=z_2(x,y)$ 给定,这里,$z_1(x,y)\leqslant z_2(x,y)$,$\Sigma_1$ 取下侧,Σ_2 取上侧;Σ_3 是以 D_{xy} 的边界曲线为准线、母线平行于 z 轴的柱面上的一部分,取外侧(也有可能 Σ_3 完全退化为 Ω 的边界曲面上的一条闭曲线,成为 Σ_1 与 Σ_2 的分界线).

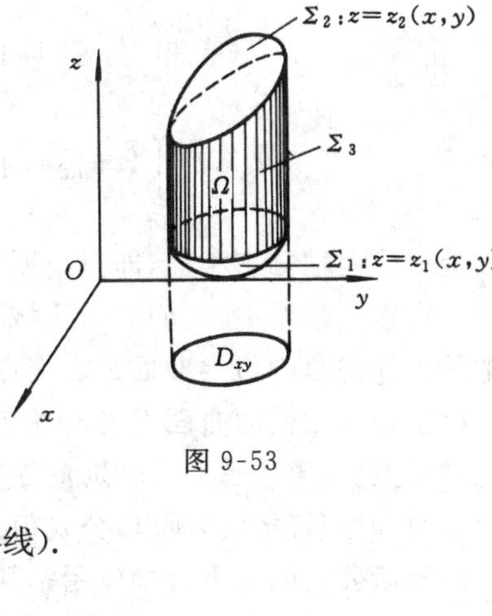

图 9-53

根据三重积分的计算法,有

$$\iiint\limits_{\Omega}\frac{\partial R}{\partial z}\mathrm{d}x\mathrm{d}y\mathrm{d}z=\iint\limits_{D_{xy}}\mathrm{d}x\mathrm{d}y\int_{z_1(x,y)}^{z_2(x,y)}\frac{\partial R}{\partial z}\mathrm{d}z$$

$$= \iint\limits_{D_{xy}} \{R[x,y,z_2(x,y)] - R[x,y,z_1(x,y)]\} \mathrm{d}x\mathrm{d}y. \quad (2)$$

根据对坐标的曲面积分的计算法,有

$$\iint\limits_{\Sigma_1} R(x,y,z)\mathrm{d}x\mathrm{d}y = -\iint\limits_{D_{xy}} R[x,y,z_1(x,y)]\mathrm{d}x\mathrm{d}y,$$

$$\iint\limits_{\Sigma_2} R(x,y,z)\mathrm{d}x\mathrm{d}y = \iint\limits_{D_{xy}} R[x,y,z_2(x,y)]\mathrm{d}x\mathrm{d}y,$$

而 Σ_3 在 xOy 面上的投影为零,故

$$\iint\limits_{\Sigma_3} R(x,y,z)\mathrm{d}x\mathrm{d}y = 0$$

(当 Σ_3 完全退化时,就没有这一项). 此三式相加,便得

$$\oiint\limits_{\Sigma} R(x,y,z)\mathrm{d}x\mathrm{d}y = \iint\limits_{D_{xy}} \{R[x,y,z_2(x,y)] - R[x,y,z_1(x,y)]\} \mathrm{d}x\mathrm{d}y. \quad (3)$$

比较式(2)、式(3) 两式,即得

$$\iiint\limits_{\Omega} \frac{\partial R}{\partial z} \mathrm{d}x\mathrm{d}y\mathrm{d}z = \oiint\limits_{\Sigma} R(x,y,z)\mathrm{d}x\mathrm{d}y.$$

如果穿过 Ω 内部且平行于 x 轴的直线及平行于 y 轴的直线与 Ω 的边界曲面 Σ 之交点也都恰为两个,那么类似地可得

$$\iiint\limits_{\Omega} \frac{\partial P}{\partial x} \mathrm{d}x\mathrm{d}y\mathrm{d}z = \oiint\limits_{\Sigma} P(x,y,z)\mathrm{d}y\mathrm{d}z,$$

$$\iiint\limits_{\Omega} \frac{\partial Q}{\partial y} \mathrm{d}x\mathrm{d}y\mathrm{d}z = \oiint\limits_{\Sigma} Q(x,y,z)\mathrm{d}z\mathrm{d}x.$$

以上三式两端分别相加,即得高斯公式(1).

在以上证明中,我们对闭区域 Ω 作了这样的限制:穿过 Ω 内部且平行于坐标轴的直线与 Ω 的边界曲面 Σ 之交点都恰为两个. 如果 Ω 不满足这样的条件,那么可以引进几张辅助曲面把 Ω 分为有限个部分闭区域,使每个部分闭区域都满足这样的条件,再注意到沿辅助曲面相反两侧的两个对坐标的曲面积分互为相反数,相加时正好抵消,所以,公式(1) 在一般情形下仍然成立. 至此,定理 1 证毕.

高斯公式的一个直接应用是帮助我们计算对坐标的曲面积分.

例 1 计算曲面积分

$$\oiint\limits_{\Sigma} (x-y)\mathrm{d}x\mathrm{d}y + (y-z)x\mathrm{d}y\mathrm{d}z,$$

其中,Σ是由柱面$x^2+y^2=1$及平面$z=0$,$z=3$所围成的空间闭区域Ω的整个边界曲面的外侧(图 9-54).

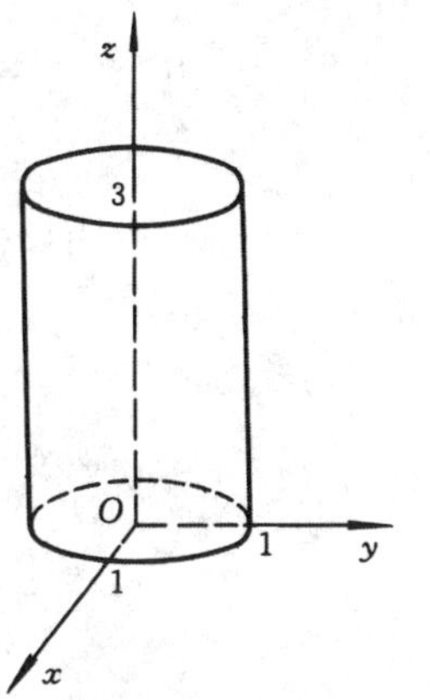

图 9-54

解 现在,$P=(y-z)x$, $Q=0$,$R=x-y$,故

$$\frac{\partial P}{\partial x}=y-z,\quad \frac{\partial Q}{\partial y}=0,\quad \frac{\partial R}{\partial z}=0.$$

利用高斯公式把曲面积分化为三重积分,然后利用柱面坐标计算三重积分,有

$$\oiint_{\Sigma}(x-y)\mathrm{d}x\mathrm{d}y+(y-z)x\mathrm{d}y\mathrm{d}z=\iiint_{\Omega}(y-z)\mathrm{d}x\mathrm{d}y\mathrm{d}z$$

$$=\iiint_{\Omega}(\rho\sin\theta-z)\rho\mathrm{d}\rho\mathrm{d}\theta\mathrm{d}z=\int_0^{2\pi}\mathrm{d}\theta\int_0^1\rho\mathrm{d}\rho\int_0^3(\rho\sin\theta-z)\mathrm{d}z$$

$$=\int_0^{2\pi}\mathrm{d}\theta\int_0^1\left(3\rho^2\sin\theta-\frac{9}{2}\rho\right)\mathrm{d}\rho=\int_0^{2\pi}\left(\sin\theta-\frac{9}{4}\right)\mathrm{d}\theta=-\frac{9}{2}\pi.$$

例 2 计算曲面积分

$$\iint_{\Sigma}(y^2-x)\mathrm{d}y\mathrm{d}z+(z^2-y)\mathrm{d}z\mathrm{d}x+(x^2-z)\mathrm{d}x\mathrm{d}y,$$

其中Σ为旋转抛物面$z=1-x^2-y^2$位于xOy面上方的部分,取上侧(图 9-55).

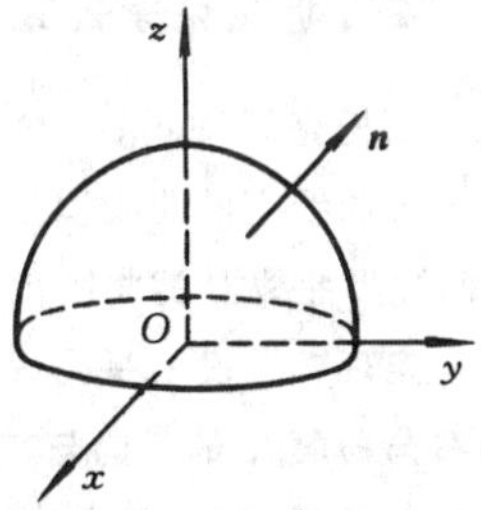

图 9-55

解 现在曲面Σ不是闭曲面,不能直接利用高斯公式.若设Σ_1为$z=0(x^2+y^2\leqslant 1)$的下侧,则Σ与Σ_1一起构成闭曲面,记它们围成的空间闭区域为Ω.利用高斯公式,有

$$\oiint_{\Sigma+\Sigma_1}(y^2-x)\mathrm{d}y\mathrm{d}z+(z^2-y)\mathrm{d}z\mathrm{d}x+(x^2-z)\mathrm{d}x\mathrm{d}y$$

$$=\iiint_{\Omega}(-1-1-1)\mathrm{d}x\mathrm{d}y\mathrm{d}z=-3\iiint_{\Omega}\rho\mathrm{d}\rho\mathrm{d}\theta\mathrm{d}z$$

$$=-3\int_0^{2\pi}\mathrm{d}\theta\int_0^1\rho\mathrm{d}\rho\int_0^{1-\rho^2}\mathrm{d}z=-6\pi\int_0^1\rho(1-\rho^2)\mathrm{d}\rho$$

$$=-\frac{3}{2}\pi.$$

由于Σ_1在yOz面及zOx面上的投影都为零,Σ_1在xOy面上的投影区域为$D_{xy}=\{(x,y)\mid x^2+y^2\leqslant 1\}$,故

$$\iint_{\Sigma_1}(y^2-x)\mathrm{d}y\mathrm{d}z+(z^2-y)\mathrm{d}z\mathrm{d}x+(x^2-z)\mathrm{d}x\mathrm{d}y$$

$$=\iint_{\Sigma_1}(x^2-z)\mathrm{d}x\mathrm{d}y=-\iint_{D_{xy}}(x^2-0)\mathrm{d}x\mathrm{d}y$$

$$=-\iint_{D_{xy}}\rho^2\cos^2\theta\rho\mathrm{d}\rho\mathrm{d}\theta=-\int_0^{2\pi}\cos^2\theta\mathrm{d}\theta\int_0^1\rho^3\mathrm{d}\rho$$

$$=-\frac{1}{4}\int_0^{2\pi}\frac{1+\cos2\theta}{2}\mathrm{d}\theta=-\frac{1}{4}\pi.$$

因此,最终有 $\iint_{\Sigma}(y^2-x)\mathrm{d}y\mathrm{d}z+(z^2-y)\mathrm{d}z\mathrm{d}x+(x^2-z)\mathrm{d}x\mathrm{d}y$

$$=-\frac{3}{2}\pi-\left(-\frac{1}{4}\pi\right)=-\frac{5}{4}\pi.$$

* 二、斯托克斯公式

斯托克斯(Stokes)公式是格林公式的推广.格林公式表达了平面闭区域上的二重积分与其边界曲线上的曲线积分之间的关系,而斯托克斯公式则把曲面Σ上的曲面积分与沿着曲面Σ的边界曲线Γ的曲线积分联系起来.这个联系可陈述如下:

定理 2　设Γ是光滑或分段光滑的空间有向闭曲线,Σ是以Γ为边界的光滑或分片光滑的有向曲面,Γ的正向与Σ的侧符合右手规则,①函数$P(x,y,z)$,$Q(x,y,z)$,$R(x,y,z)$在曲面Σ(连同边界Γ)上具有连续偏导数,则有

$$\iint_{\Sigma}\left(\frac{\partial R}{\partial y}-\frac{\partial Q}{\partial z}\right)\mathrm{d}y\mathrm{d}z+\left(\frac{\partial P}{\partial z}-\frac{\partial R}{\partial x}\right)\mathrm{d}z\mathrm{d}x+\left(\frac{\partial Q}{\partial x}-\frac{\partial P}{\partial y}\right)\mathrm{d}x\mathrm{d}y$$

$$=\oint_{\Gamma}P\mathrm{d}x+Q\mathrm{d}y+R\mathrm{d}z. \tag{4}$$

公式(4)称为斯托克斯公式.

利用行列式记号,公式(4)有一种便于记忆的形式如下:

$$\iint_{\Sigma}\begin{vmatrix}\mathrm{d}y\mathrm{d}z & \mathrm{d}z\mathrm{d}x & \mathrm{d}x\mathrm{d}y\\ \dfrac{\partial}{\partial x} & \dfrac{\partial}{\partial y} & \dfrac{\partial}{\partial z}\\ P & Q & R\end{vmatrix}=\oint_{\Gamma}P\mathrm{d}x+Q\mathrm{d}y+R\mathrm{d}z,$$

把其中的行列式按第一行展开,并把$\dfrac{\partial}{\partial y}$与$R$的“积”理解为$\dfrac{\partial R}{\partial y}$,把$\dfrac{\partial}{\partial z}$与$Q$的“积”理解为$\dfrac{\partial Q}{\partial z}$,等等,于是,这个行列式就“等于”

① 就是说,当右手除拇指外的四指依Γ的绕行方向时,拇指所指的方向与Σ上的法向量的指向相同.这时称Γ是有向曲面Σ的正向边界曲线.

$$\left(\frac{\partial R}{\partial y}-\frac{\partial Q}{\partial z}\right)\mathrm{d}y\mathrm{d}z+\left(\frac{\partial P}{\partial z}-\frac{\partial R}{\partial x}\right)\mathrm{d}z\mathrm{d}x+\left(\frac{\partial Q}{\partial x}-\frac{\partial P}{\partial y}\right)\mathrm{d}x\mathrm{d}y,$$

这恰好是式(4) 左端的被积表达式.

如果 Σ 是 xOy 面上的一块平面闭区域，那么，斯托克斯公式就变成格林公式. 因此，格林公式是斯托克斯公式的一个特殊情形.

关于斯托克斯公式的证明及其应用等问题，我们就不再展开讨论了. 有兴趣的读者可以参阅其他一些高等数学书籍.

习　题　9-8

(A)

1. 利用高斯公式计算曲面积分：

(1) $\oint\!\!\!\oint_{\Sigma} x^2\mathrm{d}y\mathrm{d}z+y^2\mathrm{d}z\mathrm{d}x+z^2\mathrm{d}x\mathrm{d}y$，其中 Σ 为立方体 $\{(x,y,z)\mid 0\leqslant x\leqslant a,\ 0\leqslant y\leqslant a,\ 0\leqslant z\leqslant a\}$ 的表面的外侧；

(2) $\oint\!\!\!\oint_{\Sigma} 3xy\mathrm{d}y\mathrm{d}z+y^2\mathrm{d}z\mathrm{d}x-x^2y^4\mathrm{d}x\mathrm{d}y$，其中 Σ 为以点 $(0,0,0)$，$(1,0,0)$，$(0,1,0)$，$(0,0,1)$ 为顶点的四面体的表面的外侧；

(3) $\iint_{\Sigma} x\mathrm{d}y\mathrm{d}z+y\mathrm{d}z\mathrm{d}x+z\mathrm{d}x\mathrm{d}y$，其中 Σ 为上半球面 $z=\sqrt{a^2-x^2-y^2}$ 的上侧；

(4) $\iint_{\Sigma}(y^2-x)\mathrm{d}y\mathrm{d}z+(z^2-y)\mathrm{d}z\mathrm{d}x+(x^2-z)\mathrm{d}x\mathrm{d}y$，其中，$\Sigma$ 为旋转抛物面 $z=1-x^2-y^2$ 在 xOy 面上方的部分的上侧.

2. 设稳定的、不可压缩的流体的速度场为

$$\boldsymbol{v}(x,y,z)=x^2\boldsymbol{i}+y^2\boldsymbol{j}+z^2\boldsymbol{k},$$

Σ 为球面 $x^2+y^2+z^2=a^2$ 的外侧位于第一卦限的部分. 求流体流向 Σ 指定一侧的流量 Φ.

考研试题选讲(七)

以下是 2012—2014 年全国硕士研究生入学统一考试数学一、二、三试题中与本章相关的试题及其解析. 由于试卷的性质，解题中需要的方法有可能会超出本章的范围.

1. (2012 年数学一第(12) 题)

设 $\Sigma=\{(x,y,z)\mid x+y+z=1,x\geqslant 0,y\geqslant 0,z\geqslant 0\}$，$\iint_{\Sigma}y^2\mathrm{d}S=$ ＿＿＿＿＿＿.

答案　$\dfrac{\sqrt{3}}{12}$.

分析　积分曲面 Σ 的方程为 $z=1-x-y$，所以 $z_x=-1$，$z_y=-1$，因此 $\sqrt{1+zx_x^2+z_y^2}=\sqrt{3}$，$\Sigma$ 在 xOy 面上的投影区域为 $D_{xy}=\{(x,y)\mid 0\leqslant y\leqslant 1-x,0\leqslant x\leqslant 1\}$，于是由对面积的曲面积分的基本计算公式，有

$$\iint_{\Sigma} y^2 \mathrm{d}S = \iint_{D_{xy}} y^2 \sqrt{1+z_x^2+z_y^2}\,\mathrm{d}x\mathrm{d}y = \sqrt{3}\iint_{D_{xy}} y^2\mathrm{d}x\mathrm{d}y$$

$$= \sqrt{3}\int_0^1 \mathrm{d}x\int_0^{1-x} y^2\mathrm{d}y = \frac{\sqrt{3}}{3}\int_0^1 (1-x)^3\mathrm{d}x = \frac{\sqrt{3}}{12}.$$

2. (2012 年数学一第(19) 题)

已知 L 是第一象限中从点$(0,0)$ 沿圆周 $x^2+y^2=2x$ 到点$(2,0)$，再沿圆周 $x^2+y^2=4$ 到点$(0,2)$ 的曲线段，计算曲线积分 $I=\int_L 3x^2y\mathrm{d}x+(x^3+x-2y)\mathrm{d}y$.

分析 简捷的方法便是利用格林公式.

解 记 y 轴上从点$(2,0)$ 到点$(0,0)$ 的直线段为 L_1，由 L 与 L_1 围成的区域为 D，则 $L+L_1$ 的走向关于 D 为正向，易知 D 的面积为 $\pi-\frac{\pi}{2}=\frac{\pi}{2}$. 又设 $P(x,y)=3x^2y$，$Q(x,y)=x^3+x-2y$，则可见 $P(x,y)$ 与 $Q(x,y)$ 在 D 上有连续偏导数，所以由格林公式，有

$$\int_{L+L_1} P(x,y)\mathrm{d}x+Q(x,y)\mathrm{d}y=\iint_D\left(\frac{\partial Q}{\partial x}-\frac{\partial P}{\partial y}\right)\mathrm{d}x\mathrm{d}y=\iint_D \mathrm{d}x\mathrm{d}y=\frac{\pi}{2}.$$

又因为$\int_{L_1} P(x,y)\mathrm{d}x+Q(x,y)\mathrm{d}y=\int_{L_1} Q(x,y)\mathrm{d}y=\int_2^0(-2y)\mathrm{d}y=4$，所以得到

$$I=\int_{L+L_1} P(x,y)\mathrm{d}x+Q(x,y)\mathrm{d}y-\int_{L_1} P(x,y)\mathrm{d}x+Q(x,y)\mathrm{d}y=\frac{\pi}{2}-4.$$

3. (2012 年数学二第(6) 题)

设区域 D 由曲线 $y=\sin x$ 与直线 $x=\pm\frac{\pi}{2}$，$y=1$ 围成，则$\iint_D (xy^5-1)\mathrm{d}x\mathrm{d}y=$ （ ）

(A) π； (B) 2； (C) -2； (D) $-\pi$.

答案 (D).

分析 这是一道基本的利用直角坐标计算二重积分的问题.

$$\iint_D (xy^5-1)\mathrm{d}x\mathrm{d}y=\int_{-\frac{\pi}{2}}^{\frac{\pi}{2}}\mathrm{d}x\int_{\sin x}^1(xy^5-1)\mathrm{d}y=\int_{-\frac{\pi}{2}}^{\frac{\pi}{2}}\left[\frac{1}{6}xy^6-y\right]_{\sin x}^1\mathrm{d}x$$

$$=\int_{-\frac{\pi}{2}}^{\frac{\pi}{2}}\left[\frac{1}{6}x(1-\sin^6 x)-1+\sin x\right]\mathrm{d}x=-\int_{-\frac{\pi}{2}}^{\frac{\pi}{2}}\mathrm{d}x=-\pi,$$

所以应选(D).

注 计算定积分时应该利用奇函数在关于原点对称的区间上的积分为零的性质.

4. (2012 年数学二第(18) 题)

计算二重积分$\iint_D xy\mathrm{d}\sigma$，其中区域 D 由曲线 $r=1+\cos\theta(0\leqslant\theta\leqslant\pi)$ 与极轴围成.

分析 这是一道基本的利用极坐标计算二重积分的问题.

解 利用极坐标计算，有

$$\iint_D xy\mathrm{d}\sigma=\iint_D r^2\cos\theta\sin\theta r\mathrm{d}r\mathrm{d}\theta=\int_0^{\pi}\cos\theta\sin\theta\mathrm{d}\theta\int_0^{1+\cos\theta}r^3\mathrm{d}r$$

$$=\frac{1}{4}\int_0^{\pi}\cos\theta(1+\cos\theta)^4\sin\theta\mathrm{d}\theta\xlongequal{(1+\cos\theta=u)}\frac{1}{4}\int_2^0 u^4(u-1)(-\mathrm{d}u)$$

$$=\frac{1}{4}\left[\frac{1}{6}u^6-\frac{1}{5}u^5\right]_0^2=\frac{16}{15}.$$

5. (2012 年数学三第(3) 题)

设函数 $f(t)$ 连续，则二次积分$\int_0^{\frac{\pi}{2}}\mathrm{d}\theta\int_{2\cos\theta}^{2}f(r^2)r\mathrm{d}r=$ （ ）

(A) $\int_0^2\mathrm{d}x\int_{\sqrt{2x-x^2}}^{\sqrt{4-x^2}}\sqrt{x^2+y^2}f(x^2+y^2)\mathrm{d}y$； (B) $\int_0^2\mathrm{d}x\int_{\sqrt{2x-x^2}}^{\sqrt{4-x^2}}f(x^2+y^2)\mathrm{d}y$；

(C) $\int_0^2\mathrm{d}y\int_{1+\sqrt{1-y^2}}^{\sqrt{4-y^2}}\sqrt{x^2+y^2}f(x^2+y^2)\mathrm{d}x$； (D) $\int_0^2\mathrm{d}y\int_{1+\sqrt{1-y^2}}^{\sqrt{4-y^2}}f(x^2+y^2)\mathrm{d}x$.

答案 (B).

分析 根据二重积分化为二次积分的方法及直角坐标系与极坐标系中的二重积分表达式的关系，有

$$\int_0^{\frac{\pi}{2}}\mathrm{d}\theta\int_{2\cos\theta}^{2}f(r^2)r\mathrm{d}r=\iint_D f(x^2+y^2)\mathrm{d}x\mathrm{d}y,$$

其中积分区域

$$D=\left\{(r,\theta)\mid 2\cos\theta\leqslant r\leqslant 2,0\leqslant\theta\leqslant\frac{\pi}{2}\right\}$$
$$=\left\{(xy)\mid\sqrt{2x-x^2}\leqslant y\leqslant\sqrt{4-x^2},0\leqslant x\leqslant 2\right\}.$$

又将$\iint_D f(x^2+y^2)\mathrm{d}x\mathrm{d}y$ 化为二次积分，得到

$$\iint_D f(x^2+y^2)\mathrm{d}x\mathrm{d}y=\int_0^2\mathrm{d}x\int_{\sqrt{2x-x^2}}^{\sqrt{4-x^2}}f(x^2+y^2)\mathrm{d}y.$$

因此应选(B).

6. (2012 年数学三第(16) 题)

计算二重积分$\iint_D \mathrm{e}^x xy\mathrm{d}x\mathrm{d}y$，其中 D 是以曲线 $y=\sqrt{x}$，$y=\frac{1}{\sqrt{x}}$ 及 y 轴为边界的无界区域.

分析 这是一道广义二重积分的计算问题.

解 $D=\left\{(x,y)\mid\sqrt{x}\leqslant y\leqslant\frac{1}{\sqrt{x}},0<x\leqslant 1\right\}$，所以

$$\iint_D \mathrm{e}^x xy\mathrm{d}x\mathrm{d}y=\int_0^1 x\mathrm{e}^x\mathrm{d}x\int_{\sqrt{x}}^{\frac{1}{\sqrt{x}}}y\mathrm{d}y=\frac{1}{2}\int_0^1 x\left(\frac{1}{x}-1\right)\mathrm{e}^x\mathrm{d}x$$
$$=\frac{1}{2}[-(x-1)^2\mathrm{e}^x]_0^1=\frac{1}{2}.$$

7. (2013 年数学一第(4) 题)

设 $L_1:x^2+y^2=1$，$L_2:x^2+y^2=2$，$L_3:x^2+2y^2=2$，$L_4:2x^2+y^2=2$ 为四条逆时针方向的平面曲线. 记 $I_1=\oint_{L_1}\left(y+\frac{y^3}{6}\right)\mathrm{d}x+\left(2x-\frac{x^3}{3}\right)\mathrm{d}y\ (i=1,2,3,4)$，则 $\max\{I_1,I_2,I_3,I_4\}=$

（ ）

(A) I_1； (B) I_2； (C) I_3； (D) I_4.

答案 (D).

分析 通过计算 $I_i(i=1,2,3,4)$,进行比较,得出结论:

记封闭曲线 L_1 所围的有界区域为 D_i,则由格林公式,有

$$I_i=\oint_{L_i}\left(y+\frac{y^3}{6}\right)\mathrm{d}x+\left(2x-\frac{x^3}{3}\right)\mathrm{d}y=\iint_{D_1}\left[\frac{\partial}{\partial x}\left(2x-\frac{x^3}{3}\right)-\frac{\partial}{\partial y}\left(y+\frac{y^3}{6}\right)\right]\mathrm{d}x\mathrm{d}y$$

$$=\iint_{D_i}\left(1-x^2-\frac{y^2}{2}\right)\mathrm{d}x\mathrm{d}y\quad(i=1,2,3,4).$$

进一步利用被积函数 $f(x,y)=1-x^2-\frac{y^2}{2}$ 关于 x 和关于 y 都是偶函数,D_i 都关于 y 轴和 x 轴对称,因此若记 D_i 在第一象限的部分为 $\widetilde{D}_i$,则有

$$I_i=\iint_{D_i}\left(1-x^2-\frac{y^2}{2}\right)\mathrm{d}x\mathrm{d}y=4\iint_{\widetilde{D}_i}\left(1-x^2-\frac{y^2}{2}\right)\mathrm{d}x\mathrm{d}y\quad(i=1,2,3,4).$$

利用极坐标计算 I_1 和 I_2,有

$$\begin{aligned}I_1&=4\int_0^{\frac{\pi}{2}}\mathrm{d}\theta\int_0^1\left(1-r^2\cos^2\theta-\frac{1}{2}r^2\sin^2\theta\right)r\,\mathrm{d}r\\&=4\int_0^{\frac{\pi}{2}}\left(\frac{1}{2}-\frac{1}{4}\cos^2\theta-\frac{1}{8}\sin^2\theta\right)\mathrm{d}\theta\\&=4\times\left(\frac{\pi}{4}-\frac{1}{4}\times\frac{1}{2}\times\frac{\pi}{2}-\frac{1}{8}\times\frac{1}{2}\times\frac{\pi}{2}\right)=\frac{5}{8}\pi;\end{aligned}$$

$$\begin{aligned}I_2&=4\int_0^{\frac{\pi}{2}}\mathrm{d}\theta\int_0^{\sqrt{2}}\left(1-r^2\cos^2\theta-\frac{1}{2}r^2\sin^2\theta\right)r\,\mathrm{d}r\\&=4\int_0^{\frac{\pi}{2}}\left(1-\cos^2\theta-\frac{1}{2}\sin^2\theta\right)\mathrm{d}\theta\\&=4\times\left(\frac{\pi}{2}-\frac{1}{2}\times\frac{\pi}{2}-\frac{1}{2}\times\frac{1}{2}\times\frac{\pi}{2}\right)=\frac{1}{2}\pi.\end{aligned}$$

利用广义极坐标计算 I_3 和 I_4,有

$$\begin{aligned}I_3&=4\int_0^{\frac{\pi}{2}}\mathrm{d}\theta\int_0^1\left(1-2r^2\cos^2\theta-\frac{1}{2}r^2\sin^2\theta\right)\sqrt{2}\,r\,\mathrm{d}r\\&=4\sqrt{2}\int_0^{\frac{\pi}{2}}\left(\frac{1}{2}-\frac{1}{2}\cos^2\theta-\frac{1}{8}\sin^2\theta\right)\mathrm{d}\theta\\&=4\end{aligned}$$

$$\sqrt{2}\left(\frac{\pi}{4}-\frac{1}{2}\times\frac{1}{2}\times\frac{\pi}{2}\right)=\frac{3\sqrt{2}}{8}\pi;$$

$$\begin{aligned}I_4&=4\int_0^{\frac{\pi}{2}}\mathrm{d}\theta\int_0^1(1-r^2\cos^2\theta-r^2\sin^2\theta)\sqrt{2}\,r\,\mathrm{d}r\\&=2\sqrt{2}\pi\int_0^1(1-r^2)r\,\mathrm{d}r=\frac{\sqrt{2}}{2}\pi.\end{aligned}$$

比较 I_1,I_2,I_3 和 I_4 的值,即得 $\max\{I_1,I_2,I_3,I_4\}=I_4$. 因此应选(D).

注 计算 I_3 时采用的广义极坐标与直角坐标的关系是 $x=\sqrt{2}r\cos\theta$, $y=r\sin\theta$,因此面

积元素间的关系是 $dxdy=\sqrt{2}rdrd\theta$，而计算 I_4 时采用的广义极坐标与直角坐标的关系是 $x=r\cos\theta, y=\sqrt{2}r\sin\theta$，因此面积元素间的关系是 $dxdy=\sqrt{2}rdrd\theta$.

在得到 $I_i=4\iint\limits_{D_i}\left(1-x^2-\frac{y^2}{2}\right)dxdy\ (i=1,2,3,4)$ 后，也可以直接比较 I_1, I_2, I_3 和 I_4 的大小：首先注意到共同的被积函数 $f(x,y)=1-x^2-\frac{y^2}{2}$ 在 $\widetilde{D}_4$ 的内部取正值，在 $\widetilde{D}_4$ 位于第一象限的外部取负值，且仅在 $\widetilde{D}_4$ 部分的边界 $2x^2+y^2=2$ 上为零，因此由于 $\widetilde{D}_1\subset\widetilde{D}_4$，且 $\widetilde{D}_4\backslash\widetilde{D}_1\neq\varnothing$，所以 $I_4>I_1>0$；由于在 $\widetilde{D}_2\backslash\widetilde{D}_2(\neq\varnothing)$ 上 $f(x,y)\leqslant 0$，所以 $\iint\limits_{\widetilde{D}_2\backslash\widetilde{D}_4}f(x,y)dxdy<0$，从而得出 $I_4>I_2$；记 $\widetilde{D}_5=\widetilde{D}_3\cap\widetilde{D}_4$，则由于在 $\widetilde{D}_4$ 上 $f(x,y)\geqslant 0$，所以 $\iint\limits_{\widetilde{D}_4}f(x,y)dxdy>\iint\limits_{\widetilde{D}_5}f(x,y)dxdy$. 由于在 $\widetilde{D}_3\backslash\widetilde{D}_5(\neq\varnothing)$ 上 $f(x,y)\leqslant 0$，所以 $\iint\limits_{\widetilde{D}_2\backslash\widetilde{D}_4}f(x,y)dxdy<0$，从而得出 $\iint\limits_{\widetilde{D}_5}f(x,y)dxdy>\iint\limits_{\widetilde{D}_3}f(x,y)dxdy$. 由此即得 $I_4>I_3$. 综合以上分析，最终得到 $\max\{I_1,I_2,I_3,I_4\}=I_4$.

8.（2013 年数学一第(19)题）

设直线 L 过 $A(1,0,0)$，$B(0,1,1)$ 两点，将 L 绕 z 轴旋转一周得到曲面 Σ，Σ 与平面 $z=0$，$z=2$ 所围成的立体为 Ω.

（Ⅰ）求曲面 Σ 的方程；

（Ⅱ）求立体 Ω 的形心坐标.

分析　这是一道空间解析几何与三重积分的物理应用问题.

解　（Ⅰ）直线 L 的方向向量为 $\overrightarrow{AB}=\{-1,1,1\}$，因此直线 L 的对称式方程为 $\frac{x-1}{-1}=\frac{y}{1}=\frac{z}{1}$，从而其一般式方程为 $\begin{cases}x=-z+1,\\ y=z.\end{cases}$

设 $M_1(x_1,y_1,z_1)$ 是直线 L 上任意一点，$M(x,y,z)$ 是点 M_1 随 L 绕 z 轴旋转时所得到的点，则有 $z=z_1$，并且点 M 与 M_1 到 z 轴的距离相同，即有 $\sqrt{x^2+y^2}=\sqrt{x_1^2+y_1^2}$. 由于点 M_1 在 L 上以及 $z=z_1$，所以有 $x_1=-z_1+1=-z+1$，$y_1=z_1=z$. 将 $x_1=-z+1$ 与 $y_1=z$ 代入 $\sqrt{x^2+y^2}=\sqrt{x_1^2+y_1^2}$，并且两端平方，即得 $x^2+y^2=(-z+1)^2+z^2$，即 $x^2+y^2=2z^2-2z+1$. 这就是曲面 Σ 的方程.

（Ⅱ）由立体 Ω 关于 z 轴的对称性，Ω 的形心坐标为 $G(0,0,\bar{z})$，其中 $\bar{z}=\frac{1}{V}\iiint\limits_{\Omega}z\,dxdydz$. 由于 $\Omega=\{(x,y,z)\mid(x,y)\in D_z, 0\leqslant z\leqslant 2\}$，其中截面区域 $D_z=\{(x,y)\mid x^2+y^2\leqslant 2z^2-2z+1\}$，于是

$$V=\iiint\limits_{\Omega}dxdydz=\int_0^2dz\iint\limits_{D_z}dxdy$$

$$= \pi\int_0^2 (2z^2 - 2z + 1)\mathrm{d}z = \frac{10}{3}\pi,$$

$$\iiint\limits_{\Omega} z\mathrm{d}x\mathrm{d}y\mathrm{d}z = \int_0^2 z\mathrm{d}z\iint\limits_{D_z}\mathrm{d}x\mathrm{d}y = \pi\int_0^2 z(2z^2 - 2z + 1)\mathrm{d}z = \frac{14}{3}\pi,$$

由此即得 $\bar{z} = \frac{7}{5}$，于是立体 Ω 的形心坐标为 $G\left(0,0,\frac{7}{5}\right)$.

9. (2013 年数学二第(6) 题，数学三第(3) 题)

设 D_k 是圆域 $D = \{(x,y) \mid x^2 + y^2 \leqslant 1\}$ 的第 k 象限的部分，记 $I_k = \iint\limits_{D_k}(y - x)\mathrm{d}x\mathrm{d}y$ $(k = 1,2,3,4)$，则 ( )

(A) $I_1 > 0$；　(B) $I_2 > 0$；　(C) $I_3 > 0$；　(D) $I_4 > 0$.

答案　(B).

分析　在直线 $y = x$ 的上方被积函数 $f(x,y) = y - x$ 取正值，在直线 $y = x$ 的下方被积函数 $f(x,y) = y - x$ 取负值，因此首先可以确定 $I_2 > 0$，$I_4 < 0$. 又由于 D_1 和 D_3 都关于直线 $y = x$ 对称，而被积函数具有性质 $f(x,y) = -f(x,y)$，所以根据二重积分的几何意义，不难理解有 $I_1 = I_3 = 0$. 由此可见应选(B).

10. (2013 年数学二第(17) 题，数学三第(17) 题)

设平面区域 D 是由直线 $x = 3y$，$y = 3x$，$x + y = 8$ 所围成，求 $\iint\limits_D x^2\mathrm{d}x\mathrm{d}y$.

分析　这是一道二重积分的计算题.

解　分别解方程组 $\{x = 3y, x + y = 8$ 与 $\begin{cases} y = 3x, \\ x + y = 8, \end{cases}$ 得到一个顶点为坐标原点的三角形积分区域 D 的另两个顶点为(6,2) 与(2,6). 直线 $x = 2$ 将 D 分为两个部分区域

$$D_1 = \left\{(x,y) \mid \frac{1}{3}x \leqslant y \leqslant 3x, 0 \leqslant x \leqslant 2,\right.$$

$$D_2 = \left\{(x,y) \mid \frac{1}{3}x \leqslant y \leqslant 8 - x,\ 2 \leqslant x \leqslant 6\right\},$$

所以有

$$\iint\limits_D x^2\mathrm{d}x\mathrm{d}y = \iint\limits_{D_1} x^2\mathrm{d}x\mathrm{d}y + \iint\limits_{D_2} x^2\mathrm{d}x\mathrm{d}y = \int_0^2 x^2\mathrm{d}x\int_{\frac{1}{3}x}^{3x}\mathrm{d}y + \int_2^6 x^2\mathrm{d}x\int_{\frac{1}{3}x}^{8-x}\mathrm{d}y$$

$$= \frac{8}{3}\int_0^2 x^3\mathrm{d}x + 4\int_2^6 x^2\left(2 - \frac{1}{3}x\right)\mathrm{d}x = \frac{32}{3} + 128 = 138\,\frac{2}{3}.$$

11. (2013 年数学二第(21) 题)

设曲线 L 的方程为 $y = \frac{1}{4}x^2 - \frac{1}{2}\ln x(1 \leqslant x \leqslant \mathrm{e})$.

(Ⅰ) 求 L 的弧长；

(Ⅱ) 设 D 是由曲线 L，直线 $x = 1$，$x = \mathrm{e}$ 及 x 轴所围成的平面图形，求 D 的形心的横坐标.

分析　这是一道定积分的几何应用与二重积分的物理应用问题.

解　(Ⅰ) 由直角坐标情形中的弧长公式，L 的弧长为

$$s = \int_1^{\mathrm{e}}\sqrt{1 + y'^2}\mathrm{d}x = \int_1^{\mathrm{e}}\sqrt{1 + \left(\frac{x}{2} - \frac{1}{2x}\right)^2}\mathrm{d}x = \frac{1}{2}\int_1^{\mathrm{e}}\left(x + \frac{1}{x}\right)\mathrm{d}x$$

$$=\frac{1}{2}\left[\frac{1}{2}x^2+\ln x\right]_1^{\mathrm{e}}=\frac{1}{4}(\mathrm{e}^2+1).$$

（Ⅱ）设 D 的形心的横坐标为 $\bar{x}$，则 D 的面积

$$A=\iint\limits_D \mathrm{d}\sigma=\int_1^{\mathrm{e}}\mathrm{d}x\int_0^{\frac{1}{4}x^2-\frac{1}{2}\ln x}\mathrm{d}y=\int_1^{\mathrm{e}}\left(\frac{1}{4}x^2-\frac{1}{2}\ln x\right)\mathrm{d}x$$

$$=\left[\frac{1}{12}x^3-\frac{1}{2}(x\ln x-x)\right]_1^{\mathrm{e}}=\frac{\mathrm{e}^3-7}{12},$$

$$\iint\limits_D x\,\mathrm{d}\sigma=\int_1^{\mathrm{e}}x\mathrm{d}x\int_0^{\frac{1}{4}x^2-\frac{1}{2}\ln x}\mathrm{d}y=\int_1^{\mathrm{e}}x\left(\frac{1}{4}x^2-\frac{1}{2}\ln x\right)\mathrm{d}x$$

$$=\left[\frac{1}{16}x^4-\frac{1}{8}x^2(2\ln x-1)\right]_1^{\mathrm{e}}=\frac{\mathrm{e}^4-2\mathrm{e}^2-3}{16}.$$

所以，$\bar{x}=\dfrac{1}{A}\displaystyle\iint\limits_D x\,\mathrm{d}\sigma=\dfrac{3(\mathrm{e}^4-2\mathrm{e}^2-3)}{4(\mathrm{e}^3-7)}$.

12. (2014 年数学一第(3) 题)

设 $f(x,y)$ 是连续函数，则 $\int_0^1\mathrm{d}y\int_{-\sqrt{1-y^2}}^{1-y}f(x,y)\mathrm{d}x=$ （ ）

(A) $\int_0^1\mathrm{d}x\int_0^{x-1}f(x,y)\mathrm{d}y+\int_{-1}^0\mathrm{d}x\int_0^{\sqrt{1-x^2}}f(x,y)\mathrm{d}y$；

(B) $\int_0^1\mathrm{d}x\int_0^{x-1}f(x,y)\mathrm{d}y+\int_{-1}^0\mathrm{d}x\int_{-\sqrt{1-x^2}}^0 f(x,y)\mathrm{d}y$；

(C) $\int_2^{\frac{\pi}{2}}\mathrm{d}\theta\int_0^{\frac{1}{\cos\theta+\sin\theta}}f(r\cos\theta,r\sin\theta)\mathrm{d}r+\int_{\frac{\pi}{2}}^{\pi}\mathrm{d}\theta\int_0^1 f(r\cos\theta,r\sin\theta)\mathrm{d}r$；

(D) $\int_0^{\frac{\pi}{2}}\mathrm{d}\theta\int_0^{\frac{1}{\cos\theta+\sin\theta}}f(r\cos\theta,r\sin\theta)r\mathrm{d}r+\int_{\frac{\pi}{2}}^{\pi}\mathrm{d}\theta\int_0^1 f(r\cos\theta,r\sin\theta)r\mathrm{d}r$.

答案 (D).

分析 反向使用二重积分化为二次积分的公式，特别注意 $\int_0^1\mathrm{d}y\int_{-\sqrt{1-y^2}}^{1-y}f(x,y)\mathrm{d}x$ 中的积分限，可见这个二次积分表示 $f(x,y)$ 在区域 $D=\{(x,y)\mid -\sqrt{1-y^2}\leqslant x\leqslant 1-y,0\leqslant y\leqslant 1\}$ 上的二重积分. 依次记区域 D 在第一象限与第二象限中的部分为 D_1 与 D_2，则在极坐标系中 D_1 与 D_2 可以表示为

$$D_1=\left\{(r,\theta)\mid 0\leqslant r\leqslant\frac{1}{\cos\theta+\sin\theta},0\leqslant\theta\leqslant\frac{\pi}{2}\right\},$$

$$D_2=\left\{(r,\theta)\mid 0\leqslant r\leqslant 1,\ \frac{\pi}{2}\leqslant\theta\leqslant\pi\right\}.$$

因此由二重积分的变量从直角坐标转换为极坐标的变换公式，有

$$\int_0^1\mathrm{d}y\int_{-\sqrt{1-y^2}}^{1-y}f(x,y)\mathrm{d}x=\iint\limits_D f(x,y)\mathrm{d}x\mathrm{d}y=$$

$$=\int_0^{\frac{\pi}{2}}\mathrm{d}\theta\int_0^{\frac{1}{\cos\theta+\sin\theta}}f(r\cos\theta,r\sin\theta)r\mathrm{d}r+\int_{\frac{\pi}{2}}^{\pi}\mathrm{d}\theta\int_0^1 f(r\cos\theta,r\sin\theta)r\mathrm{d}r.$$

由此可见应选(D).

13. (2014 年数学一第(12) 题)

设 L 是柱面 $x^2+y^2=1$ 与平面 $y+z=0$ 的交线，从 z 轴正向往 z 轴负向看去为逆时针方向，则曲线积分 $\oint_L z\mathrm{d}x+y\mathrm{d}z=$ ______.

答案 π.

分析 这是一道空间曲线上的对坐标的曲线积分，可以根据化为定积分的基本计算方法来计算.

L 的参数方程为 $x=\cos t, y=\sin t, z=-\sin t$，依指定的方向，参数 t 从 $t=0$ 到 $t=2\pi$，于是

$$\begin{aligned}\oint_L z\mathrm{d}x+y\mathrm{d}z &= \int_0^{2\pi}[(-\sin t)^2+\sin t\cos t]\mathrm{d}t \\ &= \int_0^{2\pi}\left[\frac{1-\cos 2x}{2}+\sin t\cos t\right]\mathrm{d}t=\pi.\end{aligned}$$

注 另有一个将空间曲线上对坐标的曲线积分转化为平面曲线上对坐标的曲线积分的方法可以被利用：L 在 xOy 面上的投影是平面曲线 $l: x^2+y^2=1$，且定向取为与 L 的一致，即取逆时针方向，注意到 L 在在平面 $z=-y$ 上，被积函数 $P=z, Q=0, R=y$ 在 L 上连续，因此有

$$\oint_L z\mathrm{d}x+y\mathrm{d}z=\oint_l(-y)\mathrm{d}x+y(-\mathrm{d}y)=-\oint_l y\mathrm{d}x+y\mathrm{d}y,$$

记在 xOy 面上 l 围成的区域为 D，则 $D: x^2+^2\leqslant 1$，利用格林公式，即有

$$\oint_L z\mathrm{d}x+y\mathrm{d}z=-\oint_l y\mathrm{d}x+y\mathrm{d}y=-\iint_D(-1)\mathrm{d}x\mathrm{d}y=\iint_D\mathrm{d}x\mathrm{d}y=\pi.$$

14. (2014 年数学一第(18) 题)

设 Σ 为曲面 $z=x^2+y^2(z\leqslant 1)$ 的上侧，计算曲面积分

$$I=\iint_\Sigma(x-1)^3\mathrm{d}y\mathrm{d}z+(y-1)^3\mathrm{d}z\mathrm{d}x+(z-1)\mathrm{d}x\mathrm{d}y.$$

分析 需要利用高斯公式计算此曲面积分.

解 设 Σ_1 为平面 $z=1$ 被曲面 $z=x^2+y^2$ 截取的有限部分，且取下侧，记由 Σ 与 Σ_1 围成的空间有界闭区域为 Ω，则由高斯公式，有

$$\begin{aligned}&\oiint_{\Sigma+\Sigma_1}(x-1)^3\mathrm{d}y\mathrm{d}z+(y-1)^3\mathrm{d}z\mathrm{d}x+(z-1)\mathrm{d}x\mathrm{d}y \\ &=-\iiint_\Omega\left[\frac{\partial}{\partial x}(x-1)^3+\frac{\partial}{\partial y}(y-1)^3+\frac{\partial}{\partial z}(z-1)\right]\mathrm{d}x\mathrm{d}y\mathrm{d}z \\ &=-\iiint_\Omega[3(x-1)^2+3(y-1)^2+1]\mathrm{d}x\mathrm{d}y\mathrm{d}z \\ &=-\iiint_\Omega[3(x^2+y^2)+7-6x-6y]\mathrm{d}x\mathrm{d}y\mathrm{d}z,\end{aligned}$$

由于 Ω 分别关于 yOz 面与 zOx 面对称，所以 $\iiint_\Omega x\mathrm{d}x\mathrm{d}y\mathrm{d}z=\iiint_\Omega y\mathrm{d}x\mathrm{d}y\mathrm{d}z=0$，因此继续有

$$\oiint_{\Sigma+\Sigma_1}(x-1)^3\mathrm{d}y\mathrm{d}z+(y-1)^3\mathrm{d}z\mathrm{d}x+(z-1)\mathrm{d}x\mathrm{d}y=-\iiint_\Omega[3(x^2+y^2)+7]\mathrm{d}x\mathrm{d}y\mathrm{d}z$$

$$=-\int_0^{2\pi}\mathrm{d}\theta\int_0^1(3\rho^2+7)\rho\mathrm{d}\rho\int_{\rho^2}^1\mathrm{d}z=-2\pi\int_0^1(3\rho^2+7)\rho(1-\rho^2)\mathrm{d}\rho$$

$$=-2\pi\int_0^1(7\rho-4\rho^3-3\rho^5)\mathrm{d}\rho=-4\pi.$$

因为

$$\iint_{\Sigma_1}(x-1)^3\mathrm{d}y\mathrm{d}z+(y-1)^3\mathrm{d}z\mathrm{d}x+(z-1)\mathrm{d}x\mathrm{d}y=\iint_{\Sigma_1}(z-1)\mathrm{d}x\mathrm{d}y=\iint_{\Sigma_1}(1-1)\mathrm{d}x\mathrm{d}y=0,$$

所以

$$I=\oiint_{\Sigma+\Sigma_1}(x-1)^3\mathrm{d}y\mathrm{d}z+(y-1)^3\mathrm{d}z\mathrm{d}x+(z-1)\mathrm{d}x\mathrm{d}y$$

$$-\iint_{\Sigma_1}(x-1)^2\mathrm{d}y\mathrm{d}z+(y-1)^3\mathrm{d}z\mathrm{d}x+(z-1)\mathrm{d}x\mathrm{d}y$$

$$=-4\pi.$$

15. (2014 年数学二第(17) 题,数学三第(16) 题)

设平面区域 $D=\{(x,y)\mid 1\leqslant x^2+y^2\leqslant 4\leqslant 4,x\geqslant 0,y\geqslant 0\}$,计算 $\iint_D\frac{x\sin(\pi\sqrt{x^2+y^2})}{x+y}\mathrm{d}x\mathrm{d}y$.

分析 采用极坐标计算此二重积分.

解 $$\iint_D\frac{x\sin(\pi\sqrt{x^2+y^2})}{x+y}\mathrm{d}x\mathrm{d}y=\int_0^{\frac{\pi}{2}}\mathrm{d}\theta\int_1^2\frac{\rho\cos\theta\sin\pi\rho}{\rho(\cos\theta+\sin\theta)}\rho\mathrm{d}\rho$$

$$=\int_0^{\frac{\pi}{2}}\frac{\cos\theta}{\cos\theta+\sin\theta}\mathrm{d}\theta\int_1^2\rho\sin\pi\rho\mathrm{d}\rho.$$

若令 $I_1=\int_0^{\frac{\pi}{2}}\frac{\cos\theta}{\cos\theta+\sin\theta}\mathrm{d}\theta,\quad I_2=\int_0^{\frac{\pi}{2}}\frac{\sin\theta}{\cos\theta+\sin\theta}\mathrm{d}\theta$,则

$$I_1+I_2=\int_0^{\frac{\pi}{2}}\mathrm{d}\theta=\frac{\pi}{2},\quad I_1-I_2=\int_0^{\frac{\pi}{2}}\frac{\cos\theta-\sin\theta}{\cos\theta+\sin\theta}\mathrm{d}\theta=[\ln(\cos\theta+\sin\theta)]_0^{\frac{\pi}{2}}=0,$$

由此即得 $I_1=I_2=\frac{\pi}{4}$. 又有

$$\int_1^2\rho\sin\pi\rho\mathrm{d}\rho=-\frac{1}{\pi}\int_1^2\rho\mathrm{d}(\cos\pi\rho)=-\frac{1}{\pi}[\rho\cos\pi\rho]_1^2+\frac{1}{\pi}\int_1^2\cos\pi\rho\mathrm{d}\rho=-\frac{3}{\pi}.$$

因此得到

$$\iint_D\frac{x\sin(\pi\sqrt{x^2+y^2})}{x+y}\mathrm{d}x\mathrm{d}y=\int_0^{\frac{\pi}{2}}\frac{\cos\theta}{\cos\theta+\sin\theta}\mathrm{d}\theta\int_1^2\rho\sin\pi\rho\mathrm{d}\rho=\frac{\pi}{4}\times\left(-\frac{3}{\pi}\right)=-\frac{3}{4}.$$

注 注意到若将 x 与 y 对换,则有 $\iint_D\frac{x\sin(\pi\sqrt{x^2+y^2})}{x+y}\mathrm{d}x\mathrm{d}y=\iint_D\frac{y\sin(\pi\sqrt{x^2+y^2})}{x+y}\mathrm{d}x\mathrm{d}y$,所以根据轮换对称性,即有

$$\iint_D\frac{x\sin(\pi\sqrt{x^2+y^2})}{x+y}\mathrm{d}x\mathrm{d}y=\frac{1}{2}\iint_D\frac{(x+y)\sin(\pi\sqrt{x^2+y^2})}{x+y}\mathrm{d}x\mathrm{d}y$$

$$=\frac{1}{2}\iint_D\sin(\pi\sqrt{x^2+y^2})\mathrm{d}x\mathrm{d}y=\frac{1}{2}\int_0^{\frac{\pi}{2}}\mathrm{d}\theta\int_1^2\rho\sin\pi\rho\mathrm{d}\rho=\frac{\pi}{4}\int_1^2\rho\sin\pi\rho\mathrm{d}\rho$$

$$=\frac{\pi}{4}\times\left(-\frac{3}{\pi}\right)=-\frac{3}{4}.$$

由此可见计算得到了简化.

16. (2014 年数学三第(10) 题)

设 D 是由曲线 $xy+1=0$ 与直线 $y+x=0$ 及 $y=2$ 围成的有界区域，则 D 的面积为________.

答案 $\frac{3}{2}-\ln 2$.

分析 $D=\left\{(x,y)\mid -y\leqslant x\leqslant -\frac{1}{y},\ 1\leqslant y\leqslant 2\right\}$，所以 D 的面积

$$S_D=\iint_D \mathrm{d}x\mathrm{d}y=\int_1^2\mathrm{d}y\int_{-y}^{-\frac{1}{y}}\mathrm{d}x=\int_1^2\left(y-\frac{1}{y}\right)\mathrm{d}y\left[\frac{1}{2}y^2-\ln y\right]_1^2=\frac{3}{2}-\ln 2.$$

17. (2014 年数学三第(12) 题)

二次积分 $\int_0^1\mathrm{d}y\int_y^1\left(\frac{\mathrm{e}^{x^2}}{x}-\mathrm{e}^{y^2}\right)\mathrm{d}x=$________.

答案 $\frac{1}{2}(\mathrm{e}-1)$.

分析 反向使用二重积分化为二次积分的公式，特别注意二次积分 $\int_0^1\mathrm{d}y\int_y^1\left(\frac{\mathrm{e}^{x^2}}{x}-\mathrm{e}^{y^2}\right)\mathrm{d}x$ 中的积分限，可见这个二次积分表示 $f(x,y)$ 在区域 $D=\{(x,y)\mid y\leqslant x\leqslant 1, 0\leqslant y\leqslant 1\}=\{(x,y)\mid 0\leqslant y\leqslant x, 0\leqslant x\leqslant 1\}$ 上的二重积分.

$$\int_0^1\mathrm{d}y\int_y^1\left(\frac{\mathrm{e}^{x^2}}{x}-\mathrm{e}^{y^2}\right)\mathrm{d}x=\int_0^1\mathrm{d}y\int_y^1\frac{\mathrm{e}^{x^2}}{x}\mathrm{d}x-\int_0^1\mathrm{d}y\int_y^1\mathrm{e}^{y^2}\,\mathrm{d}x,$$

其中等式右端第一个二次积分

$$\int_0^1\mathrm{d}y\int_y^1\frac{\mathrm{e}^{x^2}}{x}\mathrm{d}x=\int_0^1\mathrm{d}x\int_0^x\frac{\mathrm{e}^{x^2}}{x}\mathrm{d}y=\int_0^1\mathrm{e}^{x^2}\,\mathrm{d}x,$$

而第二个二次积分

$$\int_0^1\mathrm{d}y\int_y^1\mathrm{e}^{y^2}\,\mathrm{d}x=\int_0^1(1-y)\mathrm{e}^{y^2}\,\mathrm{d}y=\int_0^1\mathrm{e}^{y^2}\,\mathrm{d}y-\int_0^1 y\mathrm{e}^{y^2}\,\mathrm{d}y=\int_0^1\mathrm{e}^{y^2}\,\mathrm{d}y-\frac{1}{2}(\mathrm{e}-1).$$

由此即得

$$\int_0^1\mathrm{d}y\int_y^1\left(\frac{\mathrm{e}^{x^2}}{x}-\mathrm{e}^{y^2}\right)\mathrm{d}x=\int_0^1\mathrm{e}^{x^2}\,\mathrm{d}x-\left[\int_0^1\mathrm{e}^{y^2}\,\mathrm{d}y-\frac{1}{2}(\mathrm{e}-1)\right]=\frac{1}{2}(\mathrm{e}-1).$$

第十章　无穷级数

无穷级数是高等数学的一个重要组成部分，它是表示函数、研究函数的性质以及进行数值计算的一种工具. 无穷级数理论在现代数学方法中占有重要的地位，它在科学技术的许多领域有广泛的应用. 本章先讨论常数项级数，介绍无穷级数的一些基本内容，然后讨论函数项级数，着重讨论如何将函数展开成幂级数与三角级数的问题.

第一节　常数项级数的概念与性质

人们认识事物在数量方面的特性，往往有一个由近似到精确的过程. 在这种认识过程中，会遇到由有限个数量相加到无穷多个数量相加的问题.

一、常数项级数的概念

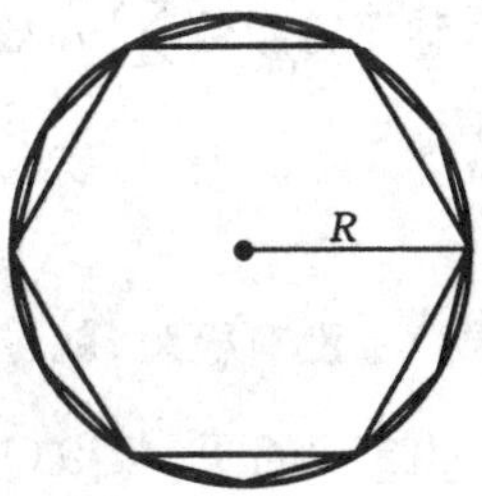

图 10-1

先来看一个例子：计算半径为 R 的圆面积 A. 具体做法可以如下：作圆的内接正六边形，算出这六边形的面积 a_1，它是圆面积 A 的一个粗糙的近似值. 为了比较准确地计算出 A 的值，以这个正六边形的每一边为底分别作一个顶点在圆周上的等腰三角形(图 10-1)，算出这六个等腰三角形的面积之和 a_2. 那么，$a_1 + a_2$(即内接正十二边形的面积) 就是 A 的一个较好的近似值. 同样地，在这正十二边形的每一边上分别作一个顶点在圆周上的等腰三角形，算出这十二个等腰三角形的面积之和 a_3. 那么，$a_1 + a_2 + a_3$(即内接正二十四边形的面积) 是 A 的一个更好的近似值. 如此继续下去，内接正 3×2^n 边形的面积就逐步逼近圆面积：

$$A \approx a_1,\ A \approx a_1 + a_2,\ A \approx a_1 + a_2 + a_3,\ \cdots,\ A \approx a_1 + a_2 + \cdots + a_n.$$

如果内接正多边形的边数无限增多，即 n 无限增大，则和 $a_1 + a_2 + \cdots + a_n$ 的极限就是所要求的圆面积 A. 这时，和式中的项数无限增多，于是出现了无穷多个数量依次相加的数学式子.

设 $\{u_n\}$ 是一个无穷数列，则

$$u_1 + u_2 + \cdots + u_n + \cdots \tag{1}$$

称为常数项无穷级数，简称级数，记为$\sum_{n=1}^{\infty} u_n$，其中$\sum$是求和记号，n称为下标变量，u_n称为级数的一般项.

需要注意，这里的$\sum_{n=1}^{\infty} u_n$仅仅是一个记号，这与有限个数的和是大不相同的. 那么，怎样理解无穷级数中无穷多个数量相加呢？联系上面关于计算圆的面积的例子，我们可以从有限项的和出发，观察它们的变化趋势，由此来理解无穷多个数量相加的含义.

作（常数项）级数(1)的前n项的和：

$$s_n = u_1 + u_2 + \cdots + u_n = \sum_{i=1}^{n} u_i, \tag{2}$$

s_n称为级数(1)的部分和. 当n依次取1,2,3,…时，它们构成一个新的数列：

$s_1 = u_1,\ s_2 = u_1 + u_2,\ s_3 = u_1 + u_2 + u_3,\ \cdots,\ s_n = u_1 + u_2 + \cdots + u_n,\ \cdots.$

根据这个数列有没有极限，引进无穷级数(1)的收敛与发散的概念.

定义　如果级数$\sum_{n=1}^{\infty} u_n$的部分和数列$\{s_n\}$有极限s，即

$$\lim_{n\to\infty} s_n = s,$$

那么称无穷级数$\sum_{n=1}^{\infty} u_n$收敛，这时极限s称为这级数的和，并写成

$$s = u_1 + u_2 + \cdots + u_n + \cdots = \sum_{n=1}^{\infty} u_n;$$

如果$\{s_n\}$没有极限，就称无穷级数$\sum_{n=1}^{\infty} u_n$发散.

由定义可见，级数(1)的收敛性等价于部分和数列(2)的收敛性. 反之，任意一个数列$\{s_n\}$的收敛性问题也可以化为级数

$$s_1 + (s_2 - s_1) + (s_3 - s_2) + \cdots + (s_n - s_{n-1}) + \cdots \tag{3}$$

的收敛性问题. 这表明，级数与数列的收敛性问题可以互相转化.

又显然，当级数收敛时，其部分和s_n是级数的和s的近似值，它们之间的差值

$$r_n = s - s_n = u_{n+1} + u_{n+2} + \cdots$$

称为级数的余项. 用近似值s_n代替和s所产生的误差正是这个余项的绝对值，即误差是$|r_n|$.

例1　考察等比级数（几何级数）

$$\sum_{n=1}^{\infty} ax^{n-1} = a + ax + ax^2 + \cdots + ax^{n-1} + \cdots \quad (a \neq 0, x \in \mathbf{R})$$

的敛散性.

解 当 $|x| \neq 1$ 时,部分和为

$$s_n = a + ax + \cdots + ax^{n-1} = \frac{a(1-x^n)}{1-x}.$$

因此,当 $|x| < 1$ 时,$\lim\limits_{n\to\infty} s_n = \dfrac{a}{1-x}$,得级数收敛,其和为 $\dfrac{a}{1-x}$;当 $|x| > 1$ 时,$s_n \to \infty (n \to \infty)$,得级数发散.

当 $x = 1$ 时,$s_n = na \to \infty (n \to \infty)$,级数发散.当 $x = -1$ 时,对奇数 n,$s_n = a$;对偶数 n,$s_n = 0$,所以,$\{s_n\}$ 的极限不存在,级数也发散.

综合以上结果,得到:当且仅当级数的公比的绝对值 $|x| < 1$ 时,级数收敛,且和为 $\dfrac{a}{1-x}$.

要判定一个级数收敛,并且求得其和,一般是先算出它的前 n 项部分和 s_n,再计算 s_n 当 $n \to \infty$ 时的极限.

例 2 求级数 $\sum\limits_{n=1}^{\infty} \dfrac{1}{n(n+1)}$ 的和.

解 因为

$$\frac{1}{n(n+1)} = \frac{1}{n} - \frac{1}{n+1},$$

所以级数的前 n 项和

$$s_n = \sum_{k=1}^{n} \frac{1}{k(k+1)} = \frac{1}{1\times 2} + \frac{1}{2\times 3} + \cdots + \frac{1}{n(n+1)}$$

$$= 1 - \frac{1}{2} + \frac{1}{2} - \frac{1}{3} + \cdots + \frac{1}{n} - \frac{1}{n+1} = 1 - \frac{1}{n+1} \to 1 \quad (n \to +\infty),$$

得级数收敛,并且其和为 1.

例 3 证明:$\sum\limits_{n=1}^{\infty} \dfrac{1}{4n^2-1} = \dfrac{1}{2}$.

证 因为 $\dfrac{1}{4n^2-1} = \dfrac{1}{2}\left(\dfrac{1}{2n-1} - \dfrac{1}{2n+1}\right)$,所以

$$s_n = \sum_{k=1}^{n} \frac{1}{4k^2-1} = \sum_{k=1}^{n} \frac{1}{2}\left(\frac{1}{2k-1} - \frac{1}{2k+1}\right)$$

$$= \frac{1}{2}\left[\left(1 - \frac{1}{3}\right) + \left(\frac{1}{3} - \frac{1}{5}\right) + \cdots + \left(\frac{1}{2n-1} - \frac{1}{2n+1}\right)\right]$$

$$= \frac{1}{2}\left(1 - \frac{1}{2n+1}\right).$$

由于
$$\lim_{n\to\infty} s_n = \lim_{n\to\infty} \frac{1}{2}\left(1 - \frac{1}{2n+1}\right) = \frac{1}{2},$$
故得
$$\sum_{n=1}^{\infty} \frac{1}{4n^2 - 1} = \frac{1}{2}.$$

例 4 试利用无穷级数说明循环小数 $0.\dot{3} = \frac{1}{3}$.

解 循环小数 $0.\dot{3}$ 是无穷级数
$$\frac{3}{10} + \frac{3}{10^2} + \frac{3}{10^3} + \frac{3}{10^4} + \cdots$$
的简便写法，该级数为等比级数，公比 $q = \frac{1}{10} < 1$. 由例 1 知，该级数是收敛的，其和为
$$\frac{\frac{3}{10}}{1 - \frac{1}{10}} = \frac{3}{9} = \frac{1}{3},$$
所以，$0.\dot{3} = \frac{1}{3}$.

二、收敛级数的基本性质

由于无穷级数收敛、发散以及和的概念与它的部分和数列的极限有紧密的联系，故由数列极限的基本性质，可以得出收敛级数的几个基本性质.

性质 1 如果级数 $\sum_{n=1}^{\infty} u_n$ 收敛于和 s，那么，级数 $\sum_{n=1}^{\infty} ku_n$ 也收敛，且其和为 ks.

证 设级数 $\sum_{n=1}^{\infty} u_n$ 与级数 $\sum_{n=1}^{\infty} ku_n$ 的部分和分别为 s_n 与 σ_n，则
$$\sigma_n = ku_1 + ku_2 + \cdots + ku_n = ks_n,$$
于是
$$\lim_{n\to\infty} \sigma_n = \lim_{n\to\infty} ks_n = k \lim_{n\to\infty} s_n = ks.$$
这就表明级数 $\sum_{n=1}^{\infty} ku_n$ 收敛，且和为 ks.

由关系式 $\sigma_n = ks_n$ 知，如果 $\{s_n\}$ 没有极限且 $k \neq 0$，那么，$\{\sigma_n\}$ 也不可能有极限. 因此我们得到如下结论：**级数的每一项同乘一个不为零的常数后，它的收敛性不会改变.**

性质 2 如果级数 $\sum_{n=1}^{\infty} u_n$，$\sum_{n=1}^{\infty} v_n$ 分别收敛于和 s，σ，那么，级数 $\sum_{n=1}^{\infty} (u_n \pm v_n)$ 也收敛，且其和为 $s \pm \sigma$.

证　设级数 $\sum_{n=1}^{\infty} u_n, \sum_{n=1}^{\infty} v_n$ 的部分和分别为 s_n, σ_n，则级数 $\sum_{n=1}^{\infty}(u_n \pm v_n)$ 的部分和

$$\begin{aligned}\tau_n &= (u_1 \pm v_1) + (u_2 \pm v_2) + \cdots + (u_n \pm v_n) \\ &= (u_1 + u_2 + \cdots + u_n) \pm (v_1 + v_2 + \cdots + v_n) = s_n \pm \sigma_n,\end{aligned}$$

于是

$$\lim_{n\to\infty}\tau_n = \lim_{n\to\infty}(s_n \pm \sigma_n) = s \pm \sigma.$$

这就表明级数 $\sum_{n=1}^{\infty}(u_n \pm v_n)$ 收敛，且其和为 $s \pm \sigma$.

性质 2 也可以说成：**两个收敛级数可以逐项相加或逐项相减.**

性质 3　在一个级数中去掉、增加或改变有限项，并不改变级数的敛散性.

证　不防先考察如下情形：在级数

$$\sum_{n=1}^{\infty} u_n = u_1 + u_2 + \cdots + u_n + \cdots$$

中去掉它的前 l 项形成新的级数：

$$u_{l+1} + u_{l+2} + \cdots + u_{l+n} + \cdots.$$

设 $\{s_n\}$ 与 $\{\sigma_n\}$ 分别是原来的级数与新的级数的部分和数列，则

$$\sigma_n = s_{l+n} - s_l.$$

因为 s_l 为常数，所以，$\{\sigma_n\}$ 与 $\{s_{l+n}\}$ 同时有极限或同时没有极限，即知级数去掉它的前有限项不改变它的敛散性.

类似地可证明，在级数的前面增加有限项也不会改变它的敛散性. 至于任意地去掉、增加或改变级数的有限项都可以通过在级数的前面先去掉有限项然后再增加有限项来实现. 因此性质 3 得证.

性质 4　收敛级数加括号后组成的级数仍收敛，且其和不变.

性质 4 的证明从略. 但是要注意，加括号后所得级数收敛不能推出原级数收敛. 例如，加括号后的级数

$$(1-1)+(1-1)+\cdots$$

收敛，但原级数

$$1-1+1-1+\cdots$$

发散. 这是因为它的部分和 $s_{2n} = 0, s_{2n-1} = 1$，从而 $\{s_n\}$ 没有极限. 有时候性质 4 的逆否命题也很有用：**加括号后的级数发散，则原级数也发散.**

设级数 $\sum_{n=1}^{\infty} u_n$ 收敛，其部分和 $s_n \to s\ (n \to \infty)$. 由 $u_n = s_n - s_{n-1}$，即得

$$u_n \to 0 \quad (n \to \infty).$$

这就是下面的性质 5.

性质 5(级数收敛的必要条件)　如果级数 $\sum_{n=1}^{\infty} u_n$ 收敛，则一般项

$$u_n \to 0 \quad (n \to \infty).$$

性质5的逆否命题是：**若 $u_n \not\to 0 (n \to \infty)$（$\not\to$ 表示不收敛于），则级数 $\sum_{n=1}^{\infty} u_n$ 发散.** 可以用它来判断级数发散.

必须注意性质5仅是级数收敛的必要条件，并不是充分条件. 由 $u_n \to 0$ 一般不能推出级数 $\sum_{n=1}^{\infty} u_n$ 收敛. 例如，级数

$$\sum_{n=1}^{\infty} (\sqrt{n+1} - \sqrt{n}),$$

它的一般项

$$u_n = \sqrt{n+1} - \sqrt{n} = \frac{1}{\sqrt{n+1} + \sqrt{n}} \to 0 \quad (n \to \infty).$$

但级数的前 n 项部分和

$$s_n = \sum_{k=1}^{n} (\sqrt{k+1} - \sqrt{k}) = \sqrt{n+1} - \sqrt{1},$$

显然，$s_n \to +\infty (n \to \infty)$，所以级数 $\sum_{n=1}^{\infty} (\sqrt{n+1} - \sqrt{n})$ 发散.

习　题　10-1

(A)

1. 写出下列级数的前五项：

(1) $\sum_{n=2}^{\infty} \frac{1+n}{1+n^2}$；　(2) $\sum_{n=1}^{\infty} \frac{1 \cdot 3 \cdot \cdots \cdot (2n-1)}{2 \cdot 4 \cdot \cdots \cdot 2n}$；　(3) $\sum_{n=0}^{\infty} \frac{(-1)^{n+1}}{5^n}$；　(4) $\sum_{n=1}^{\infty} \frac{n!}{n^n}$.

2. 写出下列级数的一般项：

(1) $\frac{1+1}{1+2} + \frac{1+2}{1+2^2} + \frac{1+3}{1+2^3} + \cdots$；　(2) $\frac{1}{1 \times 2 \times 3} + \frac{1}{2 \times 3 \times 4} + \frac{1}{3 \times 4 \times 5} + \cdots$；

(3) $\frac{1}{1} + \frac{1}{5} + \frac{1}{9} + \frac{1}{13} + \cdots$；　(4) $1 - \frac{1}{2^2} + \frac{1}{3^2} - \frac{1}{4^2} + \cdots$.

3. 利用级数收敛与发散的定义或收敛级数的基本性质判断下列级数的收敛性：

(1) $\sum_{n=1}^{\infty} 100 \cdot \left(\frac{1}{4}\right)^n$；　(2) $\sum_{n=1}^{\infty} \ln\left(1 + \frac{1}{n}\right)$；

(3) $\sum_{n=1}^{\infty} \sqrt{\frac{n-1}{n+1}}$；　(4) $\sum_{n=1}^{\infty} \left(\frac{1}{2^n} + \frac{1}{5^n}\right)$.

4. 求下列级数的和：

(1) $\sum_{n=1}^{\infty} (-1)^n \left(\frac{2}{3}\right)^n$；　(2) $\sum_{n=1}^{\infty} (a_n - a_{n+1}) \quad (\lim_{n\to\infty} a_n = a)$.

5. 判定下列级数的收敛性：

(1) $-\frac{8}{9} + \frac{8^2}{9^2} - \frac{8^3}{9^3} + \cdots + (-1)^n \frac{8^n}{9^n} + \cdots$；　(2) $\sum_{n=1}^{\infty} [a + (n-1)b] \quad (a > 0, b > 0)$；

(3) $\sum_{n=1}^{\infty}\frac{1}{\sqrt{n+1}+\sqrt{n}}$；　　　　(4) $\sum_{n=1}^{\infty}\left(\frac{1}{4^n}-\frac{\ln^n 3}{3^n}\right)$.

6. 就 $\sum_{n=1}^{\infty}u_n$ 收敛或发散两种不同的情况分别讨论下列级数的敛散性：

(1) $\sum_{n=1}^{\infty}(u_n+10^{-10})$；　　(2) $\sum_{n=1}^{\infty}u_{n+1000}$；　　(3) $\sum_{n=1}^{\infty}\frac{1}{u_n}$　$(u_n\neq 0)$.

(B)

1. 求下列级数之和：

(1) $\sum_{n=1}^{\infty}\frac{1}{(n+1)(n+2)}$；　　　　(2) $\sum_{n=1}^{\infty}\frac{1}{n(n+1)(n+2)}$.

2. 如果数项级数 $\sum_{n=1}^{\infty}u_n$ 的第 $2m$ 与第 $2m+1$ 部分和数列 $\{s_{2m}\}$ 与 $\{s_{2m+1}\}$ 均收敛于 s，证明该级数收敛，且其和为 s.

3. 已知级数 $\sum_{n=1}^{\infty}u_n$ 的前 n 项的部分和 $s_n=\frac{2n}{n+1}$，　$n=1,2,\cdots$.

(1) 求级数的一般项 u_n；

(2) 判断级数的收敛性.

第二节　常数项级数的审敛法

在上一节中，给出了常数项级数收敛或发散的定义. 如果能直接由定义判断级数收敛，那是最理想的. 这样不仅判断出级数的收敛性，并且还求出了级数的和. 但是，这在大部分情况下很难做到. 然而我们感兴趣的往往是判断级数是否收敛而不是要求出级数的和，所以，希望能够找到一些不需要求出级数的和而能判断级数收敛的判别法. 下面我们分两种情形来讨论常数项级数的审敛法.

一、正项级数及其审敛法

一般的常数项级数，它的各项可以是正数、负数或者是零. 现在我们先讨论各项都是正数或者是零的级数，这种级数称为正项级数. 这种级数特别重要，以后将看到许多级数的收敛性问题可以归结为正项级数的收敛性问题.

设级数

$$u_1+u_2+\cdots+u_n+\cdots \tag{1}$$

是一个正项级数 $(u_n\geqslant 0)$，它的部分和为 s_n. 显然，数列 $\{s_n\}$ 是一个单调增加数列：

$$s_1\leqslant s_2\leqslant\cdots\leqslant s_n\leqslant\cdots.$$

如果数列 $\{s_n\}$ 有界，即 s_n 总不大于某一常数 M，那么，根据单调有界的数列必有极限的准则，级数(1) 必收敛于和 s，且 $s_n\leqslant s\leqslant M$. 反之，如果正项级数(1) 收敛

于和 s，即 $\lim\limits_{n\to\infty}s_n = s$，那么，根据有极限的数列是有界数列的性质可知，数列 $\{s_n\}$ 有界. 因此，我们得到如下重要的结论：

定理 1　正项级数 $\sum\limits_{n=1}^{\infty}u_n$ 收敛的充分必要条件是它的部分和数列 $\{s_n\}$ 有界.

同时，由定理 1 也可知道，如果正项级数 $\sum\limits_{n=1}^{\infty}u_n$ 发散，那么，它的部分和数列 $\{s_n\}$ 必定发散到 $+\infty$，即 $\sum\limits_{n=1}^{\infty}u_n = +\infty$.

有了定理 1，就可以建立下面的比较审敛法，它是正项级数的一个基本的审敛法：

定理 2(比较审敛法)　设 $\sum\limits_{n=1}^{\infty}u_n$ 与 $\sum\limits_{n=1}^{\infty}v_n$ 都是正项级数且 $u_n \leqslant v_n (n = 1, 2, \cdots)$. 若级数 $\sum\limits_{n=1}^{\infty}v_n$ 收敛，则级数 $\sum\limits_{n=1}^{\infty}u_n$ 收敛；反之，若级数 $\sum\limits_{n=1}^{\infty}u_n$ 发散，则级数 $\sum\limits_{n=1}^{\infty}v_n$ 发散.

证　设级数 $\sum\limits_{n=1}^{\infty}v_n$ 收敛于和 σ，则级数 $\sum\limits_{n=1}^{\infty}u_n$ 的部分和

$$s_n = u_1 + u_2 + \cdots + u_n \leqslant v_1 + v_2 + \cdots + v_n \leqslant \sigma \quad (n = 1, 2, \cdots),$$

即部分和数列 $\{s_n\}$ 有界，由定理 1 知级数 $\sum\limits_{n=1}^{\infty}u_n$ 收敛.

反之，设级数 $\sum\limits_{n=1}^{\infty}u_n$ 发散，则级数 $\sum\limits_{n=1}^{\infty}v_n$ 必发散. 因为若级数 $\sum\limits_{n=1}^{\infty}v_n$ 收敛，则由以上证明，将有级数 $\sum\limits_{n=1}^{\infty}u_n$ 也收敛，与假定矛盾.

由上一节中收敛级数的性质 1 与性质 3，可得以下推论：

推论　设 $\sum\limits_{n=1}^{\infty}u_n$ 与 $\sum\limits_{n=1}^{\infty}v_n$ 都是正项级数. 如果存在两个正常数 k_1, k_2 与正整数 N，使得当 $n \geqslant N$ 时，有

$$k_1 v_n \leqslant u_n \leqslant k_2 v_n,$$

那么级数 $\sum\limits_{n=1}^{\infty}u_n$ 与 $\sum\limits_{n=1}^{\infty}v_n$ 同时敛散.

例 1　讨论 p- 级数

$$1 + \frac{1}{2^p} + \frac{1}{3^p} + \cdots + \frac{1}{n^p} + \cdots \tag{2}$$

的收敛性，其中常数 $p > 0$.

解　当 $k \leqslant x \leqslant k+1$ 时，有 $\frac{1}{(k+1)^p} \leqslant \frac{1}{x^p} \leqslant \frac{1}{k^p}$，所以

$$\frac{1}{(k+1)^p} \leqslant \int_k^{k+1} \frac{1}{x^p}\mathrm{d}x \leqslant \frac{1}{k^p}, \quad k=1,2,3,\cdots,$$

从而对于级数(2) 的部分和 $s_n = \sum_{k=1}^{n} \frac{1}{k^p}$，有

$$s_{n+1} - 1 \leqslant \int_1^{n+1} \frac{1}{x^p}\mathrm{d}x \leqslant s_n, \quad n=1,2,3,\cdots. \tag{3}$$

当 $p=1$ 时（这时，级数称为调和级数），有

$$s_n \geqslant \int_1^{n+1} \frac{1}{x}\mathrm{d}x = \ln(n+1), \quad n=1,2,3,\cdots.$$

这表明数列 $\{s_n\}$ 无界，故由定理 1，调和级数发散.

当 $0<p<1$ 时，有 $\frac{1}{n^p} \geqslant \frac{1}{n}(n=1,2,3,\cdots)$. 已知调和级数发散，故由定理 2，这时候级数(2) 发散.

当 $p>1$ 时，由式(3)，有

$$\begin{aligned} s_{n+1} &\leqslant 1 + \int_1^{n+1} \frac{1}{x^p}\mathrm{d}x = 1 + \frac{1}{p-1}\left[1 - \frac{1}{(n+1)^{p-1}}\right] \\ &< 1 + \frac{1}{p-1}, \quad n=1,2,3,\cdots. \end{aligned}$$

这表明数列 $\{s_n\}$ 有界，故由定理 1，这时级数(2) 收敛.

综合起来，我们得到结论：p- 级数(2) 当 $p>1$ 时收敛，当 $0<p\leqslant 1$ 时发散.

在使用比较审敛法来判断一正项级数的收敛性时，常用 p- 级数或 a,q 都是正数的等比级数来与所给的正项级数作比较以判断它的敛散性.

例 2　判定级数 $\sum_{n=1}^{\infty} \frac{1}{2^n - n}$ 的收敛性.

解　因为 $2^n - n = 2^{n-1} + (2^{n-1} - n) \geqslant 2^{n-1}$（当 n 充分大时），所以

$$\frac{1}{2^n - n} \leqslant \frac{1}{2^{n-1}}.$$

而级数 $\sum_{n=1}^{\infty} \frac{1}{2^{n-1}}$ 是公比为 $\frac{1}{2}$ 的收敛的等比级数，由定理 2 可知所给级数收敛.

例 3　判定下列级数的收敛性：

(1) $\sum_{n=1}^{\infty} \frac{1}{2n^2 - n}$；　　(2) $\sum_{n=1}^{\infty} \frac{1}{\sqrt{n(n+1)}}$.

解　(1) 因为 $\frac{1}{2n^2 - n} \leqslant \frac{1}{n^2}, n=1,2,\cdots$，而级数 $\sum_{n=1}^{\infty} \frac{1}{n^2}$ 收敛，所以由定理 2

可知级数$\sum\limits_{n=1}^{\infty}\dfrac{1}{2n^2-n}$收敛.

(2) 因为$\dfrac{1}{\sqrt{n(n+1)}}>\dfrac{1}{n+1}, n=1,2,\cdots$,而级数$\sum\limits_{n=1}^{\infty}\dfrac{1}{n+1}$发散(它是由调和级数去掉第一项后形成的),所以由定理 2 可知级数$\sum\limits_{n=1}^{\infty}\dfrac{1}{\sqrt{n(n+1)}}$发散.

为了应用上的方便,给出比较审敛法的极限形式.

定理 3(比较审敛法的极限形式)　设$\sum\limits_{n=1}^{\infty}u_n$与$\sum\limits_{n=1}^{\infty}v_n$都是正项级数.

(1) 如果$\lim\limits_{n\to\infty}\dfrac{u_n}{v_n}=l(0\leqslant l<+\infty)$且级数$\sum\limits_{n=1}^{\infty}v_n$收敛,则级数$\sum\limits_{n=1}^{\infty}u_n$收敛.

(2) 如果$\lim\limits_{n\to\infty}\dfrac{u_n}{v_n}=l>0$或$\lim\limits_{n\to\infty}\dfrac{u_n}{v_n}=+\infty$且级数$\sum\limits_{n=1}^{\infty}v_n$发散,则级数$\sum\limits_{n=1}^{\infty}u_n$发散.

证　(1) 因为$\lim\limits_{n\to\infty}\dfrac{u_n}{v_n}=l$存在,所以根据收敛数列必有界的性质,数列$\left\{\dfrac{u_n}{v_n}\right\}$有界,即存在正常数$M$,使$0<\dfrac{u_n}{v_n}\leqslant M$,从而$u_n\leqslant Mv_n$. 由定理 1 知,由级数$\sum\limits_{n=1}^{\infty}v_n$的收敛性可得级数$\sum\limits_{n=1}^{\infty}u_n$收敛.

(2) 按已知条件知极限$\lim\limits_{n\to\infty}\dfrac{v_n}{u_n}$存在,如果级数$\sum\limits_{n=1}^{\infty}u_n$收敛,则由结论(1)必有级数$\sum\limits_{n=1}^{\infty}v_n$收敛,但已知级数$\sum\limits_{n=1}^{\infty}v_n$发散,因此,级数$\sum\limits_{n=1}^{\infty}u_n$不可能收敛,即$\sum\limits_{n=1}^{\infty}u_n$发散.

极限形式的比较审敛法,在两个正项级数的一般项均趋于零的情况下,其实是比较它们的一般项作为无穷小量的阶. 定理表明,当$n\to\infty$时,如果u_n是与v_n同阶或是比v_n高阶的无穷小,而级数$\sum\limits_{n=1}^{\infty}v_n$收敛,则级数$\sum\limits_{n=1}^{\infty}u_n$收敛;如果$u_n$是与$v_n$同阶或是比$v_n$低阶的无穷小,而级数$\sum\limits_{n=1}^{\infty}v_n$发散,则级数$\sum\limits_{n=1}^{\infty}u_n$发散.

例 4　讨论级数$\sum\limits_{n=1}^{\infty}\dfrac{1}{2n+1}$的收敛性.

解　因为

$$\lim_{n\to\infty}\frac{\dfrac{1}{2n+1}}{\dfrac{1}{n}}=\lim_{n\to\infty}\frac{n}{2n+1}=\frac{1}{2}>0,$$

故由级数$\sum_{n=1}^{\infty}\frac{1}{n}$发散，根据定理 3 立刻知道级数$\sum_{n=1}^{\infty}\frac{1}{2n+1}$也发散.

例 5 讨论级数$\sum_{n=1}^{\infty}\sin\frac{1}{n}$的收敛性.

解 因为

$$\lim_{n\to\infty}\frac{\sin\frac{1}{n}}{\frac{1}{n}}=1>0,$$

而级数$\sum_{n=1}^{\infty}\frac{1}{n}$发散，故由定理 3 知级数$\sum_{n=1}^{\infty}\sin\frac{1}{n}$发散.

将所给正项级数与正项的等比级数比较，我们能得到在实用上很方便的比值审敛法与根值审敛法.

定理 4(比值审敛法，达朗贝尔(D'Alembert) 判别法) **设$\sum_{n=1}^{\infty}u_n$为正项级数，如果**

$$\lim_{n\to\infty}\frac{u_{n+1}}{u_n}=\rho,$$

则当$\rho<1$时，级数收敛；当$\rho>1\left(\text{或}\lim_{n\to\infty}\frac{u_{n+1}}{u_n}=\infty\right)$时，级数发散；当$\rho=1$时，级数可能收敛，也可能发散.

证 (ⅰ) 设$\rho<1$. 取一个适当小的正数ε，使得$\rho+\varepsilon=r<1$，根据收敛数列的保号性，存在自然数m，当$n\geqslant m$时，有不等式

$$\frac{u_{n+1}}{u_n}<\rho+\varepsilon=r.$$

因此
$$u_{m+1}<ru_m,\quad u_{m+2}<ru_{m+1}<r^2u_m,$$
$$u_{m+3}<ru_{m+2}<r^3u_m,\cdots.$$

这样，级数

$$u_{m+1}+u_{m+2}+u_{m+3}+\cdots$$

的各项就小于收敛的等比级数(公比$r<1$)

$$ru_m+r^2u_m+r^3u_m+\cdots$$

的对应项. 由比较审敛法的推论可知级数$\sum_{n=1}^{\infty}u_n$收敛.

(ⅱ) 设$\rho>1$. 取一个适当小的正数ε，使得$\rho-\varepsilon>1$. 根据收敛数列的保号性，存在自然数k，当$n\geqslant k$时，有不等式

$$\frac{u_{n+1}}{u_n}>\rho-\varepsilon>1,$$

即
$$u_{n+1} > u_n,$$
这就是说，当 $n \geqslant k$ 时，级数的一般项 u_n 是逐渐增大的，从而 $\lim\limits_{n\to\infty} u_n \neq 0$. 根据级数收敛的必要条件，可知级数 $\sum\limits_{n=1}^{\infty} u_n$ 发散.

类似地可以证明：当 $\lim\limits_{n\to\infty} \dfrac{u_{n+1}}{u_n} = +\infty$ 时，级数是发散的.

（ⅲ）当 $\rho = 1$ 时，级数可能收敛，也可能发散. 例如，对于 p- 级数，不论 p 为何值，都有
$$\lim_{n\to\infty} \frac{u_{n+1}}{u_n} = \lim_{n\to\infty} \frac{\dfrac{1}{(n+1)^p}}{\dfrac{1}{n^p}} = 1.$$
但我们知道，当 $p > 1$ 时，级数收敛；当 $p \leqslant 1$ 时，级数发散，因此，只根据 $\rho = 1$，不能判定级数的收敛性.

例 6　级数 $\sum\limits_{n=1}^{\infty} \dfrac{n^2}{3^n}$ 是收敛的，这是因为
$$\frac{\dfrac{(n+1)^2}{3^{n+1}}}{\dfrac{n^2}{3^n}} = \frac{1}{3}\left(\frac{n+1}{n}\right)^2 \to \frac{1}{3} < 1 \quad (n \to \infty).$$

例 7　判别以下两个级数的收敛性：(1) $\sum\limits_{n=1}^{\infty} \dfrac{n!}{3^n}$；(2) $\sum\limits_{n=1}^{\infty} \dfrac{n!}{n^n}$.

解　级数(1) 发散，这是因为
$$\frac{\dfrac{(n+1)!}{3^{n+1}}}{\dfrac{n!}{3^n}} = \frac{n+1}{3} \to \infty \quad (n \to \infty).$$
级数(2) 收敛，这是因为
$$\frac{\dfrac{(n+1)!}{(n+1)^{n+1}}}{\dfrac{n!}{n^n}} = \frac{(n+1)!}{n!} \frac{n^n}{(n+1)^{n+1}} = (n+1) \cdot \frac{n^n}{(n+1)^{n+1}}$$
$$= \left(\frac{n}{n+1}\right)^n = \left(1 + \frac{1}{n}\right)^{-n} \to \mathrm{e}^{-1} < 1 \quad (n \to \infty).$$

定理 5（根值审敛法，柯西判别法）　设 $\sum\limits_{n=1}^{\infty} u_n$ 为正项级数，如果
$$\lim_{n\to\infty} \sqrt[n]{u_n} = \rho,$$

那么，当 $\rho<1$ 时，级数收敛；当 $\rho>1$（或 $\lim\limits_{n\to\infty}\sqrt[n]{u_n}=+\infty$）时，级数发散；当 $\rho=1$ 时，级数可能收敛，也可能发散.

定理的证明方法同定理 4，这里从略.

例 8 级数 $\sum\limits_{n=1}^{\infty}\left(\frac{n}{3n-1}\right)^{2n}$ 是收敛的，这是因为

$$\sqrt[n]{\left(\frac{n}{3n-1}\right)^{2n}}=\left(\frac{n}{3n-1}\right)^{2}\to\frac{1}{9}<1\quad(n\to\infty).$$

例 9 讨论级数 $\sum\limits_{n=1}^{\infty}\left(\frac{b}{a_n}\right)^{n}$ 的收敛性，其中 $a_n\to a(n\to\infty)$；$a_n,a,b>0$，且 $a\neq b$.

解 $\lim\limits_{n\to\infty}\sqrt[n]{\left(\frac{b}{a_n}\right)^{n}}=\lim\limits_{n\to\infty}\frac{b}{a_n}=\frac{b}{a}$.

因此，由定理 5（根值审敛法）可知：

（i）当 $a>b$ 时，级数收敛；

（ii）当 $a<b$ 时，级数发散.

二、交错级数及其审敛法

正项与负项相间出现的级数称为交错级数. 交错级数的形式可能是

$$\sum_{n=1}^{\infty}(-1)^{n-1}u_n=u_1-u_2+u_3-u_4+\cdots,$$

也可能是

$$\sum_{n=1}^{\infty}(-1)^{n}u_n=-u_1+u_2-u_3+u_4-\cdots,$$

其中 $u_1,u_2,\cdots$ 都是正数. 现在我们针对前一种形式来给出一个关于交错级数的审敛法.

定理 6（莱布尼兹定理）　如果交错级数 $\sum\limits_{n=1}^{\infty}(-1)^{n-1}u_n$ 满足条件：

（1）$u_n\geqslant u_{n+1}(n=1,2,3,\cdots)$；

（2）$\lim\limits_{n\to\infty}u_n=0$，

那么级数收敛，且其和 $s\leqslant u_1$，其余项 r_n 的绝对值 $|r_n|\leqslant u_{n+1}$.

满足定理条件的交错级数可以称为莱布尼兹型级数.

证 先证前 $2n$ 项的和 s_{2n} 的极限存在. 为此，把 s_{2n} 写成以下两种形式：

$$s_{2n}=(u_1-u_2)+(u_3-u_4)+\cdots+(u_{2n-1}-u_{2n})$$

及

$$s_{2n}=u_1-(u_2-u_3)-(u_4-u_5)-\cdots-(u_{2n-2}-u_{2n-1})-u_{2n}.$$

根据条件(1) 知道所有括号中的差都是非负的. 由第一种形式可见数列$\{s_{2n}\}$是单调增加的,由第二种形式可见 $s_{2n}<u_1$. 于是,根据单调有界数列必有极限的准则知道,当 n 无限增大时,s_{2n} 趋于一个极限 s,并且 s 不大于 u_1:

$$\lim_{n\to\infty}s_{2n}=s\leqslant u_1.$$

再证明前 $2n+1$ 项的和 s_{2n+1} 的极限也是 s. 事实上,有

$$s_{2n+1}=s_{2n}+u_{2n+1}.$$

由条件(2) 知 $\lim\limits_{n\to\infty}u_{2n+1}=0$,因此

$$\lim_{n\to\infty}s_{2n+1}=\lim_{n\to\infty}(s_{2n}+u_{2n+1})=s.$$

由于级数$\sum\limits_{n=1}^{\infty}(-1)^{n-1}u_n$ 的前偶数项的和与奇数项的和趋于同一极限 s,所以该级数的部分和 s_n 当 $n\to\infty$ 时具有极限 s. 这就证明了级数$\sum\limits_{n=1}^{\infty}(-1)^{n-1}u_n$ 收敛于和 s,且 $s\leqslant u_1$.

最后,不难看出余项 r_n 可以写成

$$r_n=\pm(u_{n+1}-u_{n+2}+\cdots),$$

其绝对值

$$|r_n|=u_{n+1}-u_{n+2}+\cdots,$$

上式右端也是一个交错级数,它也满足收敛的两个条件,所以其和小于级数的第一项,也就是说

$$|r_n|\leqslant u_{n+1}.$$

例 10 可以用定理6验证级数$\sum\limits_{n=1}^{\infty}\frac{(-1)^n}{n}$,$\sum\limits_{n=1}^{\infty}\frac{(-1)^n}{\sqrt{n}}$与$\sum\limits_{n=2}^{\infty}\frac{(-1)^n}{n\ln n}$都是莱布尼兹型级数,它们都收敛;但级数$\sum\limits_{n=1}^{\infty}\frac{1}{n}$,$\sum\limits_{n=1}^{\infty}\frac{1}{\sqrt{n}}$与$\sum\limits_{n=2}^{\infty}\frac{1}{n\ln n}$却都发散.

例 11 设 α,β 为常数,判别级数

$$\sum_{n=1}^{\infty}\sin\frac{n^2+\alpha n+\beta}{n}\pi$$

的敛散性.

解 因为

$$\begin{aligned}u_n&=\sin\frac{n^2+\alpha n+\beta}{n}\pi=\sin\left[n\pi+\left(\alpha+\frac{\beta}{n}\right)\pi\right]\\&=(-1)^n\sin\left(\alpha+\frac{\beta}{n}\right)\pi,\end{aligned}$$

所以,当 $\alpha\notin\mathbf{Z}$ 时,有

$$\sin\left(\alpha+\frac{\beta}{n}\right)\pi\to\sin\alpha\pi\neq0\quad(n\to\infty),$$

由此可见原级数的一般项当 $n \to \infty$ 时不可能以零为极限，因此原级数发散；当 $\alpha \in \mathbf{Z}$ 时，有

$$u_n = (-1)^{n+\alpha} \sin \frac{\beta}{n}\pi,$$

由此容易验证原级数成为莱布尼兹型级数，从而收敛.

三、绝对收敛与条件收敛

现在讨论一般的级数

$$u_1 + u_2 + \cdots + u_n + \cdots,$$

它的各项为任意实数. 如果级数 $\sum\limits_{n=1}^{\infty} u_n$ 各项的绝对值所构成的正项级数 $\sum\limits_{n=1}^{\infty} |u_n|$ 收敛，那么称级数 $\sum\limits_{n=1}^{\infty} u_n$ 绝对收敛；如果级数 $\sum\limits_{n=1}^{\infty} u_n$ 收敛，而级数 $\sum\limits_{n=1}^{\infty} |u_n|$ 发散，那么称级数 $\sum\limits_{n=1}^{\infty} u_n$ 条件收敛. 容易知道，级数 $\sum\limits_{n=1}^{\infty} (-1)^{n-1} \frac{1}{n^2}$ 是绝对收敛级数，而级数 $\sum\limits_{n=1}^{\infty} (-1)^{n-1} \frac{1}{n}$ 是条件收敛级数.

级数绝对收敛与级数收敛有以下重要关系：

定理 7　如果级数 $\sum\limits_{n=1}^{\infty} u_n$ 绝对收敛，那么级数 $\sum\limits_{n=1}^{\infty} u_n$ 必定收敛.

证　因为

$$0 \leqslant |u_n| + u_n \leqslant 2|u_n|,$$

又由于 $\sum\limits_{n=1}^{\infty} |u_n|$ 收敛，所以由比较审敛法，知 $\sum\limits_{n=1}^{\infty} (|u_n| + u_n)$ 收敛，从而由收敛级数的基本性质，可知

$$\sum_{n=1}^{\infty} u_n = \sum_{n=1}^{\infty} [(|u_n| + u_n) - |u_n|]$$

收敛.

由例10可见，定理7的逆命题不成立. 因此，当 $\sum\limits_{n=1}^{\infty} |u_n|$ 发散时，并不能断言 $\sum\limits_{n=1}^{\infty} u_n$ 发散. 但是，如果利用比值审敛法或者根值审敛法，由 $\lim\limits_{n\to\infty} \frac{|u_{n+1}|}{|u_n|} > 1$ 或 $\lim\limits_{n\to\infty} \sqrt[n]{|u_n|} > 1$ 判定级数 $\sum\limits_{n=1}^{\infty} |u_n|$ 为发散时，则可确定级数 $\sum\limits_{n=1}^{\infty} u_n$ 也发散. 因为此时可知 $u_n \not\to 0 (n \to \infty)$.

例 12　判定级数 $\sum\limits_{n=1}^{\infty} (-1)^n \frac{x^n}{n}$ 的收敛性，其中 $x \in \mathbf{R}$.

解 用比值审敛法考察 $\sum_{n=1}^{\infty}|u_n|$ 的收敛性. 因为

$$\lim_{n\to\infty}\left|\frac{u_{n+1}}{u_n}\right|=\lim_{n\to\infty}\frac{n}{n+1}|x|=|x|,$$

所以当 $|x|<1$ 时,级数绝对收敛;当 $|x|>1$ 时,级数发散;当 $x=1$ 时,级数成为 $\sum_{n=1}^{\infty}(-1)^n\frac{1}{n}$,这时级数条件收敛;当 $x=-1$ 时,级数成为 $\sum_{n=1}^{\infty}(-1)^n\frac{(-1)^n}{n}=\sum_{n=1}^{\infty}\frac{1}{n}$,这时,级数发散.

概括起来,只有当 $x\in(-1,1]$ 时,级数收敛,其余情形,级数均发散.

例 13 判别级数

$$\sum_{n=1}^{\infty}\frac{(-1)^{\frac{n(n-1)}{2}}}{2^n}=\frac{1}{2}-\frac{1}{2^2}-\frac{1}{2^3}+\frac{1}{2^4}+\cdots+\frac{(-1)^{\frac{n(n-1)}{2}}}{2^n}+\cdots$$

的收敛性. 如果收敛,指出是绝对收敛还是条件收敛.

解 因为级数一般项的绝对值为

$$|u_n|=\left|\frac{(-1)^{\frac{n(n-1)}{2}}}{2^n}\right|=\frac{1}{2^n},$$

而 $\sum_{n=1}^{\infty}|u_n|=\sum_{n=1}^{\infty}\frac{1}{2^n}$ 是收敛的,所以级数 $\sum_{n=1}^{\infty}\frac{(-1)^{\frac{n(n-1)}{2}}}{2^n}$ 绝对收敛.

例 14 判别级数

$$\sum_{n=1}^{\infty}\frac{(-1)^{n+1}}{\ln(n+1)}=\frac{1}{\ln2}-\frac{1}{\ln3}+\frac{1}{\ln4}-\frac{1}{\ln5}+\cdots$$

的收敛性. 如果收敛,指出是绝对收敛还是条件收敛.

解 级数一般项的绝对值满足不等式

$$|u_n|=\frac{1}{\ln(n+1)}>\frac{1}{n},\quad n=1,2,\cdots.$$

(利用导数,我们可以证明 $\ln(1+x)<x,x>0$. 由此即得上述不等式.) 由于调和级数 $\sum_{n=1}^{\infty}\frac{1}{n}$ 发散,所以由比较审敛法,知级数 $\sum_{n=1}^{\infty}|u_n|$ 发散.

然而所给级数是交错级数,并且显然满足莱布尼兹判别法的两个条件: $u_n\geqslant u_{n+1}(n=1,2,\cdots)$ 与 $\lim\limits_{n\to\infty}u_n=0$,所以所给级数自身是收敛的.

综上所述,即知所给级数条件收敛.

习 题 10-2

(A)

1. 用比较审敛法判别下列级数的收敛性:

(1) $\sum_{n=1}^{\infty} \frac{1}{(2n-1)2^{n-1}}$；

(2) $\sum_{n=1}^{\infty} \sin \frac{\pi}{2^n}$；

(3) $\sum_{n=1}^{\infty} \frac{1}{\ln(1+n)}$；

(4) $\sum_{n=1}^{\infty} \frac{\ln n}{n^{\frac{4}{3}}}$；

(5) $\sum_{n=1}^{\infty} \left(\frac{1+n^2}{1+n^3}\right)^2$；

(6) $\sum_{n=1}^{\infty} \frac{1}{n} \sin \frac{1}{\sqrt{n}}$；

(7) $\sum_{n=2}^{\infty} \frac{1}{\sqrt{n}} \ln \frac{n+1}{n-1}$；

(8) $\sum_{n=1}^{\infty} (\mathrm{e}^{\frac{1}{\sqrt{n}}}-1)$；

(9) $\sum_{n=1}^{\infty} \frac{1+n}{1+n^2}$；

(10) $\sum_{n=1}^{\infty} \frac{1}{1+a^n}\ (a>0)$.

2. 用比值审敛法判定下列级数的收敛性：

(1) $\sum_{n=1}^{\infty} \frac{3^n}{n \cdot 2^n}$；

(2) $\sum_{n=1}^{\infty} \frac{n^2}{3^n}$；

(3) $\sum_{n=1}^{\infty} \frac{2^n \cdot n!}{n^n}$；

(4) $\sum_{n=1}^{\infty} n \tan \frac{\pi}{2^{n+1}}$；

(5) $\sum_{n=1}^{\infty} \frac{(2n-1)!!}{3^n \cdot n!}$；

(6) $\sum_{n=1}^{\infty} n^3 \sin \frac{\pi}{3^n}$；

(7) $\sum_{n=1}^{\infty} \frac{2^n}{(2n-1)!}$；

(8) $\sum_{n=1}^{\infty} 2^{n-1} \tan \frac{\pi}{2n}$.

3. 用根值审敛法判定下列级数的收敛性：

(1) $\sum_{n=1}^{\infty} \left(\frac{n}{2n+1}\right)^n$；

(2) $\sum_{n=1}^{\infty} \frac{1}{[\ln(n+1)]^n}$；

(3) $\sum_{n=1}^{\infty} \left(\frac{n}{3n+1}\right)^{2n}$；

(4) $\sum_{n=1}^{\infty} \left(\frac{b}{a_n}\right)^n$，其中 $a_n \to a(n \to \infty)$，a_n, b, a 均为正数；

(5) $\sum_{n=1}^{\infty} \frac{2^n}{\sqrt{n^n}}$；

(6) $\sum_{n=1}^{\infty} \frac{\left(1+\frac{1}{n}\right)^{n^2}}{3^n}$.

4. 判定下列级数的收敛性：

(1) $\sum_{n=1}^{\infty} n\left(\frac{3}{4}\right)^n$；

(2) $\sum_{n=1}^{\infty} \frac{n^4}{n!}$；

(3) $\sum_{n=1}^{\infty} \frac{n+1}{n(n+2)}$；

(4) $\sum_{n=1}^{\infty} \sqrt{\frac{n+1}{n}}$；

(5) $\sum_{n=1}^{\infty} \frac{1}{na+b}(a>0, b>0)$；

(6) $\sum_{n=1}^{\infty} \sin^n\left(\frac{\pi}{4}+\frac{b}{n}\right)$；

(7) $\sum_{n=1}^{\infty} \frac{\ln(n!)}{n!}$；

(8) $\sum_{n=1}^{\infty} \mathrm{e}^{-\frac{n^2+1}{n+1}}$.

5. 判断下列级数的收敛性，绝对收敛，条件收敛，或是发散：

(1) $\sum_{n=1}^{\infty} (-1)^n \frac{1}{\sqrt{n+1}}$；

(2) $\sum_{n=1}^{\infty} (-1)^n \frac{(2n-1)!!}{(2n)!!}$；

(3) $\sum_{n=1}^{\infty}(-1)^n\frac{n}{n+1}$; (4) $\sum_{n=2}^{\infty}(-1)^n\sqrt{\frac{(n+1)}{n(n-1)}}$;

(5) $\sum_{n=1}^{\infty}(-1)^n\frac{n}{3^{n-1}}$; (6) $\sum_{n=1}^{\infty}(-1)^{n-1}\frac{1}{3\cdot 2^n}$;

(7) $\sum_{n=2}^{\infty}(-1)^n\frac{1}{\ln n}$; (8) $\sum_{n=1}^{\infty}(-1)^{n+1}\frac{2^{n^2}}{n!}$.

(B)

1. 设 $u_n>0, v_n>0, \frac{u_{n+1}}{u_n}\leqslant\frac{v_{n+1}}{v_n}, n=1,2,\cdots$. 证明：若 $\sum_{n=1}^{\infty}v_n$ 收敛，则 $\sum_{n=1}^{\infty}u_n$ 收敛.

2. 命题"若正项级数 $\sum_{n=1}^{\infty}u_n$ 收敛，则 $\lim_{n\to\infty}\frac{u_{n+1}}{u_n}=\rho<1$"正确吗?并讨论级数 $\sum_{n=1}^{\infty}\frac{2+(-1)^n}{2^n}$ 的收敛性.

3. 设级数 $\sum_{n=1}^{\infty}a_n$ 与 $\sum_{n=1}^{\infty}b_n$ 收敛，且对一切正整数 n，不等式 $a_n\leqslant c_n\leqslant b_n$ 成立，证明：级数 $\sum_{n=1}^{\infty}c_n$ 也收敛.

4. 判断下列级数是否收敛?是否绝对收敛?

(1) $\sum_{n=1}^{\infty}\frac{\sin\frac{n\pi}{4}}{2^n}$; (2) $\sum_{n=2}^{\infty}\frac{\cos\frac{n\pi}{4}}{(n\ln n)^3}$;

(3) $\sum_{n=1}^{\infty}(-1)^n(\sqrt{n+1}-\sqrt{n})$; (4) $\sum_{n=1}^{\infty}\sin(\pi\sqrt{n^2+1})$.

5. 如果 $\sum_{n=1}^{\infty}a_n^2, \sum_{n=1}^{\infty}b_n^2$ 都收敛，证明：$\sum_{n=1}^{\infty}|a_nb_n|, \sum_{n=1}^{\infty}(a_n+b_n)^2$ 及 $\sum_{n=1}^{\infty}\frac{|a_n|}{n}$ 都收敛.

6. 证明：若 $\sum_{n=1}^{\infty}u_n$ 收敛($u_n>0$)，则 $\sum_{n=1}^{\infty}u_n^2$ 也收敛，并说明逆命题是否成立.

7. 证明：若正项级数 $\sum_{n=1}^{\infty}u_n$ 收敛，则级数 $\sum_{n=1}^{\infty}\frac{u_n}{1+u_n}$ 也收敛.

8. 证明：若 $\lim_{n\to\infty}nu_n=a>0$，则 $\sum_{n=1}^{\infty}u_n$ 发散.

第三节　幂级数

在前面两节中，我们讨论了常数项级数，即由常数组成的级数. 下面几节中，将要讨论的是由函数组成的级数，这种级数称为函数项级数. 在本节中，将以主要篇幅讨论一类重要的函数项级数 —— 幂级数.

一、函数项级数的一些基本概念

如果函数序列 $\{u_n(x)\}$ 中每个函数在区间 I 上有定义，那么称

$$\sum_{n=1}^{\infty} u_n(x) = u_1(x) + u_2(x) + \cdots + u_n(x) + \cdots \tag{1}$$

为定义在 I 上的一个函数项级数. 如果对 $x_0 \in I$，常数项级数

$$\sum_{n=1}^{\infty} u_n(x_0) = u_1(x_0) + u_2(x_0) + \cdots + u_n(x_0) + \cdots \tag{2}$$

收敛，那么称点 x_0 是函数项级数(1) 的收敛点；否则称其为发散点. 级数(1) 的全体收敛点组成的集合 J 称为该级数的收敛域. 如果把级数(1) 在点 $x \in J$ 的和数记作 $s(x)$，那么，$s(x)$ 是定义在 J 上的函数，称 $s(x)$ 为级数(1) 的和函数.

二、幂级数及其收敛性

函数中最简单的可算是幂函数，函数项级数中简单而常见的一类级数就是各项都是幂函数的函数项级数，即所谓幂级数，它的形式是

$$\sum_{n=0}^{\infty} a_n(x - x_0)^n = a_0 + a_1(x - x_0) + a_2(x - x_0)^2 + \cdots + a_n(x - x_0)^n + \cdots, \tag{3}$$

其中，常数 $a_0, a_1, a_2, \cdots, a_n, \cdots$ 称为幂级数的系数.

若令 $t = x - x_0$，则幂级数(3) 可化为

$$\sum_{n=0}^{\infty} a_n t^n = a_0 + a_1 t + a_2 t^2 + \cdots + a_n t^n + \cdots,$$

所以，不失一般性，我们只要讨论形如

$$\sum_{n=0}^{\infty} a_n x^n = a_0 + a_1 x + a_2 x^2 + \cdots + a_n x^n + \cdots \tag{4}$$

的幂级数.

现在要来讨论的问题是：幂级数(4) 的收敛域是怎样的一种集合？对于给定的一个幂级数(4)，又如何求出它的收敛域？

先来看一个例子，即考察幂级数

$$\sum_{n=0}^{\infty} x^n = 1 + x + x^2 + \cdots + x^n + \cdots$$

的收敛性. 这个级数事实上也就是在第一节例 1 中考察过的等比级数(取 $a = 1$). 由那里讨论的结果可知，这个幂级数的收敛域是开区间$(-1,1)$，并且和函数是$\dfrac{1}{1-x}$，即对于 $x \in (-1,1)$，有

$$\frac{1}{1-x} = 1 + x + x^2 + \cdots + x^n + \cdots$$

我们看到，这个幂级数的收敛域是一个区间. 这并非偶然. 事实上，幂级数 (4) 的收敛域都是区间. 我们有如下的定理：

定理1(阿贝尔(Abel)定理)　如果幂级数 $\sum_{n=0}^{\infty} a_n x^n$ 当 $x = x_0 (x_0 \neq 0)$ 时收敛，那么，适合不等式 $|x| < |x_0|$ 的一切 x 使这幂级数绝对收敛. 反之，如果级数 $\sum_{n=0}^{\infty} a_n x^n$ 当 $x = x_0$ 时发散，那么，适合不等式 $|x| > |x_0|$ 的一切 x 使这幂级数发散.

证　先设 x_0 是幂级数(4) 的收敛点，即级数

$$a_0 + a_1 x_0 + a_2 x_0^2 + \cdots + a_n x_0^n + \cdots$$

收敛. 根据级数收敛的必要条件，这时有

$$\lim_{n \to \infty} a_n x_0^n = 0,$$

于是存在一个常数 M，使得

$$|a_n x_0^n| \leqslant M, \quad n = 0, 1, 2, \cdots.$$

这样，幂级数(4) 的一般项的绝对值为

$$|a_n x^n| = \left| a_n x_0^n \frac{x^n}{x_0^n} \right| = |a_n x_0^n| \left| \frac{x}{x_0} \right|^n \leqslant M \left| \frac{x}{x_0} \right|^n.$$

因为当 $|x| < |x_0|$ 时，等比级数 $\sum_{n=0}^{\infty} M \left| \frac{x}{x_0} \right|^n$ 收敛(公比 $\left| \frac{x}{x_0} \right| < 1$)，所以，级数 $\sum_{n=0}^{\infty} |a_n x^n|$ 收敛，也就是幂级数 $\sum_{n=0}^{\infty} a_n x^n$ 绝对收敛.

定理的第二部分可用反证法证明. 倘若幂级数当 $x = x_0$ 时发散，而有一点 x_1 适合 $|x_1| > |x_0|$ 使级数收敛，则根据本定理的第一部分，级数当 $x = x_0$ 时应收敛，这与所设矛盾. 定理得证.

由定理1知道，如果幂级数(4) 在 $x = x_0$ 处收敛(假定 $x_0 \neq 0$)，又在 $x = x_1$ 处发散，那么，幂级数一定在 $(-|x_0|, |x_0|)$ 内每一点都绝对收敛，而在 $(-\infty, -|x_1|) \cup (|x_1|, +\infty)$ 内每一点都发散，从而必有 $|x_0| < |x_1|$. 现在沿数轴从 $|x_0|$ 向右走，从 $|x_1|$ 向左走，同样沿数轴从 $-|x_0|$ 向左走，从 $-|x_1|$ 向右走. 行走时最初只遇到收敛点，然后就只遇到发散点. 于是一定可以在 $|x_0|$ 与 $|x_1|$ 之间及 $-|x_1|$ 与 $-|x_0|$ 之间各自找到一个收敛点与发散点这两部分的分界点. 同样，由定理1可以断定这两个分界点到原点的距离是相等的，即若在 $|x_0|$ 与 $|x_1|$ 之间找到的分界点为 $R(>0)$，则在 $-|x_1|$ 与 $-|x_0|$ 之间的分界点必为 $-R$. 于是在 $(-R, R)$ 内，幂级数(4) 收敛，在 $(-\infty, -R) \cup$

$(R,+\infty)$ 内，幂级数(4) 发散. 在界点 $x=\pm R$ 处，幂级数(4) 可能收敛，也可能发散. 事实上，还是由定理 1，在$(-R,R)$ 内幂级数(4) 是绝对收敛的. 把以上的讨论结果归纳起来，得到下面重要的推论：

推论　如果幂级数 $\sum_{n=0}^{\infty} a_n x^n$ 不是仅在 $x=0$ 一点收敛，也不是在整个数轴上都收敛，那么必有一个确定的正数 R 存在，使得

当 $|x|<R$ 时，幂级数绝对收敛；

当 $|x|>R$ 时，幂级数发散；

当 $x=R$ 与 $x=-R$ 时，幂级数可能收敛，也可能发散.

正数 R 通常称为幂级数(4) 的收敛半径，开区间$(-R,R)$ 称为幂级数(4) 的收敛区间. 再由幂级数(4) 在 $x=\pm R$ 处的收敛性，就可以决定它的收敛域是$(-R,R)$，$[-R,R)$，$(-R,R]$或$[-R,R]$这四个区间之一. 我们要注意的是幂级数(4) 的收敛区间与收敛域是两个有所区别的概念.

幂级数(4) 有可能只在 $x=0$ 一点处收敛，这时候收敛域是单点集$\{0\}$. 为了方便计，我们规定此时收敛半径为 $R=0$；幂级数(4) 也有可能对一切 x 都收敛，这时候收敛域是$(-\infty,+\infty)$. 我们规定此时收敛半径为 $R=+\infty$. 综合起来，幂级数(4) 的收敛情形有以下三种：

(1) 收敛半径 $R=0$，收敛域为$\{0\}$；

(2) 收敛半径 $R=+\infty$，收敛域为$(-\infty,+\infty)$；

(3) 收敛半径 R 为正实数，则收敛区间为$(-R,R)$，至于收敛域，须在考察当 $x=\pm R$ 时级数的收敛性之后方可确定，为$(-R,R)$，$[-R,R)$，$(-R,R]$ 或 $[-R,R]$ 这四个区间之一.

关于幂级数的收敛半径的求法，有下面的定理.

定理 2　如果幂级数(4) 的系数满足

$$\lim_{n\to\infty}\left|\frac{a_{n+1}}{a_n}\right|=\rho \quad (\rho\ \text{为常数或}\ +\infty),$$

那么它的收敛半径 R 为

(1) 当 $0<\rho<+\infty$ 时，$R=\dfrac{1}{\rho}$；

(2) 当 $\rho=0$ 时，$R=+\infty$；

(3) 当 $\rho=+\infty$ 时，$R=0$.

证　考察幂级数(4) 的各项取绝对值所成的级数

$$|a_0|+|a_1x|+|a_2x^2|+\cdots+|a_nx^n|+\cdots. \tag{5}$$

级数(5) 相邻两项之比为

$$\frac{|a_{n+1}x^{n+1}|}{|a_nx^n|}=\left|\frac{a_{n+1}}{a_n}\right||x|.$$

(1) 当 $0<\rho<+\infty$ 时，有

$$\lim_{n\to\infty}\frac{|a_{n+1}x^{n+1}|}{|a_nx^n|}=\rho|x|,$$

于是，根据正项级数的比值审敛法，当 $\rho|x|<1$ 即 $|x|<\frac{1}{\rho}$ 时，级数(5) 收敛，即级数(4) 绝对收敛；当 $\rho|x|>1$ 即 $|x|>\frac{1}{\rho}$ 时，级数(5) 发散，又根据在第二节定理 7 之后的说明可知级数(4) 此时也是发散的. 因此，收敛半径 $R=\frac{1}{\rho}$.

(2) 当 $\rho=0$ 时，对任何 $x\neq 0$，都有

$$\lim_{n\to\infty}\frac{|a_{n+1}x^{n+1}|}{|a_nx^n|}=0,$$

所以，级数(5) 对任何 $x\neq 0$ 都收敛. 于是，收敛半径 $R=+\infty$.

(3) 当 $\rho=+\infty$ 时，对于除 $x=0$ 外其他一切 x 值，级数(4) 必发散. 因为否则由定理 1 知将有 $x\neq 0$ 使级数(5) 收敛，但现在对任何 $x\neq 0$，有

$$\lim_{n\to\infty}\frac{|a_{n+1}x^{n+1}|}{|a_nx^n|}=+\infty,$$

根据正项级数的比值审敛法，级数(5) 是发散的. 于是，收敛半径 $R=0$.

从定理 2 也可以得出求幂级数(4) 的收敛半径 R 的直接的极限表达式：

$$R=\lim_{n\to\infty}\left|\frac{a_n}{a_{n+1}}\right|. \tag{6}$$

例 1 求幂级数

$$-x+\frac{x^2}{2^2}-\frac{x^3}{3^2}+\cdots+(-1)^n\frac{x^n}{n^2}+\cdots$$

的收敛半径与收敛域.

解 因为 $a_n=(-1)^n\frac{1}{n^2}(n\geqslant 1)$，所以由式(6)，有

$$R=\lim_{n\to\infty}\left|\frac{a_n}{a_{n+1}}\right|=\lim_{n\to\infty}\frac{(n+1)^2}{n^2}=1,$$

即该幂级数的收敛半径 $R=1$.

当 $x=-1$ 时，级数成为 p- 级数：

$$1+\frac{1}{2^2}+\frac{1}{3^2}+\cdots+\frac{1}{n^2}+\cdots,$$

由于 $p=2>1$,故级数是收敛的;

当 $x=1$ 时,级数成为

$$-1+\frac{1}{2^2}-\frac{1}{3^2}+\cdots+(-1)^n\frac{1}{n^2}+\cdots,$$

显然,级数是绝对收敛的.

因此,该幂级数的收敛域是$[-1,1]$.

例 2 求幂级数 $\sum\limits_{n=0}^{\infty}\frac{2^n}{n^2+1}x^n$ 的收敛半径.

解 将该幂级数的系数 $a_n=\frac{2^n}{n^2+1}$ 与 $a_{n+1}=\frac{2^{n+1}}{(n+1)^2+1}$ 代入式(6),即得它的收敛半径为

$$R=\lim_{n\to\infty}\left|\frac{a_n}{a_{n+1}}\right|=\lim_{n\to\infty}\frac{(n+1)^2+1}{2(n^2+1)}=\frac{1}{2}.$$

例 3 求幂级数 $\sum\limits_{n=0}^{\infty}\frac{x^n}{n!}$ 的收敛域(规定 $0!=1$).

解 由式(6) 得收敛半径为

$$R=\lim_{n\to\infty}\left|\frac{a_n}{a_{n+1}}\right|=\lim_{n\to\infty}(n+1)=+\infty,$$

故该幂级数的收敛域为$(-\infty,+\infty)$.

例 4 求幂级数 $\sum\limits_{n=0}^{\infty}n!x^n$ 的收敛域.

解 由式(6) 得收敛半径为

$$R=\lim_{n\to\infty}\left|\frac{a_n}{a_{n+1}}\right|=\lim_{n\to\infty}\frac{1}{n+1}=0,$$

故该幂级数仅在 $x=0$ 处收敛.

例 5 求幂级数 $\sum\limits_{n=0}^{\infty}\frac{(x+1)^n}{3^n n}$ 的收敛域.

解 令 $t=x+1$,则上述级数变为

$$\sum_{n=0}^{\infty}\frac{t^n}{3^n n}.$$

由式(6) 得关于 t 的这个幂级数的收敛半径为

$$R=\lim_{n\to\infty}\left|\frac{a_n}{a_{n+1}}\right|=\lim_{n\to\infty}\frac{3(n+1)}{n}=3,$$

即当 $-3<t<3$ 时，这个幂级数必收敛. 因此，当 $-4<x<2$ 时，原级数必收敛.

当 $x=2$ 时，原幂级数成为 $\sum_{n=1}^{\infty}\frac{1}{n}$，为调和级数，故发散；当 $x=-4$ 时，原幂级数成为 $\sum_{n=1}^{\infty}\frac{(-1)^n}{n}$，为莱布尼兹型级数，是收敛的. 因此，原幂级数的收敛域为 $[-4,2)$.

例 6 求幂级数

$$\sum_{n=1}^{\infty}\frac{x^{2n-1}}{3^n}=\frac{1}{3}x+\frac{1}{3^2}x^3+\frac{1}{3^3}x^5+\cdots+\frac{1}{3^n}x^{2n-1}+\cdots$$

的收敛域.

解 级数缺少 x 的偶次幂的项，定理 2 不能直接应用(公式(6) 也不能应用). 我们根据比值审敛法来求它的收敛半径：

$$\lim_{n\to\infty}\left|\frac{\frac{x^{2n+1}}{3^{n+1}}}{\frac{x^{2n-1}}{3^n}}\right|=\frac{1}{3}\mid x\mid^2.$$

当 $\frac{1}{3}\mid x\mid^2<1$，即 $\mid x\mid<\sqrt{3}$ 时，级数收敛；当 $\frac{1}{3}\mid x\mid^2>1$，即 $\mid x\mid>\sqrt{3}$ 时，级数发散. 因此，收敛半径 $R=\sqrt{3}$.

当 $x=\sqrt{3}$ 时，级数成为 $\sum_{n=1}^{\infty}\frac{1}{\sqrt{3}}=\frac{1}{\sqrt{3}}+\frac{1}{\sqrt{3}}+\cdots$，显然发散；当 $x=-\sqrt{3}$ 时，级数成为 $\sum_{n=1}^{\infty}\frac{-1}{\sqrt{3}}=-\frac{1}{\sqrt{3}}-\frac{1}{\sqrt{3}}-\cdots$，显然也发散. 因此，幂级数的收敛域为 $(-\sqrt{3},\sqrt{3})$.

三、幂级数的运算与性质

设幂级数

$$a_0+a_1x+a_2x^2+\cdots+a_nx^n+\cdots$$

及

$$b_0+b_1x+b_2x^2+\cdots+b_nx^n+\cdots$$

分别在区间 $(-R,R)$ 及 $(-R',R')$ 内收敛，对于这两个幂级数，可以进行下列加减法运算：

$$(a_0+a_1x+a_2x^2+\cdots+a_nx^n+\cdots)\pm(b_0+b_1x+b_2x^2+\cdots+b_nx^n+\cdots)$$

$$=(a_0\pm b_0)+(a_1\pm b_1)x+(a_2\pm b_2)x^2+\cdots+(a_n\pm b_n)x^n+\cdots.$$

根据收敛级数的基本性质 2，上式在 $(-R,R)$ 与 $(-R',R')$ 中较小的区间内成立.

例 7 求幂级数 $\sum\limits_{n=0}^{\infty}\left[\frac{(-1)^n}{3^n}+\frac{1}{n\cdot 2^n}\right]x^n$ 的收敛区间.

解 因为可求得幂级数 $\sum\limits_{n=0}^{\infty}\frac{(-1)^n}{3^n}x^n$ 的收敛区间为 $(-3,3)$，幂级数 $\sum\limits_{n=0}^{\infty}\frac{1}{n\cdot 2^n}x^n$ 的收敛区间为 $(-2,2)$，所以幂级数 $\sum\limits_{n=0}^{\infty}\left[\frac{(-1)^n}{3^n}+\frac{1}{n\cdot 2^n}\right]x^n$ 的收敛区间为 $(-2,2)$.

幂级数的和函数有如下重要的分析性质(证明从略)：

性质 1 **幂级数 $\sum\limits_{n=0}^{\infty}a_nx^n$ 的和函数 $s(x)$ 在其收敛域 I 上连续.**

性质 2 **幂级数 $\sum\limits_{n=0}^{\infty}a_nx^n$ 的和函数 $s(x)$ 在其收敛域 I 上可积，并有逐项积分公式：**

$$\int_0^x s(t)\,\mathrm{d}t=\int_0^x\left[\sum_{n=0}^{\infty}a_nt^n\right]\mathrm{d}t=\sum_{n=0}^{\infty}\int_0^x a_nt^n\,\mathrm{d}t$$

$$=\sum_{n=0}^{\infty}\frac{a_n}{n+1}x^{n+1}\quad(x\in I),$$

逐项积分后所得到的幂级数与原级数有相同的收敛半径.

性质 3 **幂级数 $\sum\limits_{n=0}^{\infty}a_nx^n$ 的和函数 $s(x)$ 在其收敛区间 $(-R,R)$ 内可导，且有逐项求导公式**

$$s'(x)=\left(\sum_{n=0}^{\infty}a_nx^n\right)'=\sum_{n=0}^{\infty}(a_nx^n)'=\sum_{n=1}^{\infty}na_nx^{n-1}\quad(|x|<R),$$

逐项求导后所得到的幂级数与原级数有相同的收敛半径.

反复应用上述结论可得：幂级数 $\sum\limits_{n=0}^{\infty}a_nx^n$ 的和函数 $s(x)$ 在其收敛区间 $(-R,R)$ 内具有任意阶导数.

尽管幂级数逐项积分或逐项求导后所得的新幂级数的收敛半径保持不变，但在区间的端点处新幂级数与原幂级数的收敛性会有所不同.

例 8 讨论幂级数 $\sum\limits_{n=1}^{\infty}\frac{x^n}{n}$ 及其逐项积分与逐项求导所得幂级数的收敛域.

解 对于幂级数$\sum_{n=1}^{\infty}\frac{x^n}{n}$,首先容易求出它的收敛半径为$R=1$.又容易看出当$x=1$时,级数成为$\sum_{n=1}^{\infty}\frac{1}{n}$,发散;当$x=-1$时,级数成为$\sum_{n=1}^{\infty}\frac{(-1)^n}{n}$,收敛.因此,这个幂级数的收敛域为$[-1,1)$.

根据性质2,对于每一个$x\in[-1,1)$,有

$$\int_0^x\left(\sum_{n=1}^{\infty}\frac{t^n}{n}\right)\mathrm{d}t=\sum_{n=1}^{\infty}\int_0^x\frac{t^n}{n}\mathrm{d}t=\sum_{n=1}^{\infty}\frac{x^{n+1}}{n(n+1)}.$$

因为当$x=1$时,这个逐项积分所得的幂级数成为$\sum_{n=1}^{\infty}\frac{1}{n(n+1)}$,是收敛的(与$\sum_{n=1}^{\infty}\frac{1}{n^2}$比较即可知其收敛,或者由本章第一节例2也知其收敛),所以逐项积分后所得的幂级数的收敛域为$[-1,1]$.

根据性质3,对每一个$x\in(-1,1)$,有

$$\left(\sum_{n=1}^{\infty}\frac{x^n}{n}\right)'=\sum_{n=1}^{\infty}x^{n-1}.$$

显然,当$x=\pm1$时,所成为的级数由于一般项当$n\to\infty$时不以零为极限而为发散级数,所以逐项求导后所得的幂级数的收敛域为$(-1,1)$.

利用幂级数的性质,可以求出一些幂级数的和函数.

例9 求幂级数$\sum_{n=1}^{\infty}(-1)^{n+1}n(n+1)x^n$在收敛域$(-1,1)$内的和函数$s(x)$,并求数项级数$\sum_{n=1}^{\infty}(-1)^{n+1}\frac{n(n+1)}{2^n}$之和.

解 幂级数在收敛区间内可以逐项积分或逐项求导,因此得

$$\begin{aligned}\int_0^x s(t)\mathrm{d}t&=\sum_{n=1}^{\infty}\int_0^x(-1)^{n+1}n(n+1)t^n\mathrm{d}t\\&=\sum_{n=1}^{\infty}(-1)^{n+1}nx^{n+1}\\&=x^2\sum_{n=1}^{\infty}(-1)^{n+1}(x^n)'\\&=x^2(x-x^2+x^3-x^4+\cdots+(-1)^{n+1}x^n+\cdots)'\\&=x^2\left(\frac{x}{1+x}\right)'=\frac{x^2}{(1+x)^2}\quad(|x|<1).\end{aligned}$$

上式两端关于x求导,即得

$$s(x)=\frac{2x}{(1+x)^3},\quad |x|<1.$$

当 $x=\frac{1}{2}$ 时,有

$$\sum_{n=1}^{\infty}(-1)^{n+1}\frac{n(n+1)}{2^n}=s\left(\frac{1}{2}\right)=\frac{8}{27}.$$

例 10 求幂级数 $\sum_{n=0}^{\infty}\frac{x^n}{n+1}$ 的和函数.

解 先求收敛域. 由(6)式,即得收敛半径

$$R=\lim_{n\to\infty}\left|\frac{a_n}{a_{n+1}}\right|=\lim_{n\to\infty}\frac{n+2}{n+1}=1.$$

当 $x=-1$ 时,幂级数成为 $\sum_{n=0}^{\infty}\frac{(-1)^n}{n+1}$,是收敛的交错级数;当 $x=1$ 时,幂级数成为 $\sum_{n=0}^{\infty}\frac{1}{n+1}$,是发散的. 因此,收敛域为 $I=[-1,1)$.

设和函数为 $s(x)$,即

$$s(x)=\sum_{n=0}^{\infty}\frac{x^n}{n+1},\quad x\in[-1,1).$$

于是
$$xs(x)=\sum_{n=0}^{\infty}\frac{x^{n+1}}{n+1}.$$

利用性质 3,对于 $x\in(-1,1)$ 逐项求导,并由

$$\frac{1}{1-x}=1+x+x^2+\cdots+x^n+\cdots\quad(-1<x<1),$$

得

$$[xs(x)]'=\left(\sum_{n=0}^{\infty}\frac{x^{n+1}}{n+1}\right)'=\sum_{n=0}^{\infty}\left(\frac{x^{n+1}}{n+1}\right)'=\sum_{n=0}^{\infty}x^n=\frac{1}{1-x}\quad(-1<x<1).$$

对上式从 0 到 x 积分,得

$$xs(x)=\int_0^x\frac{1}{1-t}\mathrm{d}t=-\ln(1-x)\quad(-1<x<1).$$

于是,当 $-1<x<1$ 且 $x\neq 0$ 时,有

$$s(x)=-\frac{1}{x}\ln(1-x).$$

$s(0)$ 与 $s(-1)$ 均可由性质 1,即和函数在收敛域上的连续性来得到:

$$s(0)=\lim_{x\to 0}s(x)=\lim_{x\to 0}\left[-\frac{1}{x}\ln(1-x)\right]=1,$$

$$s(-1)=\lim_{x\to -1^+}s(x)=\lim_{x\to -1^+}\left[-\frac{1}{x}\ln(1-x)\right]=\left[-\frac{1}{x}\ln(1-x)\right]_{x=-1}.$$

($s(0)$ 也可以由 $s(0)=a_0=1$ 得出). 因此,最终求得

$$s(x)=\begin{cases}-\dfrac{1}{x}\ln(1-x), & x\in[-1,0)\cup(0,1),\\ 1, & x=0.\end{cases}$$

习　题　10-3

(A)

1. 求下列幂级数的收敛半径与收敛域:

(1) $\sum\limits_{n=1}^{\infty}\dfrac{x^n}{n^n}$;　　(2) $\sum\limits_{n=1}^{\infty}\dfrac{1}{2^n}x^{2n-1}$;

(3) $\sum\limits_{n=1}^{\infty}\dfrac{x^{3n+1}}{(2n-1)2^n}$;　　(4) $\sum\limits_{n=1}^{\infty}n4^{n-1}x^{2n}$;

(5) $\sum\limits_{n=1}^{\infty}\dfrac{\ln n}{n}x^n$;　　(6) $\sum\limits_{n=1}^{\infty}\left[\left(\dfrac{1}{2}\right)^n+4^n\right]x^n$;

(7) $\sum\limits_{n=1}^{\infty}(-1)^n\dfrac{x^n}{n^2}$;　　(8) $\sum\limits_{n=1}^{\infty}\dfrac{x^n}{(2n)!!}$;

(9) $\sum\limits_{n=1}^{\infty}\dfrac{2^n}{n^2+1}x^n$;　　(10) $\sum\limits_{n=1}^{\infty}\dfrac{x^n}{n\cdot 3^n}$;

(11) $\sum\limits_{n=1}^{\infty}(-1)^n\dfrac{x^{2n+1}}{2n+1}$;　　(12) $\sum\limits_{n=1}^{\infty}\dfrac{2n-1}{2^n}x^{2n-2}$.

2. 求下列幂级数的收敛半径与收敛域(a,p 为常数):

(1) $\sum\limits_{n=1}^{\infty}\dfrac{1}{n^p}(x-1)^n\ (p>0)$;　　(2) $\sum\limits_{n=1}^{\infty}\dfrac{2^{2n-1}}{n\sqrt{n}}(x+1)^n$;

(3) $\sum\limits_{n=1}^{\infty}\dfrac{(x-5)^n}{\sqrt{n}}$;　　(4) $\sum\limits_{n=0}^{\infty}2^n(x+a)^{2n}$;

(5) $\sum\limits_{n=0}^{\infty}\dfrac{(x-a)^{3n}}{(3n)!}$.

3. 求下列幂级数的和函数:

(1) $\sum\limits_{n=1}^{\infty}\dfrac{x^{4n-1}}{4n-1}$;　　(2) $\sum\limits_{n=1}^{\infty}nx^{n-1}$;

(3) $\sum\limits_{n=2}^{\infty}\dfrac{x^n}{(n-1)n}$;　　(4) $\sum\limits_{n=1}^{\infty}\dfrac{2n-1}{2^n}x^{2n-2}$,并求 $\sum\limits_{n=1}^{\infty}\dfrac{2n-1}{2^n}$.

(B)

1. 求下列幂级数收敛域:

(1) $\sum\limits_{n=1}^{\infty}\dfrac{3^n+(-2)^n}{n}(x+1)^n$;　　(2) $\sum\limits_{n=1}^{\infty}\dfrac{x^n}{a^n+b^n}\quad(a>0,b>0)$;

(3) $\sum\limits_{n=1}^{\infty}\left(\dfrac{a^n}{n}+\dfrac{b^n}{n^2}\right)x^n\quad(a>0,b>0)$.

2. 求下列幂级数的和函数:

(1) $\sum_{n=1}^{\infty}(2n+1)x^n$；　　(2) $\sum_{n=1}^{\infty}\frac{n(n+1)}{2}x^{n-1}$；

(3) $\sum_{n=1}^{\infty}(-1)^{n+1}\frac{x^n}{n(n+1)}$.

3. 设幂级数 $\sum_{n=0}^{\infty}a_nx^n$ 与 $\sum_{n=0}^{\infty}b_nx^n$ 的收敛半径分别为 R_1 与 R_2，求幂级数 $\sum_{n=0}^{\infty}(a_n+b_n)x^n$ 的收敛半径.

4. 求级数 $\sum_{n=1}^{\infty}\frac{(x^2-1)^n}{n(n+1)}$ 的收敛域及和函数.

5. 求幂级数 $\sum_{n=1}^{\infty}n!\left(\frac{x}{n}\right)^n$ 的收敛半径.

6. 求级数

$$\lg x+(\lg x)^2+(\lg x)^3+\cdots$$

的收敛域.

第四节　函数展开成幂级数

在上一节中，讨论了幂级数的收敛域及其和函数的性质. 然而在实际应用中，往往遇到相反的问题：给定函数 $f(x)$，能否找到这样一个幂级数，它在某区间内收敛，且其和函数恰好就是给定的函数 $f(x)$？如果能找到这样的幂级数，那就说，函数在该区间内能展开成幂级数，而这个幂级数在该区间内就表达了函数 $f(x)$.

一、泰勒公式

为了讨论函数能否在某个区间内展开成幂级数，首先要讨论这样一个问题：能否利用多项式来近似表达函数且同时给出误差公式.

事实上，这也是一个十分实际的问题. 对于一些较复杂的函数，为了便于研究，我们很自然地希望能用一些简单的函数来近似表达它们. 由于多项式函数的简单性 —— 只要对自变量的值进行有限次加、减、乘三种算术运算，便能求出相应的函数值，因此我们希望能用多项式来近似表达函数.

在第二章第四节中已经知道，如果函数在 x_0 可导，且 $f'(x_0)\neq 0$，那么当 $|x-x_0|$ 很小时，有

$$f(x)\approx f(x_0)+f'(x_0)(x-x_0).$$

这个近似等式的实质就是在 x_0 的附近利用一次多项式来近似表达了函数 $f(x)$. 这种近似表达有如下的特点：在 x_0 处，一次多项式及其导数的值分别等于被近似表达的函数及其导数的值. 但是这种近似表达也有其不足之处：首先是精确程度不高，它所产生的误差仅是关于 $x-x_0$ 的高阶无穷小；其次是对于所产生的误

差还没有一个具体的表达式，从而无法具体估计误差的大小.

保留上述已知结果的特点，克服其不足之处，作为本目一开始时所提问题的具体化，我们要讨论这样一个问题：设函数 $f(x)$ 在含 x_0 的开区间内具有直到 $(n+1)$ 阶的导数，试找出一个关于 $x-x_0$ 的 n 次多项式

$$p_n(x)=a_0+a_1(x-x_0)+a_2(x-x_0)^2+\cdots+a_n(x-x_0)^n$$

来近似表达 $f(x)$，要求 $p_n(x),p_n'(x),\cdots,p_n^{(n)}(x)$ 在 x_0 处的值依次与 $f(x_0)$，$f'(x_0),\cdots,f^{(n)}(x_0)$ 相等，要求 $p_n(x)$ 与 $f(x)$ 之差是比 $(x-x_0)^n$ 高阶的无穷小，并给出误差 $|f(x)-p_n(x)|$ 的具体表达式.

要使 $p_n(x_0)=f(x_0),p_n'(x_0)=f'(x_0),\cdots,p_n^{(n)}(x_0)=f^{(n)}(x_0)$，经过简单的计算可知，只要使 $p_n(x)$ 中的系数 $a_0,a_1,a_2,\cdots,a_n$ 依次为

$$a_0=f(x_0),\quad a_1=f'(x_0),\quad a_2=\frac{1}{2!}f''(x_0),\quad \cdots,\quad a_n=\frac{1}{n!}f^{(n)}(x_0)$$

即可，即 n 次多项式

$$p_n(x)=f(x_0)+f'(x_0)(x-x_0)+\frac{1}{2!}f''(x_0)(x-x_0)^2+\cdots+\frac{1}{n!}f^{(n)}(x_0)(x-x_0)^n. \tag{1}$$

下面的定理给出了多项式(1) 与 $f(x)$ 之差的一种表达式，由此可以证明，在一定的条件下，差 $f(x)-p_n(x)$ 确是比 $(x-x_0)^n$ 高阶的无穷小以及可以给出误差 $|f(x)-p_n(x)|$ 的具体估计. 于是，多项式(1) 就是所要找的 n 次多项式.

定理 1(泰勒(Taylor) 中值定理)　如果函数 $f(x)$ 在含 x_0 的某个开区间 (a,b) 内具有直至 $(n+1)$ 阶的导数，那么，对任一 $x\in(a,b)$，有

$$f(x)=f(x_0)+f'(x_0)(x-x_0)+\frac{1}{2!}f''(x_0)(x-x_0)^2+\cdots+\frac{1}{n!}f^{(n)}(x_0)(x-x_0)^n+R_n(x), \tag{2}$$

其中

$$R_n(x)=\frac{f^{(n+1)}(\xi)}{(n+1)!}(x-x_0)^{n+1}, \tag{3}$$

这里，ξ 是 x_0 与 x 之间的某个值.

*证　令 $R_n(x)=f(x)-p_n(x)$，其中 $p_n(x)$ 是式(1) 所示的 n 次多项式. 只需要证明

$$R_n(x)=\frac{f^{(n+1)}(\xi)}{(n+1)!}(x-x_0)^{n+1}\quad (\xi \text{ 在 } x_0 \text{ 与 } x \text{ 之间}).$$

由假设可知，$R_n(x)$ 在(a,b) 内具有直至$(n+1)$ 阶的导数，且

$$R_n(x_0)=R_n'(x_0)=R_n''(x_0)=\cdots=R_n^{(n)}(x_0)=0.$$

对两个函数 $R_n(x)$ 及$(x-x_0)^{n+1}$ 在以 x_0 与 x 为端点的区间上应用柯西中值定理(显然，这两个函数满足柯西中值定理的条件)，得

$$\frac{R_n(x)}{(x-x_0)^{n+1}}=\frac{R_n(x)-R_n(x_0)}{(x-x_0)^{n+1}-0}=\frac{R_n'(\xi_1)}{(n+1)(\xi_1-x_0)^n}\quad(\xi_1\text{ 在 }x_0\text{ 与 }x\text{ 之间}).$$

再对两个函数 $R_n'(x)$ 及$(n+1)(x-x_0)^n$ 在以 x_0 与 ξ_1 为端点的区间上应用柯西中值定理，得

$$\frac{R_n'(\xi_1)}{(n+1)(\xi_1-x_0)^n}=\frac{R_n'(\xi_1)-R_n'(x_0)}{(n+1)(\xi_1-x_0)^n-0}=\frac{R_n''(\xi_2)}{n(n+1)(\xi_2-x_0)^{n-1}}$$

$$(\xi_2\text{ 在 }x_0\text{ 与 }\xi_1\text{ 之间}).$$

照此方法继续进行下去，经过$(n+1)$ 次后，得

$$\frac{R_n(x)}{(x-x_0)^{n+1}}=\frac{R_n^{(n+1)}(\xi)}{(n+1)!}\quad(\xi\text{ 在 }x_0\text{ 与 }\xi_n\text{ 之间，从而也在 }x_0\text{ 与 }x\text{ 之间}).$$

注意到 $R_n^{(n+1)}(x)=f^{(n+1)}(x)$(因为 $p_n^{(n+1)}(x)=0$)，则由上式得

$$R_n(x)=\frac{f^{(n+1)}(\xi)}{(n+1)!}(x-x_0)^{n+1}\quad(\xi\text{ 在 }x_0\text{ 与 }x\text{ 之间}).$$

定理证毕.

多项式(1) 称为函数 $f(x)$ 按$(x-x_0)$ 的幂展开的 n 次近似多项式，公式(2) 称为 $f(x)$ 按$(x-x_0)$ 的幂展开的带有拉格朗日型余项的 n 阶泰勒公式，而 $R_n(x)$ 的表达式(3) 称为拉格朗日型余项.

当 $n=0$ 时，泰勒公式变成拉格朗日中值公式：

$$f(x)=f(x_0)+f'(\xi)(x-x_0)\quad(\xi\text{ 在 }x_0\text{ 与 }x\text{ 之间}).$$

因此，泰勒中值定理是拉格朗日中值定理的推广.

由泰勒中值定理可知，以多项式 $p_n(x)$ 近似表达函数 $f(x)$ 时，其误差为 $|R_n(x)|$. 如果对于某个固定的 n，当 $x\in(a,b)$ 时，$|f^{(n+1)}(x)|\leqslant M$，则有估计式

$$|R_n(x)|=\left|\frac{f^{(n+1)}(\xi)}{(n+1)!}(x-x_0)^{n+1}\right|\leqslant\frac{M}{(n+1)!}|x-x_0|^{n+1}\qquad(4)$$

及

$$\lim_{x\to x_0}\frac{R_n(x)}{(x-x_0)^n}=0.$$

由此可见，当 $x\to x_0$ 时，误差 $|R_n(x)|$ 是比$(x-x_0)^n$ 高阶的无穷小，即

$$R_n(x)=o[(x-x_0)^n]. \tag{5}$$

这样，我们提出的问题完满地得到了解决.

在不需要余项的精确表达式时，n 阶泰勒公式也可写成

$$f(x)=f(x_0)+f'(x_0)(x-x_0)+\cdots+\frac{f^{(n)}(x_0)}{n!}(x-x_0)^n+o[(x-x_0)^n]. \tag{6}$$

$R_n(x)$ 的表达式(5) 称为佩亚诺(Peano) 型余项，公式(6) 称为 $f(x)$ 按 $(x-x_0)$ 的幂展开的带有佩亚诺型余项的 n 阶泰勒公式.

在泰勒公式(2) 中，如果取 $x_0=0$，则 ξ 在 0 与 x 之间. 因此可令 $\xi=\theta x\ (0<\theta<1)$，从而泰勒公式变成较简单的形式，即所谓带有拉格朗日型余项的麦克劳林(Maclaurin) 公式

$$f(x)=f(0)+f'(0)x+\frac{f''(0)}{2!}x^2+\cdots+\frac{f^{(n)}(0)}{n!}x^n+\frac{f^{(n+1)}(\theta x)}{(n+1)!}x^{n+1}\quad(0<\theta<1). \tag{7}$$

在泰勒公式(6) 中，如果取 $x_0=0$，则有带有佩亚诺型余项的麦克劳林公式：

$$f(x)=f(0)+f'(0)x+\cdots+\frac{f^{(n)}(0)}{n!}x^n+o(x^n). \tag{8}$$

由式(7) 或式(8)，可得近似公式：

$$f(x)\approx f(0)+f'(0)x+\frac{f''(0)}{2!}x^2+\cdots+\frac{f^{(n)}(0)}{n!}x^n,$$

误差估计式(4) 相应地变成

$$|R_n(x)|\leqslant\frac{M}{(n+1)!}|x|^{n+1}.$$

例 1 求函数 $f(x)=\mathrm{e}^x$ 的带拉格朗日型余项的 n 阶麦克劳林公式.

解 因为

$$f'(x)=f''(x)=\cdots=f^{(n)}(x)=\mathrm{e}^x,$$

所以

$$f(0)=f'(0)=f''(0)=\cdots=f^{(n)}(0)=1.$$

把这些值代入式(7)，并注意到 $f^{(n+1)}(\theta x)=\mathrm{e}^{\theta x}$，便得

$$e^x = 1 + x + \frac{x^2}{2!} + \cdots + \frac{x^n}{n!} + \frac{e^{\theta x}}{(n+1)!}x^{n+1} \quad (0 < \theta < 1).$$

由这个公式可知，若 e^x 用它的 n 次近似多项式表达为

$$e^x \approx 1 + x + \frac{x^2}{2!} + \cdots + \frac{x^n}{n!},$$

这时所产生的误差为

$$|R_n(x)| = \left|\frac{e^{\theta x}}{(n+1)!}x^{n+1}\right| < \frac{e^{|x|}}{(n+1)!}|x|^{n+1} \quad (0 < \theta < 1).$$

如果取 $x = 1$，则得无理数 e 的近似式为

$$e \approx 1 + 1 + \frac{1}{2!} + \cdots + \frac{1}{n!},$$

其误差
$$|R_n| < \frac{e}{(n+1)!} < \frac{3}{(n+1)!}.$$

当 $n = 10$ 时，可算出 $e \approx 2.718282$，其误差不超过 10^{-6}.

二、泰勒级数

由定理 1 可知，如果函数 $f(x)$ 在点 x_0 的某一邻域内具有直至 $(n+1)$ 阶的导数，那么，在该邻域内有如式(2) 所示的 $f(x)$ 的带拉格朗日型余项的 n 阶泰勒公式成立. 于是，在该邻域内函数 $f(x)$ 可以用式(1) 所示的 n 次多项式来近似表达，并且误差等于式(3) 中所示的拉格朗日型余项的绝对值 $|R_n(x)|$. 显然，如果 $|R_n(x)|$ 随着 n 的增大而减小(这时，需要求 $f(x)$ 在 x_0 的该邻域内任意阶可导)，那么我们就可以用增加多项式(1) 的项数的办法来提高精确度.

如果 $f(x)$ 在点 x_0 的某邻域内任意阶可导，这时我们可以设想多项式(1) 的项数趋向无穷而成为幂级数：

$$\sum_{n=0}^{\infty} \frac{f^{(n)}(x_0)}{n!}(x-x_0)^n = f(x_0) + f'(x_0)(x-x_0) + \frac{f''(x_0)}{2!}(x-x_0)^2 + \cdots + \frac{f^{(n)}(x_0)}{n!}(x-x_0)^n + \cdots. \tag{9}$$

式(9) 中的幂级数称为函数 $f(x)$ 的泰勒级数. 显然，当 $x = x_0$ 时，$f(x)$ 的泰勒级数收敛于 $f(x_0)$. 但是除了 $x = x_0$ 之外，它是否一定收敛？如果它收敛的话，是否一定收敛于 $f(x)$？关于这些问题，有下述定理来给出答案.

定理 2　设函数 $f(x)$ 在点 x_0 的某一邻域 $U(x_0)$ 内具有各阶导数，则 $f(x)$ 在该邻域内能展开成泰勒级数的充分必要条件是 $f(x)$ 的泰勒公式中的余项

$R_n(x)$ 当 $n \to \infty$ 时的极限为零,即

$$\lim_{n\to\infty} R_n(x) = 0 \quad (x \in U(x_0)).$$

证 先证必要性. 设 $f(x)$ 在 $U(x_0)$ 内能展开为泰勒级数,即

$$f(x) = f(x_0) + f'(x_0)(x-x_0) + \frac{f''(x_0)}{2!}(x-x_0)^2 + \cdots + \frac{f^{(n)}(x_0)}{n}(x-x_0)^n + \cdots \tag{10}$$

对一切 $x \in U(x_0)$ 成立. 我们把 $f(x)$ 的 n 阶泰勒公式(2) 写成

$$f(x) = s_{n+1}(x) + R_n(x), \tag{2'}$$

其中 $s_{n+1}(x)$ 是 $f(x)$ 的泰勒级数(9) 的前$(n+1)$ 项之和. 因为由式(10) 有

$$\lim_{n\to\infty} s_{n+1}(x) = f(x),$$

所以

$$\lim_{n\to\infty} R_n(x) = \lim_{n\to\infty}[f(x) - s_{n+1}(x)] = f(x) - f(x) = 0.$$

这就证明了条件是必要的.

再证充分性. 设$\lim\limits_{n\to\infty} R_n(x) = 0$ 对一切 $x \in U(x_0)$ 成立. 由 $f(x)$ 的 n 阶泰勒公式(2′) 有

$$s_{n+1}(x) = f(x) - R_n(x),$$

令 $n \to \infty$,取上式的极限,得

$$\lim_{n\to\infty} s_{n+1}(x) = \lim_{n\to\infty}[f(x) - R_n(x)] = f(x),$$

即 $f(x)$ 的泰勒级数(9) 在$U(x_0)$ 内收敛,并且收敛于 $f(x)$. 因此条件是充分的. 定理证毕.

在式(9) 中取 $x_0 = 0$,得

$$f(0) + f'(0)x + \frac{f''(0)}{2!}x^2 + \cdots + \frac{f^{(n)}(0)}{n!}x^n + \cdots, \tag{11}$$

级数(11) 称为函数 $f(x)$ 的麦克劳林级数.

函数 $f(x)$ 的麦克劳林级数是 x 的幂级数. 现在我们证明,如果 $f(x)$ 能展开成 x 的幂级数,那么这种展开式是唯一的,它一定与 $f(x)$ 的麦克劳林级数(11) 一致.

事实上,如果 $f(x)$ 在点 $x_0 = 0$ 的某邻域$(-R, R)$ 内能展开成 x 的幂级数,即

$$f(x) = a_0 + a_1 x + a_2 x^2 + \cdots + a_n x^n + \cdots \tag{12}$$

对一切 $x \in (-R,R)$ 成立，那么，根据幂级数在收敛区间内可以逐项求导的性质，有

$$f'(x) = a_1 + 2a_2x + 3a_3x^2 + \cdots + na_nx^{n-1} + \cdots,$$
$$f''(x) = 2!a_2 + 3 \cdot 2a_3x + \cdots + n(n-1)a_nx^{n-2} + \cdots,$$
$$\cdots$$
$$f^{(n)}(x) = n!a_n + (n+1)n(n-1)\cdots 2a_{n+1}x + \cdots,$$
$$\cdots$$

把 $x = 0$ 代入以上各式，得

$$a_0 = f(0),\quad a_1 = f'(0),\quad a_2 = \frac{f''(0)}{2!},\quad \cdots,\quad a_n = \frac{f^{(n)}(0)}{n!},\quad \cdots.$$

这就是所要证明的.

由函数 $f(x)$ 的展开式的唯一性可知，如果 $f(x)$ 能展开成 x 的幂级数，那么，这个幂级数就是 $f(x)$ 的麦克劳林级数. 但是反之，即使 $f(x)$ 的麦克劳林级数在点 x_0 的某邻域内收敛，却也不一定收敛于 $f(x)$. 因此，如果 $f(x)$ 在 $x_0 = 0$ 处具有各阶导数，从而可以作出 $f(x)$ 的麦克劳林级数(11)，我们也要考察这个级数是否能在 $x_0 = 0$ 的某个邻域内收敛，以及是否收敛于 $f(x)$. 下面将给出把函数 $f(x)$ 展开为 x 的幂级数的具体方法.

三、函数展开成幂级数

要把函数 $f(x)$ 展开成 x 的幂级数，可以按照下列步骤进行：

第一步　求出 $f(x)$ 的各阶导数 $f'(x), f''(x), \cdots, f^{(n)}(x), \cdots$. 如果在 $x = 0$ 处某阶导数不存在，就停止进行. 此时，函数 $f(x)$ 不能展开为 x 的幂级数.

第二步　求函数及其各阶导数在 $x = 0$ 处的值：

$$f(0),\quad f'(0),\quad f''(0),\quad \cdots,\quad f^{(n)}(0),\quad \cdots.$$

第三步　写出幂级数

$$f(0) + f'(0)x + \frac{f''(0)}{2!}x^2 + \cdots + \frac{f^{(n)}(0)}{n!}x^n + \cdots,$$

并求出收敛半径 R.

第四步　考察当 x 在区间 $(-R,R)$ 内时余项 $R_n(x)$ 的极限

$$\lim_{n\to\infty} R_n(x) = \lim_{n\to\infty} \frac{f^{(n+1)}(\xi)}{(n+1)!}x^{n+1}\quad (\xi \text{ 在 } 0 \text{ 与 } x \text{ 之间})$$

是否为零. 如果为零，那么，函数 $f(x)$ 在区间 $(-R,R)$ 内的幂级数展开式为

$$f(x) = f(0) + f'(0)x + \frac{f''(0)}{2!}x^2 + \cdots + \frac{f^{(n)}(0)}{n!}x^n + \cdots \quad (-R < x < R).$$

这是利用定理 2 把函数直接展开成幂级数的方法. 下面我们利用上述方法

将函数 e^x 与 $\sin x$ 展开成 x 的幂级数.

例 2 将函数 $f(x)=e^x$ 展开成 x 的幂级数.

解 因为所给函数的各阶导数 $f^{(n)}(x)=e^x(n=1,2,\cdots)$，所以，$f^{(n)}(0)=1(n=0,1,2,\cdots)$，这里，$f^{(0)}(0)=f(0)$. 于是得级数

$$1+x+\frac{x^2}{2!}+\cdots+\frac{x^n}{n!}+\cdots,$$

它的收敛半径 $R=+\infty$.

对于任何有限的数 x，余项的绝对值为

$$|R_n(x)|=\left|\frac{e^{\xi}}{(n+1)!}x^{n+1}\right|<e^{|x|}\cdot\frac{|x|^{n+1}}{(n+1)!}$$

(ξ 在 0 与 x 之间).

因 $e^{|x|}$ 有限，而 $\frac{|x|^{n+1}}{(n+1)!}$ 是收敛级数 $\sum\limits_{n=0}^{\infty}\frac{|x|^{n+1}}{(n+1)!}$ 的一般项，所以当 $n\to\infty$ 时，$e^{|x|}\cdot\frac{|x|^{n+1}}{(n+1)!}\to 0$，即当 $n\to\infty$ 时，有 $|R_n(x)|\to 0$. 于是有展开式：

$$e^x=1+x+\frac{x^2}{2!}+\cdots+\frac{x^n}{n!}+\cdots\quad(-\infty<x<+\infty). \tag{13}$$

如果在 $x=0$ 的附近用级数的部分和(即多项式)来近似代替 e^x，那么，随着项数的增加，它们就越来越接近于 e^x，如图 10-2 所示.

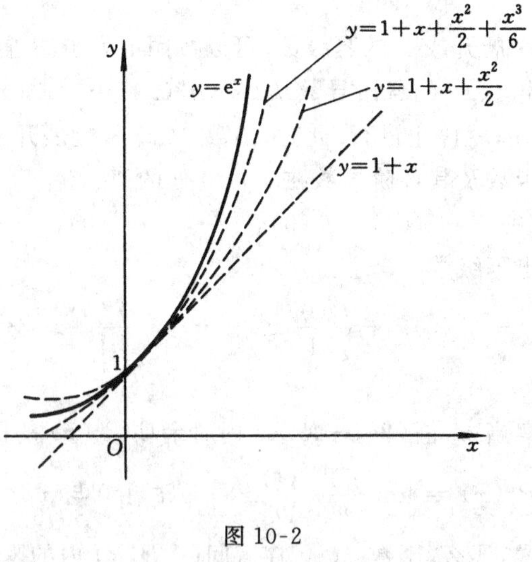

图 10-2

例 3 将函数 $f(x)=\sin x$ 展开成 x 的幂级数.

解 所给函数的各阶导数为

$$f^{(n)}(x)=\sin\left(x+\frac{n\pi}{2}\right)\quad(n=1,2,\cdots),$$

$f^{(n)}(0)$ 顺序循环地取 $0,1,0,-1,\cdots(n=0,1,2,3,\cdots)$，于是得级数

$$x-\frac{x^3}{3!}+\frac{x^5}{5!}-\cdots+(-1)^{n-1}\frac{x^{2n-1}}{(2n-1)!}+\cdots,$$

它的收敛半径 $R=+\infty$.

对于任何有限的数 x，余项的绝对值当 $n\to\infty$ 时的极限为零：

$$|R_n(x)|=\left|\frac{\sin\left[\xi+\frac{(n+1)\pi}{2}\right]}{(n+1)!}x^{n+1}\right|\leqslant\frac{|x|^{n+1}}{(n+1)!}\to 0\quad(n\to\infty),$$

其中，ξ 在 0 与 x 之间. 因此得展开式：

$$\sin x=x-\frac{x^3}{3!}+\frac{x^5}{5!}-\cdots+(-1)^{n-1}\frac{x^{2n-1}}{(2n-1)!}+\cdots\quad(-\infty<x<+\infty).\tag{14}$$

从上面两个例子看到，采用直接展开的方法将函数 $f(x)$ 展开成幂级数，要直接按公式 $a_n=\frac{f^{(n)}(0)}{n!}(n=0,1,2,\cdots)$ 来计算幂级数的系数，最后还要考察余项 $R_n(x)$ 是否趋于零. 这种直接展开的方法计算量较大，且要考察余项是否趋于零，即使对于很简单的函数 $f(x)$，也非易事. 因此，我们还采用间接展开的方法，就是利用一些已知的函数展开式、幂级数的运算（如加减运算、逐项求导、逐项积分）以及变量代换等，将所给函数展开成幂级数. 这样，不但计算简单，而且可以避免讨论余项.

例 4 展开函数 $f(x)=\cos x$ 为 x 的幂级数.

解 由于所给函数 $\cos x$ 是函数 $\sin x$ 的导数，即 $(\sin x)'=\cos x$，而

$$\sin x=x-\frac{x^3}{3!}+\frac{x^5}{5!}-\cdots+(-1)^{n-1}\frac{x^{2n-1}}{(2n-1)!}+\cdots\quad(-\infty<x<\infty),$$

所以，利用幂级数在其收敛区间内可以逐项求导的性质，对上式逐项求导，即可得

$$\begin{aligned}\cos x&=(\sin x)'=\left(x-\frac{x^3}{3!}+\frac{x^5}{5!}-\cdots+(-1)^{n-1}\frac{x^{2n-1}}{(2n-1)!}+\cdots\right)'\\&=1-\frac{x^2}{2!}+\frac{x^4}{4!}-\cdots+(-1)^n\frac{x^{2n}}{(2n)!}+\cdots\quad(-\infty<x<+\infty).\end{aligned}\tag{15}$$

例 5 将函数 $f(x)=\ln(1+x)$ 展开成 x 的幂级数.

解 因为

$$f'(x)=\frac{1}{1+x},$$

而已知$\frac{1}{1+x}$是收敛的等比级数$\sum\limits_{n=0}^{\infty}(-1)^n x^n$的和函数：

$$\frac{1}{1+x}=1-x+x^2-x^3+\cdots+(-1)^n x^n+\cdots \quad (-1<x<1),$$

所以，利用幂级数在其收敛区间内可以逐项积分的性质，将上式从 0 到 x 逐项积分，得

$$\begin{aligned}\ln(1+x) &= \int_0^x \frac{1}{1+t}\mathrm{d}t=\int_0^x \sum_{n=0}^{\infty}(-1)^n t^n \mathrm{d}t=\sum_{n=0}^{\infty}\int_0^x (-1)^n t^n \mathrm{d}t \\ &= x-\frac{x^2}{2}+\frac{x^3}{3}-\frac{x^4}{4}+\cdots+(-1)^n\frac{x^{n+1}}{n+1}+\cdots \\ &= \sum_{n=1}^{\infty}(-1)^{n+1}\frac{x^n}{n} \quad (-1<x<1).\end{aligned}$$

因为上式右端级数$\sum\limits_{n=1}^{\infty}(-1)^{n+1}\frac{x^n}{n}$在$x=1$处收敛，且$\ln(1+x)$在$x=1$处连续. 所以，根据幂级数的和函数的连续性，最终有

$$\ln(1+x)=\sum_{n=1}^{\infty}(-1)^{n+1}\frac{x^n}{n} \quad (-1<x\leqslant 1). \tag{16}$$

以下我们不加证明地给出将函数$(1+x)^\alpha$（α为任意的非零常数）展开成x的幂级数的结果.

当α为正整数m时，就是读者熟知的二项式定理：

$$(1+x)^m=\sum_{k=0}^{m}C_m^k x^k, \quad x\in(-\infty,+\infty).$$

当α不是正整数时，总有

$$(1+x)^\alpha=1+\alpha x+\frac{\alpha(\alpha-1)}{2!}x^2+\cdots+\frac{\alpha(\alpha-1)\cdots(\alpha-n+1)}{n!}x^n+\cdots(|x|<1). \tag{17}$$

至于在区间$(-1,1)$的端点处以上展开式是否还成立，要视α的取值而定. 具体结论是：若$\alpha\leqslant -1$，则上式成立的范围是$(-1,1)$；若$-1<\alpha<0$，则上式成立的范围是$(-1,1]$；若$\alpha>0$，则上式成立的范围是$[-1,1]$.

在式(17)中，将x换成x^2，令$\alpha=-1$，则得

$$\frac{1}{1+x^2}=1-x^2+x^4-x^6+\cdots+(-1)^n x^{2n}+\cdots, \quad x\in(-1,1), \tag{18}$$

又将式(18)从 0 到x逐项积分，则得

$$\arctan x = x - \frac{1}{3}x^3 + \frac{1}{5}x^5 - \frac{1}{7}x^7 + \cdots + \frac{(-1)^n}{2n+1}x^{2n+1} + \cdots \quad (-1 < x < 1).$$

因为右端的幂级数当 $x = \pm 1$ 时都是莱布尼兹型级数，收敛，且 $\arctan x$ 在 $x = \pm 1$ 处都连续，所以，根据幂级数和函数的连续性，即上节性质 Ⅰ，最终有

$$\begin{aligned}\arctan x &= x - \frac{1}{3}x^3 + \frac{1}{5}x^5 - \frac{1}{7}x^7 + \cdots + \frac{(-1)^n}{2n+1}x^{2n+1} + \cdots \\ &= \sum_{n=0}^{\infty} \frac{(-1)^n}{2n+1}x^{2n+1}, \quad x \in [-1,1].\end{aligned} \tag{19}$$

以后可以直接引用函数 $e^x, \sin x, \cos x, \ln(1+x)$ 与 $(1+x)^\alpha$ 的幂级数展开式，以上涉及的其他函数的幂级数展开式也可以直接引用.

例 6　将函数 e^{-x^2} 展开成 x 的幂级数.

解　已知 $e^x = \sum_{n=0}^{\infty} \frac{x^n}{n!} (|x| < +\infty)$，将 $-x^2$ 代替 x，即得

$$e^{-x^2} = \sum_{n=0}^{\infty} \frac{(-x^2)^n}{n!} = \sum_{n=0}^{\infty} \frac{(-1)^n x^2 x^{2n}}{n!} \quad (|x| < +\infty).$$

例 7　将 $x\cos^2 x$ 展开成 x 的幂级数.

解　已知 $\cos x = \sum_{n=0}^{\infty} (-1)^n \frac{x^{2n}}{(2n)!} \quad (|x| < +\infty)$，由此即得

$$\begin{aligned}x\cos^2 x &= \frac{x}{2}(1+\cos 2x) = \frac{x}{2} + \frac{x}{2}\sum_{n=0}^{\infty}(-1)^n \frac{(2x)^{2n}}{(2n)!} \\ &= \frac{x}{2} + \sum_{n=0}^{\infty} \frac{(-1)^n 2^{2n-1} x^{2n+1}}{(2n)!} \\ &= x + \sum_{n=1}^{\infty} \frac{(-1)^n 2^{2n-1} x^{2n+1}}{(2n)!} \quad (|x| < +\infty).\end{aligned}$$

例 8　将函数 $\ln\sqrt{\frac{1+x}{1-x}}$ 展开成 x 的幂级数.

解　因为

$$\ln\sqrt{\frac{1+x}{1-x}} = \frac{1}{2}[\ln(1+x) - \ln(1-x)]$$

而

$$\ln(1+x) = x - \frac{x^2}{2} + \frac{x^3}{3} - \frac{x^4}{4} + \cdots + (-1)^{n-1}\frac{x^n}{n} + \cdots \quad (-1 < x \leqslant 1),$$

$$\ln(1-x) = -x - \frac{x^2}{2} - \frac{x^3}{3} - \frac{x^4}{4} - \cdots - \frac{x^n}{n} - \cdots \quad (-1 \leqslant x < 1),$$

故得

$$\ln\sqrt{\frac{1+x}{1-x}}=\frac{1}{2}[\ln(1+x)-\ln(1-x)]=x+\frac{x^3}{3}+\frac{x^5}{5}+\cdots+\frac{x^{2n-1}}{2n-1}+\cdots$$

$$=\sum_{n=1}^{\infty}\frac{x^{2n-1}}{2n-1}\quad(|x|<1).$$

例 9　将函数 $\sin x$ 在 $x_0=\frac{\pi}{4}$ 处展开成泰勒级数.

解　因为

$$\sin x=\sin\left[\frac{\pi}{4}+\left(x-\frac{\pi}{4}\right)\right]$$

$$=\sin\frac{\pi}{4}\cos\left(x-\frac{\pi}{4}\right)+\cos\frac{\pi}{4}\sin\left(x-\frac{\pi}{4}\right)$$

$$=\frac{\sqrt{2}}{2}\left[\cos\left(x-\frac{\pi}{4}\right)+\sin\left(x-\frac{\pi}{4}\right)\right],$$

所以,由

$$\cos\left(x-\frac{\pi}{4}\right)=1-\frac{1}{2!}\left(x-\frac{\pi}{4}\right)^2+\frac{1}{4!}\left(x-\frac{\pi}{4}\right)^4-\cdots\quad(|x|<+\infty)$$

$$\sin\left(x-\frac{\pi}{4}\right)=\left(x-\frac{\pi}{4}\right)-\frac{1}{3!}\left(x-\frac{\pi}{4}\right)^3+\frac{1}{5!}\left(x-\frac{\pi}{4}\right)^5-\cdots\quad(|x|<+\infty)$$

得到

$$\sin x=\frac{\sqrt{2}}{2}\left[1+\left(x-\frac{\pi}{4}\right)-\frac{1}{2!}\left(x-\frac{\pi}{4}\right)^2-\frac{1}{3!}\left(x-\frac{\pi}{4}\right)^3\right.$$

$$\left.+\frac{1}{4!}\left(x-\frac{\pi}{4}\right)^4+\frac{1}{5!}\left(x-\frac{\pi}{4}\right)^5-\cdots\right]\quad(|x|<+\infty)$$

例 10　将函数 $f(x)=\frac{1}{3-x}$ 在 $x_0=1$ 处展开成泰勒级数.

解　因为

$$\frac{1}{3-x}=\frac{1}{2-(x-1)}=\frac{1}{2}\cdot\frac{1}{1-\frac{x-1}{2}},$$

所以由

$$\frac{1}{1-x}=1+x+x^2+\cdots+x^n+\cdots=\sum_{n=0}^{\infty}x^n\quad(|x|<1),$$

得到

$$\frac{1}{3-x}=\frac{1}{2}\sum_{n=0}^{\infty}\left(\frac{x-1}{2}\right)^n=\sum_{n=0}^{\infty}\frac{1}{2^{n+1}}(x-1)^n$$

$$\left(-1<\frac{x-1}{2}<1,即-1<x<3\right),$$

即

$$\frac{1}{3-x}=\sum_{n=0}^{\infty}\frac{1}{2^{n+1}}(x-1)^n \quad (-1<x<3).$$

下面再举几个用间接的方法将函数展开成$(x-x_0)$的幂级数的例子.

例 11 将函数 $f(x)=\dfrac{1}{x^2+4x+3}$ 展开成$(x-1)$的幂级数.

解 因为

$$f(x)=\frac{1}{x^2+4x+3}=\frac{1}{(x+1)(x+3)}=\frac{1}{2}\left[\frac{1}{1+x}-\frac{1}{3+x}\right]$$

$$=\frac{1}{4\left(1+\dfrac{x-1}{2}\right)}-\frac{1}{8\left(1+\dfrac{x-1}{4}\right)},$$

而

$$\frac{1}{4\left(1+\dfrac{x-1}{2}\right)}=\frac{1}{4}\sum_{n=0}^{\infty}\frac{(-1)^n}{2^n}(x-1)^n \quad (-1<x<3),$$

$$\frac{1}{8\left(1+\dfrac{x-1}{4}\right)}=\frac{1}{8}\sum_{n=0}^{\infty}\frac{(-1)^n}{4^n}(x-1)^n \quad (-3<x<5),$$

所以

$$f(x)=\frac{1}{x^2+4x+3}=\sum_{n=0}^{\infty}(-1)^n\left(\frac{1}{2^{n+2}}-\frac{1}{2^{2n+3}}\right)(x-1)^n \quad (-1<x<3).$$

* 函数的幂级数展开式经常用来作近似计算.

例 12 计算 $\sqrt[5]{240}$ 的近似值,要求误差不超过 10^{-4}.

解 把 $\sqrt[5]{240}$ 表达为

$$\sqrt[5]{240}=\sqrt[5]{243-3}=3\left(1-\frac{1}{3^4}\right)^{\frac{1}{5}}.$$

在二项展开式中取 $\alpha=\dfrac{1}{5}, x=-\dfrac{1}{3^4}$,得

$$\sqrt[5]{240}=3\left(1-\frac{1}{5}\times\frac{1}{3^4}-\frac{1\times 4}{5^2\times 2!}\times\frac{1}{3^8}-\frac{1\times 4\times 9}{5^3\times 3!}\times\frac{1}{3^{12}}-\cdots\right).$$

取上式右端的前两项之和作为 $\sqrt[5]{240}$ 的近似值,这时误差(称为截断误差)是

$$|r_2|=3\left(\frac{1\times 4}{5^2\times 2!}\times\frac{1}{3^8}+\frac{1\times 4\times 9}{5^3\times 3!}\times\frac{1}{3^{12}}+\frac{1\times 4\times 9\times 14}{5^4\times 4!}\times\frac{1}{3^{16}}+\cdots\right)$$

$$<3\times\frac{1\times 4}{5^2\times 2!}\times\frac{1}{3^8}\left[1+\frac{1}{3^4}+\left(\frac{1}{3^4}\right)^2+\cdots\right]$$

$$= \frac{6}{25} \times \frac{1}{3^8} \times \frac{1}{1-\frac{1}{81}} = \frac{1}{25 \times 27 \times 40} < \frac{1}{20000}.$$

于是,取近似式为

$$\sqrt[5]{240} \approx 3\left(1-\frac{1}{5 \times 3^4}\right).$$

计算时,应取五位小数,然后将结果四舍五入到四位小数.这样,“四舍五入”引起的误差(称为舍入误差)与上面的截断误差之和不会超过 10^{-4}.因此,得到

$$\sqrt[5]{240} \approx 2.9926.$$

例 13 计算 $\cos 10°$(精确到 0.0001).

解 将角度化为弧度,然后利用 $\cos x$ 的幂级数展开式,有

$$\cos 10° = \cos\frac{\pi}{18} = 1 - \frac{1}{2!}\left(\frac{\pi}{18}\right)^2 + \frac{1}{4!}\left(\frac{\pi}{18}\right)^4 - \cdots + (-1)^n \frac{1}{(2n)!}\left(\frac{\pi}{18}\right)^{2n} + \cdots.$$

这是一个莱布尼兹型级数,如果取前两项的和作为 $\cos 10°$ 的近似值,则其(截断)误差为

$$|r_2| \leqslant u_3 = \frac{1}{4!}\left(\frac{\pi}{18}\right)^4 < 0.4 \times 10^{-4}.$$

于是,取近似式为

$$\cos 10° \approx 1 - \frac{1}{2!}\left(\frac{\pi}{18}\right)^2.$$

为了使“四舍五入”引起的(舍入)误差与上述(截断)误差之和不超过0.0001,计算时应取五位小数,然后再将结果四舍五入到四位小数.因此,我们得到

$$\cos 10° \approx 0.9848.$$

习　题　10-4

(A)

1. 写出下列函数的带佩亚诺型余项的麦克劳林公式:

(1) $f(x) = e^{3x}$;　　(2) $f(x) = 2\sin x \cdot \cos x$;

(3) $f(x) = \sqrt{1+x}$;　　(4) $f(x) = \ln(1+x^2)$.

2. 将下列函数展开成 x 的幂级数,并指出展开式成立的区间:

(1) $\ln(2+x)$;　　(2) $\sin^2 x$;

(3) $\frac{1}{(1+x)^2}$;　　(4) $\frac{1}{x^2-5x+6}$;

(5) $(1+x)e^{-x}$;　　(6) $\frac{1}{(2-x)^2}$;

(7) $\frac{x}{4+x^2}$;　　(8) $\frac{x}{1-x^2}$.

3. 将下列函数在指定点 x_0 处展开成 $(x-x_0)$ 的幂级数,并指出展开式成立的区间:

(1) $\sqrt{x}, x_0 = 1$；　　(2) $\frac{1}{x^2}, x_0 = 1$；

(3) $\ln x, x_0 = 2$；　　(4) $\ln \frac{x}{1+x}, x_0 = 1$；

(5) $\frac{1}{x^2+3x+2}, x_0 = -4$；　　(6) $\frac{1}{2-x}, x_0 = -2$.

4. 将函数 $f(x) = e^x$ 展开为 $x-1$ 的幂级数.

5. 展开 $\frac{d}{dx}\left(\frac{e^x - 1}{x}\right)$ 为 x 的幂级数.

* 6. 利用函数的幂级数展开式求下列各数的近似值：

(1) ln3(误差不超过 10^{-4})；　　(2) $\frac{1}{\sqrt[5]{36}}$(误差不超过 10^{-5})；

(3) sin3°(误差不超过 10^{-5}).

(B)

* 1. 利用函数的幂级数展开式求下列积分的近似值：

(1) $\int_0^{\frac{1}{2}} \frac{1}{x^4+1} dx$ (误差不超过 10^{-4})；(2) $\int_0^{\frac{1}{2}} x^2 e^{x^2} dx$ (误差不超过 10^{-4}).

2. 将下列函数展开成 x 的幂级数：

(1) $(1+x)\ln(1+x)$；　　(2) $\ln(x+\sqrt{x^2+1})$.

第五节　傅里叶级数

在物理、力学及工程技术问题中，研究一般的振动(波动)过程的基本方法是把它展(分解)成无穷多个谐振动(谐波)之和，然后通过谐振动的性质，最终完成对一般振动的研究.

一般振动关于谐振动的展开，在数学上通常都归结为一个函数的下列展式：

$$f(x) = \frac{a_0}{2} + \sum_{n=1}^{\infty}(a_n \cos nx + b_n \sin nx)$$

及其变形，其中 $a_0, a_n, b_n (n = 1, 2, \cdots)$ 都是常数.

上式右端的函数项级数的一般项都是三角函数，我们称这种级数为三角级数.

一、三角函数系的正交性与三角级数的系数

我们称函数系

$$1, \cos x, \sin x, \cos 2x, \sin 2x, \cdots, \cos nx, \sin nx, \cdots \tag{1}$$

为三角函数系.

利用三角函数的积化和差公式：

$$\sin mx\sin nx = \frac{1}{2}[\cos(m-n)x - \cos(m+n)x],$$

$$\cos mx\cos nx = \frac{1}{2}[\cos(m-n)x + \cos(m+n)x],$$

$$\sin mx\cos nx = \frac{1}{2}[\sin(m+n)x + \sin(m-n)x],$$

经过计算,可以得到(请读者自行验证)

$$\int_{-\pi}^{\pi}\sin mx\sin nx\,\mathrm{d}x = \begin{cases}0, & m\neq n,\\ \pi, & m=n,\end{cases} \tag{2}$$

$$\int_{-\pi}^{\pi}\cos mx\cos nx\,\mathrm{d}x = \begin{cases}0, & m\neq n,\\ \pi, & m=n,\end{cases} \tag{3}$$

$$\int_{-\pi}^{\pi}\sin mx\cos nx\,\mathrm{d}x = 0, \tag{4}$$

及

$$\int_{-\pi}^{\pi}\cos nx\,\mathrm{d}x = \int_{-\pi}^{\pi}\sin nx\,\mathrm{d}x = 0, \tag{5}$$

其中 m,n 都是正整数.式(2)— 式(5) 合起来所表明的性质,就是通常说的三角函数系(1) 在区间$[-\pi,\pi]$上的正交性.

下面我们讨论函数展开成三角级数时的系数.

设 $f(x)$ 是周期为 2π 的周期函数,且能展开成三角级数:

$$f(x) = \frac{a_0}{2} + \sum_{k=1}^{\infty}(a_k\cos kx + b_k\sin kx), \tag{6}$$

其中,$a_0,a_1,b_1,a_2,b_2,\cdots,a_k,b_k,\cdots$ 都是常数,称为三角级数(6) 的系数.我们自然要问,这些系数与 $f(x)$ 之间有何种关系呢?为了回答这个问题,假设级数(6) 可以逐项积分.

先求 a_0.对式(6) 从 $-\pi$ 到 π 逐项积分:

$$\int_{-\pi}^{\pi}f(x)\mathrm{d}x = \int_{-\pi}^{\pi}\frac{a_0}{2}\mathrm{d}x + \sum_{k=1}^{\infty}\left[a_k\int_{-\pi}^{\pi}\cos kx\,\mathrm{d}x + b_k\int_{-\pi}^{\pi}\sin kx\,\mathrm{d}x\right].$$

由三角函数系(1) 的正交性,等式右端除第一项外,其余各项均为零,所以

$$\int_{-\pi}^{\pi}f(x)\mathrm{d}x = \frac{a_0}{2}\cdot 2\pi,$$

于是得

$$a_0 = \frac{1}{\pi}\int_{-\pi}^{\pi}f(x)\mathrm{d}x.$$

其次求 a_n.用 $\cos nx$ 乘式(6) 两端,再从 $-\pi$ 到 π 逐项积分,得到

$$\int_{-\pi}^{\pi} f(x)\cos nx\,\mathrm{d}x = \frac{a_0}{2}\int_{-\pi}^{\pi}\cos nx\,\mathrm{d}x$$

$$+\sum_{k=1}^{\infty}\left[a_k\int_{-\pi}^{\pi}\cos kx\cos nx\,\mathrm{d}x + b_k\int_{-\pi}^{\pi}\sin kx\cos nx\,\mathrm{d}x\right].$$

根据三角函数系(1)的正交性,等式右端除 $k=n$ 的一项外,其余各项均为零,所以有

$$\int_{-\pi}^{\pi} f(x)\cos nx\,\mathrm{d}x = a_n\int_{-\pi}^{\pi}\cos^2 nx\,\mathrm{d}x = a_n\pi,$$

于是得

$$a_n = \frac{1}{\pi}\int_{-\pi}^{\pi} f(x)\cos nx\,\mathrm{d}x \quad (n=1,2,3,\cdots).$$

类似地,用 $\sin nx$ 乘式(6)两端,再从 $-\pi$ 到 π 逐项积分,可得

$$b_n = \frac{1}{\pi}\int_{-\pi}^{\pi} f(x)\sin nx\,\mathrm{d}x \quad (n=1,2,3,\cdots).$$

由于当 $n=0$ 时,a_n 的表达式正好给出 a_0,因此,上述结果可以合并写成

$$\left.\begin{aligned} a_n &= \frac{1}{\pi}\int_{-\pi}^{\pi} f(x)\cos nx\,\mathrm{d}x \quad (n=0,1,2,\cdots),\\ b_n &= \frac{1}{\pi}\int_{-\pi}^{\pi} f(x)\sin nx\,\mathrm{d}x \quad (n=1,2,\cdots).\end{aligned}\right\} \tag{7}$$

二、函数展开成傅里叶级数

如果式(7)中的积分都存在,那么,由式(7)给出的系数 $a_0, a_1, b_1, \cdots$ 就称为函数 $f(x)$ 的傅里叶(Fourier)系数,将这些系数代入式(6)右端,所得的三角级数

$$\frac{a_0}{2}+\sum_{n=1}^{\infty}(a_n\cos nx + b_n\sin nx)$$

便称为函数 $f(x)$ 的傅里叶级数.

一个定义在$(-\infty,+\infty)$上以 2π 为周期的函数 $f(x)$,如果它在$(-\pi,\pi]$上可积,那么一定可以作出 $f(x)$ 的傅里叶级数.记为

$$f(x)\sim\frac{a_0}{2}+\sum_{n=1}^{\infty}(a_n\cos nx + b_n\sin nx).$$

问题在于上式右端的傅里叶级数是否收敛?如果收敛,是否收敛到 $f(x)$?

下面我们不加证明地叙述一个收敛定理,它给出了上述问题的一个重要的结论.

定理(收敛定理,狄利克雷(Dirichlet)充分条件) 设 $f(x)$ 是周期为 2π 的

周期函数,如果它满足:

(1) 在一个周期内连续或只有有限个第一类间断点;

(2) 在一个周期内至多只有有限个极值点,

那么,$f(x)$ 的傅里叶级数收敛,并且

当 x 是 $f(x)$ 的连续点时,级数收敛于 $f(x)$;

当 x 是 $f(x)$ 的间断点时,级数收敛于$\frac{1}{2}[f(x^-)+f(x^+)]$.

收敛定理告诉我们:只要函数在它的一个周期区间$[-\pi,\pi]$上至多有有限个第一类间断点,并且不作无限次的振动,函数的傅里叶级数在连续点处就收敛于该点的函数值,在间断点处收敛于函数在该点处左极限、右极限的算术平均值. 可见函数展开成傅里叶级数的条件比展开成幂级数的条件低得多. 记

$$C=\left\{x \mid f(x)=\frac{1}{2}[f(x^-)+f(x^+)]\right\},$$

则上述收敛定理就告诉我们,函数 $f(x)$ 的傅里叶级数在集合 C 上是收敛于 $f(x)$ 的,即在 C 上,$f(x)$ 可以展开成傅里叶级数,亦即有

$$f(x)=\frac{a_0}{2}+\sum_{n=1}^{\infty}(a_n\cos nx+b_n\sin nx), \quad x\in C. \tag{8}$$

例 1 设矩形波的波形函数 $f(x)$ 是周期为 2π 的周期函数,它在$[-\pi,\pi)$上的表达式为

$$f(x)=\begin{cases}0, & -\pi\leqslant x<0,\\ 1, & 0\leqslant x<\pi.\end{cases}$$

将 $f(x)$ 展开成傅里叶级数.

解 所给函数满足收敛定理的条件,点 $x=k\pi(k=0,\pm1,\pm2,\cdots)$ 是它的第一类间断点,其他点均为它的连续点. 因此,$f(x)$ 的傅里叶级数在 $x=k\pi$ 处收敛于

$$\frac{1}{2}(0+1)=\frac{1}{2}(1+0)=\frac{1}{2},$$

在其余点处收敛于 $f(x)$. 和函数的图形如图 10-3 所示.

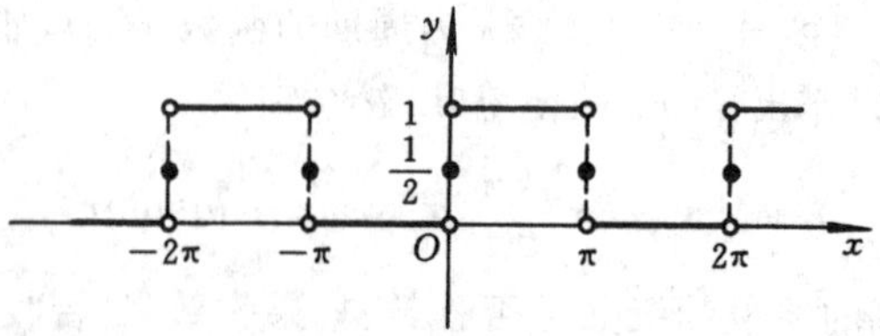

图 10-3

现在计算 $f(x)$ 的傅里叶系数:

$$a_0 = \frac{1}{\pi}\int_{-\pi}^{\pi} f(x)\mathrm{d}x = \frac{1}{\pi}\int_0^{\pi}\mathrm{d}x = 1;$$

$$a_n = \frac{1}{\pi}\int_{-\pi}^{\pi} f(x)\cos nx\,\mathrm{d}x = \frac{1}{\pi}\int_0^{\pi}\cos nx\,\mathrm{d}x = 0 \quad (n = 1,2,\cdots);$$

$$\begin{aligned} b_n &= \frac{1}{\pi}\int_{-\pi}^{\pi} f(x)\sin nx\,\mathrm{d}x = \frac{1}{\pi}\int_0^{\pi}\sin nx\,\mathrm{d}x \\ &= \frac{1}{n\pi}[1+(-1)^{n-1}] \\ &= \begin{cases} \dfrac{2}{n\pi}, & n = 1,3,5,\cdots, \\ 0, & n = 2,4,6,\cdots. \end{cases} \end{aligned}$$

将求得的系数代入式(8),即得 $f(x)$ 的傅里叶级数展开式为

$$f(x) = \frac{1}{2} + \frac{2}{\pi}\left[\sin x + \frac{1}{3}\sin 3x + \cdots + \frac{1}{2k-1}\sin(2k-1)x + \cdots\right],$$

$$x \in \mathbf{R}\backslash\{k\pi \mid k \in \mathbf{Z}\}.$$

例 2 设 $f(x)$ 是周期为 2π 的周期函数,它在 $[-\pi,\pi)$ 上的表达式为

$$f(x) = \begin{cases} x, & -\pi \leqslant x < 0, \\ 0, & 0 \leqslant x < \pi, \end{cases}$$

试将 $f(x)$ 展开成傅里叶级数.

解 函数 $f(x)$ 满足收敛定理的条件,点 $x = (2k+1)\pi$ $(k = 0,\pm 1,\pm 2,\cdots)$ 是它的第一类间断点,因此,$f(x)$ 的傅里叶级数在点 $x = (2k+1)\pi$ 处收敛于

$$\frac{1}{2}[f(-\pi^+) + f(\pi^-)] = \frac{-\pi+0}{2} = -\frac{\pi}{2},$$

在其余点 x 处收敛于 $f(x)$.

现在计算 $f(x)$ 的傅里叶系数:

$$a_0 = \frac{1}{\pi}\int_{-\pi}^{\pi} f(x)\mathrm{d}x = \frac{1}{\pi}\int_{-\pi}^{0} x\mathrm{d}x = -\frac{\pi}{2},$$

$$\begin{aligned} a_n &= \frac{1}{\pi}\int_{-\pi}^{\pi} f(x)\cos nx\,\mathrm{d}x = \frac{1}{\pi}\int_{-\pi}^{0} x\cos nx\,\mathrm{d}x \\ &= \frac{1}{n\pi}\int_{-\pi}^{0} x\mathrm{d}(\sin nx) \end{aligned}$$

$$
\begin{aligned}
&= \frac{1}{n\pi}[x\sin nx]_{-\pi}^{0} - \frac{1}{n\pi}\int_{-\pi}^{0}\sin nx\,\mathrm{d}x \\
&= \frac{1}{n^2\pi}[\cos nx]_{-\pi}^{0} = \frac{1}{n^2\pi}[1-(-1)^n] \quad (n = 1,2,\cdots),
\end{aligned}
$$

$$
\begin{aligned}
b_n &= \frac{1}{\pi}\int_{-\pi}^{\pi} f(x)\sin nx\,\mathrm{d}x = \frac{1}{\pi}\int_{-\pi}^{0} x\sin nx\,\mathrm{d}x \\
&= -\frac{1}{n\pi}\int_{-\pi}^{0} x\,\mathrm{d}(\cos nx) \\
&= -\frac{1}{n\pi}[x\cos nx]_{-\pi}^{0} + \frac{1}{n\pi}\int_{-\pi}^{0}\cos nx\,\mathrm{d}x \\
&= \frac{(-1)^{n+1}}{n} + \frac{1}{n^2\pi}[\sin nx]_{-\pi}^{0} \\
&= \frac{(-1)^{n+1}}{n} \quad (n = 1,2,\cdots).
\end{aligned}
$$

将求得的系数代入式(8),得到 $f(x)$ 的傅里叶级数展开式为

$$
\begin{aligned}
f(x) = -\frac{\pi}{4} &+ \left(\frac{2}{\pi}\cos x + \sin x\right) - \frac{1}{2}\sin 2x + \left(\frac{2}{3^2\pi}\cos 3x + \frac{1}{3}\sin 3x\right) \\
&- \frac{1}{4}\sin 4x + \left(\frac{2}{5^2\pi}\cos 5x + \frac{1}{5}\sin 5x\right) - \cdots, \\
&\qquad x \in \mathbf{R}\backslash\{(2k+1)\pi \mid k \in \mathbf{Z}\}.
\end{aligned}
$$

图 10-4 所示是 $f(x)$ 的傅里叶级数的和函数的图形.

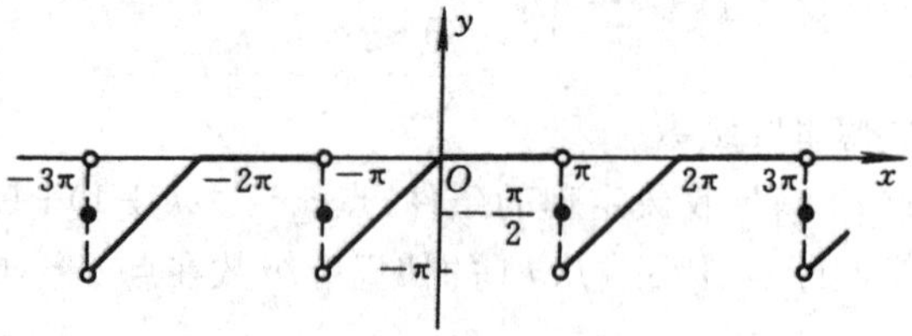

图 10-4

如果函数 $f(x)$ 只在区间$[-\pi,\pi]$上有定义且满足收敛定理的条件,我们也可以将 $f(x)$ 展开成傅里叶级数. 一般可以这样处理:在$[-\pi,\pi)$(或$(-\pi,\pi]$)外补充函数 $f(x)$ 的定义,使它拓广成周期为 2π 的周期函数 $\varphi(x)$(见图 10-5,其中实线为 $y = f(x)$ 在$[-\pi,\pi)$ 上的图形,虚线为延拓部分图形). 以这种方式拓广函数定义域的过程称为周期延拓. 再将 $\varphi(x)$ 展开成傅里叶级数. 最后限制 x 在$(-\pi,\pi)$ 内,此时,$\varphi(x) \equiv f(x)$,这样便得到 $f(x)$ 的傅里叶级数展开式. 根据收敛定理,这级数在区间端点 $x = \pm\pi$ 处收敛于

$$\frac{1}{2}[f(\pi^-) + f(-\pi^+)].$$

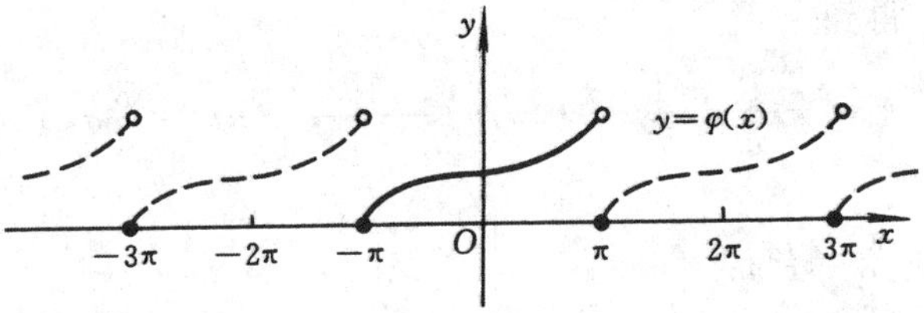

图 10-5

例 3　将函数 $f(x)=|x|\ (-\pi\leqslant x\leqslant\pi)$ 展开成傅里叶级数.

解　把 $f(x)$ 拓广为周期为 2π 的函数 $\varphi(x)$，则 $\varphi(x)$ 在满足收敛定理的条件，并由于 $\varphi(x)$ 处处连续，故它的傅里叶级数在 $[-\pi,\pi]$ 上收敛于 $f(x)$.

计算 $f(x)$ 的傅里叶系数如下：由于 $f(x)\cos nx=|x|\cos nx$ 是偶函数，所以

$$a_0=\frac{1}{\pi}\int_{-\pi}^{\pi}f(x)\mathrm{d}x=\frac{2}{\pi}\int_0^{\pi}x\mathrm{d}x=\pi,$$

$$\begin{aligned}a_n&=\frac{1}{\pi}\int_{-\pi}^{\pi}f(x)\cos nx\,\mathrm{d}x=\frac{2}{\pi}\int_0^{\pi}x\cos nx\,\mathrm{d}x\\&=\frac{2}{\pi}\left[\frac{x\sin nx}{n}+\frac{\cos nx}{n^2}\right]_0^{\pi}=\frac{2}{n^2\pi}(\cos n\pi-1)\\&=\frac{2}{n^2\pi}[(-1)^n-1]\quad(n=1,2,\cdots).\end{aligned}$$

又由于 $f(x)\sin nx=|x|\sin nx$ 是奇函数，所以

$$b_n=\frac{1}{\pi}\int_{-\pi}^{\pi}f(x)\sin nx\,\mathrm{d}x=0\quad(n=1,2,\cdots).$$

从而得

$$f(x)=|x|=\frac{\pi}{2}-\frac{4}{\pi}\left(\cos x+\frac{1}{3^2}\cos 3x+\frac{1}{5^2}\cos 5x+\cdots\right),\quad -\pi\leqslant x\leqslant\pi.$$

利用这个展开式，可以求出几个特殊常数项级数的和. 由 $f(0)=0$，得

$$0=\frac{\pi}{2}-\frac{4}{\pi}\left(1+\frac{1}{3^2}+\frac{1}{5^2}+\cdots\right),$$

由此得到

$$1+\frac{1}{3^2}+\frac{1}{5^2}+\cdots+\frac{1}{(2n-1)^2}+\cdots=\frac{\pi^2}{8}.\tag{9}$$

如果记

$$1+\frac{1}{2^2}+\frac{1}{3^2}+\cdots+\frac{1}{n^2}+\cdots=\sigma,$$

那么

$$\frac{1}{2^2}+\frac{1}{4^2}+\frac{1}{6^2}+\cdots+\frac{1}{(2n)^2}+\cdots=\frac{1}{4}\left(1+\frac{1}{2^2}+\frac{1}{3^2}+\cdots\right)=\frac{\sigma}{4},$$

以上两式相减，得到

$$1+\frac{1}{3^2}+\frac{1}{5^2}+\cdots+\frac{1}{(2n-1)^2}+\cdots=\frac{3}{4}\sigma,$$

从而得到$\frac{3}{4}\sigma=\frac{\pi^2}{8}$，解得

$$\sigma=1+\frac{1}{2^2}+\frac{1}{3^2}+\cdots+\frac{1}{n^2}+\cdots=\frac{4}{3}\cdot\frac{\pi^2}{8}=\frac{\pi^2}{6},$$

进而可得

$$\frac{1}{2^2}+\frac{1}{4^2}+\frac{1}{6^2}+\cdots+\frac{1}{(2n)^2}+\cdots=\frac{\sigma}{4}=\frac{\pi^2}{24}, \tag{10}$$

再由式(9)减式(10)，得到下列交错级数的和：

$$1-\frac{1}{2^2}+\frac{1}{3^2}-\frac{1}{4^2}+\cdots+\frac{1}{(2n-1)^2}-\frac{1}{(2n)^2}+\cdots=\frac{\pi^2}{12}.$$

三、正弦级数与余弦级数

一般而言，一个函数的傅里叶级数既含有正弦项，又含有余弦项. 但是，也有一些函数的傅里叶级数只含有正弦项或者只含有常数项及余弦项. 比如，上面例 3 中，$f(x)=|x|\ (-\pi\leqslant x\leqslant\pi)$ 的傅里叶级数只含有常数项及余弦项.

我们称只含有正弦项的傅里叶级数为正弦级数，称只含有常数项及余弦项的傅里叶级数为余弦级数.

设函数 $f(x)$ 为定义在$(-\infty,+\infty)$内以 2π 为周期的周期函数，并满足收敛定理的条件. 如果 $f(x)$ 为奇函数，那么，$f(x)\sin nx$ 是偶函数，而 $f(x)\cos nx$ 为奇函数. 所以有

$$\left.\begin{aligned}&a_n=0\quad(n=0,1,2,\cdots),\\&b_n=\frac{2}{\pi}\int_0^{\pi}f(x)\sin nx\,\mathrm{d}x\quad(n=1,2,\cdots),\end{aligned}\right\} \tag{11}$$

即知 $f(x)$ 的傅里叶级数只含有正弦项，是正弦级数

$$\sum_{n=1}^{\infty}b_n\sin nx; \tag{12}$$

如果 $f(x)$ 为偶函数，那么，$f(x)\cos nx$ 为偶函数，$f(x)\sin nx$ 是奇函数，从而有

$$\left.\begin{aligned}&a_n=\frac{2}{\pi}\int_0^{\pi}f(x)\cos nx\,\mathrm{d}x\quad(n=0,1,2,\cdots),\\&b_n=0\quad(n=1,2,\cdots),\end{aligned}\right\} \tag{13}$$

即知它的傅里叶级数只含有常数项及余弦项，是余弦级数

$$\frac{a_0}{2}+\sum_{n=1}^{\infty}a_n\cos nx. \tag{14}$$

例 4 设 $f(x)$ 是周期为 2π 的周期函数，它在$[-\pi,\pi)$ 上的表达式为 $f(x)=x$. 将 $f(x)$ 展开成傅里叶级数.

解 首先，所给函数满足收敛定理的条件，它在点

$$x=(2k+1)\pi \quad (k=0,\pm 1,\pm 2,\cdots)$$

处不连续，因此，$f(x)$ 的傅里叶级数在点 $x=(2k+1)\pi$ 处收敛于

$$\frac{f(-\pi^{+})+f(\pi^{-})}{2}=\frac{(-\pi)+\pi}{2}=0,$$

在连续点 $x(x\neq(2k+1)\pi)$ 处收敛于 $f(x)$. 和函数的图形如图 10-6 所示.

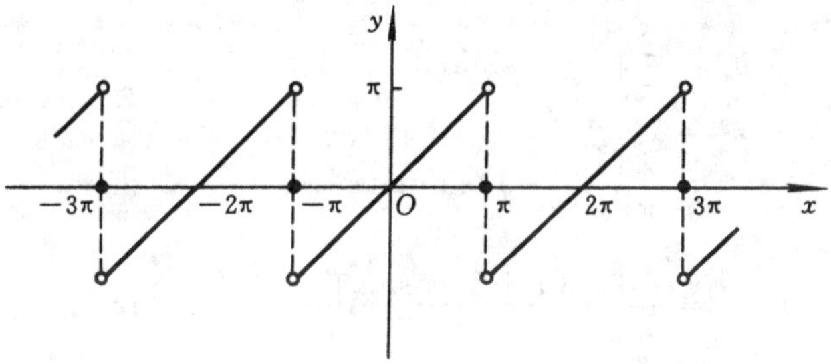

图 10-6

其次，若不计 $x=(2k+1)\pi(k=0,\pm 1,\pm 2,\cdots)$，则 $f(x)$ 是周期为 2π 的奇函数. 显然，此时有

$$a_n=0 \quad (n=0,1,2,\cdots),$$

$$\begin{aligned} b_n&=\frac{2}{\pi}\int_0^{\pi}f(x)\sin nx\,dx=\frac{2}{\pi}\int_0^{\pi}x\sin nx\,dx\\ &=\frac{2}{\pi}\left[-\frac{x\cos nx}{n}\right]_0^{\pi}+\frac{2}{n\pi}\int_0^{\pi}\cos nx\,dx\\ &=-\frac{2}{n}\cos n\pi+\left[\frac{2}{n^2\pi}\sin nx\right]_0^{\pi}\\ &=(-1)^{n+1}\frac{2}{n} \quad (n=1,2,3,\cdots), \end{aligned}$$

从而 $f(x)$ 的傅里叶级数展开式为

$$f(x)=2\left(\sin x-\frac{1}{2}\sin 2x+\frac{1}{3}\sin 3x-\cdots+\frac{(-1)^{n+1}}{n}\sin nx+\cdots\right),$$

$$-\infty<x<+\infty;x\neq\pm\pi,\pm 3\pi,\cdots.$$

在实际应用(如研究某种波动问题、热的传导、扩散问题等)中,有时还需要把定义在区间$[0,\pi]$上的函数 $f(x)$ 展开成正弦级数或余弦级数.

类似于前面的讨论,这类展开问题可以按如下方法解决:设函数 $f(x)$ 定义在区间$[0,\pi]$上且满足收敛定理的条件,我们在开区间$(-\pi,0)$内补充函数$f(x)$的定义,得到定义在$(-\pi,\pi]$上的函数 $F(x)$,使它在$(-\pi,\pi)$上成为奇函数①(偶函数).按这种方式拓广函数定义域的过程称为奇延拓(偶延拓).然后将奇延拓(偶延拓)后的函数展开成傅里叶级数,这个级数必定是正弦级数(余弦级数).再限制 x 在$(0,\pi]$上,此时,$F(x)\equiv f(x)$,这样便得到 $f(x)$ 的正弦级数(余弦级数)展开式.

例 5 将函数 $f(x)=x+1(0\leqslant x\leqslant\pi)$ 分别展开成正弦级数与余弦级数.

解 先作正弦展开.为此,对函数 $f(x)$ 进行奇延拓(图 10-7).按式(11),有

$$
\begin{aligned}
b_n &= \frac{2}{\pi}\int_0^{\pi} f(x)\sin nx\,\mathrm{d}x \\
&= \frac{2}{\pi}\int_0^{\pi}(x+1)\sin nx\,\mathrm{d}x \\
&= \frac{2}{\pi}\left[-\frac{(x+1)\cos nx}{n}\right]_0^{\pi} + \frac{2}{n\pi}\int_0^{\pi}\cos nx\,\mathrm{d}x \\
&= \frac{2}{n\pi}[1-(\pi+1)\cos n\pi] + \frac{2}{n^2\pi}\sin nx\Big|_0^{\pi} \\
&= \begin{cases} \dfrac{2(\pi+2)}{n\pi}, & n=1,3,5,\cdots, \\ -\dfrac{2}{n}, & n=2,4,6,\cdots. \end{cases}
\end{aligned}
$$

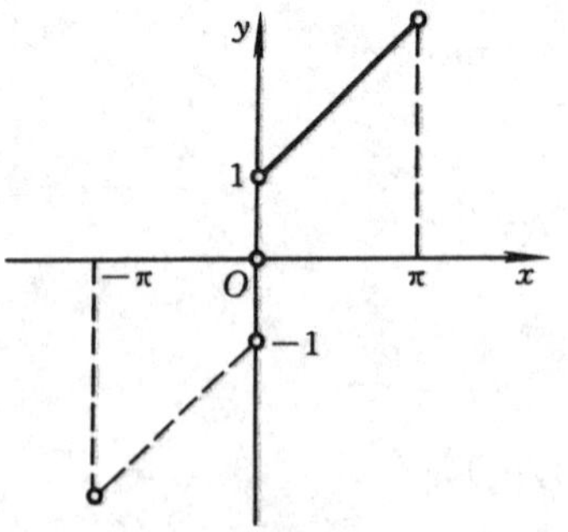

图 10-7

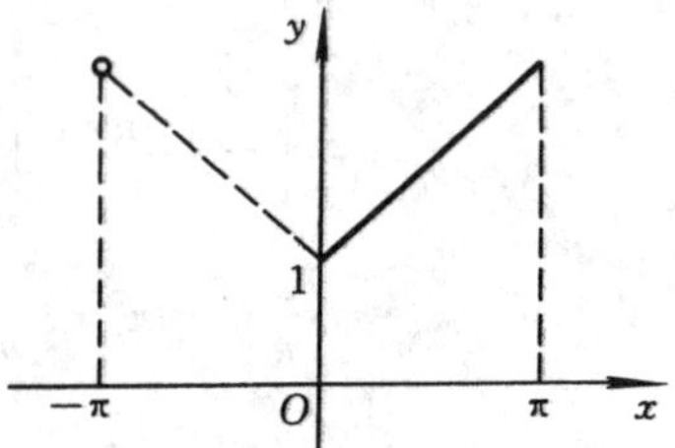

图 10-8

将求得的 b_n 代入正弦级数(12),得

① 补充 $f(x)$ 的定义使它在$(-\pi,\pi)$上成为奇函数时,若 $f(0)\neq 0$,则规定 $F(0)=0$.

$$x+1=\frac{2}{\pi}\left[(\pi+2)\sin x-\frac{\pi}{2}\sin 2x+\frac{1}{3}(\pi+2)\sin 3x-\frac{\pi}{4}\sin 4x+\cdots\right],$$

$$0<x<\pi.$$

在端点 $x=0$ 及 $x=\pi$ 处，级数的和显然为零，它不代表原来函数 $f(x)$ 的值.

再作余弦展开. 为此，对 $f(x)$ 进行偶延拓(图 10-8). 按式(13)，有

$$a_0=\frac{2}{\pi}\int_0^{\pi}(x+1)\mathrm{d}x=\frac{2}{\pi}\left[\frac{x^2}{2}+x\right]_0^{\pi}=\pi+2,$$

$$\begin{aligned}a_n&=\frac{2}{\pi}\int_0^{\pi}(x+1)\cos nx\,\mathrm{d}x\\&=\frac{2}{\pi}\left[\frac{(x+1)\sin nx}{n}\right]_0^{\pi}-\frac{2}{n\pi}\int_0^{\pi}\sin nx\,\mathrm{d}x\\&=0+\frac{2}{n^2\pi}[\cos nx]_0^{\pi}\\&=\frac{2}{n^2\pi}(\cos n\pi-1)\\&=\begin{cases}0, & n=2,4,6,\cdots,\\-\dfrac{4}{n^2\pi}, & n=1,3,5,\cdots.\end{cases}\end{aligned}$$

将求得的 a_n 代入余弦级数(14)，得

$$x+1=\frac{\pi}{2}+1-\frac{4}{\pi}\left(\cos x+\frac{1}{3^2}\cos 3x+\frac{1}{5^2}\cos 5x+\cdots\right),\quad 0\leqslant x\leqslant\pi.$$

*四、一般的周期函数展开成傅里叶级数

实际问题中的周期函数往往并不以 2π 为周期，下面我们讨论以任意实数 $T=2l>0$ 为周期的函数展开成傅里叶级数的问题.

设函数 $f(t)$ 以 $T=2l$ 为周期，并且在区间 $[-l,l]$ 上满足收敛定理的条件，我们作如下变换：

$$t=\frac{l}{\pi}x,\quad 即\quad x=\frac{\pi}{l}t,$$

那么有

$$f(t)=f\left(\frac{l}{\pi}x\right)=\varphi(x).$$

这时，$\varphi(x)$ 就是以 2π 为周期的周期函数，它在 $[-\pi,\pi]$ 上满足收敛定理的条件.

设 $\varphi(x)$ 的傅里叶级数为

$$\varphi(x) \sim \frac{a_0}{2} + \sum_{n=1}^{\infty}(a_n \cos nx + b_n \sin nx),$$

其中

$$\left.\begin{aligned} a_n &= \frac{1}{\pi}\int_{-\pi}^{\pi}\varphi(x)\cos nx\,\mathrm{d}x \quad (n = 0,1,2,\cdots), \\ b_n &= \frac{1}{\pi}\int_{-\pi}^{\pi}\varphi(x)\sin nx\,\mathrm{d}x \quad (n = 1,2,\cdots). \end{aligned}\right\}$$

在上面系数的积分表达式中，积分变量从 x 代回原变量 t，得到

$$\begin{aligned} a_n &= \frac{1}{\pi}\int_{-\pi}^{\pi} f\left(\frac{l}{\pi}x\right)\cos nx\,\mathrm{d}x \\ &\xlongequal[\left(t=\frac{l}{\pi}x\right)]{} \frac{1}{l}\int_{-l}^{l} f(t)\cos\frac{n\pi}{l}t\,\mathrm{d}t \quad (n = 0,1,2,\cdots), \\ b_n &= \frac{1}{\pi}\int_{-\pi}^{\pi} f\left(\frac{l}{\pi}x\right)\sin nx\,\mathrm{d}x \\ &\xlongequal[\left(t=\frac{l}{\pi}x\right)]{} \frac{1}{l}\int_{-l}^{l} f(t)\sin\frac{n\pi}{l}t\,\mathrm{d}t \quad (n = 1,2,\cdots), \end{aligned} \tag{15}$$

从而

$$\begin{aligned} f(t) = f\left(\frac{l}{\pi}x\right) = \varphi(x) &\sim \frac{a_0}{2} + \sum_{n=1}^{\infty}(a_n \cos nx + b_n \sin nx) \\ &= \frac{a_0}{2} + \sum_{n=1}^{\infty}\left(a_n\cos\frac{n\pi}{l}t + b_n\sin\frac{n\pi}{l}t\right). \end{aligned}$$

根据收敛定理，便有

$$\frac{a_0}{2} + \sum_{n=1}^{\infty}\left(a_n\cos\frac{n\pi}{l}t + b_n\sin\frac{n\pi}{l}t\right) = \begin{cases} f(t), & t \text{ 为 } f(t) \text{ 的连续点}, \\ \frac{1}{2}[f(t^-) + f(t^+)], & t \text{ 为 } f(t) \text{ 的间断点}. \end{cases} \tag{16}$$

例 6 设 $f(x)$ 是周期为 4 的周期函数，它在区间 $[-2,2)$ 上的表达式是

$$f(x) = \begin{cases} 0, & -2 \leqslant x < 0, \\ k, & 0 \leqslant x < 2 \end{cases} \quad (\text{常数 } k \neq 0).$$

将 $f(x)$ 展开成傅里叶级数.

解 这时，$l = 2$，按式(15)，$f(x)$ 的傅里叶系数为

$$a_0 = \frac{1}{2}\int_{-2}^{2} f(x)\mathrm{d}x = \frac{1}{2}\int_{0}^{2} k\mathrm{d}x = k,$$

$$\begin{aligned} a_n &= \frac{1}{2}\int_{-2}^{2} f(x)\cos\frac{n\pi}{2}x\mathrm{d}x = \frac{1}{2}\int_{0}^{2} k\cos\frac{n\pi}{2}x\mathrm{d}x \\ &= \left[\frac{k}{n\pi}\sin\frac{n\pi}{2}x\right]_0^2 = 0 \quad (n = 1,2,\cdots); \end{aligned}$$

$$b_n = \frac{1}{2}\int_{-2}^{2} f(x)\sin\frac{n\pi}{2}x\mathrm{d}x = \frac{1}{2}\int_{0}^{2} k\sin\frac{n\pi}{2}x\mathrm{d}x$$

$$= \left[-\frac{k}{n\pi}\cos\frac{n\pi}{2}x\right]_0^2 = \frac{k}{n\pi}(1-\cos n\pi)$$

$$= \frac{k}{n\pi}[1-(-1)^n] \quad (n = 1,2,\cdots).$$

由于 $f(x)$ 满足收敛定理的条件，并在 $x = 0, \pm 2, \pm 4, \cdots$ 处间断，故得

$$f(x) = \frac{a_0}{2} + \sum_{n=1}^{\infty}\left(a_n\cos\frac{n\pi}{2}x + b_n\sin\frac{n\pi}{2}x\right)$$

$$= \frac{k}{2} + \frac{2k}{\pi}\left(\sin\frac{\pi}{2}x + \frac{1}{3}\sin\frac{3\pi}{2}x + \frac{1}{5}\sin\frac{5\pi}{2}x + \cdots\right),$$

$$-\infty < x < +\infty;\ x \neq 0, \pm 2, \pm 4, \cdots.$$

$f(x)$ 的傅里叶级数的和函数的图形如图 10-9 所示. 当 $x = 1$ 时，因 $f(1) = k$，我们可从 $f(x)$ 的展开式中得到下列交错级数的和：

$$1 - \frac{1}{3} + \frac{1}{5} - \cdots + \frac{(-1)^{n-1}}{2n-1} + \cdots = \frac{\pi}{4}.$$

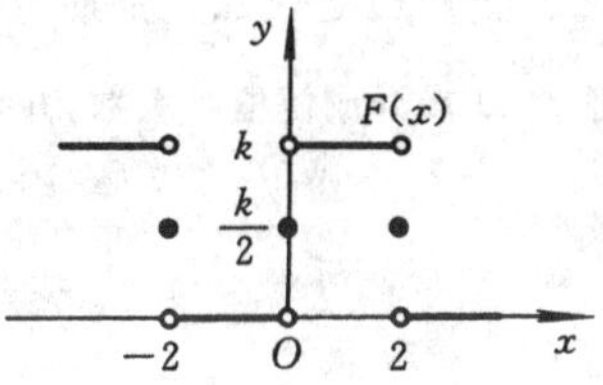

图 10-9

对于一般周期函数的正弦级数与余弦级数展开的问题，读者可以仿照前面以 2π 为周期的周期函数的正弦级数与余弦级数的情形加以讨论.

习　题　10-5

(A)

1. 下列周期函数 $f(x)$ 的周期为 2π，试将 $f(x)$ 展开成傅里叶级数，如果 $f(x)$ 在 $[-\pi,\pi)$ 上的表达式为

(1) $f(x) = 3x^2 + 1 \quad (-\pi \leqslant x < \pi)$；

(2) $f(x) = \mathrm{e}^{2x} \quad (-\pi \leqslant x < \pi)$；

(3) $f(x) = \begin{cases} bx, & -\pi \leqslant x < 0, \\ ax, & 0 \leqslant x < \pi \end{cases}$ （a,b 为常数，且 $a > b > 0$）；

(4) $f(x) = 2\sin\frac{x}{3} \quad -\pi \leqslant x < \pi$.

2. 设 $f(x)$ 是周期为 2π 的周期函数，它在 $[-\pi,\pi)$ 上的表达式为

$$f(x) = \begin{cases} -\frac{\pi}{2}, & -\pi \leqslant x < -\frac{\pi}{2}, \\ x, & -\frac{\pi}{2} \leqslant x < \frac{\pi}{2}, \\ \frac{\pi}{2}, & \frac{\pi}{2} \leqslant x < \pi, \end{cases}$$

将 $f(x)$ 展开成傅里叶级数.

3. 将函数 $f(x)=\frac{\pi-x}{2}\ (0\leqslant x\leqslant\pi)$ 展开成正弦级数.

4. 将函数 $f(x)=2x^2(0\leqslant x\leqslant\pi)$ 分别展开成正弦级数与余弦级数.

*5. $f(x)$ 是周期为 2 的奇函数且在 $[0,1]$ 上的表达式为 $f(x)=x(1-x)$, 将 $f(x)$ 展开为傅里叶级数, 并求级数 $\sum\limits_{n=1}^{\infty}\frac{(-1)^{n-1}}{(2n-1)^3}$ 之和.

(B)

1. 设周期函数 $f(x)$ 的周期为 2π, 证明 $f(x)$ 的傅里叶系数为

$$\left.\begin{aligned}a_n&=\frac{1}{\pi}\int_0^{2\pi}f(x)\cos nx\,\mathrm{d}x\quad(n=0,1,2,\cdots),\\ b_n&=\frac{1}{\pi}\int_0^{2\pi}f(x)\sin nx\,\mathrm{d}x\quad(n=1,2,\cdots).\end{aligned}\right\}$$

2. 设 $f(x)$ 是以 2π 为周期的函数, 在 $[0,2\pi)$ 上的表达式为 $f(x)=x+x^2(0\leqslant x<2\pi)$, 试将 $f(x)$ 展开成傅里叶级数, 并求级数 $\sum\limits_{n=1}^{\infty}\frac{1}{n^2}$ 之和.

考研试题选讲(八)

以下是 2012—2014 年全国硕士研究生入学统一考试数学一、二、三试题中与本章相关的试题及其解析. 由于试卷的性质, 解题中需要的方法有可能会超出本章的范围.

1. (2012 年数学一第(17)题)

求幂级数 $\sum\limits_{n=0}^{\infty}\frac{4n^2+4n+3}{2n+1}$ 的收敛域及和函数.

分析 首先需要求出其收敛半径 R, 从而得到收敛(开)区间 $(-R,R)$, 然后考察其在 $x=\pm R$ 时是否收敛, 最终得到其收敛域. 一般而言, 利用幂级数在收敛(开)区间上的分析性质, 求出其和函数.

解 由于该幂级数中缺少 x 的奇次幂项, 所以需要借助比值审敛法来求它的收敛半径:

$$\lim_{n\to\infty}\left|\frac{4(n+1)^2+4(n+1)+3}{2(n+1)+1}x^{2n+2}\Big/\frac{4n^2+4n+3}{2n+1}x^{2n}\right|=|x|^2,$$

由此即得当 $|x|<1$ 时幂级数收敛; 当 $|x|>1$ 时幂级数发散. 因此其收敛半径 $R=1$.

当 $x=\pm1$ 时所得的级数 $\sum\limits_{n=0}^{\infty}\frac{4n^2+4n+3}{2n+1}$ 显然发散(由于 $\lim\limits_{n\to\infty}a_n=\lim\limits_{n\to\infty}\frac{4n^2+4n+3}{2n+1}=+\infty$, 故由级数收敛的必要条件知该级数发散). 因此, 该幂级数的收敛域为 $(-1,1)$.

当 $x\in(-1,1)$ 时, 有

$$\sum_{n=0}^{\infty}\frac{4n^2+4n+3}{2n+1}x^{2n}=\sum_{n=0}^{\infty}\left[(2n+1)+\frac{2}{2n+1}\right]x^{2n}=\sum_{n=0}^{\infty}(2n+1)x^{2n}+2\sum_{n=0}^{\infty}\frac{1}{2n+1}x^{2n},$$

设 $S_1(x)=\sum\limits_{n=0}^{\infty}(2n+1)x^{2n}$, $x\in(-1,1)$, 则由幂级数的逐项积分公式以及 $\sum\limits_{n=0}^{\infty}x^n=\frac{1}{1-x}$, $x\in(-1,1)$, 有

$$\int_0^x S_1(t)\mathrm{d}t = \sum_{n=0}^{\infty}(2n+1)\int_0^x t^{2n}\mathrm{d}t = \sum_{n=0}^{\infty}x^{2n+1} = x\sum_{n=0}^{\infty}x^{2n} = \frac{x}{1-x^2},\ x\in(-1,1),$$

从而有 $S_1(x) = \left(\frac{x}{1-x^2}\right)' = \frac{1+x^2}{(1-x^2)^2}, x\in(-1,1)$；又设 $S_2(x) = \sum_{n=0}^{\infty}\frac{1}{2n+1}x^{2n}$，$x\in(-1,1)$，则由幂级数的逐项求导公式以及 $\sum_{n=0}^{\infty}x^n = \frac{1}{1-x}, x\in(-1,1)$，有

$$[xS_2(x)]' = \sum_{n=0}^{\infty}x^{2n} = \frac{1}{1-x^2},\quad x\in(-1,1),$$

从而有 $xS_2(x) = xS_2(x) - 0 = \int_0^x\frac{1}{1-t^2}\mathrm{d}t = \frac{1}{2}\ln\frac{1+x}{1-x}, x\in(-1,1)$. 于是当 $x\in(-1,0)\cup(0,1)$ 时，$S_2(x) = \frac{1}{2}\ln\frac{1+x}{1-x}$.

设 $S(x) = \sum_{n=0}^{\infty}\frac{4n^2+4n+3}{2n+1}x^{2n}, x\in(-1,1)$，则综合以上讨论以及注意到 $S(0)=3$，最终得到

$$S(x) = \begin{cases}\dfrac{1+x^2}{(1-x^2)^2} + \dfrac{1}{x}\ln\dfrac{1+x}{1-x}, & x\in(-1,0)\cup(0,1),\\ 3, & x=0.\end{cases}$$

2.（2012 年数学三第(4)题）

已知级数 $\sum_{n=1}^{\infty}(-1)^n\sqrt{n}\sin\frac{1}{n^\alpha}$ 绝对收敛，级数 $\sum_{n=1}^{\infty}\frac{(-1)^n}{n^{2-\alpha}}$ 条件收敛，则（　）

(A) $0\leqslant\alpha\leqslant\frac{1}{2}$；　(B) $\frac{1}{2}\leqslant\alpha\leqslant 1$；　(C) $1<\alpha\leqslant\frac{3}{2}$；　(D) $\frac{3}{2}<\alpha>2$.

答案　(D).

分析　首先级数 $\sum_{n=1}^{\infty}\frac{(-1)^n}{n^{2-\alpha}}$ 必须收敛，则 $2-\alpha>0$，即 $\alpha<2$. 其次，根据 p- 级数收敛性的结论知，当且仅当 $2-\alpha\leqslant 1$，即 $\alpha\geqslant 1$ 时 $\sum_{n=1}^{\infty}\left|\frac{(-1)^n}{n^{2-\alpha}}\right| = \sum_{n=1}^{\infty}\frac{1}{n^{2-\alpha}}$ 发散，所以当且仅当 $1\leqslant\alpha<2$ 时，$\sum_{n=1}^{\infty}\frac{(-1)^n}{n^{2-\alpha}}$ 条件收敛.

$\sum_{n=1}^{\infty}\left|(-1)^n\sqrt{n}\sin\frac{1}{n^\alpha}\right| = \sum_{n=1}^{\infty}\sqrt{n}\sin\frac{1}{n^\alpha}$，由于 $\dfrac{\lim\limits_{n\to\infty}\sqrt{n}\sin\frac{1}{n^\alpha}}{\frac{1}{n^{\alpha-\frac{1}{2}}}} = 1$，而 $\sum_{n=1}^{\infty}\frac{1}{n^{\alpha-\frac{1}{2}}}$ 根据 p- 级数收敛性的结论知，当且仅当 $\alpha-\frac{1}{2}\leqslant 1$，即 $\alpha\geqslant\frac{3}{2}$ 时收敛. 所以当且仅当 $\alpha>\frac{3}{2}$ 时，$\sum_{n=1}^{\infty}(-1)^n\sqrt{n}\sin\frac{1}{n^\alpha}$ 绝对收敛.

综合以上讨论即得应选(D).

3.（2013 年数学一第(3)题）

设 $f(x) = \left|x-\frac{1}{2}\right|$，$b_n = 2\int_0^1 f(x)\sin n\pi x\mathrm{d}x\ (n=1,2,\cdots)$. 令 $S(x) = \sum_{n=1}^{\infty}b_n\sin n\pi x$，则

$S\left(-\frac{9}{4}\right)=$ （ ）

(A) $\frac{3}{4}$； (B) $\frac{1}{4}$； (C) $-\frac{1}{4}$； (D) $-\frac{3}{4}$.

答案 (C).

分析 由题设(b_n 的积分表达式中的积分区间$[0,1]$及积分号前的因子 2)知，首先将定义在$[0,1]$上的 $f(x)$ 作奇延拓，再作周期延拓之后，使之成为以 2 为周期的函数 $\tilde{f}(x)$，然后将 $\tilde{f}(x)$ 展开为傅里叶级数，便得 $\sum\limits_{n=1}^{\infty} b_n \sin n\pi x$. 根据收敛性定理，它的和函数 $S(x)$ 在 $\tilde{f}(x)$ 的连续点 $x=-\frac{9}{4}$ 处等于 $\tilde{f}\left(-\frac{9}{4}\right)$. 由于 $\tilde{f}(x)$ 以 2 为周期的奇函数，所以

$$S\left(-\frac{9}{4}\right)=\tilde{f}\left(-\frac{9}{4}\right)=\tilde{f}\left(-\frac{1}{4}\right)=-f\left(\frac{1}{4}\right)=-\frac{1}{4}.$$

因此应选(C).

4. (2013 年数学一第(16) 题)

设数列$\{a_n\}$满足条件：$a_0=3,\ a_1=1, a_{n-2}-n(n-1)a_n=0(n\geqslant 2)$，$S(x)$ 是幂级数 $\sum\limits_{n=1}^{\infty} a_n x^n$ 的和函数.

(Ⅰ) 证明：$S''(x)-S(x)=0$；

(Ⅱ) 求 $S(x)$ 的表达式.

分析 (Ⅰ) 可利用幂级数的逐项求导公式证明在该幂级数的收敛区间内成立 $S''(x)-S(x)=0$；(Ⅱ) 求解(Ⅰ)中得到的二阶常系数齐次线性微分方程，得出 $S(x)$ 的表达式.

解 (Ⅰ) 利用幂级数的逐项求导公式，在该幂级数的收敛区间内，有

$$S'(x)=\sum_{n=1}^{\infty} na_n x^{n-1},\quad S''(x)=\sum_{n=2}^{\infty} n(n-1)a_n x^{n-2},$$

由题设即得在该幂级数的收敛区间内，有

$$S''(x)=\sum_{n=2}^{\infty} n(n-1)a_n x^{n-2}=\sum_{n=2}^{\infty} a_n x^n=S(x),$$

即 $S''(x)-S(x)=0$.

(Ⅱ) 二阶常系数齐次线性微分方程 $S''(x)-S(x)=0$ 的特征方程为 $r^2-1=0$，故特征根为 $r=\pm 1$，因此，其通解为 $S(x)=C_1 e^{-x}+C_2 e^{x}$，即有幂级数 $\sum\limits_{n=1}^{\infty} a_n x^n$ 的和函数 $S(x)=C_1 e^{-x}+C_2 e^{x}$，其中 C_1 与 C_2 是待定常数. 由 $S(0)=a_0=C_1+C_2=3, S'(0)=a_1=-C_1+C_2=1$，得到 $C_1=1, C_2=2$. 以及幂级数的和函数在收敛域上的连续性，所以在该幂级数的收敛域上 $S(x)=e^{-x}+2e^{x}$.

5. (2013 年数学三第(4) 题)

设$\{a_n\}$为正项数列，下列选项正确的是 （ ）

(A) 若 $a_n>a_{n+1}$，则 $\sum\limits_{n=1}^{\infty}(-1)^{n-1}a_n$ 收敛；

(B) 若 $\sum\limits_{n=1}^{\infty} a_n$ 收敛，则 $a_n>a_{n+1}$；

(C) 若 $\sum\limits_{n=1}^{\infty} a_n$ 收敛，则存在常数 $p>1$，使 $\lim\limits_{n\to\infty} n^p a_n$ 存在；

(D) 若存在常数 $p>1$，使 $\lim\limits_{n\to\infty} n^p a_n$ 存在，则 $\sum\limits_{n=1}^{\infty} a_n$ 收敛.

答案 (D).

分析 由收敛数列的有界性定理，存在正数 M，使得成立 $0<n^p a_n \leqslant M\ (n=1,2,\cdots)$，从而有 $0<a_n \leqslant \dfrac{M}{n^p}\ (n=1,2,\cdots)$. 于是由于当 $p>1$ 时级数 $\sum\limits_{n=1}^{\infty} \dfrac{1}{n^p}$ 收敛，所以根据正项级数的比较审敛法，级数 $\sum\limits_{n=1}^{\infty} a_n$ 收敛. 因此应选(D).

注 对于选项(A)，(B) 与(C)，不难见依次有以下反例说明它们都是伪命题：$a_n=\dfrac{1}{2}+\dfrac{1}{n}$，$a_n=a_n=\dfrac{1+2(-1)^n}{4^n}$ 与 $a_n=\dfrac{1}{n\ln^2 n}$. 事实上，对于选项(A) 而言，增加条件 $\lim\limits_{n\to\infty} a_n=0$ 之后，才由莱布尼兹判别法，得出 $\sum\limits_{n=1}^{\infty}(-1)^{n-1}a_n$ 收敛. 对于选项(B) 而言，$\sum\limits_{n=1}^{\infty} a_n$ 收敛的必要条件是 $\lim\limits_{n\to\infty} a_n=0$. 至于选项(C) 的反例，$\sum\limits_{n=2}^{\infty} \dfrac{1}{n\ln^2 n}$ 的收敛性需要利用正项级数的积分判别法.

6. (2014 年数学一第(19) 题)

设数列 $\{a_n\}$，$\{b_n\}$ 满足 $0<a_n<\dfrac{\pi}{2}$，$0<b_n<\dfrac{\pi}{2}$，$\cos a_n - a_n = \cos b_n$，且级数 $\sum\limits_{n=1}^{\infty} b_n$ 收敛. 证明：

(Ⅰ) $\lim\limits_{n\to\infty} a_n = 0$；

(Ⅱ) 级数 $\sum\limits_{n=1}^{\infty} \dfrac{a_n}{b_n}$ 收敛.

分析 (Ⅰ) 利用收敛数列的相关性质证明 $\lim\limits_{n\to\infty} a_n=0$. (Ⅱ) 利用正项级数的审敛法证明级数 $\sum\limits_{n=1}^{\infty} \dfrac{a_n}{b_n}$ 收敛.

证 (Ⅰ) 已知 $\{a_n\}$ 是正数列，所以由 $\cos a_n - a_n = \cos b_n$，有

$$a_n = \cos a_n - \cos b_n = -2\sin\frac{a_n+b_n}{2}\sin\frac{a_n-b_n}{2} > 0.$$

又由 $0<a_n<\dfrac{\pi}{2}$，$0<b_n<\dfrac{\pi}{2}$，一方面有 $\sin\dfrac{a_n+b_n}{2}>0$，从而由上式得到 $\sin\dfrac{a_n-b_n}{2}<0$；另一方面有 $-\dfrac{\pi}{4}<\dfrac{a_n-b_n}{2}<\dfrac{\pi}{4}$，所以又由 $\sin\dfrac{a_n-b_n}{2}<0$ 得到 $-\dfrac{\pi}{4}<\dfrac{a_n-b_n}{2}<0$，从而得到 $0<a_n<b_n$.

因为 $\sum\limits_{n=1}^{\infty} b_n$ 收敛，所以 $\lim\limits_{n\to\infty} b_n=0$，从而由 $0<a_n<b_n$ 与 $\lim\limits_{n\to\infty} b_n=0$，根据数列的夹逼准则即得 $\lim\limits_{n\to\infty} a_n=0$.

(Ⅱ) 由 $0 < a_n < \frac{\pi}{2}$，$0 < b_n < \frac{\pi}{2}$，有 $0 < \frac{a_n + b_n}{2} < \frac{\pi}{2}$，以及由以上得到的 $-\frac{\pi}{4} < \frac{a_n - b_n}{2} < 0$，有 $0 < \frac{b_n - a_n}{2} < \frac{\pi}{4}$，从而根据不等式"$|\sin x| \leqslant |x|$，且等号当且仅当 $x = 0$ 时成立"，得到

$$0 < \sin\frac{a_n + b_n}{2} < \frac{a_n + b_n}{2}，以及\ 0 < \sin\frac{b_n - a_n}{2} < \frac{b_n - a_n}{2}.$$

于是有

$$0 < \frac{a_n}{b_n} = \frac{2\sin\frac{a_n + b_n}{2}\sin\frac{b_n - a_n}{2}}{b_n} < \frac{2 \cdot \frac{a_n + b_n}{2} \cdot \frac{b_n - a_n}{2}}{b_n} = \frac{b_n^2 - a_n^2}{2b_n} < b_n,$$

从而根据正项级数的比较审敛法，由 $\sum_{n=1}^{\infty} b_n$ 收敛即得级数 $\sum_{n=1}^{\infty}\frac{a_n}{b_n}$ 收敛.

7. (2014 年数学三第(18) 题)

求幂级数 $\sum_{n=1}^{\infty}(n+1)(n+3)x^n$ 的收敛域及和函数.

分析　首先需要求出其收敛半径 R，从而得到收敛(开) 区间 $(-R,R)$，然后考察其在 $x = \pm R$ 时是否收敛，最终得到其收敛域. 一般而言，利用幂级数在收敛(开) 区间上的分析性质，求出其和函数.

解　$\lim\limits_{n\to\infty}\left|\frac{a_{n+1}}{a_n}\right| = \lim\limits_{n\to\infty}\frac{(n+2)(n+4)}{(n+1)(n+3)} = 1$，所以该幂级数的收敛半径 $R = 1$. 显然，当 $x = \pm 1$ 时该幂级数发散，因此得到其收敛域为 $(-1,1)$.

设 $\sum_{n=0}^{\infty}(n+1)(n+3)x^n$ 在收敛域 $(-1,1)$ 上的和函数为 $S(x)$，即 $S(x) = \sum_{n=0}^{\infty}(n+1)(n+3)x^n$，$x \in (-1,1)$，则对任意的 $x \in (-1,1)$，有

$$\int_0^x S(t)\mathrm{d}t = \sum_{n=0}^{\infty}(n+3)\int_0^x (n+1)t^n\mathrm{d}t = \sum_{n=0}^{\infty}(n+3)x^{n+1}.$$

又设 $S_1(x) = \sum_{n=0}^{\infty}(n+3)x^{n+2}$，$x \in (-1,1)$，则对任意的 $x \in (-1,1)$，有

$$\int_0^x S_1(t)\mathrm{d}t = \sum_{n=0}^{\infty}\int_0^x (n+3)t^{n+2}\mathrm{d}t = \sum_{n=0}^{\infty}x^{n+3} = \frac{x^3}{1-x},$$

于是 $S_1(x) = \frac{\mathrm{d}}{\mathrm{d}x}\left(\frac{x^3}{1-x}\right) = \frac{x^2(3-2x)}{(1-x)^2}$，$x \in (-1,1)$. 由此可得 $\int_0^x S(t)\mathrm{d}t = \frac{x(3-2x)}{(1-x)^2}$，$x \in (-1,1)$ 因此

$$S(x) = \frac{\mathrm{d}}{\mathrm{d}x}\left[\frac{x(3-2x)}{(1-x)^2}\right] = \frac{3-x}{(1-x)^3},\quad x \in (-1,1).$$

习题答案

习　题　7-1

(A)

1. A:Ⅳ；　B:Ⅴ；　C:Ⅷ；　D:Ⅲ.

2. (1) $(1,-2,1),(-1,-2,-1),(1,2,-1)$；

(2) $(1,2,1),(-1,-2,1),(-1,2,-1)$；

(3) $(-1,2,1)$.

3. $(0,0,0),(a,0,0),(0,a,0),(0,0,a)$,

$(a,a,a),(a,a,0),(a,0,a),(0,a,a)$.

4. xOy 面:$(x_0,y_0,0)$,yOz 面:$(0,y_0,z_0)$,zOx 面:$(x_0,0,z_0)$；

x 轴:$(x_0,0,0)$,y 轴:$(0,y_0,0)$,z 轴:$(0,0,z_0)$.

5. (x_0,y_0,z_0) 是否在球面内,球面外或球面上分别由 $x_0^2+2x_0+y_0^2+z_0^2-2z_0<0$,$>0$ 或 $=0$ 确定.

7. (1) $(x+4)^2+(y-3)^2=8(z-2)$；

(2) $15x^2+16y^2-z^2=0$；

(3) $\begin{cases}(x-1)^2+(y-2)^2+(z-1)^2=9,\\(x-2)^2+y^2+(z-1)^2=4.\end{cases}$

8. (1) 圆；(2) 圆；(3) 椭圆；(4) 双曲线.

9. (1) $\begin{cases}2x^2-2x+y^2=8,\\z=0;\end{cases}$　(2) $\begin{cases}x^2+2y^2=16,\\z=0;\end{cases}$

(3) $\begin{cases}x^2+y^2-x-1=0,\\z=0;\end{cases}$　(4) $\begin{cases}x^2+(y-1)^2=1,\\z=0.\end{cases}$

10. 母线平行于 x 轴的柱面方程:$5z^2-3y^2=8$,

母线平行于 y 轴的柱面方程:$3x^2+2z^2=20$.

(B)

2. $x^2+y^2\leqslant ax$；$x^2+z^2\leqslant a^2,x\geqslant 0,z\geqslant 0$.

3. (1) $(x-2)^2+(y+2)^2+(z-1)^2=4$；

(2) $(x-3)^2+y^2+(z+2)^2=51$.

4. k 分别等于 $-1,-4,0$ 时,球面分别与 xOy 面,zOx 面,x 轴相切.

5. 在 xOy 轴上投影:$\begin{cases}x^2+2y^2-2y=0,\\z=0;\end{cases}$

在 yOz 面上的投影:$\begin{cases}y+z-1=0,\\x=0\end{cases}$　$(0\leqslant y\leqslant 1)$.

6. (1) $\begin{cases} x = \dfrac{\sqrt{2}}{2}\cos t, \\ y = -\dfrac{\sqrt{2}}{2}\cos t, \\ z = \sin t \end{cases}$ $(0 \leqslant t \leqslant 2\pi)$；　(2) $\begin{cases} x = 1 + \cos t, \\ y = \sin t, \\ z = 2\sin\dfrac{t}{2} \end{cases}$ $(0 \leqslant t \leqslant 2\pi)$.

习　题　7-2

(A)

1. $5\boldsymbol{a} + 11\boldsymbol{b} - 7\boldsymbol{c}$.

2. $\overrightarrow{D_1A} = -\left(\boldsymbol{c} + \frac{1}{5}\boldsymbol{a}\right), \overrightarrow{D_2A} = -\left(\boldsymbol{c} + \frac{2}{5}\boldsymbol{a}\right), \overrightarrow{D_3A} = -\left(\boldsymbol{c} + \frac{3}{5}\boldsymbol{a}\right), \overrightarrow{D_4A} = -\left(\boldsymbol{c} + \frac{4}{5}\boldsymbol{a}\right)$.

3. $\{1, -2, -2\}, \{-2, 4, 4\}$.

4. $\{\frac{6}{11}, \frac{7}{11}, -\frac{6}{11}\}$ 或 $\{-\frac{6}{11}, -\frac{7}{11}, \frac{6}{11}\}$.

5. $B(-2, 4, -3)$.

6. $-4 - 4\sqrt{6}$ 与 $-4 + 4\sqrt{6}$.

7. $C(1, 0, 5), D(0, 5, -3)$.

9. (1)；(3).

10. $(-7, 4, 9)$.

11. $|\overrightarrow{M_1M_2}| = 2$；方向余弦：$-\frac{1}{2}, -\frac{\sqrt{2}}{2}, \frac{1}{2}$；方向角：$\frac{2\pi}{3}, \frac{3\pi}{4}, \frac{\pi}{3}$.

12. $\left(\frac{\sqrt{2}}{4}, \frac{\sqrt{2}}{4}, \frac{\sqrt{3}}{2}\right)$ 或 $\left(-\frac{\sqrt{2}}{4}, -\frac{\sqrt{2}}{4}, \frac{\sqrt{3}}{2}\right)$.

(B)

1. $\overrightarrow{AC} = \frac{3}{2}\boldsymbol{a} + \frac{1}{2}\boldsymbol{b}, \overrightarrow{AD} = \boldsymbol{a} + \boldsymbol{b}, \overrightarrow{AF} = -\frac{1}{2}\boldsymbol{a} + \frac{1}{2}\boldsymbol{b}, \overrightarrow{CB} = -\frac{1}{2}\boldsymbol{a} - \frac{1}{2}\boldsymbol{b}$.

2. $(2, -5, 3)$.

3. $m = 4, n = -1$.

4. $\pm\left\{\frac{\sqrt{6}}{3}, \frac{\sqrt{6}}{6}, \frac{\sqrt{6}}{6}\right\}$.

5. (1) 垂直于 x 轴，平行于 yOz 面.
   (2) 指向与 y 轴正向一致，垂直于 zOx 面.
   (3) 平行于 z 轴，垂直于 xOy 面.

6. $\boldsymbol{i} = \frac{1}{12}(5\boldsymbol{a} + \boldsymbol{b} - 3\boldsymbol{c}), \boldsymbol{j} = \frac{1}{3}(\boldsymbol{a} - \boldsymbol{b}), \boldsymbol{k} = \frac{1}{4}(\boldsymbol{a} + \boldsymbol{b} + \boldsymbol{c})$.

习　题　7-3

(A)

1. (1) 8；(2) 38；(3) 128.

2. (1) $\{3,-7,-5\}$;(2) $\{42,-98,-70\}$;(3) $-\boldsymbol{j}-2\boldsymbol{k}$.

3. (1) $\{0,-8,-24\}$； (2) $\{0,-1,-1\}$； (3) 2； (4) $\{2,1,21\}$.

4. (1) $|\boldsymbol{a}|=\sqrt{14}$, $|\boldsymbol{b}|=\sqrt{6}$； (2) $\dfrac{\sqrt{21}}{14}$.

5. 36.

6. 24.

7. $5\,880J$.

8. (1) $\pm\dfrac{1}{25}\{15,12,16\}$； (2) $\dfrac{25}{2}$； (3) 5.

9. $\dfrac{75}{4}$.

10. $-\dfrac{3}{2}$.

(B)

1. (1) $4\sqrt{2}$； (2) ± 30.

2. (1) $\lambda=\dfrac{9}{2}$； (2) $\lambda=\dfrac{7}{38}$.

3. $z=-4$ 时，$\cos(\boldsymbol{a},\boldsymbol{b})$ 最大，因此，$(\boldsymbol{a},\boldsymbol{b})$ 最小，且最小值为$\dfrac{\pi}{4}$.

4. 平行四边形两条对角线的平方和等于它四条边的平方和.

5. $\dfrac{\sqrt{2}}{2}$.

6. $\{1,2,3\}$.

习　题　7-4

(A)

1. (1) 存在但不唯一；
   (2) 存在且唯一；
   (3) 存在且唯一；
   (4) 存在但不唯一；
   (5) 存在，并且仅当两已知点连线与已知直线不平行时才唯一；
   (6) 仅当两已知点的连线与已知直线垂直时才存在，并且唯一；
   (7) 仅当两已知点的连线与已知平面平行时才存在，并且此时唯一；
   (8) 存在，并且仅当两已知点的连线与已知平面不垂直时才唯一；
   (9) 存在，并且仅当三点不共线时才唯一.

2. (1) $y+5=0$； (2) $x+y-3z-4=0$；
   (3) $x-3y-2z=0$； (4) $2x-3z=0$；
   (5) $4y-z-2=0$.

3. (1) $2x-8y+z-1=0$； (2) $2x-y-z=0$；
   (3) $3x+2z-5=0$； (4) $2x+9y-6z-121=0$.

4. (1) yOz 面；　(2) 通过原点；

(3) 平行于 z 轴；　(4) 通过 x 轴；

(5) 平行于 zOx 面；　(6) 平行于 x 轴.

5. $x+y+z-2=0$.

6. 6.

7. $\frac{1}{3},\frac{2}{3},\frac{2}{3}$.

8. 1.

9. $\theta=\arccos\frac{\sqrt{2}}{3}$，原点距平面 $x+y+z+1=0$ 更近.

10. $20x-4y-5z+133=0$ 与 $20x-4y-5z-119=0$.

11. $k=\pm 2$.

12. $x+y+2z-4=0$.

13. $2x-25y-11z+270=0$ 及 $46x-50y+122z+510=0$.

(B)

1. $(x_2-x_1)\left(x-\frac{x_1+x_2}{2}\right)+(y_2-y_1)\left(y-\frac{y_1+y_2}{2}\right)+(z_2-z_1)\left(z-\frac{z_1+z_2}{2}\right)=0$.

2. $(-9,-5,17)$.

3. $2x+y+2z\pm 2\sqrt[3]{3}=0$.

4. $\frac{1}{2}\sqrt{a^2b^2+b^2c^2+c^2a^2}$.

5. $x+\sqrt{26}y+3z-3=0$ 与 $x-\sqrt{26}y+3z-3=0$.

习　题　7-5

(A)

1. (1) $x=-y=z$；　(2) $\frac{x-2}{3}=\frac{y-5}{-1}=\frac{z-8}{5}$；

(3) $\frac{x-2}{1}=\frac{y+8}{2}=\frac{z-3}{-3}$；　(4) $\frac{x+1}{1}=\frac{y-2}{2}=\frac{z-5}{-1}$.

2. (1) $\frac{x}{-2}=\frac{y-2}{3}=\frac{z-4}{1}$；　(2) $\frac{x-2}{-7}=\frac{y}{-2}=\frac{z-1}{8}$.

3. (1) $\frac{x+\frac{7}{3}}{5}=\frac{y}{1}=\frac{z-\frac{1}{3}}{-2}$，$\begin{cases}x=-\frac{7}{3}+5t,\\ y=t,\\ z=\frac{1}{3}-2t;\end{cases}$

(2) $\frac{x+\frac{34}{7}}{3}=\frac{y+\frac{15}{7}}{1}=\frac{z}{-1}$，$\begin{cases}x=-\frac{34}{7}+3t,\\ y=-\frac{15}{7}+t,\\ z=-t.\end{cases}$

4. $k = \frac{3}{4}$.

6. (1) $\varphi = \arccos\frac{1}{6}$;　　(2) $\varphi = \frac{TC}{2}$.

7. (1) $\theta = \arcsin\frac{5}{6}$;　　(2) $\theta = \arcsin\frac{7\sqrt{6}}{18}$.

8. (1) 平行;　(2) 垂直;　(3) 直线在平面上.

9. $8x - 9y - 22z - 59 = 0$.

10. $x - y + z = 0$.

(B)

1. (1) $\frac{x}{-3} = \frac{y-1}{1} = \frac{z-2}{2}$;　　(2) $\frac{x-2}{2} = \frac{y-1}{-1} = \frac{z-3}{4}$.

2. (1) $\left(-\frac{5}{3}, \frac{2}{3}, \frac{2}{3}\right)$;　　(2) $(-5, 2, 4)$.

3. (1) $\begin{cases} 7x - 9y + 9 = 0, \\ z = 0, \end{cases}$ $\begin{cases} 10y - 7z + 18 = 0, \\ x = 0, \end{cases}$ $\begin{cases} 10x - 9z + 36 = 0, \\ y = 0; \end{cases}$

(2) $\begin{cases} y - z - 1 = 0, \\ x + y + z = 0. \end{cases}$

4. $\frac{\sqrt{458}}{3}$.

5. (1) $9x + 3y + 5z = 0$;　　(2) $21y - 7z + 9 = 0$;

(3) $7x + 14y + 5 = 0$.

习　题　7-6

(A)

1. (1) $y^2 + z^2 = 5x$;

(2) $\frac{x^2 + z^2}{9} + \frac{y^2}{4} = 1$;

(3) 绕 x 轴:$4x^2 - 9(y^2 + z^2) = 36$,绕 y 轴 $4(x^2 + z^2) - 9y^2 = 36$;

(4) $y^2 + z^2 = (2x + 1)^2$.

2. (1) 球面,可以由 xOy 面上的圆 $x^2 + y^2 = 1$ 绕 y 轴旋转而成;

(2) 椭球面;

(3) 椭球面,可以由 xOy 面上的椭圆 $\frac{x^2}{4} + \frac{y^2}{9} = 1$ 绕 y 轴旋转而成;

(4) 单叶双曲面;

(5) 单叶双曲面,可以由 yOz 面上的双曲线 $-\frac{y^2}{2} + z^2 = 1$ 绕 y 轴旋转而成;

(6) 双叶双曲面,可以由 zOx 面上的双曲线 $\frac{x^2}{4} - z^2 = -1$ 绕 z 轴旋转而成;

(7) 双曲抛物面;

(8) 椭圆锥面,可以由 zOx 面上直线 $x = \sqrt{2}z$ 绕 z 轴旋转而成.

3.（1）椭圆；　　　　　　　　（2）双曲线.

4. 3，$\sqrt{3}$.

5. 椭圆；椭圆；双曲线；双曲线.

(B)

1. $(\sqrt{x^2+z^2}-R)^2+y^2=r^2$，或者$(x^2+y^2+z^2+R^2-r^2)^2=4R^2(x^2+z^2)$.

2. 当$|y_1|<b$时，为实轴平行于x轴的双曲线：

$$\begin{cases}\dfrac{x^2}{a^2}-\dfrac{z^2}{c^2}=1-\dfrac{y_1^2}{b^2},\\ y=y_1;\end{cases}$$

当$|y_1|>b$时，为实轴平行于z轴的双曲线：

$$\begin{cases}\dfrac{z^2}{c^2}-\dfrac{x^2}{a^2}=\dfrac{y_1^2}{b^2}-1,\\ y=y_1;\end{cases}$$

当$|y_1|=b$时，为两条相交直线：

$$\begin{cases}\dfrac{x}{a}=\pm\dfrac{z}{c},\\ y=y_1.\end{cases}$$

习　题　8-1

(A)

1.（1）开集，无界集，边界为$\{(x,y)\mid x=0 或 y=0\}$；

（2）非开集亦非闭集，有界集，边界为$\{(x,y)\mid x^2+y^2=1 或 x^2+y^2=3\}$；

（3）开集，区域，无界集，边界为$\{(x,y)\mid x=y^2\}$；

（4）开集，区域，有界集，边界为$\{(x,y)\mid x=0,0\leqslant y\leqslant 1\}\cup\{(x,y)\mid y=1,0\leqslant x\leqslant 1\}\cup\{(x,y)\mid y=x,0\leqslant x\leqslant 1\}$.

2. $t^2f(x,y)$.

3. $\dfrac{xy}{x^2+y^2}$.

4.（1）$\{(x,y)\mid y^2-4x+8>0\}$；　　（2）$\{(x,y)\mid x+y>0,x-y>0\}$；

（3）$\{(x,y)\mid 1<x^2+y^2\leqslant 4\}$；　　（4）$\{(x,y)\mid x\geqslant 0,\ x^2\geqslant y\geqslant 0\}$；

（5）$\{(x,y)\mid y<x^2,x^2+y^2\leqslant 1\}$；　　（6）$\{(x,y)\mid 0<x^2+y^2<1,y\leqslant x\}$.

5.（1）1；（2）0；（3）$\dfrac{\ln 2}{2}$；（4）$-\dfrac{1}{4}$；（5）1；（6）0.

7.（1）在全平面内除原点外连续；　　（2）在全平面内连续.

(B)

1.（1）闭集，有界集，边界为$\{(x,y)\mid (x-1)^2+y^2=1 或 (x-2)^2+y^2=4\}$；

（2）开集，有界集，边界为

$\{(x,y) \mid xy=1, 1 \leqslant x \leqslant \sqrt{2}$ 或 $-\sqrt{2} \leqslant x \leqslant -1\}$

$\cup \{(x,y) \mid y=x, 1 \leqslant x \leqslant \sqrt{2}$ 或 $-\sqrt{2} \leqslant x \leqslant -1\}$

$\cup \{(x,y) \mid y=\frac{1}{2}x, \sqrt{2} \leqslant x \leqslant 2$ 或 $-2 \leqslant x \leqslant -\sqrt{2}\}$

$\cup \{(x,y) \mid xy=2, \sqrt{2} \leqslant x \leqslant 2$ 或 $-2 \leqslant x \leqslant -\sqrt{2}\}$.

2. $\frac{1}{2}(xy+y^2)$.

3. (1) $\{(x,y) \mid -x \leqslant y \leqslant x, x>0\} \cup \{(x,y) \mid x \leqslant y \leqslant -x, x<0\}$;

(2) $\{(x,y) \mid \left(x-\frac{1}{2}\right)^2+y^2>\frac{1}{4}, (x-1)^2+y^2 \leqslant 1\}$.

5. (1) 0; (2) 0.

习　题　8-2

(A)

1. (1) $\frac{\partial z}{\partial x}=5x^4-24x^3y^2$, $\frac{\partial z}{\partial y}=-12x^4y+6y^5$; (2) $\frac{\partial z}{\partial x}=4x^3y-y^4$, $\frac{\partial z}{\partial y}=x^4-4xy^3$;

(3) $\frac{\partial z}{\partial x}=y+\frac{1}{y}$, $\frac{\partial z}{\partial y}=x-\frac{x}{y^2}$; (4) $\frac{\partial z}{\partial x}=(1+x)e^{x+y}$, $\frac{\partial z}{\partial y}=xe^{x+y}$;

(5) $\frac{\partial z}{\partial x}=\frac{1}{2x\sqrt{\ln(x,y)}}$, $\frac{\partial z}{\partial y}=\frac{1}{2y\sqrt{\ln(xy)}}$; (6) $\frac{\partial z}{\partial x}=\frac{y}{x^2+y^2}$, $\frac{\partial z}{\partial y}=\frac{-x}{x^2+y^2}$;

(7) $\frac{\partial z}{\partial x}=\frac{2}{y}\csc\frac{2x}{y}$, $\frac{\partial z}{\partial y}=-\frac{2x}{y^2}\csc\frac{2x}{y}$;

(8) $\frac{\partial z}{\partial x}=e^{x^2+y^2}[2x\sin(xy)+y\cos(xy)]$, $\frac{\partial z}{\partial y}=e^{x^2+y^2}[2y\sin(xy)+x\cos(xy)]$;

(9) $\frac{\partial z}{\partial x}=\frac{|y|}{x^2+y^2}$, $\frac{\partial z}{\partial y}=\frac{-xy}{|y|(x^2+y^2)}$;

(10) $\frac{\partial z}{\partial x}=y^2(1+xy)^{y-1}$, $\frac{\partial z}{\partial y}=(1+xy)^y\left[\ln(1+xy)+\frac{xy}{1+xy}\right]$;

(11) $\frac{\partial u}{\partial x}=\frac{y}{z}x^{\frac{y}{z}-1}$, $\frac{\partial u}{\partial y}=\frac{1}{z}x^{\frac{y}{z}}\ln x$, $\frac{\partial u}{\partial z}=-\frac{y}{z^2}x^{\frac{y}{z}}\ln x$;

(12) $\frac{\partial u}{\partial x}=\frac{z(x+y)^{z-1}}{1+(x+y)^{2z}}$, $\frac{\partial u}{\partial y}=\frac{z(x+y)^{z-1}}{1+(x+y)^{2z}}$, $\frac{\partial u}{\partial z}=\frac{(x+y)^z\ln(x+y)}{1+(x+y)^{2z}}$.

4. (1) $\frac{1}{5}$; (2) -2; (3) $\frac{1}{3}$.

5. 1.

6. $2x$.

7. $\frac{\pi}{4}$.

8. (1) $\frac{\partial^2 z}{\partial x^2}=12x^2-8y^2$, $\frac{\partial^2 z}{\partial x\partial y}=-16xy$, $\frac{\partial^2 z}{\partial y^2}=12y^2-8x^2$,

(2) $\frac{\partial^2 z}{\partial x^2}=2\mathrm{e}^y-y^3\sin x$, $\frac{\partial^2 z}{\partial x\partial y}=2x\mathrm{e}^y+3y^2\cos x$, $\frac{\partial^2 z}{\partial y^2}=x^2\mathrm{e}^y+6y\sin x$;

(3) $\frac{\partial^2 z}{\partial x^2}=-8\cos(4x+6y)$; $\frac{\partial^2 z}{\partial x\partial y}=-12\cos(4x+6y)$, $\frac{\partial^2 z}{\partial y^2}=-18\cos(4x+6y)$;

(4) $\frac{\partial^2 z}{\partial x^2}=\frac{xy^3}{(1-x^2y^2)^{3/2}}$, $\frac{\partial^2 z}{\partial x\partial y}=\frac{1}{(1-x^2y^2)^{3/2}}$, $\frac{\partial^2 z}{\partial y^2}=\frac{x^3y}{(1-x^2y^2)^{3/2}}$.

9. $f_{xx}(0,0,1)=2$, $f_{xz}(1,0,2)=2$, $f_{yz}(0,-1,0)=0$, $f_{zzx}(2,0,1)=0$.

10. $\frac{\partial^3 z}{\partial x^2\partial y}=(2+4xy+x^2y^2)\mathrm{e}^{xy}$, $\frac{\partial^3 z}{\partial x\partial y^2}=x^2(3+xy)\mathrm{e}^{xy}$.

(B)

1. $f_x(x,y)=\begin{cases}\frac{2xy^3}{(x^2+y^2)^2}, & x^2+y^2\neq 0,\\ 0, & x^2+y^2=0,\end{cases}$ $f_y(x,y)=\begin{cases}\frac{x^2(x^2-y^2)}{(x^2+y^2)^2}, & x^2+y^2\neq 0,\\ 0, & x^2+y^2=0.\end{cases}$

3. (1) $z_x=\frac{1}{x+y^2}$, $z_y=\frac{2y}{x+y^2}$, $z_{xx}=-\frac{1}{(x+y^2)^2}$, $z_{xy}=z_{yx}=-\frac{2y}{(x+y^2)^2}$,

$z_{yy}=\frac{2(x-y^2)}{(x+y^2)^2}$.

(2) $z_x=(1-y)\sin(x+y)+x\cos(x+y)$,

$z_y=-y\sin(x+y)+(1+x)\cos(x+y)$,

$z_{xx}=-x\sin(x+y)+(2-y)\cos(x+y)$,

$z_{xy}=z_{yx}=-(1+x)\sin(x+y)+(1-y)\cos(x+y)$,

$z_{yy}=-(2+x)\sin(x+y)-y\cos(x+y)$.

习　题　8-3

(A)

1. (1) $\mathrm{d}z=\left(2xy+\frac{1}{y^2}\right)\mathrm{d}x+\left(x^2-\frac{2x}{y^3}\right)\mathrm{d}y$;

(2) $\mathrm{d}z=\frac{2}{x^2+y^2}(x\mathrm{d}x+y\mathrm{d}y)$;

(3) $\mathrm{d}z=\frac{1}{2\sqrt{x^3-y^4}}(3x^2\mathrm{d}x-4y^3\mathrm{d}y)$;

(4) $\mathrm{d}z=[\cos(x-y)-x\sin(x-y)]\mathrm{d}x+x\sin(x-y)\mathrm{d}y$;

(5) $\mathrm{d}u=x^{yz-1}(yz\mathrm{d}x+xz\ln x\mathrm{d}y+xy\ln x\mathrm{d}z)$;

(6) $du = \dfrac{-2z}{x^2+y^2}\left(\dfrac{xz}{x^2+y^2}dx + \dfrac{yz}{x^2+y^2}dy - dz\right)$.

2. $\Delta z\Big|_{\substack{x=2\\y=1}} = -0.119$, $dz\Big|_{\substack{x=2\\y=1}} = -0.125$.

3. $\Delta z\Big|_{\substack{x=2\\y=-1}} = 0.040792$, $dz\Big|_{\substack{x=2\\y=-1}} = 0.04$.

4. (1) $dz\Big|_{\substack{x=2\\y=4}} = \dfrac{4}{21}(dx+2dy)$; (2) $dz\Big|_{\substack{x=\frac{\pi}{4}\\y=2}} = \dfrac{1}{4\sqrt{2}}(dx-dy)$;

(3) $du\Big|_{\substack{x=1\\y=\frac{1}{2}\\z=\frac{\pi}{2}}} = \dfrac{\sqrt{2}}{4}e(2dx+\pi dy+dz)$.

5. 2.95.

6. 55.3cm^3.

7. 2128m^2, 27.6m^2, 1.30%.

(B)

1. (1) 充分；(2) 必要；(3) 必要；(4) 充分.

2. $f_x(0,0)$ 不存在.

习　题　8-4

(A)

1. $\dfrac{\partial z}{\partial x} = 6x$, $\dfrac{\partial z}{\partial y} = 2y$.

2. $\dfrac{\partial z}{\partial x} = \dfrac{2x}{y^2}\ln(3x-2y) + \dfrac{3x^2}{(3x-2y)y^2}$, $\dfrac{\partial z}{\partial y} = -\dfrac{2x^2}{y^3}\ln(3x-2y) - \dfrac{2x^2}{(3x-2y)y^2}$.

3. $\dfrac{\partial z}{\partial x} = 2xe^{2x^2-y^2}\left[2\ln(x^2-2y^2) + \dfrac{1}{x^2-2y^2}\right]$,

$\dfrac{\partial z}{\partial y} = -2ye^{2x^2-y^2}\left[\ln(x^2-2y^2) + \dfrac{2}{x^2-2y^2}\right]$.

4. $(\cos t - 6t^2)e^{\sin t - 2t^3}$.

5. $\dfrac{3(1-4t^2)}{\sqrt{1-(3t-4t^3)^2}}$.

6. $\left(2-\dfrac{4}{t^3}\right)\sec^2\left(2t+\dfrac{2}{t^2}\right)$.

7. $e^{ax}\sin x$.

8. $\dfrac{\partial u}{\partial x} = (2x + y^4\sin 2x)e^{x^2+y^2+y^4\sin^2 x}$, $\dfrac{\partial u}{\partial y} = 2y(1+2y^2\sin^2 x)e^{x^2+y^2+y^4\sin^2 x}$.

9. $\dfrac{\partial z}{\partial u}=2(u+v)-\sin(u+v+\arcsin v)$,

$$\frac{\partial^2 z}{\partial v\partial u}=2-\left(1+\frac{1}{\sqrt{1-v^2}}\right)\cos(u+v+\arcsin v).$$

11. (1) $\dfrac{\partial z}{\partial x}=3f_1'+4f_2'$, $\dfrac{\partial z}{\partial y}=2f_1'-3f_2'$,

(2) $\dfrac{\partial z}{\partial x}=2xf_1'+ye^{xy}f_2'$, $\dfrac{\partial z}{\partial y}=-2yf_1'+xe^{xy}f_2'$;

(3) $\dfrac{\partial z}{\partial x}=\dfrac{y}{x}f'+2f_2'$, $\dfrac{\partial z}{\partial y}=(\ln x)f_1'+3f_2'$;

(4) $\dfrac{\partial z}{\partial x}=-\dfrac{y}{x^2}f_1'+\dfrac{1}{y}f_2'$, $\dfrac{\partial z}{\partial y}=\dfrac{1}{x}f_1'-\dfrac{x}{y^2}f_2'$;

(5) $\dfrac{\partial z}{\partial x}=f_1'+f_2'+f_3'$, $\dfrac{\partial z}{\partial y}=f_2'-f_3'$;

(6) $\dfrac{\partial u}{\partial x}=f_1'+yf_2'+yzf_3'$, $\dfrac{\partial u}{\partial y}=xf_2'+xzf_3'$, $\dfrac{\partial u}{\partial z}=xyf_3'$.

13. $\dfrac{\partial^2 z}{\partial x^2}=2f'+4x^2f''$, $\dfrac{\partial^2 z}{\partial x\partial y}=4xyf''$, $\dfrac{\partial^2 z}{\partial y^2}=2f'+4y^2f''$.

14. (1) $\dfrac{\partial^2 z}{\partial x^2}=f_{11}''+2yf_{12}''+y^2f_{22}''$,

$$\frac{\partial^2 z}{\partial x\partial y}=f_{11}''+(x+y)f_{12}''+xyf_{22}''+f_2',$$

$$\frac{\partial^2 z}{\partial y^2}=f_{11}''+2xf_{12}''+x^2f_{22}'';$$

(2) $\dfrac{\partial^2 z}{\partial x^2}=y^2f_{11}''+2f_{12}''+\dfrac{1}{y^2}f_{22}''$,

$$\frac{\partial^2 z}{\partial x\partial y}=xyf_{11}''-\frac{x}{y^3}f_{22}''+f_1'-\frac{1}{y^2}f_2',$$

$$\frac{\partial^2 z}{\partial y^2}=x^2f_{11}''-\frac{2x^2}{y^2}f_{12}''+\frac{x^2}{y^4}f_{22}''+\frac{2x}{y^3}f_2'.$$

(B)

1. $[\varphi(t)]^{\psi(t)}\left[\dfrac{\psi(t)}{\varphi(t)}\cdot\varphi'(t)+\psi'(t)\ln\varphi(t)\right]$.

2. $\dfrac{\partial^2 z}{\partial x^2}=e^{2y}f_{11}''+2e^yf_{12}''+f_{22}''$,

$$\frac{\partial^2 z}{\partial x\partial y}=xe^{2y}f_{11}''+xe^yf_{12}''+e^yf_{13}''+f_{23}''+e^yf_1',$$

$$\frac{\partial^2 z}{\partial y^2}=x^2e^{2y}f_{11}''+2xe^yf_{13}''+f_{33}''+xe^yf_1'.$$

习　题　8-5

(A)

1. (1) $\frac{e^x - y^2}{2xy - \cos y}$； (2) $\frac{x+y}{x-y}$； (3) $\frac{y(x\ln y - y)}{x(y\ln x - x)}$； (4) $-\frac{y}{x+e^y}$.

2. (1) $\frac{\partial z}{\partial x} = \frac{yz}{e^z - xy}$, $\frac{\partial z}{\partial y} = \frac{xz}{e^z - xy}$； (2) $\frac{\partial z}{\partial x} = \frac{yz}{z^2 - xy}$, $\frac{\partial z}{\partial y} = \frac{xz}{z^2 - xy}$；

(3) $\frac{\partial z}{\partial x} = \frac{2xy}{2y - e^z}$, $\frac{\partial z}{\partial y} = \frac{x^2 - 2z}{2y - e^z}$； (4) $\frac{\partial z}{\partial x} = \frac{yz}{\cos z - xy}$, $\frac{\partial z}{\partial y} = \frac{xz}{\cos z - xy}$.

6. $\frac{\partial z}{\partial x} = \frac{zf_1'}{1 - xf_1' - f_2'}$, $\frac{\partial z}{\partial y} = \frac{-f_2'}{1 - xf_1' - f_2'}$.

7. $\frac{\partial z}{\partial x} = -\frac{f_1' + f_2' + f_3'}{f_3'}$, $\frac{\partial z}{\partial y} = -\frac{f_2' + f_3'}{f_3'}$.

8. (1) $\frac{dy}{dx} = -\frac{x(6z+1)}{2y(3z+1)}$, $\frac{dz}{dx} = \frac{x}{3z+1}$；

(2) $\frac{dx}{dz} = \frac{z+2y}{2(x-y)}$, $\frac{dy}{dz} = -\frac{z+2x}{2(x-y)}$；

(3) $\frac{\partial u}{\partial x} = -\frac{3v^2 + x}{9u^2v^2 - xy}$, $\frac{\partial v}{\partial x} = \frac{3u^2 + yv}{9u^2v^2 - xy}$；

(4) $\frac{\partial u}{\partial y} = \frac{x\cos v - \sin u}{x\cos v + y\cos u}$, $\frac{\partial v}{\partial y} = \frac{y\cos u + \sin u}{x\cos v + y\cos u}$.

(B)

1. 在 $D = \{(x,y) \mid x + y > 0\}$ 内的点的邻域内方程能唯一确定 y 是 x 的可导函数；$\frac{dy}{dx} = \frac{e^{x-y} - 1}{e^{x-y} + 1}$.

2. $\frac{\partial z}{\partial x} = \frac{yz - 2\sqrt{xyz}}{2\sqrt{xyz} - xy}$, $\frac{\partial z}{\partial y} = \frac{xz - 2\sqrt{xyz}}{2\sqrt{xyz} - xy}$.

3. $\frac{\partial u}{\partial x} = -\frac{uf_1'(2yvg_2' - 1) + f_2'g_1'}{(xf_1' - 1)(2yvg_2' - 1) - f_2'g_1'}$, $\frac{\partial v}{\partial x} = \frac{g_1'(xf_1' + uf_1' - 1)}{(xf_1' - 1)(2yvg_2' - 1) - f_2'g_1'}$.

5. $dz = -\frac{z}{x}dx + \frac{z(2xyz - 1)}{y(2xz - 2xyz + 1)}dy$.

习　题　8-6

(A)

1. (1) 切线方程：$\frac{x-1}{4} = \frac{y-1}{8} = \frac{z - \frac{1}{2}}{1}$,

法平面方程：$8x + 16y + 2z - 25 = 0$；

(2) 切线方程：$\dfrac{x-\left(\dfrac{\pi}{2}-1\right)}{1}=\dfrac{y-1}{1}=\dfrac{z-2\sqrt{2}}{\sqrt{2}}$,

法平面方程：$x+y+\sqrt{2}z-4-\dfrac{\pi}{2}=0$;

(3) 切线方程：$\dfrac{x-1}{2}=\dfrac{y-\dfrac{3}{2}}{0}=\dfrac{z-\dfrac{1}{2}}{-1}$ $\left(\text{即一般方程形式为}\begin{cases}\dfrac{x-1}{2}=\dfrac{z-\dfrac{1}{2}}{-1},\\ y=\dfrac{3}{2}\end{cases}\right)$,

法平面方程：$4x-2z-3=0$;

(4) 切线方程：$\dfrac{x-1}{1}=\dfrac{y-0}{-2}=\dfrac{z-1}{1}$,

法平面方程：$x-2y+z-2=0$;

2. $\left(-\dfrac{1}{3},\dfrac{1}{9},-\dfrac{1}{27}\right)$或$(-1,1,-1)$.

3. (1) 切平面方程：$x+y-2z=0$,

法线方程：$\dfrac{x-1}{1}=\dfrac{y-1}{1}=\dfrac{z-1}{-2}$;

(2) 切平面方程：$4x+2y-z-5=0$,

法线方程：$\dfrac{x-2}{4}=\dfrac{y-1}{2}=\dfrac{z-5}{-1}$;

(3) 切平面方程：$x+2y-4=0$,

法线方程：$\dfrac{x-2}{1}=\dfrac{y-1}{2}=\dfrac{z}{0}$ $\left(\text{即一般方程形式为}\begin{cases}\dfrac{x-2}{1}=\dfrac{y-1}{2},\\ z=0\end{cases}\right)$.

4. $x+4y+6z=\pm 21$.

5. $(-3,-1,3)$.

6. $\cos\gamma=\dfrac{3}{\sqrt{22}}$.

(B)

2. $4x-2y-3z-3=0$.

习　题　8-7

(A)

1. $1+2\sqrt{3}$.

2. $\dfrac{1}{5}$.

3. $\frac{1+\sqrt{3}}{2}$.

4. $\frac{(2a-b)e-a}{(1+e)\sqrt{a^2+b^2}}$.

5. 5.

6. $\frac{1}{\sqrt{6}}$.

7. $\cos\alpha+\cos\beta$，(1) 沿向量 $\boldsymbol{i}+\boldsymbol{j}$ 的方向；(2) 沿向量 $-\boldsymbol{i}-\boldsymbol{j}$ 的方向；(3) 沿向量 $\pm(\boldsymbol{i}-\boldsymbol{j})$ 的方向.

8. 方向导数的最大值为 $\sqrt{14}$，使方向导数取到最大值的方向是 $\mathbf{grad}u(1,1,1)=\boldsymbol{i}+2\boldsymbol{j}+3\boldsymbol{k}$ 的方向；沿着垂直于向量 $\boldsymbol{i}+2\boldsymbol{j}+3\boldsymbol{k}$ 的任何非零向量的方向.

9. (1) $2(\boldsymbol{i}+\boldsymbol{j})$；(2) $\frac{14}{5}$.

10. $\mathbf{grad}f(0,0,0)=3\boldsymbol{i}-2\boldsymbol{j}-6\boldsymbol{k}$，$\mathbf{grad}f(1,1,1)=6\boldsymbol{i}+3\boldsymbol{j}$.

(B)

1. $\frac{\sqrt{2}}{3}$.　2. $\frac{2\sqrt{3}}{3}\sqrt{\frac{1}{a^2}+\frac{1}{b^2}+\frac{1}{c^2}}$.

习　题　8-8

(A)

1. 极大值：$f(2,-2)=8$.

2. 极小值：$f\left(\frac{4}{3},\frac{9}{2}\right)=18$.

3. 极大值：$f(-4,-2)=8e^{-2}$.

4. 极大值：$f(0,0)=0$，极小值：$f(2,2)=-8$.

5. 底面各边长为 2m，高为 1m.

6. 9.

7. $\frac{\sqrt{3}}{6}$.

8. $\left(\frac{8}{5},\frac{16}{5}\right)$.

9. 边长分别为 $\frac{p}{3}$，$\frac{2p}{3}$，绕短边旋转时所得圆柱体的体积最大.

10. $\frac{8\sqrt{3}}{9}abc$.

(B)

2. 最长距离为 $\sqrt{9+5\sqrt{3}}$，最短距离为 $\sqrt{9-5\sqrt{3}}$.

4. $R:H:h=\sqrt{5}:1:2$.

5. 最大值：$f\left(\frac{4}{3},\frac{4}{3}\right)=\frac{64}{27}$，最小值：$f(3,3)=-18$.

习　题　9-1

(A)

1. $Q=\iint\limits_D \mu(x,y)\mathrm{d}\sigma$.　2. $I_2=4I_1$.　3. (1) $\frac{1}{3}\pi a^3$；(2) $\frac{1}{6}$.

4. (1) $\iint\limits_D (x+y)^2 d\sigma \geqslant \iint\limits_D (x+y)^3 d\sigma$； (2) $\iint\limits_D (x^2-y^2) d\sigma \leqslant \iint\limits_D \sqrt{x^2-y^2}\, d\sigma$；

(3) $\iint\limits_D \sin(x+y) d\sigma \leqslant \iint\limits_D (x+y) d\sigma$； (4) $\iint\limits_D \ln(x+y) d\sigma \geqslant \iint\limits_D [\ln(x+y)]^2 d\sigma$.

5. (1) $0 \leqslant I \leqslant 2$； (2) $0 \leqslant I \leqslant 1$； (3) $30 \leqslant I \leqslant 42$； (4) $9\pi \leqslant I \leqslant 13\pi$.

(B)

3. (1) 0； (2) πa^2； (3) 0.

习　题　9-2

(A)

1. (1) $\frac{14}{3}$； (2) $\frac{20}{3}$； (3) $\frac{8}{15}(2\sqrt{2}-1)$； (4) -2； (5) $\frac{64}{15}$；

(6) $\frac{6}{55}$； (7) $\frac{13}{6}$； (8) $\frac{27}{4}$； (9) $\frac{7}{12}$； (10) $\frac{9}{16}$.

3. (1) $I = \int_0^4 dx \int_x^{2\sqrt{x}} f(x,y) dy = \int_0^4 dy \int_{\frac{y^2}{4}}^{y} f(x,y) dx$；

(2) $I = \int_{-a}^{a} dx \int_0^{\sqrt{a^2-x^2}} f(x,y) dy = \int_0^a dy \int_{-\sqrt{a^2-y^2}}^{\sqrt{a^2-y^2}} f(x,y) dx$；

(3) $I = \int_{-1}^{1} dx \int_{x^2}^{\sqrt{2-x^2}} f(x,y) dy$

$= \int_0^1 dy \int_{-\sqrt{y}}^{\sqrt{y}} f(x,y) dx + \int_1^{\sqrt{2}} dy \int_{-\sqrt{2-y^2}}^{\sqrt{2-y^2}} f(x,y) dx$；

(4) $I = \int_{-1}^{0} dx \int_{-x}^{1} f(x,y) dy + \int_0^1 dx \int_x^1 f(x,y) dy$

$= \int_0^1 dy \int_{-y}^{y} f(x,y) dx$.

4. (1) $\int_0^1 dx \int_x^1 f(x,y) dy$； (2) $\int_0^4 dx \int_{\frac{x}{2}}^{\sqrt{x}} f(x,y) dy$；

(3) $\int_0^1 dy \int_{e^y}^{e} f(x,y) dx$； (4) $\int_0^1 dy \int_{2-y}^{1+\sqrt{1-y^2}} f(x,y) dx$；

(5) $\int_0^{\frac{1}{2}} dx \int_{x^2}^{4x^2} f(x,y) dy + \int_{\frac{1}{2}}^{1} dx \int_{x^2}^{1} f(x,y) dy$；

(6) $\int_0^1 dy \int_0^{2y} f(x,y) dx + \int_1^3 dy \int_0^{3-y} f(x,y) dx$.

5. $\frac{13}{3}$； 6. (1) $\frac{7}{2}$； (2) $\frac{17}{6}$.

7. (1) $\int_{\frac{3\pi}{2}}^{2\pi} d\theta \int_0^a f(\rho\cos\theta, \rho\sin\theta)\rho d\rho$;　　(2) $\int_0^{\frac{\pi}{2}} d\theta \int_0^{2\cos\theta} f(\rho\cos\theta, \rho\sin\theta)\rho d\rho$;

(3) $\int_{\frac{\pi}{4}}^{\frac{\pi}{3}} d\theta \int_a^b f(\rho\cos\theta, \rho\sin\theta)\rho d\rho$;　　(4) $\int_0^{\frac{\pi}{2}} d\theta \int_0^{\frac{1}{\sin\theta+\cos\theta}} f(\rho\cos\theta, \rho\sin\theta)\rho d\rho$.

8. (1) $\int_{\frac{\pi}{4}}^{\frac{\pi}{3}} d\theta \int_0^{2\sec\theta} f(\rho\cos\theta, \rho\sin\theta)\rho d\rho$;　(2) $\int_0^{\frac{\pi}{4}} d\theta \int_0^{2\sin\theta} f(\rho\cos\theta, \rho\sin\theta)\rho d\rho$.

9. (1) $\frac{3\pi}{4}$;　(2) $\frac{2(\sqrt{2}+1)}{45}$.

10. (1) $\pi(e^4-1)$;　(2) $\frac{16}{9}$;　(3) $\frac{\pi}{4}(2\ln 2-1)$;　(4) $\frac{3\pi^2}{32}$.

11. (1) $\frac{9}{4}$;　(2) $\frac{1}{12}$;　(3) $\frac{\pi}{8}(\pi-2)$;　(4) 224.

12. $\frac{\pi^4}{24}$.　　13. (1) $\frac{3\pi}{2}$;　(2) π.

(B)

1. (1) $e-e^{-1}$;　(2) $\frac{2}{15}(4\sqrt{2}-1)$;　(3) $\frac{1}{5}(8-\sqrt{2})$;　(4) $2\pi-4$;　(5) $\frac{\pi}{2}+\frac{8}{3}$;

(6) $\frac{53}{2}\pi$;　(7) 2π;　(8) $\frac{11}{15}$.

2. $\int_0^1 dy \int_0^{y^2} f(x,y)dx + \int_1^2 dy \int_0^{\sqrt{2y-y^2}} f(x,y)dx$.

习　题　9-3

(A)

1. $a^2(\pi-2)$.　　2. $\sqrt{2}\pi$.　　3. $\frac{2\sqrt{2}-1}{3}$.

4. (1) $\left(\frac{3}{5}, \frac{3\sqrt{2}}{8}\right)$;　(2) $\left(\frac{5}{6}, 0\right)$;　(3) $\left(\frac{4a}{3\pi}, 0\right)$.

5. $\left(\frac{6}{5}a, 0\right)$.　　6. $\left(\frac{2}{5}a, \frac{2}{5}a\right)$. (或$\left(\frac{2\sqrt{2}}{5}a, 0\right)$)

7. $\left(\frac{4R\sin\alpha}{5\alpha}, 0\right)$. (或$\left(\frac{2R}{5\alpha}\sin 2\alpha, \frac{4R}{5\alpha}\sin^2\alpha\right)$)

8. (1) $I_y=\frac{1}{4}Ma^2, I_l=\frac{M}{4}\cdot\frac{b^2+a^2\tan^2\alpha}{1+\tan^2\alpha}$,其中 M 为薄片的质量;

(2) $I_x=\frac{1}{3}Mb^2$, $I_y=\frac{1}{3}Ma^2$, $I_l=\frac{Ma^2b^2}{6(a^2+b^2)}$,其中 M 为薄片的质量.

(B)

1. $16R^2$.　　　　2. $\sqrt{2}+\ln(1+\sqrt{2})$.

3. $\left(\frac{7(3\pi-8)}{36(\pi-2)}, \frac{7}{18(\pi-2)}\right)$.　　4. $\frac{\sqrt{6}}{3}a$.

5. $I_x=\frac{M}{48}(3\pi-8)$，　$I_y=\frac{M}{48}(3\pi+8)$，其中 M 是薄片的质量.

6. $I_l=\frac{M}{16}(\pi-2\sin 2\varphi)$，其中 M 是薄片的质量.

习　题　9-4

(A)

1. (1) $I=\int_0^1 \mathrm{d}x\int_0^{2(1-x)} \mathrm{d}y\int_0^{\frac{1}{2}(6-6x-3y)} f(x,y,z)\mathrm{d}z$；

(2) $I=\int_{-1}^1 \mathrm{d}x\int_{-\sqrt{1-x^2}}^{\sqrt{1-x^2}} \mathrm{d}y\int_{x^2+y^2}^1 f(x,y,z)\mathrm{d}z$；

(3) $I=\int_{-1}^1 \mathrm{d}x\int_{-\sqrt{1-x^2}}^{\sqrt{1-x^2}} \mathrm{d}y\int_{\sqrt{x^2+y^2}}^{\sqrt{2-x^2-y^2}} f(x,y,z)\mathrm{d}z$；

(4) $I=\int_0^1 \mathrm{d}x\int_0^{1-x} \mathrm{d}y\int_0^{xy} f(x,y,z)\mathrm{d}z$.

2. $\frac{3}{2}$.

3. (1) $\frac{1}{10}$；　(2) $\frac{1}{24}$；　(3) $\frac{1}{64}$；　(4) $\frac{2\pi}{15}$；　(5) $\frac{8\pi}{5}$.

4. (1) $\frac{7\pi}{12}$；　(2) $\frac{4\pi}{21}$.

5. (1) $\frac{28}{3}\mu$；　(2) $\left(0,0,\frac{253}{210}\right)$；　(3) $\frac{62}{105}M$，其中 M 是物体的质量.

6. (1) $\frac{4\pi}{3}(\sqrt{2}-1)$；　(2) $\left(0,0,\frac{3}{8}(\sqrt{2}+1)\right)$；　(3) $\frac{3-\sqrt{2}}{5}M$，其中 M 是物体的质量.

(B)

1. $\frac{\pi^2}{16}-\frac{1}{2}$.　　2. $\frac{5\pi}{24}$.

习　题　9-5

(A)

1. (1) $2\pi a^{2n+1}$；　(2) $3\sqrt{10}\pi$；　(3) $\frac{4}{3}(2\sqrt{2}-1)$；　(4) $\sqrt{2}$；

(5) $\frac{1}{12}(5\sqrt{5}+6\sqrt{2}-1)$；　(6) 4；　(7) $\mathrm{e}^2\left(2+\frac{\pi}{2}\right)-2$；　(8) 24；

(9) $\frac{256}{15}a^3$；　(10) 6.

2. 依图 9-34 所示的坐标系，$\left(\frac{R\sin\alpha}{\alpha},0\right)$.

3. (1) $-\frac{56}{15}$； (2) -8； (3) 0； (4) -2π； (5) $\frac{8}{3}$； (6) πa^2.

4. (1) $\frac{34}{3}$； (2) 11.

5. (1) 3； (2) 3； (3) 3.

6. $-|\boldsymbol{F}|R$.

(B)

1. $\left(\frac{4}{5}, \frac{4}{5}\right)$.

2. (1) $\frac{\sqrt{3}}{2}(1-e^{-2})$； (2) $\frac{3}{2}\sqrt{14}+18$.

3. $I_z=\frac{2}{3}\pi a^2\sqrt{a^2+k^2}(3a^2+4k^2\pi^2)$.

4. (1) 13； (2) $-\pi a^2$.

5. $mg(z_2-z_1)$.

6. (1) $\int_L \frac{1}{5}(3P+4Q)\mathrm{d}s$； (2) $\int_L \frac{P+2xQ}{\sqrt{1+4x^2}}\mathrm{d}s$.

7. $\int_\Gamma \frac{1}{3}(P-2Q+2R)\mathrm{d}s$.

习　题　9-6

(A)

1. (1) $-2\pi ab$； (2) -1.　　2. $\frac{3}{8}\pi a^2$.

3. (1) 12； (2) 0； (3) $8+2\pi$； (4) $\frac{\pi}{4}$； (5) $\frac{\sin 2}{4}-\frac{7}{6}$； (6) $-\frac{1}{2}\pi ab+2a$.

4. (1) $\frac{5}{2}$； (2) 5； (3) $\pi e^\pi+2$.

5. (1) $\frac{1}{2}x^2+2xy+\frac{1}{2}y^2$；　(2) $xe^y+x^2-y^2$；

(3) $-\sin 3y\cos 2x$；　(4) $x^3y^2+4x^2y^3+(y-1)e^y$.

(B)

1. (1) $2\pi^2+3\pi-e^2-1$； (2) 3； (3) $\frac{1}{8}\pi a^2$； (4) $\frac{\pi\sin 1}{2}+\frac{\pi^2}{4}+\pi-2$.

2. $\frac{1}{2}\ln(x^2+y^2)$.

习　题　9-7

(A)

1. (1) $4\sqrt{61}$； (2) $\frac{7\pi}{12}$； (3) $\sqrt{2}\pi$； (4) $-\frac{27}{4}$； (5) $\frac{149}{30}\pi$； (6) $\frac{29\sqrt{2}}{8}\pi$.

2. $\frac{2\pi}{15}(6\sqrt{3}+1)$.

3. $\left(0,0,\frac{5+3\sqrt{2}}{70}\right)$.

4. $\Phi=\frac{3\pi}{8}$. 5. (1) $\frac{2\pi a^7}{105}$； (2) $\frac{5\pi}{4}$； (3) $-\frac{\pi}{2}$； (4) $\frac{3\pi}{2}$； (5) $3abc$； (6) $\frac{1}{8}$.

(B)

1. (1) $\iint\limits_{\Sigma}\left(\frac{3}{5}P+\frac{2}{5}Q+\frac{2\sqrt{3}}{5}R\right)\mathrm{d}S$； (2) $\iint\limits_{\Sigma}\frac{2xP+2yQ-R}{\sqrt{1+4x^2+4y^2}}\mathrm{d}S$.

2. (1) $\frac{5\pi}{3}$； (2) $\frac{\pi}{32}$.

习 题 9-8

(A)

1. (1) $3a^4$； (2) $\frac{5}{24}$； (3) $2\pi a^3$； (4) $-\frac{5\pi}{4}$.

2. $\Phi=\frac{3\pi a^4}{8}$.

习 题 10-1

(A)

1. (1) $\frac{3}{5},\frac{4}{10},\frac{5}{17},\frac{6}{26},\frac{7}{37}$； (2) $\frac{1}{2},\frac{3}{8},\frac{15}{48},\frac{105}{384},\frac{945}{3\,840}$；

   (3) $-1,\frac{1}{5},-\frac{1}{25},\frac{1}{125},-\frac{1}{625}$； (4) $1,\frac{2}{4},\frac{6}{27},\frac{24}{256},\frac{120}{3\,125}$.

2. (1) $\frac{1+n}{1+2^n}$； (2) $\frac{1}{n(n+1)(n+2)}$； (3) $\frac{1}{1+4(n-1)}$； (4) $(-1)^{n-1}\frac{1}{n^2}$.

3. (1) 收敛； (2) 发散； (3) 发散； (4) 收敛.

4. (1) $-\frac{2}{5}$； (2) a_1-a.

5. (1) 收敛； (2) 发散； (3) 发散； (4) 收敛.

6. (1) $\sum_{n=1}^{\infty}u_n$ 收敛时发散，$\sum_{n=1}^{\infty}u_n$ 发散时不一定；(2) 与 $\sum_{n=1}^{\infty}u_n$ 同时敛散；

   (3) $\sum_{n=1}^{\infty}u_n$ 收敛时发散，$\sum_{n=1}^{\infty}u_n$ 发散时不一定.

(B)

1. (1) $\frac{1}{2}$； (2) $\frac{1}{4}$.

3. (1) $\frac{2}{n(n+1)}$；(2) 收敛，和为 2.

习　题　10-2

(A)

1. (1) 收敛；(2) 收敛；(3) 发散；(4) 收敛；(5) 收敛；(6) 收敛；
(7) 收敛；(8) 发散；(9) 发散；(10) $a \leqslant 1$ 发散，$a > 1$ 收敛.

2. (1) 发散；(2) 收敛；(3) 收敛；(4) 收敛；(5) 收敛；(6) 收敛；(7) 收敛；(8) 发散.

3. (1) 收敛；(2) 收敛；(3) 收敛；(4) $a > b$ 时收敛，$a < b$ 时发散，$a = b$ 时不定；
(5) 收敛；(6) 收敛.

4. (1) 收敛；(2) 收敛；(3) 发散；(4) 发散；(5) 发散；(6) 收敛；(7) 收敛；(8) 收敛.

5. (1) 条件收敛；(2) 条件收敛；(3) 发散；(4) 条件收敛；(5) 绝对收敛；(6) 绝对收敛；
(7) 条件收敛；(8) 发散.

(B)

1. 提示：先证明 $\dfrac{u_n}{u_1} \leqslant \dfrac{v_n}{v_1}$.

2. 不正确.

3. 提示：$b_n - a_n > b_n - c_n$.

4. (1) 绝对收敛；(2) 绝对收敛；(3) 条件收敛；(4) 条件收敛.

6. 逆命题不成立，如 $u_n = \dfrac{1}{n}$.

习　题　10-3

(A)

1. (1) $R = +\infty, (-\infty, +\infty)$；　(2) $R = \sqrt{2}, (-\sqrt{2}, \sqrt{2})$；
(3) $R = \sqrt[3]{2}, [-\sqrt[3]{2}, \sqrt[3]{2})$；　(4) $R = \dfrac{1}{2}, \left(-\dfrac{1}{2}, \dfrac{1}{2}\right)$；
(5) $R = 1, [-1, 1)$；　(6) $R = \dfrac{1}{4}, \left(-\dfrac{1}{4}, \dfrac{1}{4}\right)$；
(7) $R = 1, [-1, 1]$；　(8) $R = +\infty, (-\infty, +\infty)$；
(9) $R = \dfrac{1}{2}, \left[-\dfrac{1}{2}, \dfrac{1}{2}\right]$；　(10) $R = 3, [-3, 3)$；
(11) $R = 1, [-1, 1]$；　(12) $R = \sqrt{2}, (-\sqrt{2}, \sqrt{2})$.

2. (1) $R = 1$，$p > 1$ 时 $[0, 2]$，$p \leqslant 1$ 时 $[0, 2)$；　(2) $R = \dfrac{1}{4}, \left[-\dfrac{5}{4}, -\dfrac{3}{4}\right]$；
(3) $R = 1, [4, 6)$；　(4) $R = \dfrac{1}{\sqrt{2}}, \left(-a - \dfrac{1}{\sqrt{2}}, \dfrac{1}{\sqrt{2}} - a\right)$；
(5) $R = +\infty, (-\infty, +\infty)$.

3. (1) $\dfrac{1}{4}\ln\dfrac{1+x}{1-x} - \dfrac{1}{2}\arctan x, (-1 < x < 1)$；(2) $\dfrac{1}{(1-x)^2}, (-1 < x < 1)$；
(3) $(1-x)\ln(1-x) + x, (-1 \leqslant x \leqslant 1)$；　(4) $\dfrac{2+x^2}{(2-x^2)^2}, (-\sqrt{2} < x < \sqrt{2})$, 3.

(B)

1. (1) $\left[-\frac{4}{3},-\frac{2}{3}\right)$；(2) $(-R,R)$，$R=\max\{a,b\}$；

(3) 若 $a\geqslant b$，则$\left[-\frac{1}{a},\frac{1}{a}\right)$，若 $a<b$，则$\left[-\frac{1}{b},\frac{1}{b}\right]$.

2. (1) $\frac{3x-x^2}{(1-x)^2}$，$(-1<x<1)$；(2) $\frac{1}{(1-x)^3}$，$(-1<x<1)$；

(3) $\ln(1+x)+\frac{\ln(1+x)}{x}-1$，$(-1\leqslant x\leqslant 1)$.

3. $R\geqslant\min\{R_1,R_2\}$

4. $[-\sqrt{2},\sqrt{2}]$，$s(x)=\frac{(2-x^2)\ln(2-x^2)}{x^2-1}+1$.

5. e.

6. $\left(\frac{1}{10},10\right)$.

习　题　10-4

(A)

1. (1) $\sum_{k=0}^{n}\frac{3^k x^k}{k!}+o(x^n)$；　　(2) $\sum_{k=1}^{n}\frac{(-1)^{k-1}2^{2k-1}x^{2k-1}}{(2k-1)!}+o(x^{2n})$；

(3) $1+\frac{1}{2}x+\sum_{k=2}^{n}\frac{(-1)^{k-1}(2k-3)!!}{(2k)!!}x^k+o(x^n)$；　(4) $\sum_{k=1}^{n}\frac{(-1)^{k-1}}{k}x^{2k}+o(x^{2n})$.

2. (1) $\ln 2+\sum_{n=1}^{\infty}\frac{(-1)^{n+1}}{n\cdot 2^n}x^n$，$(-2,2]$；　　(2) $\sum_{n=1}^{\infty}\frac{(-1)^{n+1}}{2(2n)!}(2x)^{2n}$，$(-\infty,+\infty)$；

(3) $\sum_{n=0}^{\infty}(-1)^n(n+1)x^n$，$(-1,1)$；　　(4) $\sum_{n=0}^{\infty}\left(\frac{1}{2^{n+1}}-\frac{1}{3^{n+1}}\right)x^n$，$(-2,2)$；

(5) $1+\sum_{n=1}^{\infty}\frac{(-1)^n\cdot n}{(n+1)!}x^{n+1}$，$(-\infty,+\infty)$；　(6) $\sum_{n=1}^{\infty}\frac{n}{2^{n+1}}x^{n-1}$，$(-2,2)$；

(7) $\sum_{n=0}^{\infty}\frac{(-1)^n}{4^{n+1}}x^{2n+1}$，$(-2,2)$；　　(8) $\sum_{n=0}^{\infty}x^{2n+1}$，$(-1,1)$.

3. (1) $1+\frac{x-1}{2}+\sum_{n=2}^{\infty}\frac{(-1)^{n-1}(2n-3)!!}{(2n)!!}(x-1)^n$，$[0,2]$；

(2) $\sum_{n=0}^{\infty}(-1)^n(n+1)(x-1)^n$，$(0,2)$；

(3) $\ln 2+\sum_{n=1}^{\infty}\frac{(-1)^{n-1}}{n\cdot 2^n}(x-2)^n$，$(0,4]$；

(4) $-\ln 2+\sum_{n=1}^{\infty}(-1)^{n-1}\left(\frac{1}{n}-\frac{1}{2^n\cdot n}\right)(x-1)^n$，$(0,2]$；

(5) $\sum_{n=0}^{\infty}\left(\frac{1}{2^{n+1}}-\frac{1}{3^{n+1}}\right)(x+4)^n$，$(-6,-2)$；

(6) $\sum_{n=0}^{\infty}\frac{1}{4^{n+1}}(x+2)^n,(-6,2)$.

4. $e\sum_{n=0}^{\infty}\frac{(x-1)^n}{n!},(-\infty,+\infty)$.

5. $\sum_{n=1}^{\infty}\frac{nx^{n-1}}{(n+1)!},(-\infty,+\infty)$.

6. (1) 1.0986，提示：利用 $\ln\frac{1+x}{1-x}$ 的展开式；(2) 0.48836；(3) 0.05234.

(B)

1. (1) 0.4940；(2) 0.0485.

2. (1) $x+\sum_{n=2}^{\infty}\frac{(-1)^n}{n(n-1)}x^n,(-1,1]$；

(2) $x+\sum_{n=1}^{\infty}(-1)^n\frac{(2n-1)!!}{(2n)!!}\frac{x^{2n+1}}{2n+1},[-1,1]$；提示：利用积分 $\int_0^x\frac{\mathrm{d}t}{\sqrt{1+t^2}}$.

习　题　10-5

(A)

1. (1) $f(x)=\pi^2+1+12\sum_{n=1}^{\infty}\frac{(-1)^n}{n^2}\cos nx,(-\infty,+\infty)$；

(2) $f(x)=\frac{e^{2\pi}-e^{-2\pi}}{\pi}\left[\frac{1}{4}+\sum_{n=1}^{\infty}\frac{(-1)^n}{n^2+4}(2\cos nx-n\sin nx)\right],(x\neq(2k+1)\pi,k=0,\pm1,\pm2,\cdots)$；

(3) $f(x)=\frac{a-b}{4}\pi+\sum_{n=1}^{\infty}\left\{\frac{[1-(-1)^n](b-a)}{n^2\pi}\cos nx+\frac{(-1)^{n-1}(a+b)}{n}\sin nx\right\}$，$(x\neq(2k+1)\pi,k=0,\pm1,\pm2,\cdots)$；

(4) $f(x)=\frac{18\sqrt{3}}{\pi}\sum_{n=1}^{\infty}(-1)^{n-1}\frac{n\sin nx}{9n^2-1},(x\neq(2k+1)\pi,k=0,\pm1,\pm2,\cdots)$.

2. $f(x)=\frac{2}{\pi}\sum_{n=1}^{\infty}\left[\frac{1}{n^2}\sin\frac{n\pi}{2}+(-1)^{n+1}\frac{\pi}{2n}\right]\sin nx,(x\neq(2k+1)\pi.\ k=0,\pm1,\pm2,\cdots)$.

3. $\frac{\pi-x}{2}=\sum_{n=1}^{\infty}\frac{1}{n}\sin nx,(0,\pi]$.

4. $2x^2=\frac{4}{\pi}\sum_{n=1}^{\infty}\left[-\frac{2}{n^3}+(-1)^n\left(\frac{2}{n^3}-\frac{\pi^2}{n}\right)\right]\sin nx,[0,\pi)$,

$2x^2=\frac{2}{3}\pi^2+8\sum_{n=1}^{\infty}\frac{(-1)^n}{n^2}\cos nx,[0,\pi]$.

*5. $f(x)=\frac{8}{\pi^3}\sum_{n=1}^{\infty}\frac{1}{(2n-1)^3}\sin(2n-1)\pi x,(-\infty<x<+\infty)$；

$\sum_{n=1}^{\infty}\frac{(-1)^{n-1}}{(2n-1)^3}=\frac{\pi^3}{32}$.

(B)

2. $f(x)=\pi+\frac{4}{3}\pi^2+\sum_{n=1}^{\infty}\left(\frac{4}{n^2}\cos nx-\frac{2+4\pi}{n}\sin nx\right)$ $(x\neq 2k\pi, k=0,\pm1,\pm2,\cdots)$,

$\sum_{n=1}^{\infty}\frac{1}{n^2}=\frac{\pi^2}{6}$.